Werkzeuge der Signalverarbeitung

Beate Meffert und Olaf Hochmuth

Werkzeuge der Signalverarbeitung

Grundlagen, Anwendungsbeispiele, Übungsaufgaben

PEARSON
Studium

ein Imprint von Pearson Education

München • Boston • San Francisco • Harlow, England
Don Mills, Ontario • Sydney • Mexico City
Madrid • Amsterdam

Bibliografische Information Der Deutschen Bibliothek

Die Deutsche Bibliothek verzeichnet diese Publikation in der Deutschen Nationalbibliografie; detaillierte bibliografische Daten sind im Internet über <http://dnb.ddb.de> abrufbar.

10 9 8 7 6 5 4 3 2 1

07 06 05 04

ISBN 3-8273-7065-5

ein Imprint der Pearson Education Deutschland GmbH
Martin-Kollar-Straße 10–12, D-81829 München/Germany

www.pearson-studium.de

Lektorat: Isabel Schneider, ischneider@pearson.de
Korrektorat: Astrid Schürmann, Essen
Einbandgestaltung: adesso 21, Thomas Arlt, München
Herstellung: Monika Weiher, mweiher@pearson.de
Satz: Hilmar Schlegel, Berlin – gesetzt in Monotype TimesNewRoman, ITC StoneSans
Druck und Verarbeitung: Bercker Graphischer Betrieb, Kevelaer

Printed in Germany

Inhaltsverzeichnis

Vorwort 7

Kapitel 1 Einführung 9

Kapitel 2 Signale und Systeme 13

2.1 Signale 13

2.1.1 Definitionen und Beispiele 13

2.1.2 Wichtige Signale 18

2.2 Signalverarbeitende Systeme 21

2.3 Abtasttheorem 24

2.4 Signalverarbeitungskette 29

2.4.1 Strukturen 29

2.4.2 Sensoren 30

2.4.3 Bandbegrenzungsfilter 32

2.4.4 Erster Abtaster 38

2.4.5 Analog-Digital-Umsetzer 40

2.4.6 Rechner 43

2.4.7 Digital-Analog-Umsetzer 48

2.4.8 Zweiter Abtaster 49

2.4.9 Rekonstruktionsfilter 50

2.4.10 Aktoren 53

2.5 Übungsaufgaben 55

Kapitel 3 Die Werkzeuge des Zeit- oder Ortsbereichs 59

3.1 Signalstatistik 60

3.1.1 Zufallsprozesse und -größen 60

3.1.2 Univariate Zufallsvariable 62

3.1.3 Multivariate Zufallsvariable 72

3.2 Korrelation 79

3.3 Faltung 88

3.4 Hauptachsentransformation 91

3.5 Rangordnungsoperatoren 97

3.6 Schwellwertoperatoren 100

3.7 Signalfilterung 102

3.8 Signalapproximation 111

3.8.1 Prinzip der kleinsten Fehlerquadrate 111

3.8.2 Orthogonalität 113
3.8.3 Orthogonale Funktionen 116
3.9 Übungsaufgaben 128

Kapitel 4 Die Werkzeuge des Spektralbereichs 135

4.1 Reihenentwicklungen mit orthogonalen Funktionen 136
4.1.1 Fourierreihenentwicklung 137
4.1.2 Walshreihenentwicklung 142
4.1.3 Verallgemeinerte Reihenentwicklung 144
4.2 Kontinuierliche Transformationen 145
4.3 Diskrete Transformationen 158
4.3.1 Diskrete Fouriertransformation 158
4.3.2 Verallgemeinerte Matrixgleichungen 168
4.3.3 Andere sinusförmige Basisfunktionen 170
4.3.4 Nichtsinusförmige Basisfunktionen 175
4.3.5 Fensterung 180
4.3.6 Schnelle Algorithmen 185
4.4 Filterung im Spektralbereich 188
4.5 Schnelle Korrelation und Faltung 189
4.6 Kurzzeittransformationen 192
4.7 Wavelettransformation 196
4.8 Übungsaufgaben 208

Kapitel 5 Anwendungsbeispiele 215

5.1 Klassifizierung von Fahrzeugen 215
5.2 Automatisierung einer Durchblutungsmessung 227
5.3 Klassifizierung von Agglutinationen 232
5.4 Vogelstimmenanalyse 235

Anhang A Lösungen zu den Übungsaufgaben 239

Anhang B Tabellen zur Fouriertransformation 261

Anhang C Personenverzeichnis 263

Literaturverzeichnis 265

Register 269

Vorwort

Die digitale Signalverarbeitung hat sich zu einem akzeptierten, eigenständigen Wissenschaftsgebiet entwickelt. Das dokumentieren nicht zuletzt die zahlreichen Lehrbücher. Ein Standardwissen hat sich etabliert, mit dem viele Signalverarbeitungsprobleme gelöst werden können.

In dem vorliegenden Lehrbuch werden die Verfahren und Methoden der Signalverarbeitung als Werkzeuge präsentiert. Bei der Erläuterung der einzelnen Werkzeuge wird Wert darauf gelegt zu zeigen, unter welchen Bedingungen welches Werkzeug bei welcher Aufgabenstellung angewendet werden sollte. Die Verfasser haben in ihrer Lehrtätigkeit die Erfahrung gemacht, dass es den Studierenden trotz Kenntnis der Grundlagen der Signalverarbeitung oft schwer fällt, die richtigen Werkzeuge auszuwählen. Solange es keine Theorie für eine problemangepasste, systematische Auswahl und Kombination der Werkzeuge gibt, ist jeder neue Anwendungsfall Gegenstand umfangreicher Entwicklungsarbeit. Es kommt hinzu, dass in zahlreichen Softwarepaketen zwar Werkzeuge zur Signalverarbeitung eingebunden sind, allerdings ohne Hinweise auf die Voraussetzungen zur Anwendung und die einzuhaltenden Randbedingungen. Dadurch wächst die Gefahr einer sorglosen und falschen Anwendung. Das Konzept des vorliegenden Buches verfolgt deshalb vorrangig das Anliegen, die Lernenden mit den Besonderheiten der einzelnen Werkzeuge vertraut zu machen. Sie sollen in die Lage versetzt werden, die für die Anwendung der Werkzeuge erforderlichen Fragen richtig zu stellen und zu beantworten. Auf Beweise und Ableitungen wurde bewusst verzichtet und an entsprechender Stelle auf die einschlägige Literatur verwiesen.

Das Buch umfasst fünf Kapitel. Nach einer Einführung sind in Kapitel 2 die Signale selbst und die signalverarbeitenden Systeme Gegenstand der Ausführungen, denn die Definitionen der wichtigsten Begriffe und die Kenntnis der Eigenschaften signalverarbeitender Systeme sind Voraussetzung für das Verständnis der folgenden Kapitel.
Die Werkzeuge der Signalverarbeitung werden in den Kapiteln 3 und 4 besprochen. Sie sind in zwei Kategorien eingeteilt: in die Werkzeuge des Zeit- oder Ortsbereichs und in die Werkzeuge des Spektralbereichs. Kapitel 3 fasst die Werkzeuge des Zeit- und Ortsbereichs zusammen, weil viele Werkzeuge sowohl für die Verarbeitung von zeit- als auch von ortsabhängigen Signalen, also Bildern, verwendet werden können. Um dies zu verdeutlichen, werden die Beispiele gemischt. Gleiches gilt für Kapitel 4. Ein- oder zweidimensionale Transformationen führen in verschiedene ein- oder zweidimensionale Spektralbereiche, die neue Möglichkeiten für die Signalverarbeitung eröffnen. Die Kapitel bauen aufeinander auf, d. h., Kapitel 4 ist ohne Kenntnis des dritten Kapitels nur schwer verständlich.
Um die Fertigkeiten bei der Benutzung der Werkzeuge trainieren zu können, sind für alle Verfahren Übungsaufgaben angegeben, die mit Papier und Bleistift und nur gelegentlich unter Zuhilfenahme eines einfachen Algebraprogramms gelöst werden können. Viel Wert wird dabei auf die Anfertigung grafischer Darstellungen gelegt, da ihre Diskussion und Interpretation oft hilfreich ist und das Wissen festigt. Wer die Mühen der Aufgabenlösung nicht scheut, wird durch Einsichten in Zusammenhänge belohnt, die möglicherweise durch das Studium der Texte allein nicht gewonnen werden konnten.

Der letzte Teil des Buches, das Kapitel 5, soll anhand von Beispielen aus eigenen Forschungsarbeiten die Anwendung der Werkzeuge zur Lösung praktischer Probleme demonstrieren.

Dem Buch liegen langjährige Erfahrungen in der Lehre an der Humboldt-Universität zu Berlin zu Grunde. In Vorlesungen, Übungen und Labor-Praktika zur digitalen Signalverarbeitung sind Studierende der Elektrotechnik und Informatik mit unterschiedlichen Vorkenntnissen ausgebildet worden. Die Herangehensweise der Studierenden an die Probleme der Signalverarbeitung war durchaus unterschiedlich. Deshalb wurden die didaktischen Konzepte der Lehrveranstaltungen mehrfach überarbeitet. Die Autoren glauben, dass das Konzept des vorliegenden Lehrbuchs sowohl Studierenden der Informatik im Haupt- oder Nebenfach als auch Studierenden informationstechnischer oder elektrotechnischer Fachrichtungen von Nutzen sein kann.

Wer ergänzende Literatur zu den hier verwendeten mathematischen Grundlagen sucht, dem sei das Taschenbuch der Mathematik von Bronstein empfohlen, das schon vielen Studentengenerationen ein unentbehrliches Hilfsmittel war. Auch Algebraprogramme wie Mathcad oder Matlab sind zum selbstständigen Üben gut geeignet.

Beim Zustandekommen des Buches haben uns Kollegen und Studierende unterstützt. Wir danken ihnen für diese Hilfe. Besonderer Dank gilt der Studentin Anne Wegerich für die Anfertigung der zahlreichen Abbildungen, dem Studenten Rainer Schnabel, der die für die Abbildungen notwendigen Berechnungen durchgeführt hat, und dem Studenten Roman Blaschek, der uns nicht nur mit seinen LaTeX-Kenntnissen unterstützt hat. Der Kollegin Sabine Dziwisz und den Kollegen Manfred Günther, Karl Hauptvogel, Uwe Knauer, Thomas Morgenstern und Frank Winkler sei für Kritik, Anregungen und praktische Hilfe gedankt.

Bedanken möchten wir uns auch bei Frau Dr. Isabel Schneider, die als zuständige Lektorin von Pearson Education Deutschland dieses Buchprojekt gefördert und begleitet hat.

Wir wünschen den Leserinnen und Lesern, dass sie die Werkzeuge der Signalverarbeitung sicher beherrschen lernen, damit sich ihnen die Möglichkeiten ihrer Nutzung voll erschließen. Die schöpferische Auseinandersetzung mit diesem Fachgebiet wird ihnen dann sicher auch viel Freude bereiten.

Berlin-Adlershof, im Juli 2004

Beate Meffert und Olaf Hochmuth

Kapitel 1 Einführung

Signale können Informationen übermitteln. Ein Bildsignal des Wettersatelliten Meteosat informiert uns beispielsweise über die Lage der Tiefdruckgebiete in Mitteleuropa. Über das Sprachsignal des Verkehrsfunks erfahren wir die Länge eines Staus auf dem Weg in unseren Urlaubsort. Auge und Ohr eines Menschen empfangen diese optischen und akustischen Signale. Sie werden auf Nervenbahnen weitergeleitet und im Gehirn verarbeitet, um Handlungen daraus abzuleiten: Das vorhergesagte Wetter bestimmt die Bekleidung, die Länge des Staus gegebenenfalls eine andere Reiseroute. Ein Mensch kann auch Quelle eines Signals sein. Seine Sprache ist ein akustisches Signal, das mit Hilfe eines Mikrofons und anderer technischer Einrichtungen sogar weit entfernte Empfänger erreichen kann. Auch andere Lebewesen kommunizieren über Signale. So ist der Reviergesang eines männlichen Singvogels ein akustisches Signal mit Informationen für die Artgenossen. Doch nicht nur Lebewesen senden und empfangen Signale. Auch Maschinen können über Signale aktuelle Informationen erhalten, die ihre weiteren Aktionen bestimmen.

Gegenstand der Signalverarbeitung ist es, mit möglichst geringem Aufwand aus den verschiedenen Signalen den Teil der Information herauszufinden, der für einen Menschen oder eine Maschine zu einem bestimmten Zeitpunkt oder an einem bestimmten Ort wichtig ist, ihn zweckmäßig aufzubereiten, zu speichern und wieder abrufbar zu machen. Die Vielfalt der Signale, die sehr unterschiedlichen Systeme zu ihrer Übertragung und Verarbeitung, die wachsenden Ansprüche der Menschen und nicht zuletzt die allgegenwärtigen Störungen erfordern die Entwicklung immer neuer Methoden und Verfahren. Speziell die digitale Signalverarbeitung hat erheblich dazu beigetragen, die Theorie weiterzuentwickeln und die Anwendungsmöglichkeiten wesentlich zu erweitern. Dies ist insbesondere durch die Fortschritte der Elektroniktechnologie und damit der Rechentechnik möglich geworden. Heute gehören zur digitalen Signalverarbeitung einerseits die Aufbereitung der Information für die Übertragung vom Ort des Entstehens zum Ort der gewünschten Informationsgewinnung oder -verarbeitung. Andererseits gehört auch die Reduktion der Information auf die jeweils relevanten Anteile dazu und schließlich die Umformung der Information in eine für den Menschen leichter interpretierbare Form. Neben den Ingenieurwissenschaften sind zunehmend auch weitere Disziplinen an der Entwicklung des Fachgebiets beteiligt. Dazu gehören z. B. die Kognitionswissenschaft, die Wahrnehmungsphysiologie und -psychologie und die Neurobiologie.

Der Inhalt des Fachgebiets Signalverarbeitung lässt sich trotz seiner Breite mit wenigen Worten zusammenfassen:

Die Signalverarbeitung beschäftigt sich mit der Entwicklung und Umsetzung von Methoden und Verfahren zur Gewinnung, Verarbeitung und Auswertung von Informationen. Signale, als Träger von Informationen, und signalverarbeitende Systeme sind die wesentlichen Gegenstände dieses Fachgebiets.

Die Methoden und Verfahren der Signalverarbeitung kommen aus der Mathematik und den Ingenieurwissenschaften. Die Mathematik bietet eine Reihe von Methoden an, liefert aber die Anwendungen nicht mit. Deshalb muss die Theorie der Signalverarbeitung den Zusammenhang zwischen den mathematischen Verfahren und ihren Anwendungen herstellen und vor allem Auswirkungen auf die Signaleigenschaften untersuchen. Die Ingenieurwissenschaften haben traditionell eine andere Arbeitsweise. Beim Entwurf bzw. der Modellierung signalverarbeitender Systeme interessieren zuerst die praktischen Probleme. Steht beim Mathematiker die Frage des „Wie?“ im Vordergrund, so denkt der Ingenieur eher pragmatisch und stellt die Frage nach dem „Wozu?“. Das zu verwendende mathematische Werkzeug ergibt sich dann zwingend aus den gewünschten Systemeigenschaften. Die Wechselwirkung zwischen Mathematik und Ingenieurwissenschaften lässt sich beispielsweise daran ablesen, dass so manches orthogonale Funktionssystem erst durch Ingenieure den Weg aus der Mathematik in die technische Anwendung gefunden hat und sich daraus dann neue Fragestellungen für die Mathematik ergaben. Ein weiteres Beispiel ist die Fouriertransformation, die einerseits in der Mathematik ein wichtiger Bestandteil der Operatorenrechnung ist und andererseits eine herausragende Rolle für nachrichtentechnische Grundgesetze spielt.

Wie in anderen Ingenieurdisziplinen auch, besteht das Kernproblem der Signalverarbeitung darin, für die zu lösenden Aufgaben einen guten Kompromiss hinsichtlich der jeweils einzuhaltenden Randbedingungen zu finden. Diese werden ganz praktischer Natur sein und z. B. die verfügbare Hardware, die erforderliche Arbeitsgeschwindigkeit oder ein gewünschtes Kosten-Leistungs-Verhältnis betreffen. Sie können sich aber auch auf das zu verarbeitende Signal beziehen. Steht seine möglichst vollkommene Erfassung im Vordergrund, ist der Auswahl der Sensoren besondere Aufmerksamkeit zu schenken. Soll die Übertragung verzerrungsfrei und störfest erfolgen, sind Sender, Empfänger und Übertragungsmedien entsprechend zu entwerfen. Für jede Signalverarbeitungsaufgabe haben wir Optimierungskriterien zu formulieren und eine Optimierungsaufgabe zu lösen.

Die Ziele, die wir bei der Verarbeitung von Signalen erreichen wollen, sind also recht verschieden. Dies liegt nicht zuletzt daran, dass die erwünschten Effekte durch diejenige Wissenschaftsdisziplin bestimmt werden, die sich der Signalverarbeitung bedient. Aus dem breiten Spektrum der Anwendungen seien einige wenige genannt: Fernerkundung der Erde über die Auswertung von Satellitenbildern, Umweltmonitoring, visuelle Inspektion in der Qualitätskontrolle, Sprachverarbeitung oder die Überwachung von Biosignalen auf einer Intensivstation.
Trotz der unterschiedlichen fachbezogenen Anforderungen an die Signalverarbeitung lassen sich wesentliche Gemeinsamkeiten finden. Sie erlauben eine Systematisierung der Verarbeitungsziele beispielsweise in die folgenden drei Gruppen:

- Die Signalverarbeitung dient der Gewinnung von Informationen über den signalerzeugenden Prozess. Diese Informationen werden in Kenngrößen umgewandelt, die den Prozess (oder auch einen Zustand) charakterisieren.

- Die Signalverarbeitung dient der Signalverbesserung. Der Begriff „Verbesserung“ steht dabei für eine Reihe von Verfahren, die in der Lage sind, Signalstörungen zu beseitigen, relevante Ereignisse hervorzuheben, irrelevante zu unterdrücken oder einfach ein Signal so aufzubereiten, dass ein Mensch oder eine Maschine es besser interpretieren können.
- Die Signalverarbeitung dient der Signalkompression. Ohne leistungsfähige Kompressionsverfahren können die Erwartungen der Anwender digitaler Systeme hinsichtlich Übertragungsgeschwindigkeit und Speicherkapazität nicht erfüllt werden.

Signale sind in der Regel vom Ort und von der Zeit ihres Auftretens abhängig. Erfolgt die Beschreibung der Signale als Funktion der Zeit oder des Orts, sprechen wir von einer Beschreibung im Originalbereich. Wird hingegen die Zusammensetzung der Signale aus verschiedenen Basissignalen betrachtet, führt dies zu einer Beschreibung im Spektralbereich. Die Beschreibung von Signalen im Original- oder Spektralbereich ist prinzipiell gleichwertig, aber verschieden zweckmäßig. Deshalb werden im vorliegenden Buch die Werkzeuge der Signalverarbeitung in Werkzeuge des Originalbereichs und Werkzeuge des Spektralbereichs unterteilt. Zu den Werkzeugen des Spektralbereichs werden auch diejenigen gezählt, die ein Signal von einem Bereich in den anderen überführen. Das klassische Werkzeug einer solchen Überführung ist die Fouriertransformation. Mit ihr können zeitabhängige Signale in frequenzabhängige transformiert werden.
Neben der Beschreibung von Signalen im Originalbereich oder im Spektralbereich wird zunehmend auch die gleichzeitige Charakterisierung eines Signals in beiden Bereichen verwendet. Obwohl diese Verfahren schon seit einem halben Jahrhundert bekannt sind, hat erst die heutige Leistungsfähigkeit der Rechentechnik praktische Anwendungen der Zeit-Frequenz-Analyse ermöglicht.

In den folgenden Kapiteln sollen nun die für die Signalverarbeitung nützlichen Werkzeuge und die Effekte bei ihrer Anwendung beschrieben werden.

Zur Notation In der folgenden Tabelle sind die Formelzeichen erklärt, die im Buch häufig verwendet werden.

Zur Kennzeichnung der Fouriertransformation wird das Symbol ○—● , für die inverse Fouriertransformation ●—○ verwendet.

t	kontinuierliche Zeit
x	kontinuierlicher Ort entlang einer senkrechten Koordinate
y	kontinuierlicher Ort entlang einer waagerechten Koordinate
$f(t)$	kontinuierliche Funktion kontinuierliches Zeitsignal
$f(x, y)$	kontinuierliche Ortsfunktion kontinuierliches Ortssignal
t_n	diskreter Zeitpunkt, $t_n = n \cdot \Delta t = n \cdot T_\mathrm{A}$ sind äquidistante, diskrete Zeitpunkte, Δt bzw. T_A ist das Abtastintervall ($n \in \mathbb{Z}$)
x_z	diskreter Ortspunkt entlang einer senkrechten Koordinate
y_s	diskreter Ortspunkt entlang einer waagerechten Koordinate $x_z = z \cdot \Delta x$ und $y_s = s \cdot \Delta y$ sind äquidistante, diskrete Orte, Δx und Δy sind die Abtastintervalle in x- bzw. y-Richtung ($z, s \in \mathbb{Z}$)
f_n	diskrete Signalfolge mit (unendlich vielen) Elementen f_n
$f_n = f(t_n)$	Abtastwert zum Zeitpunkt t_n
$\boldsymbol{v}$	Spaltenvektor, $\boldsymbol{v}^\mathrm{T}$ der dazugehörige Zeilenvektor
$\lvert\boldsymbol{v}\rvert$	Betrag des Vektors $\boldsymbol{v}$
v_i	Vektorelement an der Position i
$\boldsymbol{M}$	Matrix, $\boldsymbol{M}^\mathrm{T}$ die dazu transponierte Matrix
$\lvert\boldsymbol{M}\rvert$	Determinante der Matrix $\boldsymbol{M}$
$M_{z,s}$	Element einer Matrix $\boldsymbol{M}$ an der Position z, s (Zeile, Spalte)
j	imaginäre Einheit mit $j^2 = -1$

Tabelle 1.1: Formelzeichen

Kapitel

2 Signale und Systeme

Um das Anliegen und die Komplexität der Signalverarbeitung verstehen zu können, wollen wir zunächst das Signal definieren (Abschnitt 2.1) und die wichtigsten Eigenschaften signalverarbeitender Systeme erläutern (Abschnitt 2.2). Es folgt im Abschnitt 2.3 die Behandlung des Abtasttheorems, das als Fundament der digitalen Signalverarbeitung angesehen werden kann. Es ist deshalb von so grundlegender Bedeutung, weil es uns die Bedingungen benennt, unter denen ein abgetastetes, also zeitdiskretes Signal, dieselbe Information wie das zugehörige zeitkontinuierliche Signal enthält. Schließlich wird dann im letzten Abschnitt 2.4 dieses Kapitels das Modell einer Signalverarbeitungskette vorgestellt.

2.1 Signale

2.1.1 Definitionen und Beispiele

Das Signal spielt zweifellos die Hauptrolle in der Signalverarbeitung. Seine Definition muss deshalb am Anfang unserer Betrachtungen stehen. In der Literatur sind die Definitionen des Begriffs „Signal" so vielfältig wie das Signal selbst. Dazu einige Beispiele:

> „Signale stellen die materielle Realisierung von Informationen dar. Sie haben einen Informationsgehalt, dargestellt durch den Verlauf bzw. die Änderung von informationstragenden Parametern. Die physikalische Größe, von der das Signal getragen wird, heißt Signalträger." [56]

> „Ein Signal kann als eine Funktion definiert werden, die in irgendeiner Weise Information über den Zustand oder das Verhalten eines physikalischen Systems enthält. ... Information (ist) in einem gewissen Muster von sich ändernden Formen enthalten." [38]

> „A signal is defined as any physical quantity that varies with time, space, or any other independent variable or variables. Mathematically, we describe a signal as a function of one or more independent variables." [42]

> „ (A signal is) a variation of a physical quantity used to represent data." [26]

> „(Ein Signal ist ein) physikalisches Phänomen, dessen Vorhandensein oder Änderung als Darstellung von Information angesehen wird." [13]

„(Ein Signal ist) eine sichtbare, hörbare und tastbare Anzeige, die Informationen übermittelt." [14]

„(Ein Signal ist) eine physikalische Erscheinung oder eine charakteristische Größe, deren zeitliche Änderung eine Information darstellt." [15]

„Ein Signal ist eine zeitlich und örtlich veränderliche physikalische Größe, deren Parameter Nachrichten darstellen können." [28]

Ein Signal zu definieren, ist offenbar nicht ganz trivial. Kurz und knapp ist die letzte Definition, die im Unterschied zu den anderen zudem darauf hinweist, dass es auch Signale geben kann, die keine Nachrichten enthalten. Wenn wir unter einer Nachricht — einfach formuliert — eine Information im Zustand der Übertragung verstehen, wird die Beziehung zwischen Signal und Kommunikation (lat.: *communicare*, mitteilen) deutlich. Um etwas mitteilen zu können, wird Information von einem Sender abgegeben. An einem anderen Ort und zu einer anderen Zeit erreicht sie einen Empfänger, von dem sie aufgenommen wird. Zwischen Sender und Empfänger liegt ein Übertragungskanal. Für die Übertragung der Nachricht wird nun ein Signal als physikalischer Träger der Information benötigt. Als physikalische Größen kommen z. B. Strom, Spannung, elektromagnetische Wellen, Schalldruck oder Leuchtdichte in Frage. Die Information ist in den Parametern dieser Träger codiert. Durch den Empfang einer Information soll beim Empfänger eine bestehende Unsicherheit beseitigt werden. Dies wird dann der Fall sein, wenn die Parameteränderungen des physikalischen Trägers dem Empfänger nicht vollständig bekannt sind. Nur dann erfährt er Neues, gewinnt also Informationen. Je weniger eine Information vorhersagbar ist, desto größer ist der Informationsgewinn. Information hat also auch mit der Vorhersagbarkeit von Ereignissen zu tun.
Unsere Umwelt bietet reichlich Beispiele für physikalische Größen, deren Parameteränderungen Informationen enthalten können:

- die elektrische Spannung (Abbildung 2.1)
- der Schalldruck (Abbildung 2.2)
- die Lichtintensität (Abbildung 2.4)

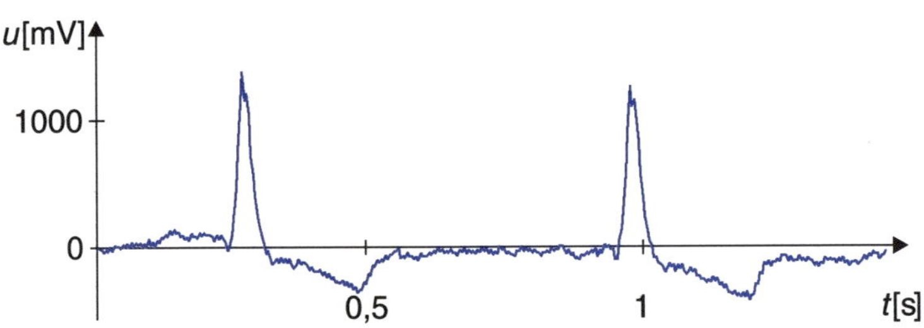

Abbildung 2.1: Elektrokardiogramm

Die zeitliche und örtliche Veränderung geht aus der allgemeinen mathematischen Darstellung der Signale als Raum-Zeit-Objekte hervor:

$$f(x, y, z, t)$$

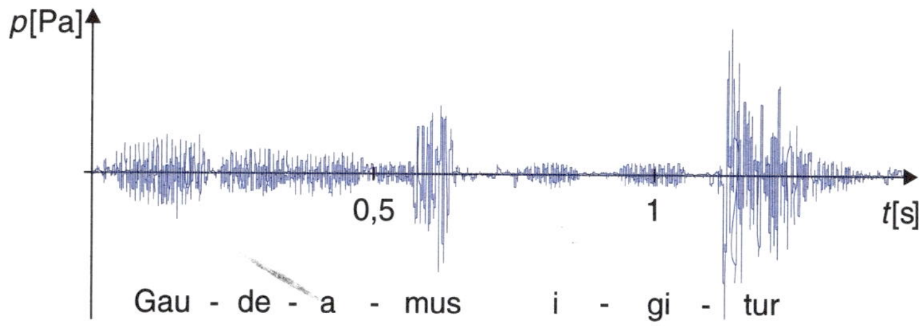

Abbildung 2.2: Sprachsignal

Dabei sind x, y und z drei Raumkoordinaten und t die Zeit. Signale können aber auch eine niedrigere Dimension haben. Das im Mittelalter gebräuchliche Kerbholz (Abbildung 2.3) ist ein Beispiel für ein Signal mit nur einer Ortskoordinate, also $f(x)$.

Abbildung 2.3: Kerbholz

Bei dem Signal eines Leuchtturms ist der Zeitverlauf des Leuchtens $f(t)$ von Interesse. Für den abgebildeten Turm (Abbildung 2.4) lautet die amtliche Kennung Blz. 3,8 s, d. h., es handelt sich um ein Blitzfeuer mit Einzelblitzen in einem Abstand von 3,8 s. Möglicherweise ist außerdem noch der Ort (x, y, z) des Turms eine wichtige Information. Seine geografischen Koordinaten sind $13°56'$ E und $54°15'$ N, das Leuchtfeuer ist 48 m hoch. Sind die Bildkoordinaten von Interesse, so handelt es sich um eine ortsabhängige Leuchtdichte $f(x, y)$.
Im Sprachgebrauch des Buches wollen wir — wenn nicht anders vereinbart — unter einem eindimensionalen Signal immer ein zeitabhängiges Signal verstehen, unter einem zweidimensionalen immer ein ortsabhängiges Signal.

Nach diesen Vorbetrachtungen können wir nun eine Signaldefinition formulieren, die sich eng an die letzte der zuvor angegebenen anlehnt:

> Ein Signal ist im allgemeinen Fall ein Raum-Zeit-Objekt. Es ist an einen physikalischen Träger gebunden. In der zeitlichen und örtlichen Veränderung seiner Parameter können Informationen enthalten sein.

Die in unserer Umwelt auftretenden Signale sind unterschiedlichster Natur und oft nicht ohne weiteres klassifizierbar. So kann beispielsweise die physikalische Größe ein Unterscheidungskriterium sein oder aber die Frage, ob das Signal in analoger oder digitaler Form vorliegt. Ein probates Mittel zur Überwindung dieser Schwierigkeit ist die Zusammenstellung von alternativen Paaren, die dem Systematisierungsbedürfnis einigermaßen Rechnung trägt. Dazu seien im Folgenden einige Beispiele in willkürlicher Reihenfolge genannt.

Abbildung 2.4: Leuchtturm auf der Greifswalder Oie

Elektrische und nichtelektrische Signale Diese Unterscheidung ist wichtig, da Signale heute (fast) ausschließlich in elektrischer Form verarbeitet werden (z. B. mit einem Rechner) und demzufolge nichtelektrische Signale mit geeigneten Sensoren erst in elektrische umgeformt werden müssen.

Kontinuierliche und diskontinuierliche Signale Prinzipiell können sowohl die unabhängige Variable (Zeit oder Ort als Definitionsbereich) als auch die abhängige Variable (Signalamplitude als Wertebereich) jeweils kontinuierlich oder diskontinuierlich sein.
Ist der Definitionsbereich kontinuierlich, so handelt es sich um zeit- oder ortskontinuierliche Signale, ist der Definitionsbereich diskontinuierlich (diskret), so heißen die Signale zeit- oder ortsdiskret. Ein Beispiel für ein zeitkontinuierliches Signal ist das gesprochene Wort (Abbildung 2.2).

Periodische und aperiodische Signale Bei periodischen Signalen wird die Grundperiode unendlich oft wiederholt; typisches Beispiel ist die Sinusfunktion $f(t) = \sin(\omega t)$. In ihrem Argument steht ein Produkt aus der Zeit t und der Kreisfrequenz ω. Sie ist proportional zur Frequenz f:

$$\omega = 2\pi \cdot f \tag{2.1}$$

Ein Beispiel für ein aperiodisches Signal ist die gedämpfte Sinusfunktion $f(t) = \exp(-t) \cdot \sin(\omega t)$ in Abbildung 2.5.

Harmonische und nichtharmonische Signale Unter harmonischen Signalen sollen alle sinusförmigen Signale zusammengefasst werden, die durch ihre Frequenz (Schwingungen pro Zeiteinheit), Amplitude und Phase beschrieben werden können.

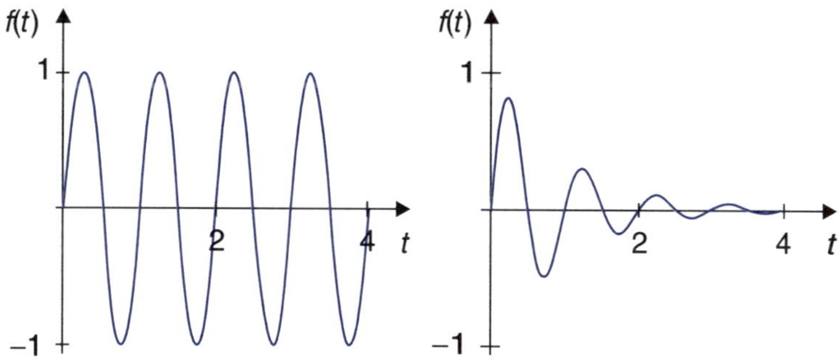

Abbildung 2.5: Sinusfunktion $f(t) = \sin(\omega t)$ und gedämpfte Sinusfunktion $f(t) = \exp(-t) \cdot \sin(\omega t)$

Unter den nichtharmonischen Signalen sind in erster Linie rechteckförmige Signale zu verstehen. Für ihre Beschreibung sind andere Parameter erforderlich (s. Abschnitt 3.8.3). Die Begriffe (nicht)harmonisch und (nicht)sinusförmig werden hier synonym verwendet.

Energie- und Leistungssignale Die Definition dieser Signale soll am Beispiel zeitdiskreter Signale f_n erläutert werden. Die Energie E eines zeitdiskreten Signals ist für den allgemeinen Fall eines komplexen Signals als Summe der Betragsquadrate seiner Abtastwerte f_n definiert:

$$E = \sum_{n=-\infty}^{\infty} |f_n|^2 \tag{2.2}$$

Klingt ein Signal ab und hat demzufolge eine endliche Energie, so wird das Signal f_n Energiesignal genannt. Die Spaltfunktion ist ein Beispiel für ein Energiesignal (s. Gleichung (2.12)).
Ist das Signal von unendlicher Dauer, hat es auch eine unendliche Energie. In diesem Fall wird die Energie auf ein Zeitintervall bezogen. Diese Größe entspricht einer Leistung P:

$$P = \lim_{N \to \infty} \frac{1}{2N-1} \sum_{n=-N}^{N} \left| f_n{}^2 \right| \tag{2.3}$$

Signale mit einer endlichen Leistung heißen Leistungssignale. Zu ihnen zählen periodische Signale wie die harmonischen Schwingungen.

Stationäre und instationäre Signale Stationäre Signale sind Signale, deren statistische Eigenschaften nicht von der Zeit abhängen. Können Signale als stationär angenommen werden, so ist ihre Verarbeitung meist erheblich einfacher.
Viele Verfahren der Signalverarbeitung setzen die Stationarität von Signalen voraus. Es kann bei der Stationarität noch eine starke und eine schwache Stationarität unterschieden werden. Bei der starken Stationarität ist die Verteilungsfunktion zeitunabhängig, bei der schwachen Stationarität sind lediglich Erwartungswert und Varianz (ggf. Kovarianz) der Zufallsgröße zeitunabhängig (s. Gleichung (3.2)).

Nutzsignale und Störsignale Das Nutzsignal enthält die interessierende Information, das Störsignal dagegen ist eine unerwünschte Größe, die das richtige Erkennen des Informationsparameters beeinträchtigt. Ein typisches Störsignal ist das Rauschen. Es kann mit dem Nutzsignal unterschiedlich verknüpft sein. Häufige Annahmen sind die additive oder multiplikative Verknüpfung.

Stochastische und nichtstochastische Signale Der Begriff „stochastisch“ geht etymologisch auf das griechische Wort *στοχος* (*stóchos,* Abbildung 2.6) zurück und bedeutet so viel wie „Mutmaßen“. Bei stochastischen Signalen ist jedem Zeitpunkt, zu dem das Signal existiert, eine Menge möglicher Werte zugeordnet, aus der weitgehend zufällig ein bestimmter aktueller Wert ausgewählt wird. Die Zufälligkeit unterliegt einer Gesetzmäßigkeit, die mit Methoden der Wahrscheinlichkeitsrechnung beschrieben wird. Nichtstochastische Signale, auch determinierte Signale genannt, werden dagegen durch Funktionen beschrieben. Jedem Zeitpunkt, zu dem das Signal existiert, können eindeutig Zahlenwerte zugeordnet werden.
Aus diesem Sachverhalt kann nun eine wichtige Schlussfolgerung gezogen werden, die die oben angeführten Eigenschaften eines Signals noch einmal mit anderen Worten wiederholt: Information kann nur aus nichtvorhersagbaren Signalen gewonnen werden.

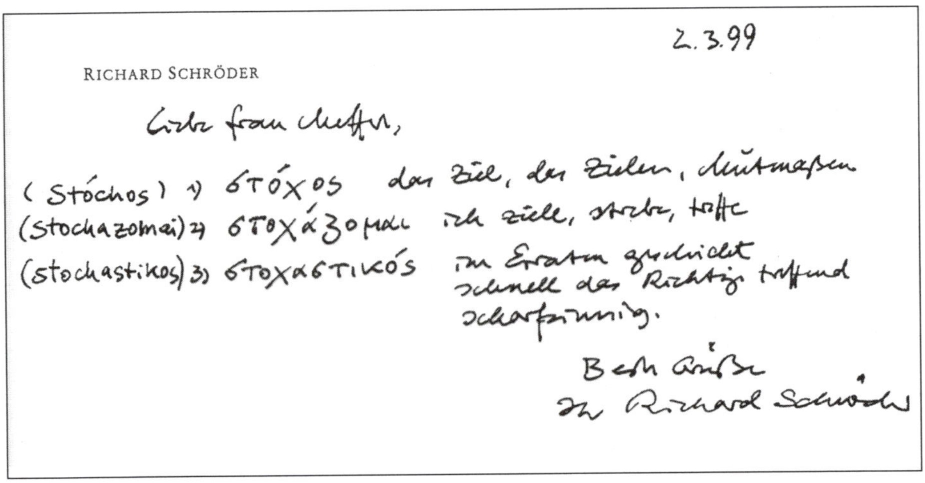
2.3.99

RICHARD SCHRÖDER

Liebe Frau Meffert,

(Stóchos) 1) στόχος das Ziel, das Zielen, Mutmaßen
(stochazomai) 2) στοχάζομαι ich ziele, strebe, treffe
(stochastikos) 3) στοχαστικός im Erraten geschickt schnell das Richtige treffend scharfsinnig.

Beste Grüße
Ihr Richard Schröder

Abbildung 2.6: Zur Etymologie von *stóchos* (Recherche von R. Schröder)

2.1.2 Wichtige Signale

Seit der Erkenntnis von Fourier, dass sich jedes Signal als Summe oder Integral von sinusförmigen Schwingungen aufbauen lässt, haben die harmonischen Signale in allen Naturwissenschaften eine herausgehobene Bedeutung. Sie werden ausführlich in Abschnitt 3.8.3 behandelt. Signale lassen sich jedoch auch als Summe oder Integral von Impulsfunktionen oder Spaltfunktionen aufbauen, die im Folgenden vorgestellt werden.

Diracsche Deltafunktion Die diracsche Deltafunktion $\delta(t)$ wird auch Stoß- oder Impulsfunktion, Deltaimpuls oder Deltadistribution genannt. Sie ist etwa im Jahre 1930 von dem Physiker Paul Dirac eingeführt worden und steht in engem Zusammenhang mit dem so genannten „weißen Rauschen“, einem Signal, in dem alle Frequenzen mit gleichem Anteil enthalten sind. Formal ergibt sich für den zugehörigen zeitabhängigen Prozess $\delta(t)$:

$$\delta(t) = \begin{cases} \infty & \text{für} \quad t = 0 \\ 0 & \text{für} \quad t \neq 0 \end{cases} \qquad \text{mit} \quad \int_{-\infty}^{\infty} \delta(t)\,\mathrm{d}t = 1 \tag{2.4}$$

Diese Eigenschaften besitzt eine Funktion im klassischen Sinne nicht, wohl aber die um 1945 von Laurent Schwartz im Rahmen seiner Distributionentheorie eingeführten verallgemeinerten Funktionen, die beliebig oft differenzierbar sind und einfachere Rechenoperationen ermöglichen als klassische Funktionen [52].

Für die diracsche Deltafunktion gibt es eine ganze Reihe von Herleitungen. Wir wollen hier zwei recht plausible Grenzwertbetrachtungen für die Rechteck- und die Glockenfunktion vorstellen. Der Grenzübergang ist jeweils so auszuführen, dass die Funktionen immer schmaler und höher werden. Mit einem kleinen, positiven Wert ε seien eine Rechteckfunktion

$$r_\varepsilon(t) = \begin{cases} \frac{1}{\varepsilon} & \text{für} \quad 0 < t < \varepsilon \\ 0 & \text{sonst} \end{cases} \qquad \text{mit} \quad \int_{-\infty}^{\infty} r_\varepsilon(t)\mathrm{d}t = 1 \tag{2.5}$$

oder eine Glockenfunktion

$$g_\varepsilon(t) = \frac{1}{\varepsilon\sqrt{2\pi}}\, \mathrm{e}^{-\frac{1}{2}\left(\frac{t}{\varepsilon}\right)^2} \qquad \text{mit} \quad \int_{-\infty}^{\infty} g_\varepsilon(t)\mathrm{d}t = 1 \tag{2.6}$$

gegeben (Abbildung 2.7). Wird nun der Grenzwert für $\varepsilon \to 0$ gebildet, gilt:

$$\lim_{\varepsilon \to 0} r_\varepsilon(t) = \delta(t) \quad \text{und} \quad \lim_{\varepsilon \to 0} g_\varepsilon(t) = \delta(t) \tag{2.7}$$

Das Ergebnis ist in beiden Fällen die Deltafunktion.

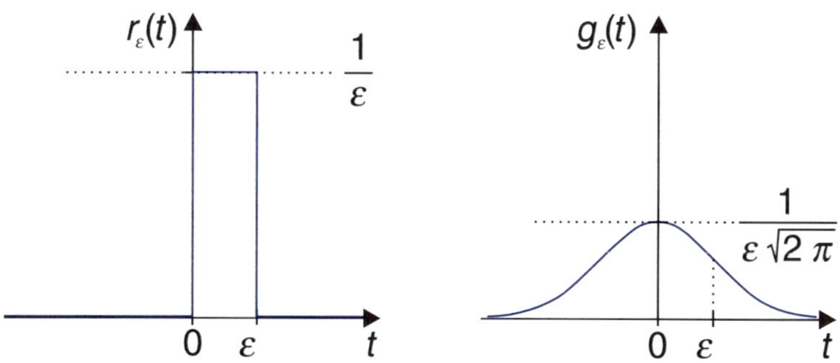

Abbildung 2.7: Erzeugung der diracschen Deltafunktion durch Grenzübergang bei Rechteck- und Glockenfunktion

Die Distributionentheorie verlangt, dass für $f(t)$ die Beziehung

$$f(t) = \int_{-\infty}^{\infty} f(\tau)\,\delta(t-\tau)\mathrm{d}\tau \tag{2.8}$$

gelten soll. Damit lässt sich jede Funktion $f(t)$ mit diracschen Deltafunktionen darstellen (Abbildung 2.8).

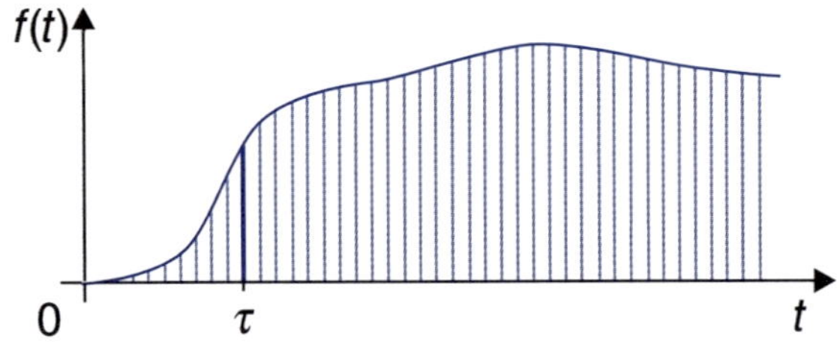

Abbildung 2.8: Zusammensetzung einer beliebigen Funktion $f(t)$ aus gewichteten Deltafunktionen

Wichtig für die Signalverarbeitung ist auch die periodische Deltafunktion (Abbildung 2.9 b). Mit T als Periode gilt:

$$\delta_T(t) = \sum_{n=-\infty}^{\infty} \delta(t - nT) \tag{2.9}$$

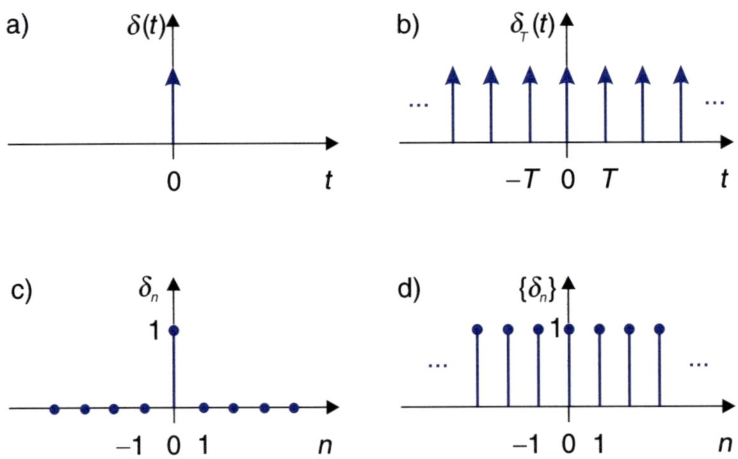

Abbildung 2.9: a) Deltafunktion und b) periodische Deltafunktion
c) Einheitsimpuls und d) Einheitsimpulsfolge

Die diskrete Version der Deltafunktion ist der Einheitsimpuls δ_n bzw. die Einheitsimpulsfolge $\{\delta_n\}$ (Abbildung 2.9 c und d):

$$\delta_n = \begin{cases} 1 & \text{für} \quad n = 0 \\ 0 & \text{sonst} \end{cases} \tag{2.10}$$

$$\{\delta_n\} = \sum_{k=-\infty}^{\infty} \delta_{n-k} \quad \text{mit} \quad k \in \mathbb{Z} \tag{2.11}$$

Spaltfunktion Die Spaltfunktion spielt in der Signalverarbeitung vor allem im Zusammenhang mit dem Abtasttheorem eine wichtige Rolle. Sie wird auch als Abtastfunktion bezeichnet und mit si (engl.: oft *sinc* für *sine cardinal*) abgekürzt. Sie hat die Form einer gedämpften Schwingung (Abbildung 2.10).

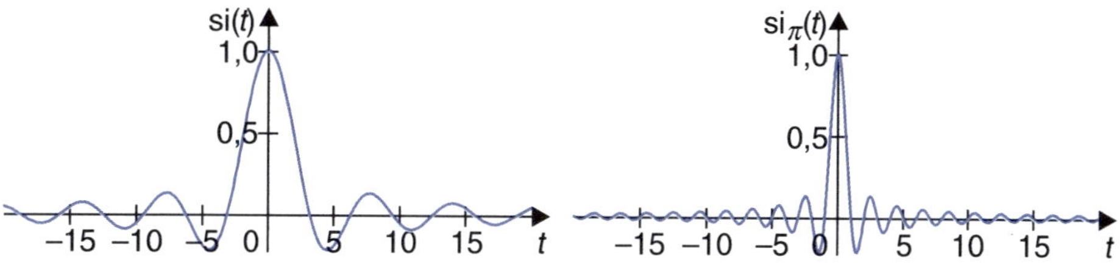

Abbildung 2.10: Zwei Definitionen der Spaltfunktion si(t) und si$_\pi(t)$

Zwei Definitionen sind üblich:

$$\mathrm{si}\,(t) = \begin{cases} 1 & \text{für} \quad t = 0 \\ \frac{\sin(t)}{t} & \text{sonst} \end{cases} \qquad \text{mit} \quad \int_{-\infty}^{\infty} \mathrm{si}\,(t)\,\mathrm{d}t = \pi \tag{2.12}$$

Wird in das Argument π einbezogen, ist das Integral Eins:

$$\mathrm{si}_\pi\,(t) = \begin{cases} 1 & \text{für} \quad t = 0 \\ \frac{\sin(\pi t)}{\pi t} & \text{sonst} \end{cases} \qquad \text{mit} \quad \int_{-\infty}^{\infty} \mathrm{si}_\pi\,(t)\,\mathrm{d}t = 1 \tag{2.13}$$

Bereits im Jahre 1593 hat Franciscus Vieta die Spaltfunktion als unendliches Produkt von Kosinusfunktionen definiert:

$$\mathrm{si}\,(t) = \prod_{n=1}^{\infty} \cos\left(\frac{t}{2^n}\right) \tag{2.14}$$

Die Bezeichnung Spaltfunktion kommt aus der Physik. Trifft ein Bündel paralleler Lichtstrahlen auf einen schmalen Spalt, so entsteht auf einem dahinter liegenden Schirm ein Muster aus hellen und dunklen Streifen. Der Verlauf des Musters lässt sich durch die Spaltfunktion beschreiben.

2.2 Signalverarbeitende Systeme

Signale und Systeme stehen in einer festen Beziehung. Wie Abbildung 2.11 zeigt, verknüpft das System ein Eingangssignal mit einem Ausgangssignal. Zeitkontinuierliche Signale benötigen für ihre Verarbeitung ein analoges, zeitdiskrete Signale dagegen ein digitales System.

Ein analoges System kann über die Beziehung zwischen Eingangs- und Ausgangssignal charakterisiert werden. Dazu nehmen wir an, dass $f(t)$ ein kontinuierliches Eingangssignal ist und F eine eindeutige Vorschrift, die $f(t)$ ein Ausgangssignal $g(t)$ zuordnet:

$$g\,(t) = F\,\{f\,(t)\} \tag{2.15}$$

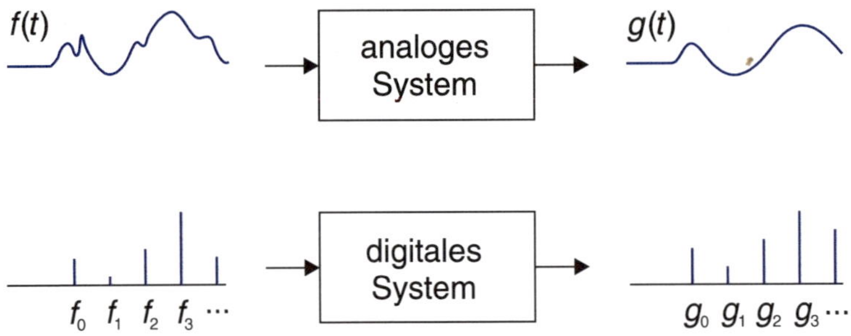

Abbildung 2.11: Zeitkontinuierliches Signal und analoges System, zeitdiskretes Signal und digitales System

Das System, das die Vorschrift F realisieren kann, ist dann ein analoges System, weil sowohl $f(t)$ als auch $g(t)$ in zeitkontinuierlicher Form vorliegen.

Für die digitale Signalverarbeitung benötigen wir ein digitales System. Dies kann z. B. ein Rechner, ein digitaler Signalprozessor oder ein Mikrocontroller sein. Die Charakterisierung eines digitalen Systems kann ebenfalls über die Beziehung zwischen dem Eingangs- und dem Ausgangssignal erfolgen. Ist $\boldsymbol{f}$ ein Signalvektor, dessen Elemente f_n die Abtastwerte eines zeitdiskreten Eingangssignals sind, und F eine eindeutige Vorschrift, die dem Vektor $\boldsymbol{f}$ einen Vektor $\boldsymbol{g}$ zuordnet, dessen Elemente g_n die Abtastwerte eines zeitdiskreten Ausgangssignals sind, so gilt:

$$\boldsymbol{g} = F\{\boldsymbol{f}\} \tag{2.16}$$

Das System, das die Vorschrift F realisieren kann, ist ein digitales System, da sowohl $\boldsymbol{f}$ als auch $\boldsymbol{g}$ zeitdiskrete Signale sind.
Systemtheoretisch bedeutend ist die Tatsache, dass sowohl bei analogen als auch bei digitalen Systemen die Reaktion eines Systems auf bestimmte Testsignale, die so genannte Systemantwort, direkt zur Beschreibung der Systeme verwendet werden kann.
Im Folgenden sind einige wichtige Eigenschaften aufgeführt, die ein digitales System charakterisieren. Diese Systemeigenschaften erlauben – ähnlich wie die Signaleigenschaften – eine Systematisierung der digitalen Systeme. Für das Studium der Eigenschaften analoger Systeme, die zum größten Teil denen digitaler Systeme entsprechen, sei auf die Literatur verwiesen [31, 52].

Linearität Ein System heißt lineares System, wenn für beliebige Konstanten a und b die Beziehung gilt:

$$F\left\{a\, f_1 + b\, f_2\right\} = a\, F\left\{f_1\right\} + b\, F\left\{f_2\right\} \tag{2.17}$$

Wird eine lineare Operation F auf ein diskretes Signal angewendet, so folgt:

$$\begin{aligned} g_n &= F\{f_n\} \\ &= F\left\{\sum_{k=-\infty}^{\infty} f_k\, \delta_{n-k}\right\} \\ &= \sum_{k=-\infty}^{\infty} F\{f_k\, \delta_{n-k}\} \\ &= \sum_{k=-\infty}^{\infty} f_k\, F\{\delta_{n-k}\} \end{aligned} \tag{2.18}$$

Gleichung (2.18) besagt, dass die lineare Operation F auf die Einheitsimpulsfolge anzuwenden ist.
Lineare Systeme lassen sich einfach beschreiben. Als Beispiel seien die digitalen Filter genannt (vgl. Abschnitt 3.7).
Gilt für digitale Systeme die Gleichung (2.17) nicht, so handelt es sich um nichtlineare Systeme. Ein nichtlineares System begrenzt z. B. die Amplitude des Eingangssignals, nichtlineare Verzerrungen sind die Folge. Außerdem ist das Systemverhalten von der Eingangsamplitude abhängig. Nichtlineare Systeme können für bestimmte Anwendungen vorteilhaft eingesetzt werden. So gehören beispielsweise die vor allem in der Bildverarbeitung verwendeten Rangordnungsoperatoren (vgl. Abschnitt 3.5) zu dieser Gruppe.

Zeitinvarianz Ist die Beziehung zwischen dem Ausgangs- und dem Eingangssignal nicht von der Zeit abhängig, so heißt das System zeitinvariant. Das System wird auf ein um n_0 verzögertes Eingangssignal mit einem um den gleichen Wert verzögerten Ausgangssignal reagieren:

$$g_{n-n_0} = F\left\{f_{n-n_0}\right\} \quad \text{für alle} \quad n_0 > 0 \tag{2.19}$$

Lineare, zeitinvariante Systeme werden auch als LTI-Systeme bezeichnet (engl.: *linear time-invariant systems*). LTI-Systeme sind mit der Systemantwort besonders einfach zu beschreiben:

- Ist das Eingangssignal eines LTI-Systems ein Einheitsimpuls δ_n, dann heißt die Antwort h_n Impulsantwort des Systems.
- Ein LTI-System reagiert nur mit Frequenzen, die bereits im Eingangssignal vorhanden sind.
- Ein LTI-System reagiert auf ein harmonisches Eingangssignal mit einem ebenfalls harmonischen Ausgangssignal derselben Frequenz.

Mit der komplexen Exponentialfunktion $f_n = \exp(j\omega t_n)$ als Eingangsgröße ergibt sich als Ausgangssignal:

$$\begin{aligned} g_n &= \sum_{k=-\infty}^{\infty} h_k \, f_{n-k} \\ &= \sum_{k=-\infty}^{\infty} h_k \, \mathrm{e}^{j\omega(t_n - t_k)} \\ &= \mathrm{e}^{j\omega t_n} \sum_{k=-\infty}^{\infty} h_k \, \mathrm{e}^{-j\omega t_k} \\ &= \mathrm{e}^{j\omega t_n} \, H(\omega) \end{aligned} \tag{2.20}$$

Die Funktion

$$H(\omega) = \sum_{k=-\infty}^{\infty} h_k \, \mathrm{e}^{-j\omega t_k} \tag{2.21}$$

heißt Frequenzantwort des LTI-Systems und ist eine komplexe Funktion der reellen Variablen ω.

Stabilität Ist die Impulsantwort h_n nur für endlich viele n von Null verschieden, dann wird das LTI-System als FIR-System bezeichnet (engl.: *finite impulse response*), andernfalls als IIR-System (engl.: *infinite impulse response*). Ein FIR-System ist ein stabiles System, da die Reaktion auf ein beschränktes Eingangssignal ebenfalls beschränkt ist.

Kausalität Ein diskretes LTI-System ist kausal, wenn der Wert des Ausgangssignals zum Zeitpunkt n_0 nur von den Werten des Eingangssignals f_n für $n \leq n_0$ abhängt. Das System wird dann auch realisierbar genannt.

2.3 Abtasttheorem

Signalverarbeitung ist heute vorrangig digitale Signalverarbeitung, die mit digitalen Systemen ausgeführt wird. Aus einem analogen Signal kann ein digitales, also zeitdiskretes Signal durch (in der Regel) äquidistante Abtastung der Amplitudenwerte des Analogsignals zu den Zeitpunkten $T_\mathrm{A}, 2T_\mathrm{A} \ldots nT_\mathrm{A}$ ermittelt werden. In dem Zusammenhang ist die Frage interessant, ob aus diesen Abtastwerten das Originalsignal wieder rekonstruiert werden kann. Oder anders formuliert: Gibt es für die Abtastung eine von Null verschiedene Intervalllänge T_A, bei der das digitale Signal dieselbe Information wie das Analogsignal enthält? Die Antwort auf diese Frage lautet „Nein“, wenn über die Eigenschaften des analogen Signals $f(t)$ nichts bekannt ist und keinerlei Einschränkungen für $f(t)$ gemacht werden können. Ist jedoch bekannt, dass bestimmte Signaleigenschaften Beschränkungen aufweisen, lässt sich daraus ein Wert für T_A ermitteln, der größer als Null ist. Eine solche Beschränkung kann beispielsweise den Frequenzgehalt des Analogsignals betreffen. Dass dies keine schwerwiegende Beschränkung ist, liegt zum einen in der Tatsache begründet, dass technische Systeme für die Erfassung der Signale ohnehin eine obere Frequenzgrenze besitzen. Zum anderen liegt es oft in der Natur des signalerzeugenden Prozesses, dass Frequenzkomponenten oberhalb einer Grenze nicht mehr vorkommen. Beispiele für Frequenzgrenzen ausgewählter Signale zeigt die folgende Übersicht. Zu beachten ist, dass bei den oberen Frequenzgrenzen des Gesangs und der Musikinstrumente nur die Grundtöne und keine Obertöne angegeben sind.

Biosignale	Frequenzen [Hz]	
Elektrokardiogramm	0 ... 150	
Elektroenzephalogramm	0 ... 70	
Pulskurven	0 ... 30	
Sprache	60 ... 12 000	
Gesang (weiblich)	162,9 ... 1397	Töne $e \ldots f^3$
	1760	Erna Sack a^3
Gesang (männlich)	81,5 ... 523	Töne $E \ldots c^2$
	55	Ivan Rebroff $_1A$
Tierstimmen	100 ... 200 000	Delphin
	10 ... 40	Blauwal
	15 000 ... 150 000	Fledermaus

Umweltsignale	Frequenzen [Hz]	
Windgeräusche	20 ... 1000	
seismische Geräusche	0,1 ... 10	
Luftdruckschwankungen	0 ... 1	
Erdbeben	0,01 ... 10	
Kfz-Geräusche	20 ... 1000	niedrige Geschwindigkeit
	100 ... 10 000	mittlere Geschwindigkeit
	1000 ... 20 000	hohe Geschwindigkeit

Musikinstrumente	[Hz]	
Kontrafagott	29 ... 330	Töne $_2B \ldots e^1$
Klavier	33 ... 4186	Töne $_1C \ldots c^5$
Cembalo	44 ... 1397	Töne $_1F \ldots f^3$
Große Pauke	73 ... 131	Töne $D \ldots c$
Xylophon	131 ... 2093	Töne $c \ldots c^4$
Saxophon	247 ... 1319	Töne $h \ldots e^3$
Pikkoloflöte	494 ... 4186	Töne $h^1 \ldots c^5$

Ist die höchste Frequenzkomponente unbekannt, kann der Frequenzgehalt auch durch Filterung des Analogsignals beschränkt werden (vgl. Abschnitt 2.4.3). Kennen wir nun die höchste im Signal enthaltene Frequenzkomponente, so lässt sich die Bedingung für die Wahl der Abtastrate $1/T_A$ verbal so formulieren:

> Um das Signal $f(t)$ exakt wiederzugewinnen, muss es mit einer Rate abgetastet werden, die größer ist als das Doppelte der höchsten im Signal enthaltenen Frequenzkomponente.

Beziehen wir die Formulierung nicht auf die Rate, also die Abtastfrequenz f_A, sondern auf ihren Kehrwert, das Abtastintervall $T_A = 1/f_A$, so folgt die Ungleichung:

$$T_A < \frac{1}{2\, f_g} \quad \text{mit} \quad f_g \quad \text{höchste im Signal enthaltene Frequenz} \tag{2.22}$$

Die Ungleichung (2.22) heißt — zusammen mit der Rekonstruktionsvorschrift nach Gleichung (2.23) — Abtasttheorem, genauer Abtasttheorem der Frequenztechnik, weil der eingeschränkte Frequenzgehalt die wesentliche Grundlage dieses Theorems ist. An dieser Stelle sei angemerkt, dass auch andere Spektren beschränkt sein können und dann entsprechende Abtasttheoreme existieren, z. B. das der Sequenztechnik [37].
Dass bei Einhaltung der Gleichung (2.22) das zeitdiskrete Signal wirklich dieselbe Information wie das zeitkontinuierliche Signal enthält, soll zunächst phänomenologisch über die Fourierreihenentwicklung erläutert werden. Da diese Reihenentwicklung erst in Abschnitt 4.1 behandelt wird, sei hier vorweggenommen (und für die Erläuterung ausreichend), dass sich jedes periodische Signal durch eine Überlagerung (Addition) von harmonischen Schwingungen darstellen lässt, die sich in Amplitude, Phase und Frequenz unterscheiden. Die Darstellung des Signals in Abhängigkeit von der Frequenz seiner Komponenten heißt Spektrum, bei einem periodischen Signal Linienspektrum. Abbildung 2.12 a) zeigt ein periodisches Signal und Abbildung 2.12 b) sein Linienspektrum. Es besteht aus mehreren Linien, die die Komponenten repräsentieren. Die Frequenzen der zugehörigen Schwingungen sind ganzzahlige Vielfache einer so genannten Grundfrequenz f_0. Sie ist der Kehrwert der Periodendauer T_0 des periodischen Signals: $f_0 = 1/T_0$. Mit Gleichung (2.1) lässt sich auch eine Grundkreisfrequenz ω_0 berechnen. Die grafische Darstellung der Fourierreihenentwicklung, das Spektrum der periodischen Funktion $f(t)$, zeigt diskrete Werte bei $0, \omega_0, 2\omega_0, 3\omega_0$ (Abbildung 2.12 b). Werden die (gewichteten) harmonischen Schwingungen der entsprechenden Frequenzen überlagert, so entsteht wieder die periodische Funktion nach Abbildung 2.12 a). Die Umkehrbarkeit des Vorgangs ist ein Beweis dafür, dass die im periodischen Signal enthaltene Information auch in der diskreten Frequenzdarstellung, dem Linienspektrum, enthalten sein muss.

Liegt nun ein nichtperiodisches zeitbegrenztes Signal vor, so sollte es erlaubt sein, das Signal periodisch fortzusetzen. Weil dadurch nichts Neues hinzugefügt wird, bleibt der Informationsgehalt unverändert. Zu dem periodischen Signal gehört wieder ein diskretes Spektrum, in dem alle Informationen enthalten sind. Werden nun — was theoretisch möglich ist — der Zeit- und der Frequenzbereich vertauscht, so befindet sich eine frequenzkontinuierliche periodische Funktion im Frequenzbereich (Abbildung 2.12 d) und ein zeitdiskretes Signal im Zeitbereich (Abbildung 2.12 c). Jetzt ist die periodische Spektralfunktion (Abbildung 2.12 d) in eine Reihe entwickelt worden (Abbildung 2.12 c). Die periodische Fortsetzung einer Funktion im Frequenzbereich ist aber nur dann möglich, wenn sie im Frequenzgehalt beschränkt ist, also eine höchste Frequenz f_g enthält. Das ist nun genau die Grenzfrequenz in der Gleichung (2.22). Die Abbildungen 2.12 c) und d) lassen nun den Schluss zu, dass auch im zeitdiskreten Signal alle Informationen enthalten sein müssen.
Der in Abbildung 2.12 dargestellte Zusammenhang führt zu einer Gleichung für die Rekonstruktion der Originalfunktion. Ist die Bedingung der Gleichung (2.22) eingehalten worden, so ergibt sich für das größtmögliche Abtastintervall die folgende Beziehung

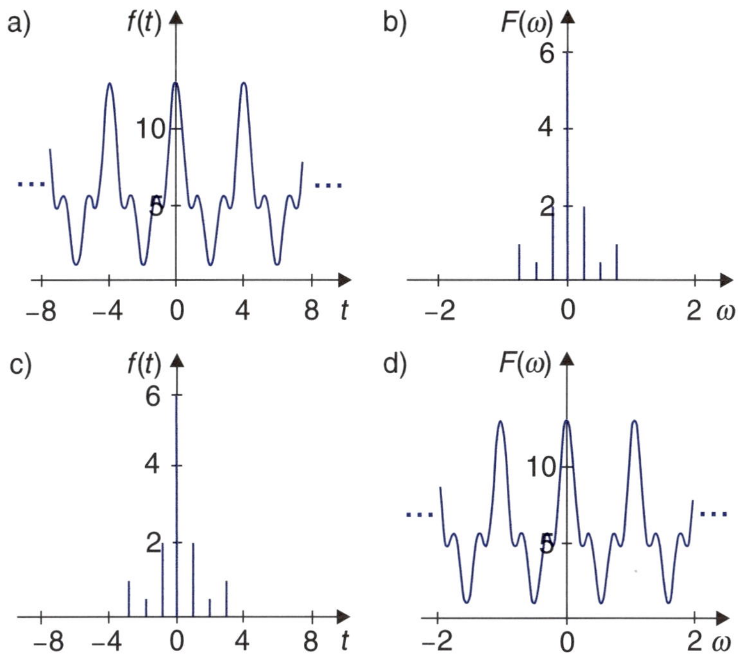

Abbildung 2.12: Zeitkontinuierliches und zeitdiskretes Signal
a) zeitkontinuierliches periodisches Signal
b) Linienspektrum des Signals
c) zeitdiskretes Signal
d) frequenzkontinuierliches periodisches Spektrum

(Herleitung siehe z. B. [31, 52]):

$$f(t) = \sum_{n=-\infty}^{\infty} f(n\,T_A)\ \mathrm{si}\left[\frac{\pi}{T_A}(t - n\,T_A)\right] \tag{2.23}$$

Die Gleichung heißt Rekonstruktionsgleichung und ist im Jahre 1949 von Claude Shannon formuliert worden, der auch ihre Bedeutung für die Informationstheorie erkannte. Weniger bekannt ist, dass die Idee der Abtastung in den Grundzügen schon 1915 von Edmund T. Whittaker, 1924 von Harry Nyquist und 1933 von Vladimir A. Kotelnikov formuliert wurde.
Die halbe Abtastfrequenz wird auch Nyquistfrequenz f_N bzw. Nyquistkreisfrequenz ω_N genannt:

$$f_N = \frac{f_A}{2} \quad \text{bzw.} \quad \omega_N = \frac{\omega_A}{2} \tag{2.24}$$

Die Nyquistfrequenz besagt, dass sich der Frequenzbereich eines Signals bei gegebener Abtastfrequenz f_A nur auf den Bereich von $-f_N$ bis $+f_N$ erstrecken kann.

Bei Verletzung des Abtasttheorems kommt es zu Problemen, die als spektrale Überschneidungen oder auch mit dem englischen Begriff „Aliasing" bezeichnet werden. Wird die Abtastfrequenz zu niedrig gewählt, sind auch in Bereichen jenseits von $\pm f_N$ oder $\pm\omega_N$ noch Spektralkomponenten von $f(t)$ vorhanden (Abbildung 2.13). Die Abbildung zeigt deutlich die spektralen Überschneidungen, die eine Rekonstruktion des Zeitsignals unmöglich machen. Es ist Information verloren gegangen.

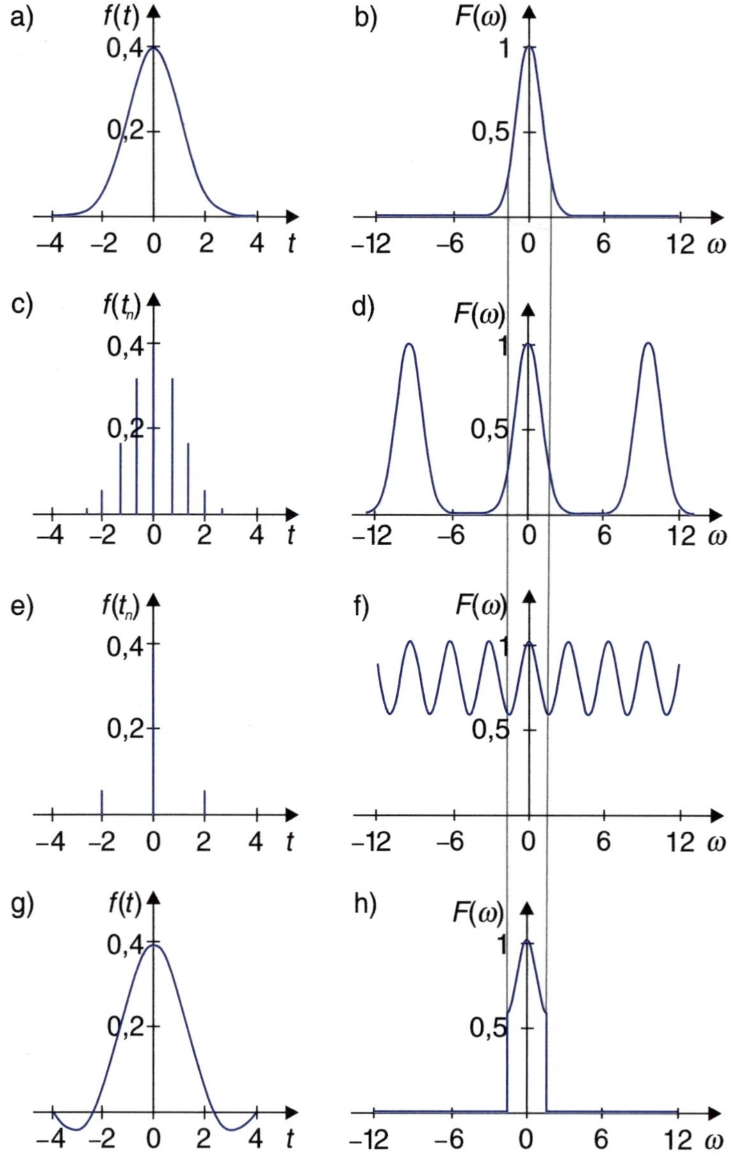

Abbildung 2.13: Spektrale Überschneidungen bei zu geringer Abtastfrequenz
a) abzutastendes Signal und b) zugehöriges Spektrum
c) mit $T_A = \frac{2}{3}$ s abgetastetes Signal und d) periodisch fortgesetztes Spektrum mit $\omega_A = 2\pi/T_A$
e) mit $T_A = 2$ s abgetastetes Signal und f) periodisch fortgesetztes Spektrum mit deutlich sichtbaren spektralen Überschneidungen
g) das aus dem Spektrum h) rekonstruierte Signal
h) eine im Bereich $\pm\omega_N = \pm\frac{\pi}{2}$ aus f) herausgeschnittene Periode

2.4 Signalverarbeitungskette

2.4.1 Strukturen

Einen guten Überblick über die Teilaufgaben, die in der Signalverarbeitung zu lösen sind, können wir durch die Zusammenführung dieser Aufgaben in einem Modell, der Signalverarbeitungskette, gewinnen. Je nach Anwendungsgebiet wird eine solche Signalverarbeitungskette zwar in verschiedenen Modifikationen auftreten, die zu lösenden Teilaufgaben unterscheiden sich jedoch hinsichtlich der anzuwendenden Werkzeuge nicht. Abbildung 2.14 zeigt je ein Beispiel aus der Nachrichtentechnik und der Messtechnik.

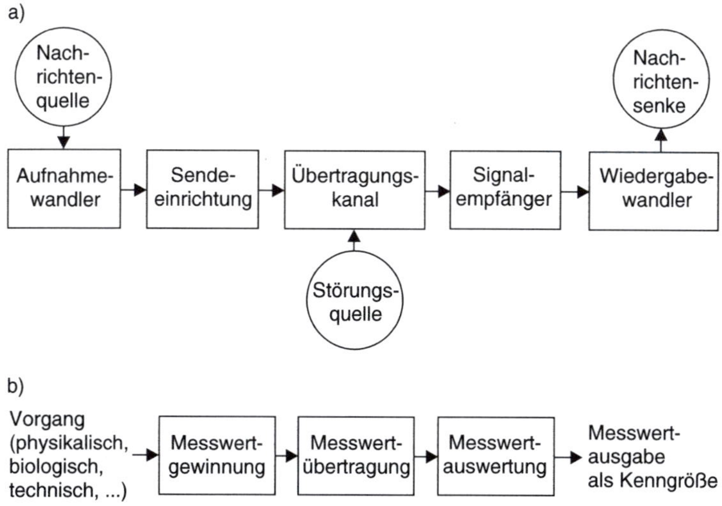

Abbildung 2.14: Zwei Signalverarbeitungsketten
a) gerichtete Nachrichtenkette nach [34]
b) Messstrecke zur Prozessanalyse nach [31]

Um alle möglichen Verarbeitungsaufgaben demonstrieren zu können, soll hier der sehr allgemeine Fall angenommen werden, dass Eingangs- und Ausgangssignal der Verarbeitungskette jeweils nichtelektrische, analoge Signale sind. Damit ergibt sich eine symmetrische Struktur der Signalverarbeitungskette, wie sie in Abbildung 2.15 gezeigt ist.

Im Zentrum der Verarbeitungskette, sozusagen auf der Symmetrielinie, befindet sich ein Rechner oder eine irgendwie gestaltete programmierbare Rechnerstruktur, mit deren Hilfe das jeweilige Ziel der Signalverarbeitung erreicht werden muss (s. Abschnitt 2.4.6). Die übrigen Baugruppen dienen der Aufbereitung des Signals: vor dem Rechner die Umsetzung des nichtelektrischen, analogen Signals in ein elektrisches, digitales Signal, nach dem Rechner die Rückwandlung des elektrischen, digitalen Signals in ein nichtelektrisches, analoges. An dieser Stelle ist es wichtig, darauf hinzuweisen, dass praktische Anwendungen diesem Modell selten vollständig entsprechen werden. Die realen Bedingungen werden oft nur die Umsetzung von bestimmten Teilaufgaben erfordern. Wir wollen aber die vollständige Verarbeitungskette der Abbildung 2.15 als Grundlage für die folgenden Betrachtungen verwenden.

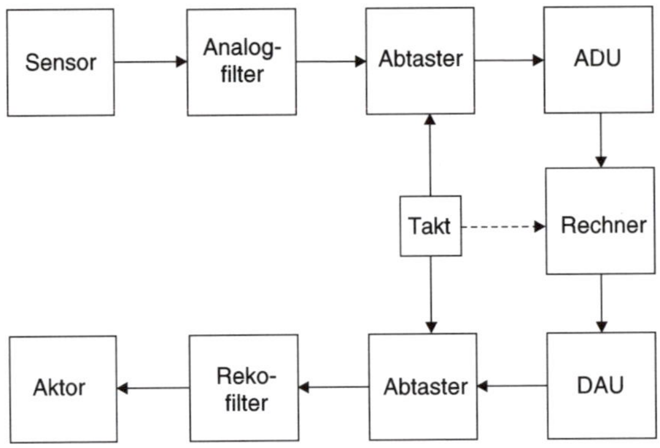

Abbildung 2.15: Modell einer Signalverarbeitungskette

2.4.2 Sensoren

Es sei angenommen, dass aus einem Vorgang (im Spezialfall einem Zustand), der beispielsweise physikalischer, biologischer oder auch technologischer Natur sein kann, Informationen gewonnen werden sollen. Dieser Vorgang wird im Allgemeinen einen unvorhersehbaren Verlauf haben, also ein stochastischer Prozess sein. Zum Zwecke der Informationsgewinnung wird nun dieser Vorgang mit geeigneten Einrichtungen (z. B. Mikrofon, Kamera) beobachtet und aufgezeichnet. Wichtigstes Bauelement dieser Eingangsbaugruppe ist ein Sensor. Unter einem Sensor wollen wir einen Messfühler verstehen, der in der Lage ist, eine in der Regel nichtelektrische Größe in ein elektrisches Signal umzuwandeln. Man spricht auch vom Messaufnehmer, Messumformer, Messwertgeber oder Transducer. Die Technik, die sich damit beschäftigt, wird als Sensorik bezeichnet. Dank der Fortschritte auf den Gebieten der Elektroniktechnologie und der Mikrosystemtechnik stehen gegenwärtig für nahezu alle nichtelektrischen Größen sehr leistungsfähige Sensoren zur Verfügung. Sie sind in miniaturisierten Baugruppen integriert, die oft auch schon Signalverarbeitungsaufgaben lösen.
Es existieren weit mehr als 100 messbare Größen; entsprechend groß ist die Vielfalt der Sensoren. Sie werden in der Literatur nach drei Gesichtspunkten unterteilt:

- nach der genutzten Technologie für die Herstellung des Sensors
- nach der physikalischen Eingangsgröße des Sensors
- nach der elektrischen Ausgangsgröße des Sensors

Die folgende Übersicht enthält Beispiele für Sensoren mit verschiedenen physikalischen Eingangsgrößen.

Druck, Kraft Dehnmessstreifen, Halbleiter-Piezo-Widerstandsbrücken, Kapazitäten mit Siliziummembran, piezoelektrische Keramiken

Länge, Winkel resistive, kapazitive und induktive Bauelemente, positionssensitive Fotodioden, Fotodioden mit Laserpuls- oder Inkrementalgebern, Hallelemente, Kontakte, optische Interferometer

Beschleunigung mikromechanische Kapazitäten mit Testmasse, Piezo-Widerstände auf Biegeelement, induktive Geber

Schall, Ultraschall Elektret- und Piezokeramikmikrofone, elektrodynamische Mikrofone, optische Interferometer

Temperatur Platin-Widerstände, Halbleiter-Widerstände, Heißleiter, Kaltleiter, Thermoelemente, Infrarot-Dioden-Arrays

Gase, Stoffe Widerstände als beheizte poröse Keramiken, Mikroelektroden auf Silizium, Ionen-SFET

Feuchte Kapazitäten mit hygroskopischem Dielektrikum, Metalloxid-Widerstände, hygroskopische Polymere

Optische Strahlung Fotowiderstände, -dioden, -transistoren, Fotodiodenarrays auf CCD- oder CMOS-Chips

Radioaktive Strahlung Germanium-pn-Übergänge, Zählröhren

Elektrisches Feld Kapazitäten, Dipole, spezielle Antennen

Magnetfeld magnetische Metallschichtwiderstände, Halbleiter-Feldplatten, Induktivitäten, Hallelemente

Da Sensoren in der Messtechnik eine elementare Rolle spielen, erfolgt die Beschreibung eines Sensors vorrangig mit messtechnischen Begriffen. Das Verständnis und die richtige Verwendung dieser Begriffe sind auch für die Signalverarbeitung wichtig. Deshalb sollen einige wichtige Termini kurz erläutert werden.

Übertragungsfunktion Die Wandlung des Signals erfolgt nach einem eindeutigen funktionellen Zusammenhang zwischen Eingangsgröße x_e und Ausgangsgröße x_a. Dieser Zusammenhang wird durch die Übertragungsfunktion $x_a = f(x_e)$ beschrieben.

Sensorkennlinie Die grafische Darstellung der Übertragungsfunktion $x_a = f(x_e)$ für jeweils zeitlich konstante Größen x_e und x_a heißt (statische) Sensorkennlinie. Ist die Kennlinie linear oder kann sie als annähernd linear angesehen werden, so ergeben sich einfache Verhältnisse. Für die Kennlinie gilt dann: $x_a = x_{a0} + \Delta x_a / \Delta x_e (x_e - x_{e0})$ mit x_{a0} Ausgangsoffset, Δx_a Ausgangswertebereich, Δx_e Messbereich und x_{e0} Beginn des Messbereichs.

Messung Die Abbildung durch den Sensor und ein anschließender quantitativer Vergleich mit einer Referenzgröße wird Messung genannt. Der Sensor beeinflusst mit seinen Fehlern den Messwert bzw. das Messergebnis (Messergebnis = Maßzahl mal Maßeinheit).

Messbereich Aufgrund der physikalischen Gegebenheiten kann der Sensor die Übertragung des Signals nur für einen Wertebereich zwischen einem kleinstmöglichen und einem größtmöglichen Messwert realisieren, wenn Fehlergrenzen nicht überschritten werden sollen.

Empfindlichkeit Die Empfindlichkeit S oder das Übertragungsmaß ist der Quotient aus der Änderung der Ausgangsgröße und der Änderung der Eingangsgröße, d. h. der differentielle Anstieg der Sensorkennlinie, $S = \mathrm{d}x_a / \mathrm{d}x_e \approx \Delta x_a / \Delta x_e$. Bei linearer Kennlinie ist die Empfindlichkeit konstant und heißt Übertragungsfaktor.

Auflösungsvermögen Das Auflösungsvermögen ist die kleinste nachweisbare Messgrößenänderung, die bei digitalen Geräten durch die Feinheit der Quantisierung bestimmt wird. Bei analogen Größen spricht man eher von Ansprechschwelle. Das ist die kleinste, gerade noch nachweis- bzw. wahrnehmbare Messgrößenänderung.

Abbildungsfehler Fehler können systematisch (anordnungs- und exemplarabhängig) und/oder zufällig (Rauschen, Driften und Alterung als Folge der Umgebungsbedingungen) auftreten. Zusammen ergeben sie den Abbildungsfehler.

Messfehler, absolut Der absolute Messfehler ist die Differenz zwischen dem vom Sensor übertragenen Messwert x_a und einem auf anderem Wege ermittelten „wahren" bzw. wirklichen Messwert: $e = x_a - x_{wahr}$.

Messfehler, relativ Hierfür wird der absolute Messfehler auf den wirklichen Messwert $e^* = e/x_{wahr}$ bezogen. Die Angabe erfolgt meist in %, ‰ oder ppm (engl.: *parts per million*).

Kalibrierung Das Feststellen und Minimieren des Messfehlers als Differenz zwischen der Sensorausgangsgröße und einem als richtig geltenden Wert (einem Normal, durch Definition oder Vergleichsmessung erzeugt) wird als Kalibrierung bezeichnet. Die Fehlerklassen geben einen garantiert unterschrittenen relativen Fehler an. Ein einzelner Sensor kann — durch günstige Zufälle bei der Herstellung — dennoch genauer sein.

Als Beispiel zeigt Abbildung 2.16 ein Kohlegrießmikrofon als Sensor für akustische Signale. Treffen Schallwellen auf die Metallmembran, so verändert der Schalldruck die Dichte der Kohlekügelchen. Dadurch ändert sich auch der Widerstand zwischen den beiden elektrischen Anschlüssen. Diese Widerstandsänderung stellt ein elektrisches Signal dar und ist ein Abbild des Schalldrucks. Leider ist diese Abbildung nur in grober Näherung linear, weil die Kohlekügelchen nicht beliebig verdichtet oder gelockert werden können. Die Abbildung des Schalldrucks auf ein elektrisches Signal ist auch von der Frequenz der Schallwellen abhängig, weil die Kohlekügelchen Energie und Zeit für die Bewegung benötigen.

2.4.3 Bandbegrenzungsfilter

Die Einhaltung des Abtasttheorems macht es erforderlich, für die weitere Signalverarbeitung ein Signal zur Verfügung zu stellen, das frequenzbandbegrenzt ist. Erreicht wird die Begrenzung über eine Filterung des Signals mit einem so genannten Anti-aliasing-Filter. Diese Filter sind steilflankige Tiefpässe. Tiefpässe lassen (relativ) tiefe Frequenzen passieren, für hohe Frequenzen sind sie gesperrt. Idealerweise sollen sie im Durchlassbereich

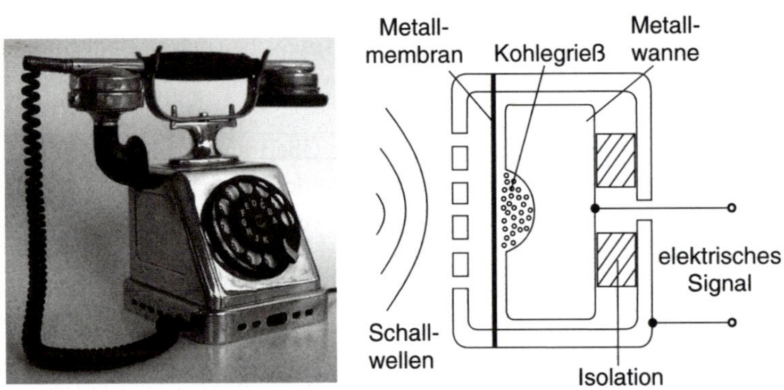

Abbildung 2.16: Kohlegrießmikrofon als Beispiel für einen Sensor

eine Verstärkung von Eins und im Sperrbereich eine Verstärkung von Null aufweisen. Die Verstärkung ist also frequenzabhängig. Beschrieben wird sie durch den Frequenzgang, der auch als Übertragungsfunktion bezeichnet wird. Die Übertragungsfunktion können wir uns als Fenster im Spektralbereich vorstellen.
Die Position des Bandbegrenzungsfilters in der Signalverarbeitungskette bestimmt, dass das analoge Eingangssignal auch mit einer analogen Baugruppe gefiltert werden muss. Neben der hier gewünschten Frequenzbandbegrenzung ist durch Filterung eine ganze Reihe weiterer nützlicher Effekte zu erzielen, die global mit einer Verbesserung des Verhältnisses von Nutz- und Störsignal beschrieben werden können.

Die hier zu betrachtenden Analogfilter gehören zu den linearen Netzwerken. Das bedeutet beispielsweise, dass eine harmonische Schwingung durch die Filterung lediglich in ihrer Amplitude und Phase geändert wird, die Frequenz bleibt unverändert erhalten. Im Zeitalter der Analogtechnik ist der Filterentwurf als die „Krönung der Theorie der komplexen Frequenzen“ [31] angesehen worden. Er ist seit langem umfassend untersucht. Abbildung 2.17 zeigt ein Hilfsmittel für den Filterentwurf.

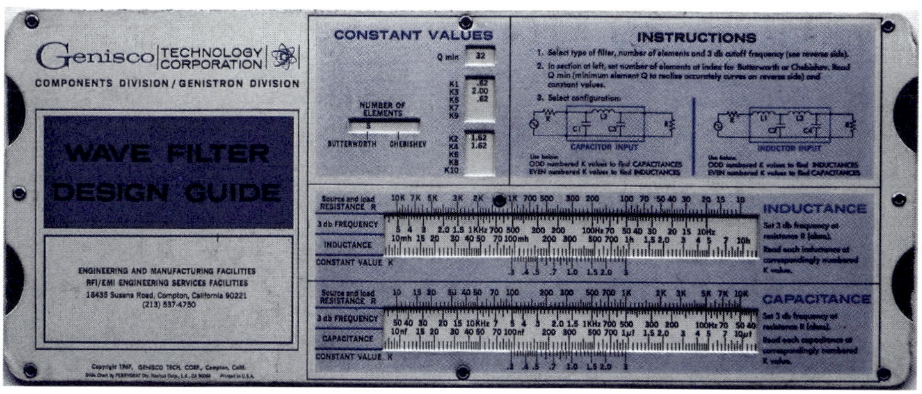

Abbildung 2.17: Rechenschieber für den Entwurf analoger Filter

Grundsätzlich müssen wir zwischen der Synthese von Filtern, also dem Entwurf, und der Analyse von Baugruppen unterscheiden, die Filterfunktionen erfüllen. Hier soll lediglich der Filterentwurf behandelt werden. Zur Beschreibung des Filterverhaltens steht uns die Übertragungsfunktion $H(\omega)$ zur Verfügung, die die Unterschiede zwischen dem Ausgangs- und dem Eingangssignal charakterisiert.

Der Zusammenhang zwischen dem zeitabhängigen Eingangssignal $f(t)$ und dem Ausgangssignal $g(t)$ kann bei Beschränkung auf lineare und zeitinvariante Systeme mit einer linearen Differentialgleichung mit konstanten Koeffizienten A und B beschrieben werden:

$$\left[A_n \frac{\mathrm{d}^n}{\mathrm{d}t^n} + \cdots + A_1 \frac{\mathrm{d}}{\mathrm{d}t} + A_0\right] g\,(t) = \left[B_m \frac{\mathrm{d}^m}{\mathrm{d}t^m} + \cdots + B_1 \frac{\mathrm{d}}{\mathrm{d}t} + B_0\right] f\,(t) \qquad (2.25)$$

Unter Berücksichtigung der Tatsache, dass beim Übergang in den Frequenzbereich anstelle der Differentiation eine Multiplikation mit $j\omega$ auszuführen ist ($\mathrm{d}/\mathrm{d}t$ ○—● $j\omega$, s.

Tabelle B.1 auf S. 261), ergibt sich die zugehörige Gleichung für die frequenzabhängigen Größen:

$$\left[A_n\,(j\omega)^n + \cdots + A_1 j\omega + A_0\right] G\,(\omega) = \left[B_m\,(j\omega)^m + \cdots + B_1 j\omega + B_0\right] F\,(\omega) \tag{2.26}$$

In dieser Gleichung ist $F(\omega)$ die spektrale Darstellung des Signals $f(t)$, ebenso ist $G(\omega)$ das Spektrum des Signals $g(t)$, das heißt $f(t)$ ○—● $F(\omega)$ und $g(t)$ ○—● $G(\omega)$. Für die Übertragungsfunktion folgt:

$$H\,(\omega) = \frac{G\,(\omega)}{F\,(\omega)} = \frac{\sum\limits_{i=0}^{m} B_i\,(j\omega)^i}{\sum\limits_{i=0}^{n} A_i\,(j\omega)^i} \tag{2.27}$$

Zur Erläuterung der Zusammenhänge zeigt Abbildung 2.18 ein Beispiel. Das Eingangssignal ist eine Impulsfunktion $\delta(t)$ mit dem Spektrum $F(\omega) = 1$. Gesucht sind das Ausgangssignal $g(t)$ und das zugehörige Spektrum $G(\omega)$, wenn für die Übertragungsfunktion $H(\omega) = 1/(j\,\omega + 3)^2$ gilt. Für das Spektrum des Ausgangssignals $G(\omega)$ ergibt sich: $G(\omega) = 1/(j\,\omega + 3)^2$. Nach Tabelle B.1 folgt für die zugehörige Zeitfunktion $G(\omega)$ ●—○ $g(t) = t\exp(-3t)$.

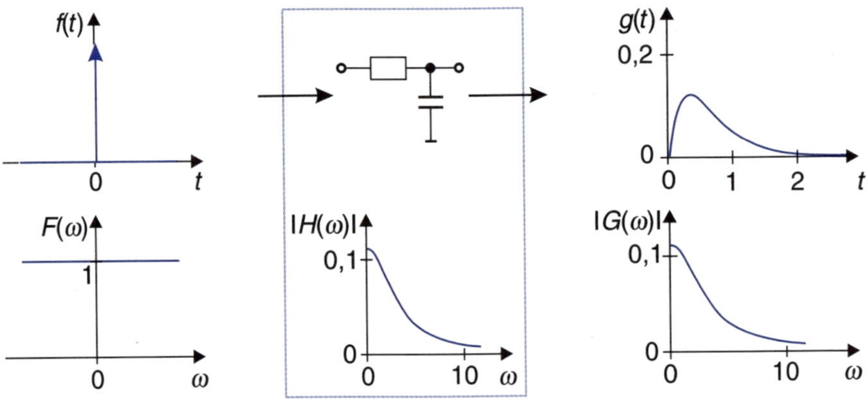

Abbildung 2.18: Beispiel für den Zusammenhang zwischen Eingangssignal, Übertragungsfunktion und Ausgangssignal eines analogen Tiefpasses

Das Beispiel zeigt auch einen allgemein gültigen Zusammenhang: Ist das Eingangssignal eines linearen Netzwerkes die Deltafunktion $f(t) = \delta(t)$, so ist das Ausgangsspektrum $G(\omega)$ wegen Gleichung (2.27) und $\delta(t)$ ○—● 1 gleich der Übertragungsfunktion $H(\omega)$. Da die Übertragungsfunktion eine komplexe Funktion ist, kann sie als Summe ihres Realteils $\Re$ und Imaginärteils $\Im$ geschrieben werden:

$$H\,(\omega) = \Re\{H\,(\omega)\} + j\;\Im\{H\,(\omega)\} \tag{2.28}$$

Die grafische Darstellung erfolgt üblicherweise getrennt nach Betrag $|H(\omega)|$ und Winkel $\angle H(\omega)$:

$$|H\,(\omega)| = \sqrt{\Re^2\{H\,(\omega)\} + j\;\Im^2\{H\,(\omega)\}} \tag{2.29}$$

$$\angle H(\omega) = \arctan \frac{\Im\{H(\omega)\}}{\Re\{H(\omega)\}} + \begin{cases} 0 & \text{wenn} \quad \Re\{H(\omega)\} > 0 \\ \pi & \text{wenn} \quad \Re\{H(\omega)\} < 0 \quad \text{und} \quad \Im\{H(\omega)\} \geq 0 \\ -\pi & \text{wenn} \quad \Re\{H(\omega)\} < 0 \quad \text{und} \quad \Im\{H(\omega)\} < 0 \end{cases} \tag{2.30}$$

Für den Spezialfall, dass der Realteil Null ist, bestimmen die Asymptoten der Arkustangensfunktion den Winkel $\angle H(\omega)$ [7]:

$$\angle H(\omega) = \begin{cases} \frac{-\pi}{2} & \text{wenn} \quad \Re\{H(\omega)\} = 0 \quad \text{und} \quad \Im\{H(\omega)\} < 0 \\ \text{unbestimmt} & \text{wenn} \quad \Re\{H(\omega)\} = 0 \quad \text{und} \quad \Im\{H(\omega)\} = 0 \\ \frac{\pi}{2} & \text{wenn} \quad \Re\{H(\omega)\} = 0 \quad \text{und} \quad \Im\{H(\omega)\} > 0 \end{cases} \tag{2.31}$$

Der Betrag der Übertragungsfunktion heißt auch Amplitudengang des Filters, der Winkel heißt Phasengang.
Die Übertragungsfunktion $H(\omega)$ kann nun wunschgemäß gestaltet werden. Besteht – wie in unserem Fall – der Wunsch, das Frequenzband zu begrenzen, wird ein Tiefpass mit den in Abbildung 2.19 dargestellten Parametern gewählt. Üblich ist die Darstellung des Betragsquadrats der Übertragungsfunktion von $H(\omega)$.

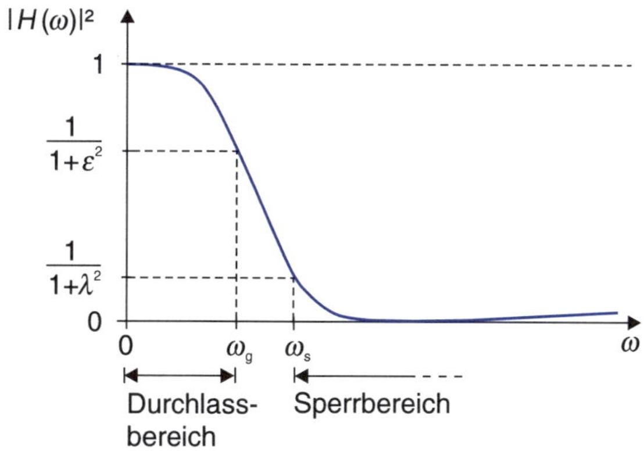

Abbildung 2.19: Kenngrößen eines Tiefpassfilters

Reale Tiefpässe unterscheiden sich vor allem durch einen unterschiedlich verlaufenden Übergang vom Durchlassbereich in den Sperrbereich. Für den Durchlassbereich gilt:

$$\begin{aligned} |\omega| &< \omega_g \quad \text{mit} \quad \omega_g \quad \text{Grenzfrequenz} \\ |H(\omega)|^2 &> \frac{1}{1+\varepsilon^2} \end{aligned} \tag{2.32}$$

Für den Sperrbereich gilt:

$$\begin{aligned} |\omega| &> \omega_s \quad \text{mit} \quad \omega_s \quad \text{Sperrfrequenz} \\ |H(\omega)|^2 &< \frac{1}{1+\lambda^2} \end{aligned} \tag{2.33}$$

Ideale Verhältnisse liegen für $\varepsilon = 0$ und $\lambda \to \infty$ vor.

Butterworthfilter Ein wegen seiner günstigen Eigenschaften häufig gewählter Filtertyp ist das Filter nach Butterworth. Für das Betragsquadrat der Übertragungsfunktion dieses Filters gilt:

$$|H_{\mathbf{Bu}}(\omega)|^2 = \frac{1}{1+\varepsilon^2\left(\frac{\omega}{\omega_g}\right)^{2N}} \tag{2.34}$$

wobei $N \in \mathbb{N}$ die Filterordnung ist. Sie ergibt sich durch die Wahl von ε und λ, die ihrerseits die Grenzfrequenz ω_g und die Sperrfrequenz ω_s bestimmen. Zur Festlegung von N könnte beispielsweise

$$\omega = \omega_s \quad \text{und} \quad |H_{\mathbf{Bu}}(\omega)|^2 \leq \frac{1}{1+\lambda^2}$$

gesetzt werden. Damit kann Gleichung (2.34) nach N umgestellt werden:

$$N \geq \frac{\log\left(\frac{\lambda}{\varepsilon}\right)}{\log\left(\frac{\omega_s}{\omega_g}\right)} \tag{2.35}$$

Bei der Wahl der Ordnung N muss ein Kompromiss zwischen der Steilheit ($\omega_s \rightarrow \omega_g$) und dem Aufwand, der sich in der Ordnung ausdrückt, gefunden werden (Abbildung 2.20).

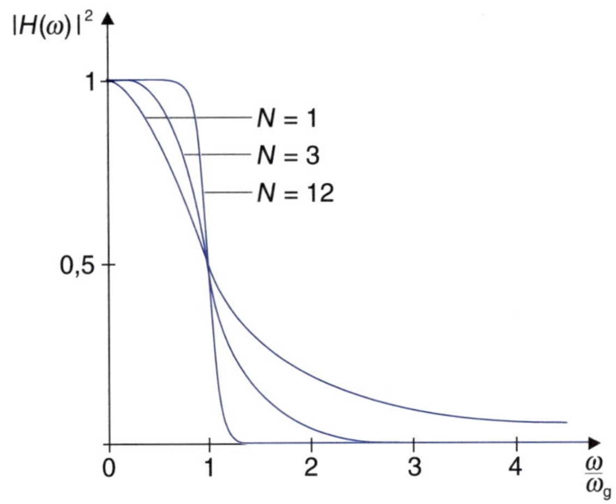

Abbildung 2.20: Betragsquadrat der Übertragungsfunktion von Butterworthfiltern für verschiedene N bei $\varepsilon = 1$

Die wichtigsten Eigenschaften der Übertragungsfunktion von Butterworthfiltern sind:

- scharfe Begrenzung des Sperr- und Durchlassbereichs
- flacher Verlauf im Sperr- und Durchlassbereich

Tschebyschefffilter Wird eine geringe Welligkeit im Sperr- oder Durchlassbereich zugelassen, so ist der Kompromiss zwischen dem durch die Wahl von N bestimmten Aufwand und guter Trennung von Sperr- und Durchlassbereich beim Tschebyschefffilter günstiger [51]. Bei diesem Filtertyp wird die Übertragungsfunktion mit Hilfe der Tschebyscheffpolynome approximiert. Diese besitzen eine bemerkenswerte Eigenschaft [7]:

> Von allen Polynomen des Grades n, deren 0. Koeffizient stets den Wert 1 hat, besitzen die normierten Tschebyscheffpolynome $T_n(x)/(2^{(n-1)})$ im Intervall $[-1; 1]$ die kleinste maximale Amplitude von 2^{1-n}.

Für die Tschebyscheffpolynome gilt für alle $n \geq 0$:

$$T_n(x) = \begin{cases} \cos(n \cdot \arccos(x)) & \text{für} \quad |x| \leq 1 \\ \cosh(n \cdot \operatorname{arcosh}(x)) & \text{für} \quad |x| > 1 \end{cases} \tag{2.36}$$

Ist $|x| \leq 1$, so ergibt sich

$$\begin{aligned} T_0(x) &= \cos(0) = 1 \\ T_1(x) &= \cos(\arccos(x)) = x \end{aligned} \tag{2.37}$$

Setzen wir $\cos(\alpha) = x$ und verwenden die Additionstheoreme der Kosinusfunktion für Vielfache des Winkels α (z. B. $\cos(2\alpha) = 2\cos^2(\alpha) - 1$ usw.), so folgen für die weiteren drei Polynome die Funktionen:

$$\begin{aligned} T_2(x) &= 2x^2 - 1 \\ T_3(x) &= 4x^3 - 3x \\ T_4(x) &= 8x^4 - 8x^2 + 1 \end{aligned} \tag{2.38}$$

Für $|x| \leq 1$ und $n > 1$ kann auch eine Rekursionsgleichung formuliert werden:

$$T_n(x) = 2x\,T_{n-1}(x) - T_{n-2}(x) \tag{2.39}$$

In Abbildung 2.21 sind für den Bereich $|x| \leq 1$ die ersten sechs Tschebyscheffpolynome dargestellt.

Beim Tschebyschefffilter unterscheiden wir zwei Typen: Typ 1 besitzt eine Welligkeit im Durchlassbereich, Typ 2 im Sperrbereich. Für das Betragsquadrat der Übertragungsfunktionen $|H_{T1}(\omega)|^2$ und $|H_{T2}(\omega)|^2$ der beiden Filter gilt:

$$\begin{aligned} |H_{T1}(\omega)|^2 &= \frac{1}{1 + \varepsilon^2\, T_N^2\left(\frac{\omega}{\omega_g}\right)} \\ |H_{T2}(\omega)|^2 &= \frac{1}{1 + \varepsilon^2\, \frac{T_N^2\left(\frac{\omega_S}{\omega_g}\right)}{T_N^2\left(\frac{\omega_S}{\omega}\right)}} \end{aligned} \tag{2.40}$$

Die Umstellung der Gleichungen erfolgt wie beim Butterworthfilter und ergibt für Typ 1 genauso wie für Typ 2:

$$N \geq \frac{\arccos\left(\frac{\lambda}{\varepsilon}\right)}{\arccos\left(\frac{\omega_S}{\omega_g}\right)} \quad \text{für} \quad \left|\frac{\omega_S}{\omega_g}\right| \leq 1 \quad \text{beim Hochpassentwurf}$$

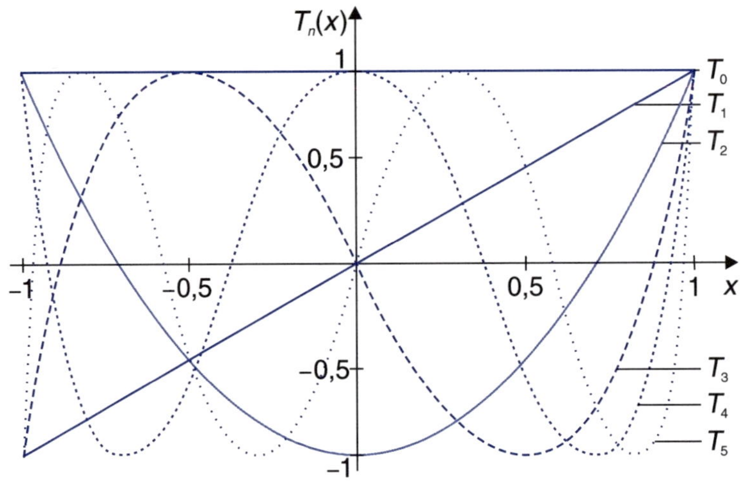

Abbildung 2.21: Sechs Tschebyscheffpolynome $T_0(x)$ bis $T_5(x)$ im Bereich $|x| \leq 1$

$$N \geq \frac{\operatorname{arcosh}\left(\frac{\lambda}{\varepsilon}\right)}{\operatorname{arcosh}\left(\frac{\omega_{\mathrm{s}}}{\omega_{\mathrm{g}}}\right)} \quad \text{für} \quad \left|\frac{\omega_{\mathrm{s}}}{\omega_{\mathrm{g}}}\right| > 1 \quad \text{beim Tiefpassentwurf} \tag{2.41}$$

In Abbildung 2.22 ist das Betragsquadrat der Übertragungsfunktion eines Tschebyscheff-filters im Vergleich zu einem Butterworthfilter dargestellt. Aus der Abbildung ist ersichtlich, dass sich bei gleicher Wahl von N beim Tschebyscheffﬁlter ein steilerer Übergangsbereich ergibt.

2.4.4 Erster Abtaster

Das Ausgangssignal der Analogfilterung $f(t)$ ist ein frequenzbandbegrenztes Analogsignal. Bevor nun eine Analog-Digital-Umsetzung erfolgen kann, ist eine Abtastung dieses Signals erforderlich. Das Signal $f_{\mathrm{s}}(t)$ soll nur noch bei ganzzahligen Vielfachen des Abtastintervalls T_{A} einen Wert ungleich Null aufweisen:

$$f_{\mathrm{s}}(t) = \begin{cases} f(t) & \text{für} \quad t = n\,T_{\mathrm{A}} \\ 0 & \text{sonst} \end{cases} \quad \text{mit} \quad -\infty < n < \infty \quad \text{und} \quad n \in \mathbb{Z} \tag{2.42}$$

Ein Abtaster ist eine Verstärkerschaltung mit einem analogen und einem digitalen Eingang sowie einem analogen Ausgang. Sie arbeitet mit zwei verschiedenen Verstärkungsfaktoren. Liegt am Digitaleingang eine Eins, so arbeitet die Schaltung für den Analogeingang als normaler Verstärker mit einem Verstärkungsfaktor von ebenfalls Eins. Das Signal am Analogausgang folgt dem Verlauf des Signals am Analogeingang. Liegt eine Null am Digitaleingang, dann sinkt die Verstärkung für das Analogsignal ebenfalls auf Null. Dieses Verhalten entspricht einer Multiplikation der beiden Eingangssignale. Unter idealen Verhältnissen erfolgt die Multiplikation des Eingangssignals $f(t)$ mit einer periodischen Deltafunktion $\delta_T(t)$ nach Gleichung (2.9). Für das Multiplikationsergebnis

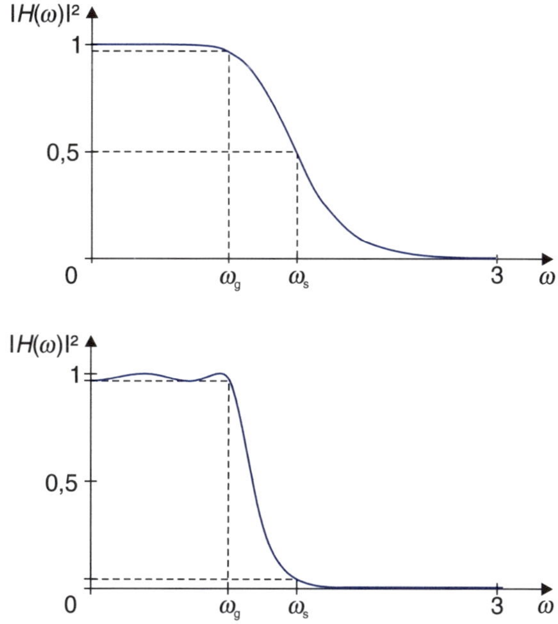

Abbildung 2.22: Betragsquadrat der Übertragungsfunktionen für Butterworth- und Tschebyschefffilter, $N = 4$, $\varepsilon = 0{,}2$ und $\omega_S = 1{,}5 \cdot \omega_g$

$f_S(t)$ gilt:

$$\begin{aligned} f_S(t) &= f(t) \cdot \delta_T(t) \\ &= f(t) \sum_{n=-\infty}^{\infty} \delta(t - n\,T_A) \end{aligned} \qquad (2.43)$$

Wegen

$$f(t)\ \delta(t - t_0) = f(t_0)\ \delta(t - t_0) \qquad (2.44)$$

gilt auch:

$$f_S(t) = \sum_{n=-\infty}^{\infty} f(n\,T_A)\ \delta(t - n\,T_A) \qquad (2.45)$$

Da die Deltafunktion nur an einer Stelle ungleich Null ist, liefert jeder Summand jeweils einen von Null verschiedenen Wert des Signals als Beitrag. Man spricht deshalb auch von der Ausblendeigenschaft der Deltafunktion.

Nach der Abtastung des Signals $f(t)$ ist es erforderlich, das Signal $f_S(t)$ für die Dauer des Abtastintervalls T_A konstant zu halten. Diese Aufgabe übernimmt eine Halteschaltung. Sie sorgt dafür, dass dem Analog-Digital-Umsetzer ein konstanter Strom oder eine konstante Spannung $f_0(t)$ geliefert wird. Würde dem Analog-Digital-Umsetzer keine konstante Größe übergeben, wäre das Umsetzergebnis möglicherweise falsch oder der Umsetzvorgang fände kein zeitliches Ende. Die einfachste Realisierung für das „Einfrieren" besteht aus einem Halteglied 0. Ordnung, das aus einem Kondensator und einem

Operationsverstärker aufgebaut werden kann. Das Abtasten und Halten des Signals $f(t)$ wird in der Praxis oft in einer Baugruppe, der Abtast-Halte-Schaltung zusammengefasst (Abbildung 2.23). Wichtige Parameter einer solchen Schaltung sind die Geschwindigkeit und die Genauigkeit.

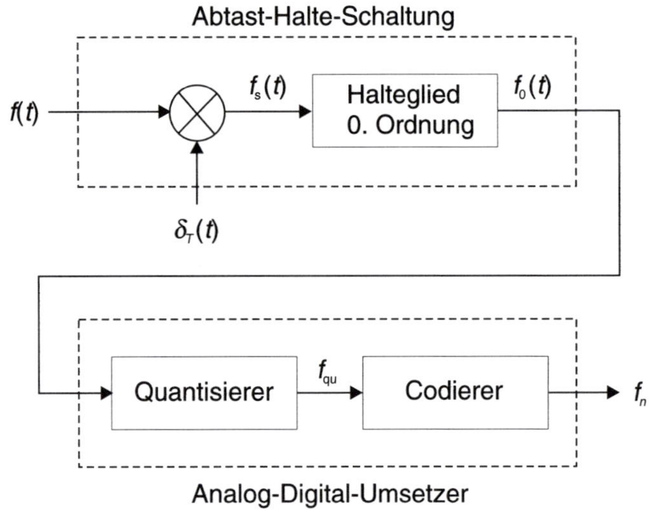

Abbildung 2.23: Abtast-Halte-Schaltung und Analog-Digital-Umsetzer

2.4.5 Analog-Digital-Umsetzer

Aufgabe des Analog-Digital-Umsetzers (kurz: AD-Umsetzer oder ADU) ist die Umsetzung einer Spannungs- oder Stromamplitude in eine in der Regel binär codierte Zahl. Diese Umsetzung erfolgt durch die Baugruppen Quantisierer und Codierer (Abbildung 2.23). Der Binärcode am Ausgang des Codierers entspricht dem quantisierten Momentanwert der Eingangsgröße. Die Abbildung der gehaltenen Werte $f_0(t)$ auf eine endliche Wertemenge erfolgt in einem nichtlinearen System, dem Quantisierer. Eine typische Quantisierungskennlinie zeigt Abbildung 2.24.

Erfolgt die Quantisierung in gleichmäßigen Stufen mit der Vorschrift Q, gilt für den quantisierten Amplitudenwert:

$$f_{\mathrm{qu}} = Q\{f_0(t)\} \tag{2.46}$$

Entstehen — wie in Abbildung 2.24 — positive und negative Werte, so handelt es sich um eine bipolare Quantisierung. Ist die Anzahl der Quantisierungsstufen gerade, ergeben sich unsymmetrische Verhältnisse, die allerdings bei einer großen Stufenzahl praktisch unbedeutend sind. Mit einem Binärcode von $(B+1)$ bit können 2^{B+1} Stufen dargestellt werden, wobei $B+1$ die Wortbreite ist. Die Größe $2f_{\mathrm{m}}$ ist der Aussteuerbereich und hat z. B. Werte von 10 V, 5 V oder 1 V. Ist die Anzahl der Quantisierungsstufen sehr groß, wird die Quantisierungskennlinie durch eine Ursprungsgerade mit dem Anstieg a

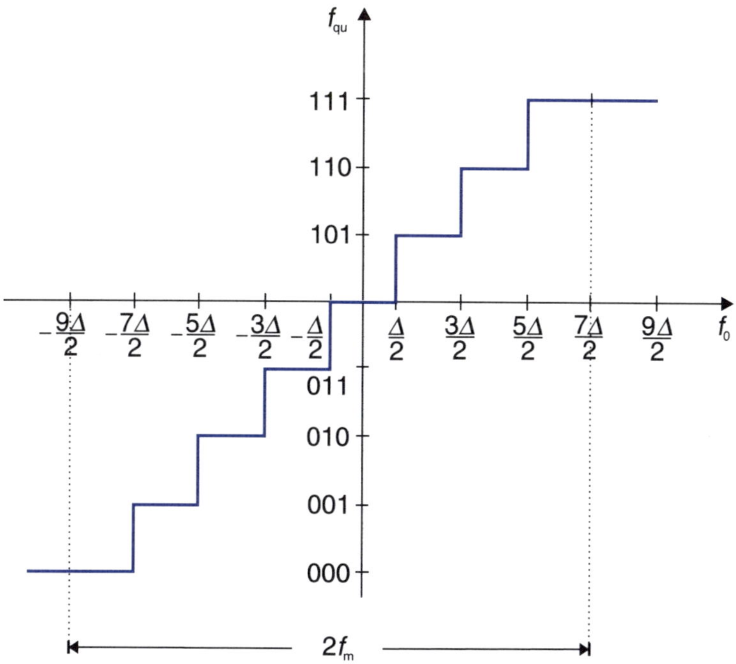

Abbildung 2.24: Typische Quantisierungskennlinie eines Analog-Digital-Umsetzers

genähert:

$$f_{qu} = a \cdot f_0 = \frac{2^{B+1}}{2\ f_m} \cdot f_0 = \frac{2^B}{f_m} \cdot f_0 \tag{2.47}$$

Da der Aussteuerungsbereich in 2^{B+1} Stufen aufgeteilt wird, folgt für die Stufenbreite bzw. Schrittweite Δ:

$$\Delta = \frac{2\ f_m}{2^{B+1}} = \frac{f_m}{2^B} = \frac{1}{a} \tag{2.48}$$

Für die Kennlinie in Abbildung 2.24 ergibt sich beispielsweise für $2\ f_m = 8$ V und $B = 2$ die Schrittweite:

$$\Delta = \frac{8\ \text{V}}{2^{2+1}} = 1\ \text{V}$$

Da der wahre Wert f_0 und der quantisierte Wert f_{qu} im Allgemeinen voneinander abweichen, entsteht ein Fehler, dessen Größe zwischen $-\Delta/2$ und $+\Delta/2$ liegt. Die konkrete Abweichung hat Zufallscharakter und kann als weißes Rauschen modelliert werden, für das die Wahrscheinlichkeitsverteilung des Fehlerprozesses über den Wertebereich des Quantisierungsfehlers konstant ist (vgl. Abschnitt 3.1.2). Für eine solche konstante Wahrscheinlichkeitsdichte ergibt sich eine Varianz (Rauschleistung) von:

$$\sigma_r^2 = \frac{2^{-2B}\ f_m^2}{12} \tag{2.49}$$

Für das Signal-Rausch-Verhältnis SNR mit der Maßeinheit Dezibel [dB] folgt damit:

$$\begin{aligned} \mathrm{SNR} &= 10\,\mathrm{dB} \cdot \lg \frac{\sigma_\mathrm{f}^2}{\sigma_\mathrm{r}^2} \\ &= 10\,\mathrm{dB} \cdot \lg \frac{12 \cdot 2^{2B}\,\sigma_\mathrm{f}^2}{f_\mathrm{m}^2} \\ &= B \cdot 6{,}02\,\mathrm{dB} + 10{,}8\,\mathrm{dB} - 20\,\mathrm{dB} \cdot \lg \frac{f_\mathrm{m}}{\sigma_\mathrm{f}} \\ &\approx B \cdot 6\,\mathrm{dB} - 1{,}25\,\mathrm{dB} \end{aligned} \tag{2.50}$$

Der erste Summand sagt aus, dass sich bei Hinzunahme von einem Bit, also bei Verdopplung der Anzahl der Quantisierungsstufen, das Signal-Rausch-Verhältnis um 6 dB verbessert. Das Signal-Rausch-Verhältnis nimmt auch zu, wenn die Signalleistung σ_f größer wird. Diese ist jedoch durch den Aussteuerbereich begrenzt. Für optimale Verhältnisse sollte also die Signalamplitude dem Aussteuerbereich angepasst werden. Um die Größenordnung zu verdeutlichen, sei angemerkt, dass hochwertige Musikaufzeichnungen einen Signal-Rausch-Abstand von über 90 dB haben.

In realen AD-Umsetzern findet ein Vergleich zwischen der aktuellen analogen Spannung mit einem Satz von festen Spannungswerten bzw. -normalen statt, die zeitsequentiell erzeugt werden oder parallel vorliegen. Entsprechend werden serielle und parallele Umsetzer unterschieden. Die serielle Umsetzung, auch indirekte Umsetzung oder Zählmethode genannt, erfordert viele Umsetzschritte (für 8 bit 255 Umsetzschritte), aber nur ein Normal. Sie ist langsam, aber wenig aufwendig. Die parallele Umsetzung, auch direkte Methode genannt, arbeitet mit nur einem Umsetzschritt, aber vielen Normalen. Bei 8 bit werden z. B. 255 Komparatoren hoher Genauigkeit benötigt. Derzeit sind bis zu 500 Mio. Umsetzungen in der Sekunde erreichbar. Ein Beispiel für die AD-Umsetzung nach dem Parallelverfahren zeigt Abbildung 2.25.

Zwischen diesen Verfahren gibt es eine Reihe von Mischformen, die einen Kompromiss zwischen Geschwindigkeit und Aufwand darstellen (z. B. für 8 bit 8 Normale und 8 Umsetzschritte). Zu diesen AD-Umsetzern gehören Stufenumsetzer und Umsetzer, die nach dem Prinzip der sukzessiven Approximation arbeiten. Letztere sind durch geringen Aufwand und minimale Abfragen gekennzeichnet. Das Prinzip besteht darin, dass ein Binärzähler durch eine Steuerlogik mit vorgegebenem Programm ersetzt wird. Die notwendige Anzahl der Vergleichsschritte wird durch ein Wägeverfahren minimiert. Dazu erfolgt, beginnend mit dem höchstwertigen Bit, sukzessive ein Vergleich der Eingangsspannung mit den korrespondierenden Spannungswerten der einzelnen Bits. Typisch sind derzeit 80 000 Umsetzungen in der Sekunde, Anwendungsbereich ist die Audiotechnik.

Bei realen AD-Umsetzern verursachen die Quantisierer im wesentlichen vier Fehler:

Linearitätsfehler Die reale Umsetzerkennlinie ist durch ungleiche Quantisierungsschritte „gekrümmt“ (Abbildung 2.26 a).

Begrenzungsfehler Die reale Umsetzerkennlinie ist zu steil, die höchste Dualzahl wird vor Anlegen der höchsten Eingangsgröße erreicht (Abbildung 2.26 b).

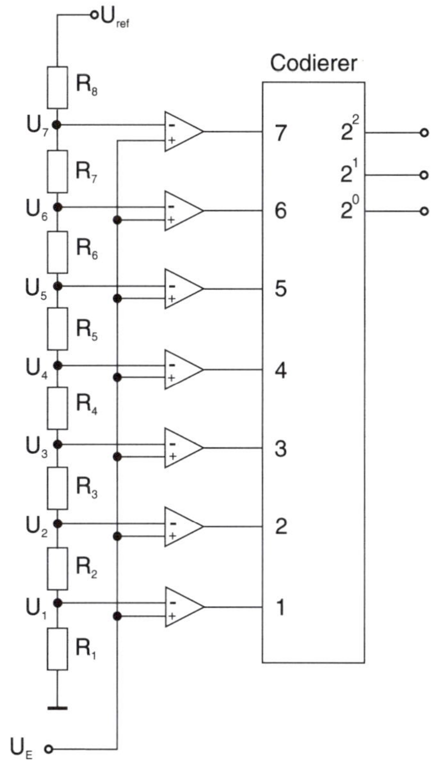

Abbildung 2.25: Schaltbild eines Analog-Digital-Umsetzers mit direktem Spannungsvergleich

Quantisierungsfehler Die reale Umsetzerkennlinie ist zu „grob", die Wortbreite müsste erhöht werden (Abbildung 2.26 c).

Offsetfehler Die reale Umsetzerkennlinie ist zu weit nach links oder rechts verschoben, beim Anlegen der Eingangsgröße Null erscheint nicht das Umsetzergebnis Null (Abbildung 2.26 d).

In dem zweiten erforderlichen Schritt (Codierung) muss das Zwischenergebnis f_{qu} in den gewünschten Binärcode umgewandelt werden. Üblich sind Einer- und Zweier-Komplement-Codes, aber auch Gleitkomma-Codes. Die Abbildung von f_{qu} auf die Ausgangsgröße f_n erfolgt mit digitalen kombinatorischen Schaltungen.

2.4.6 Rechner

Ein signalverarbeitendes System (vgl. Abbildung 2.15) bildet ein digitalisiertes Eingangssignal f_n auf ein digitales Ausgangssignal g_n ab. Realisiert wird das Signalverarbeitungssystem mit Mikroprozessoren, Signalprozessoren oder mit digitalen Logikschaltungen. Die Algorithmen der Signalverarbeitung werden auf diesen Plattformen unterschiedlich realisiert. Die Unterschiede sollen im Folgenden an einem einfachen Beispiel demonstriert werden. Wir haben dazu den in der Signalverarbeitung häufig ge-

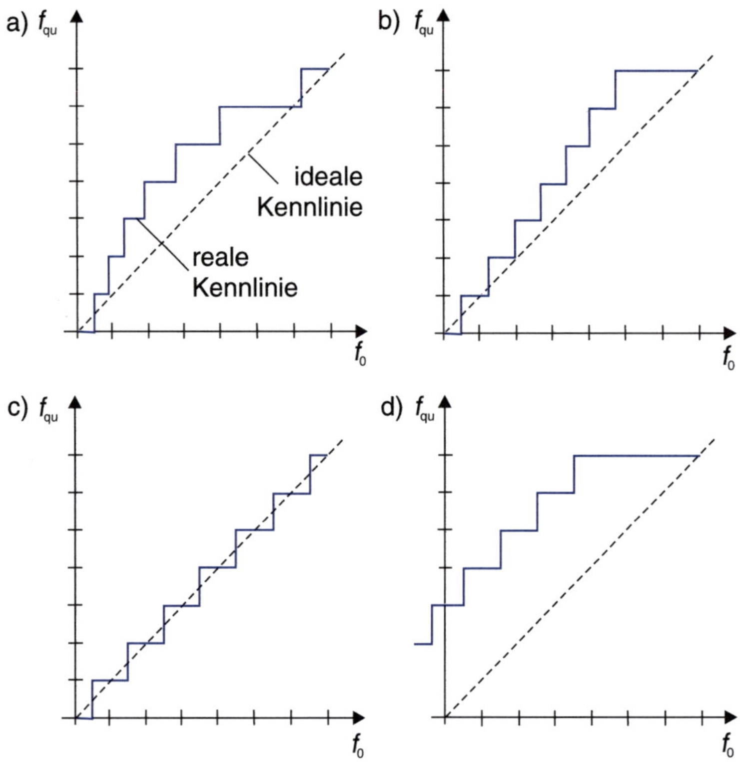

Abbildung 2.26: Vier Fehler bei der Analog-Digital-Umsetzung nach [40]
a) Linearitätsfehler, b) Begrenzungsfehler, c) Quantisierungsfehler und d) Offsetfehler

brauchten funktionalen Zusammenhang der Linearkombination ausgewählt:

$$g_n = \sum_{i=0}^{I-1} a_i \cdot f_{n+i} \tag{2.51}$$

Dabei sind die a_i Koeffizienten, mit denen die Abtastwerte f_{n+i} vor einer Summation zu multiplizieren sind.

Mikroprozessor Der Mikroprozessor ist nicht auf Aufgaben der digitalen Signalverarbeitung spezialisiert und besitzt gewöhnlich eine Von-Neumann-Architektur, die dadurch gekennzeichnet ist, dass Befehle und Operanden (in unserem Fall Koeffizienten und Abtastwerte) in einem gemeinsamen Speicher abgelegt werden (Abbildung 2.27). Der Zugriff auf die Befehle und Operanden einer Funktion erfolgt demnach zeitlich sequentiell. Die Operanden werden einer Arithmetik-Logik-Einheit zugeführt, die befehlsabhängige Rechenoperationen ausführt. Zusätzlich wird oft ein Adressrechenwerk integriert, das die Berechnung der Speicheradresse beim Zugriff auf Signalvektoren effektiviert.

Für die Operation $g_n = \sum a_i \cdot f_{n+i}$ muss vor jeder Multiplikation je ein Speicherzugriff auf einen mit i und einen mit $n + i$ indizierten Speicher erfolgen. Das Produkt wird in einem prozessorinternen Register zwischengespeichert und anschließend zum Inhalt eines Akkumulatorregisters addiert, das nach I Schritten das Summationsergebnis g_n enthält. Der in einem Indexregister stehende Wert von i muss inkrementiert und auf die Abbruchbedingung $i = I$ überprüft werden. Solange diese nicht erfüllt ist, werden die genannten Programmschritte wiederholt. Die Abarbeitung des Algorithmus erfordert also eine Vielzahl von Befehls- und Operandenlesezyklen sowie die mehrfache Ausführung von Additions-, Multiplikations-, Inkrementierungs- und Vergleichsoperationen in einer Programmschleife. Der Zeitbedarf ist entsprechend hoch, er steigt zudem linear mit der Anzahl der Summanden I an. Die Hardwareressourcen (Speicher- und Programmplatz) begrenzen dagegen die Anzahl der Summanden kaum, denn die Verwaltung der Speicher ist wenig aufwendig.

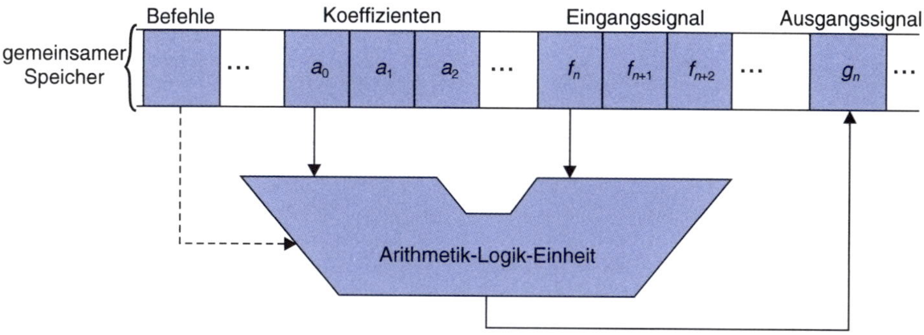

Abbildung 2.27: Realisierung der Gleichung (2.51) mit einem Mikroprozessor

Moderne Halbleitertechnologien, hohe Taktfrequenzen, Cache-Speichertechniken und Pipelinestrukturen ermöglichen trotz der konzeptionellen Nachteile einen breiten Einsatz des Mikroprozessors in der Signalverarbeitung.

Digitaler Signalprozessor Der digitale Signalprozessor (DSP) ist auf Aufgaben der digitalen Signalverarbeitung spezialisiert und besitzt gewöhnlich eine Harvardarchitektur, die dadurch gekennzeichnet ist, dass Befehle und Operanden in getrennten Speichern abgelegt werden [29]. Der Zugriff auf Befehle und Operanden einer Funktion erfolgt demnach zeitlich vollständig parallel. Während eines Operandenzugriffs kann bereits der nächste Befehl aus dem Speicher gelesen werden. Die Operanden werden einer speziellen Multiplizier-Addier-Einheit zugeführt, die auf eine schnelle Abarbeitung der häufig verwendeten Multiplizier- und Addierfunktionen spezialisiert ist. Zusätzlich sind meist mehrere Adressrechenwerke integriert, die die Berechnung der Speicheradressen beim Zugriff auf Signalvektoren effektivieren. Neben der häufig genutzten Adress-Inkrementierungsfunktion werden auch spezielle Adressierungsarten wie Adressierung eines Ringpuffers oder Adressierung mit Bitumkehr unterstützt.

Für die effiziente Realisierung des Beispiels $g_n = \sum a_i \cdot f_{n+i}$ steht eine Pipeline-Multiplizier-Addier-Struktur zur Verfügung [29]. Mit nur einem Befehl kann die Adressierung der beiden Operandenspeicher, die Erhöhung des Adressindexes, die Multiplikation und die Addition der Zwischenergebnisse auf einem Akkumulator ausgeführt werden. Diese Aktionen werden in einer drei- oder vierstufigen Pipeline ausgeführt, so dass während der Addition der i-ten Summe jeweils das Produkt der nächsten Operanden $(i+1)$ gebildet wird und gleichzeitig bereits die übernächsten Operanden $(i+2)$ aus dem Speicher geholt werden. Eine vierte Pipelinestufe könnte zum Rückschreiben des Resultats g_n in den Speicher genutzt werden. Der Befehl kann I-mal wiederholt werden, ohne dass er vom Befehlsspeicher neu eingelesen werden muss (Abbildung 2.28).

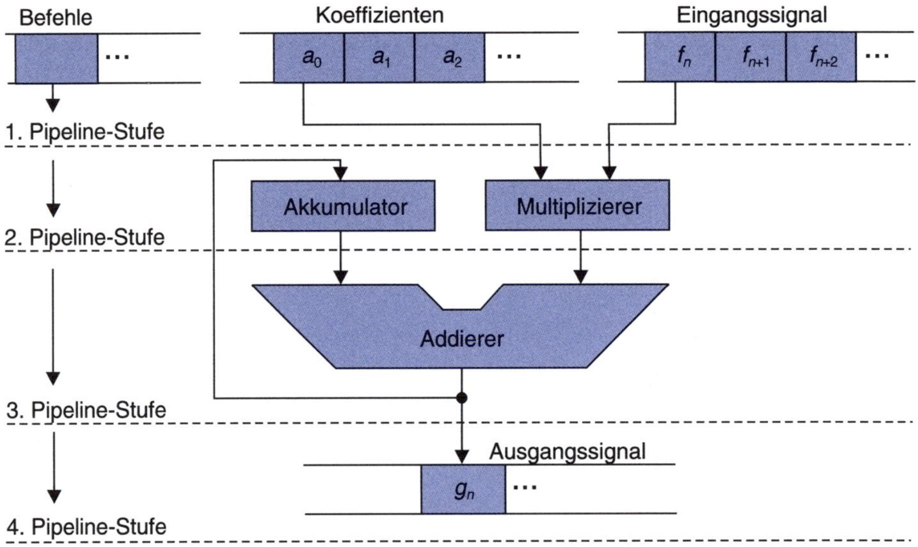

Abbildung 2.28: Realisierung der Gleichung (2.51) mit einem Signalprozessor

Durch die beschriebene parallele Arbeitsweise benötigt der Signalprozessor zur Abarbeitung der Funktion wesentlich weniger Takte als ein Mikroprozessor, was gegenüber Mikroprozessoren zu einer höheren Verarbeitungsgeschwindigkeit bei geringerem Leistungsbedarf führt. Der Zeitaufwand ist zwar gering, steigt jedoch genau wie bei Mikroprozessorlösungen mit der Größe I linear an. Hohe Effizienz erreicht ein Signalprozessor allerdings nur dann, wenn die speziellen Befehle auch tatsächlich eingesetzt werden, was optimierende Compiler und besondere Sorgfalt bei der Programmentwicklung erfordert. Die Programme für Signalprozessoren sind demnach oft hardwarespezifisch.

Digitale Logikschaltungen Als Beispiel zur Realisierung von Signalverarbeitungsaufgaben mit digitalen Logikschaltungen soll die Implementierung von Algorithmen auf den programmierbaren Logikschaltungen FPGA (engl.: *Field Programmable Gate Arrays*) vorgestellt werden. FPGA stehen als Schaltkreise zur Verfügung, die aus einer Matrix von digitalen Funktionszellen mit vielfältigen Verbindungsmöglichkeiten bestehen. Sowohl die digitale Funktion der Zellen als auch die Verbindungswege können durch die Konfiguration des Schaltkreises festgelegt werden. Auf der Matrixstruktur lassen sich beliebige digitale Funktionen abbilden, d. h., die Struktur des Schaltkreises wird von der gewünschten Anwendung bestimmt. Insbesondere können parallele Strukturen gut abgebildet werden.

Für die Realisierung der Beispieloperation $g_n = \sum a_i \cdot f_{n+i}$ auf einem FPGA gibt es mehrere Möglichkeiten. Hinsichtlich einer maximalen Verarbeitungsgeschwindigkeit sind parallele Realisierungsmöglichkeiten besonders interessant. Bei Betrachtung der einzelnen Summanden

$$g_n = a_0 \cdot f_{n+0} + a_1 \cdot f_{n+1} + a_2 \cdot f_{n+2} + \cdots + a_{I-1} \cdot f_{n+I-1} \quad (2.52)$$

erkennen wir, dass I Multiplizierer verwendet werden, die gleichzeitig auf alle Operanden zugreifen. Die anschließende Addition der Produkte kann mit einem Vektoraddierer erfolgen. Da alle Ressourcen (Speicher, Multiplizierer und Addierer) parallel verfügbar sind, ist keine zeitlich sequentielle Abarbeitung der Gleichung (2.52) notwendig. Es wird ein Zeitschritt (Takt) dazu benötigt, neue Eingangsoperanden zur Verfügung zu stellen. Im Gegensatz zu Lösungen mit Mikro- oder Signalprozessoren werden die Operanden nicht in adressierbaren Speichern abgelegt, sondern in Schieberegistern, die parallel lesbar sind. Das bedeutet, dass Speicherstellen nicht über eine Adresse ausgewählt und der Verarbeitungseinheit zugeführt werden müssen. Stattdessen werden die Operanden in jedem Takt an der Verarbeitungseinheit vorbeigeführt (Abbildung 2.29). Der Algorithmus ist vollständig in der Struktur abgebildet, es sind keine Baugruppen zur zeitlichen Steuerung erforderlich (Befehl holen, Operandenadressierung).

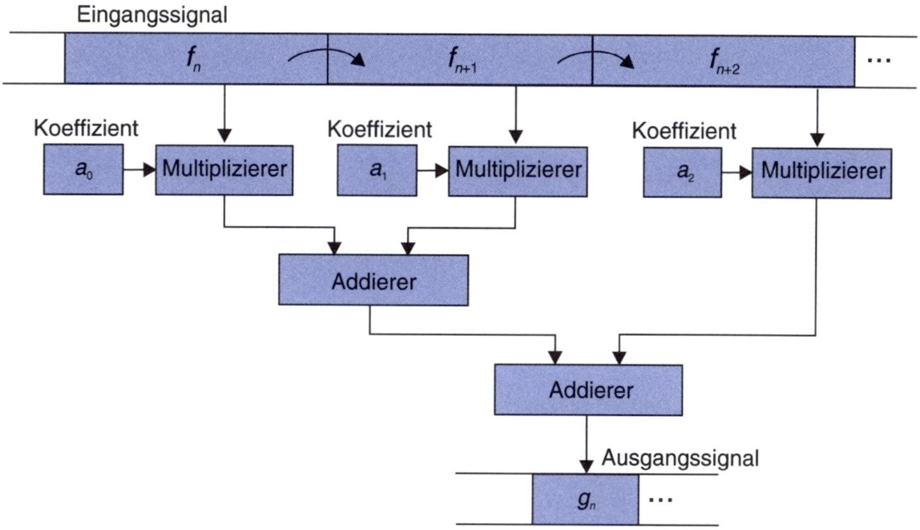

Abbildung 2.29: Realisierung der Gleichung (2.52) mit einer digitalen Logikschaltung ($I = 3$)

Zur Umsetzung von mathematischen Funktionen in FPGA-Strukturen sind grundsätzliche Strukturüberlegungen erforderlich, die den Grad der Parallelität und damit die Rechengeschwindigkeit und die vorhandenen Ressourcen gegeneinander abwägen. Bei einem hohen Parallelitätsgrad sind auch hohe Rechengeschwindigkeiten bei geringer Anzahl von Takten erreichbar. Der Zeitaufwand ist gering und unabhängig von der Summandenanzahl I, der Ressourcenverbrauch steigt jedoch mit dieser Größe linear an. Da die Zeitsteuerung sehr einfach ist, wird elektrische Leistung nur für die reinen Rechenoperationen aufgewendet. Entsprechend gering ist der auf die Verarbeitungsgeschwindigkeit bezogene Leistungsbedarf.

2.4.7 Digital-Analog-Umsetzer

Die vom Rechner verarbeiteten werte- und zeitdiskreten Abtastwerte g_n hatten in unserem Modell der Signalverarbeitungskette ihren Ursprung in einem kontinuierlichen Signal $f(t)$. Wenn die bisherige Verarbeitung ohne Informationsverlust erfolgt ist, muss eine Rückwandlung in das Originalsignal möglich sein. Der erste Schritt dieser Rückwandlung besteht in der Erzeugung eines wertediskreten, aber zeitkontinuierlichen Signals. Die erforderliche Baugruppe ist ein Digital-Analog-Umsetzer (kurz: DA-Umsetzer oder DAU).

Den Aufbau eines DA-Umsetzers können wir uns zweistufig vorstellen. In der ersten Baugruppe bekommt jeder Abtastwert g_n seine im Quantisierer (s. Abbildung 2.23 auf S. 40) verloren gegangene elektrische Größe Strom oder Spannung zurück. Diese Baugruppe wollen wir Dequantisierer nennen. Er multipliziert jeden Wert g_n mit der in Gleichung (2.48) eingeführten Schrittweite Δ:

$$g_{\text{dqu}} = \Delta \cdot g_n = \frac{2\, f_{\text{m}}}{2^{B+1}} \cdot g_n = \frac{f_{\text{m}}}{2^B} \cdot g_n \tag{2.53}$$

Der Dequantisierer kann durch eine Kennlinie beschrieben werden. Wie bereits in Gleichung (2.47) kann auch diese Kennlinie durch eine Ursprungsgerade mit dem Anstieg $\Delta = 1/a$ genähert werden.
Die zweite Baugruppe ist ein Halteglied 0. Ordnung. Die Halteschaltung soll das Signal genau über eine Abtastperiode T_{A} konstant halten, um die Summation zu einem (vorerst noch) treppenförmigen Signal zu ermöglichen. Für das treppenförmige Ausgangssignal $g_0(t)$ gilt:

$$\begin{aligned} g_0(t) &= \sum_{n=-\infty}^{\infty} g_{\text{dqu}} \cdot h_0(t - n\, T_{\text{A}}) \\ &= \Delta \sum_{n=-\infty}^{\infty} g_n \cdot h_0(t - n\, T_{\text{A}}) \end{aligned} \tag{2.54}$$

Dabei ist h_0 die Impulsantwort des Haltegliedes 0. Ordnung. Die zwei Schritte Dequantisieren und Halten werden in der Baugruppe Digital-Analog-Umsetzer ausgeführt.

Bei den Realisierungsprinzipien von DA-Umsetzern werden serielle und parallele Verfahren unterschieden, außerdem noch die direkte und indirekte Arbeitsweise. Beim indirekten Verfahren erfolgt die Umsetzung über eine Zwischengröße, z. B. über die Zeitdauer eines Impulses. Eine der dualen Verschlüsselung proportionale Größe wird erzeugt, indem z. B. dual gewichtete Spannungsquellen zu- oder abgeschaltet werden ($U_{\text{ref}} = 2^0$ V, $2\,U_{\text{ref}} = 2^1$ V, $4\,U_{\text{ref}} = 2^2$ V). Ein DA-Umsetzer mit R2R-Netzwerk (Abbildung 2.30) hat den Vorteil einer hohen Genauigkeit bei einer sehr geringen Temperaturabhängigkeit, die lediglich vom Verhältnis der beiden verwendeten Widerstandswerte R und 2 R abhängt, nicht aber von den Widerstandswerten selbst.

Reale DA-Umsetzer werden herstellungsbedingt Fehler aufweisen. Das bedeutet, dass Genauigkeit, Linearität und Einschwingzeit sich mehr oder weniger von einem gewünschten idealen Verhalten unterscheiden. Der Unterschied ist um so geringer, je

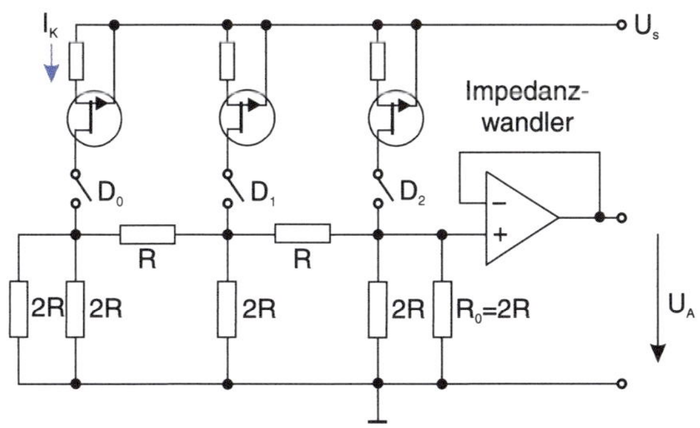

Abbildung 2.30: Digital-Analog-Umsetzer mit R2R-Netzwerk

präziser die analogen Elemente wie Schalter, Referenzquellen und Verstärker gefertigt werden können.

Ein DA-Umsetzer lässt sich durch die in Abbildung 2.31 angegebenen Größen beschreiben:

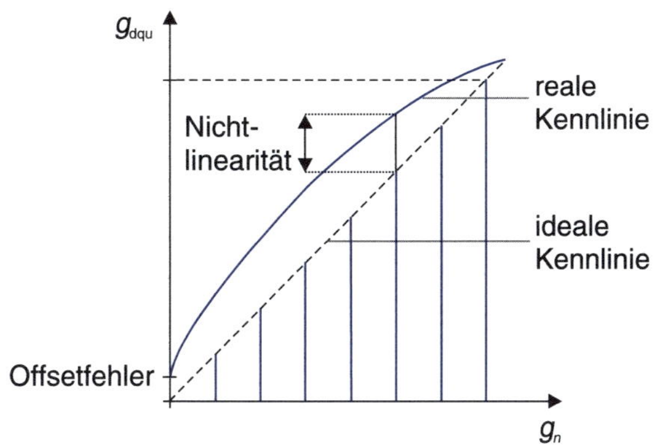

Abbildung 2.31: Charakteristische Größen eines Digital-Analog-Umsetzers nach [44]

Auflösung Sie entspricht der Anzahl der Bits bzw. Quantisierungsstufen. Üblich ist auch die Angabe als Prozent vom Vollausschlag, Beispiel: 10-bit-DA-Umsetzer $\rightarrow 2^{10} =$ 1024 Ausgangsamplitudenstufen $\rightarrow$ 0,1 %.

Nichtlinearität Die Nichtlinearität ist ein Fehler des DA-Umsetzers. Er wird bestimmt durch den Unterschied zwischen der realen und der idealen Kennlinie.

Offsetfehler Der Fehler ist die Ausgangsgröße beim Eingangscode Null.

2.4.8 Zweiter Abtaster

Das am Ausgang der Digital-Analog-Umsetzung vorhandene Signal ist treppenförmig und entspricht damit (noch) nicht dem Originalsignal. Ein so genanntes Rekonstruktionsfilter kann aus dem wertediskreten Signal ein wertekontinuierliches Signal erzeugen.

Als Eingangsgröße benötigt ein solches Filter Impulse, deren Amplituden der jeweiligen Stufenhöhe entsprechen. Zur Erzeugung dieser Impulse ist in unserem Modell der Signalverarbeitungskette ein zweiter Abtaster erforderlich. Wie beim ersten Abtaster auch, handelt es sich um eine ideale Verstärkerschaltung mit einem Digital- und einem Analogeingang. An den Digitaleingang wird das Taktsignal $\delta_T(t)$ angelegt, an den Analogeingang das treppenförmige Ausgangssignal $g_0(t)$ des DA-Umsetzers. Beide Signale werden multipliziert:

$$\begin{aligned} g_{\mathrm{S}}(t) &= g_0(t) \cdot \delta_T(t) \\ &= g_0(t) \cdot \sum_{n=-\infty}^{\infty} \delta(t - n\,T_{\mathrm{A}}) \\ &= \sum_{n=-\infty}^{\infty} g_0(n\,T_{\mathrm{A}}) \cdot \delta(t - n\,T_{\mathrm{A}}) \end{aligned} \tag{2.55}$$

Das Ergebnis $g_{\mathrm{S}}(t)$ ist die gewünschte Impulsfolge als Eingangsgröße des nachfolgenden Rekonstruktionsfilters. In Abbildung 2.32 ist der zweite Abtaster mit seinen benachbarten Baugruppen dargestellt.

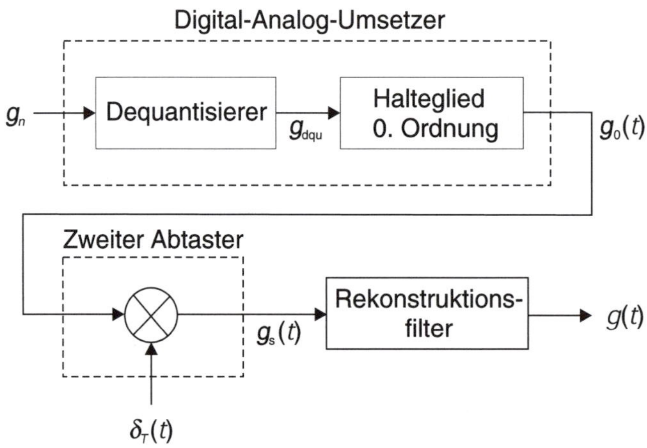

Abbildung 2.32: Digital-Analog-Umsetzer, zweiter Abtaster und Rekonstruktionsfilter

2.4.9 Rekonstruktionsfilter

Das Rekonstruktionsfilter ist ein idealer Tiefpass, für dessen Übertragungsfunktion $H(\omega)$ gelten soll:

$$H(\omega) = \begin{cases} T_{\mathrm{A}} & \text{für } \frac{-\pi}{T_{\mathrm{A}}} \le \omega \le \frac{\pi}{T_{\mathrm{A}}} \\ 0 & \text{sonst} \end{cases} \tag{2.56}$$

Es hat die Aufgabe, die vom zweiten Abtaster gelieferten Impulse $g_{\mathrm{S}}(t)$ zu einem analogen Ausgangssignal zusammenzusetzen. Die Funktionsweise dieser Baugruppe wird deutlich, wenn wir die Impulsantwort $h(t)$ eines idealen Tiefpasses betrachten:

$$\begin{aligned} h(t) &= \frac{1}{2\pi} \int_{-\infty}^{\infty} H(\omega)\; e^{j\omega t}\; d\omega \\ &= \frac{T_A}{2\pi} \int_{-\pi/T_A}^{\pi/T_A} e^{j\omega t}\, d\omega = \frac{T_A}{2\pi} \int_{-\pi/T_A}^{\pi/T_A} [\cos(\omega t) + j \cdot \sin(\omega t)]\; d\omega \\ &= \frac{\sin(\pi\, t/T_A)}{\pi\, t/T_A} = \mathrm{si}\left(\frac{\pi\, t}{T_A}\right) \end{aligned} \tag{2.57}$$

Wirken nun mehrere Impulse zu verschiedenen Zeitpunkten am Eingang des Tiefpasses, so werden wegen der Linearität des Systems am Ausgang des idealen Filters mehrere Spaltfunktionen additiv überlagert (Abbildung 2.33).

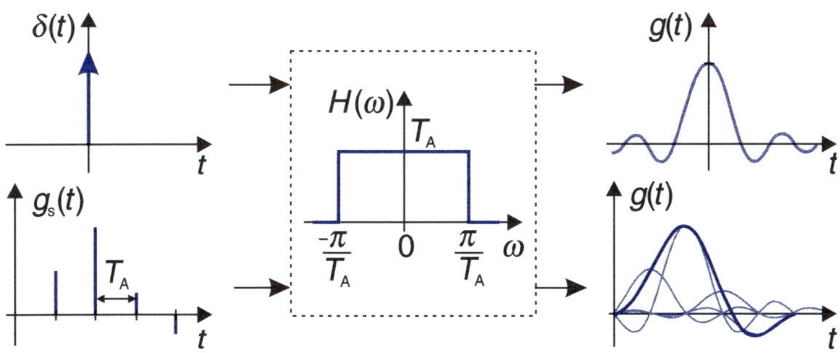

Abbildung 2.33: Ein- und Ausgangssignale eines idealen Tiefpasses

Die theoretische Grundlage für die Rekonstruktion des Ausgangssignals ist im Jahre 1915 von Edmund T. Whittaker gelegt worden [54]. Wird das Signal am Ausgang des Rekonstruktionsfilters mit $g(t)$ bezeichnet, so gilt:

$$\begin{aligned} g(t) &= \int_{-\infty}^{\infty} h(\tau) \cdot g_s(t-\tau) d\tau \\ &= \int_{-\infty}^{\infty} h(\tau) \sum_{n=0}^{N-1} g_n \cdot \delta(t - n\,T_A - \tau) d\tau \\ &= \sum_{n=0}^{N-1} g_n \cdot h(t - n\,T_A) \quad \text{für beliebiges} \quad h(t) \end{aligned} \tag{2.58}$$

Wird für $h(t)$ nun die Impulsantwort eines idealen Tiefpasses eingesetzt, so folgt schließlich:

$$\begin{aligned} g(t) &= \sum_{n=0}^{N-1} g_n \frac{\sin\left[\frac{\pi}{T_A}(t - n\,T_A)\right]}{\frac{\pi}{T_A}(t - n\,T_A)} \\ &= \sum_{n=0}^{N-1} g_n \cdot \mathrm{si}\left[\frac{\pi}{T_A}(t - n\,T_A)\right] \end{aligned} \qquad (2.59)$$

Diese Gleichung ist Whittakers Rekonstruktionsgleichung. Eine zentrale Rolle in ihrer mathematischen Formulierung spielt die Rekonstruktionsfunktion $\mathrm{si}(x)$, die auch Spaltfunktion oder Whittaker-Kardinalfunktion heißt (vgl. Abschnitt 2.1.2). Die Rekonstruktion eines Signals aus derartigen Spaltfunktionen zeigt Abbildung 2.34.

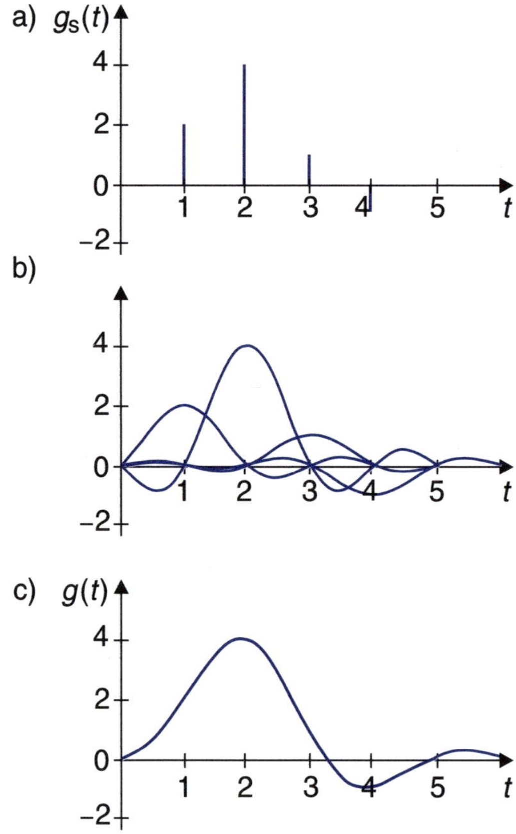

Abbildung 2.34: Rekonstruktion eines Signals durch Überlagerung von Spaltfunktionen
a) Eingangssignal $g_S(t)$ des Rekonstruktionsfilters
b) die Summanden nach Gleichung (2.59) und c) Summe $g(t)$ als Ausgangssignal

Mit der Substitution

$$\sin\left[\frac{\pi}{T_A}(t - n\,T_A)\right] = \sin\frac{\pi\,t}{T_A}\cos n\,\pi - \cos\frac{\pi\,t}{T_A}\sin n\,\pi = (-1)^n \sin\frac{\pi\,t}{T_A} \quad (2.60)$$

ergibt sich zwischen den Abtastzeitpunkten die Vereinfachung:

$$g(t) = \frac{\sin\pi\,t/T_A}{\pi/T_A}\sum_{n=0}^{N-1} g_n \frac{(-1)^n}{t - n\,T_A} \quad (2.61)$$

An den Abtastzeitpunkten selbst ist $g(t)$ gleich den Abtastwerten g_n. Die rekonstruierte Zeitfunktion $g(t)$ enthält nur Frequenzen, die kleiner sind als die halbe Abtastfrequenz (Nyquistfrequenz).

2.4.10 Aktoren

Technikwörterbücher erklären den Aktor als „selbstständiges Arbeitselement". Daneben wird gelegentlich auch der deutsche Begriff Aktuator als wörtliche Übersetzung des englischen *actuator* verwendet (Antreiber, Stellglied, Geber, Anzeige). Obwohl weder „Aktor" noch „Aktuator" im Duden zu finden sind, wird — in Anlehnung an den Sensor — in der Literatur von vielen Autoren das letzte Element einer Signalverarbeitungskette als Aktor bezeichnet. Er bildet das verarbeitete elektrische Signal vom elektrischen Träger auf einen beliebigen nichtelektrischen Signalträger ab. Er ist also ein Signalwandler. Oft ist diese Wandlung auch mit einer Leistungsverstärkung des Signals verbunden.

Die gleiche Vielzahl physikalischer Signalträger, die durch Sensoren in ein elektrisches Signal gewandelt werden kann, ist nach Abschluss der Signalverarbeitung durch Aktoren wieder herstellbar. In Aktoren kommen viele physikalische Effekte zur Anwendung. Durch zusätzliche technische Anpassungen an die verschiedenen Aufgabenstellungen, technologischen Anforderungen und Qualitätsabstufungen gibt es viele Varianten. Ausgangsgrößen von Aktoren sind beispielsweise Winkel, Anzahl, Dehnung, Druck, Licht. Die Abgrenzung des Aktors innerhalb der Signalverarbeitungsbaugruppen ist ähnlich wie bei den Sensoren nicht immer eindeutig möglich, da es auf der physikalischen Seite des Wandlers technische Zusatzkonstruktionen zur Signalwandlung gibt, die über den eigentlichen elektro-physikalischen Wandlungseffekt des Aktors hinaus gehen. So erfolgt beim Aktor Lautsprecher z. B. die Wandlung einer elektrischen Größe erst in eine magnetische, dann in eine mechanische und schließlich in eine akustische Größe.

Aktoren können nach ähnlichen Kriterien wie Sensoren unterteilt werden:

- nach der genutzten Technologie für die Herstellung des Aktors
- nach der gewünschten Anwendung
- nach der physikalischen Ausgangsgröße des Aktors

Nach der zu ihrer Herstellung genutzten Technologie können z. B. mikromechanische, hybride oder keramische Aktoren unterschieden werden. Steht die Anwendung im Vordergrund, sind die Aktoren beispielsweise Anzeigen, Drucker, Speicher, Lautsprecher oder Ventile. Die folgende kurze Übersicht enthält einige Aktoren, die nach ihrer physikalischen Ausgangsgröße unterschieden werden.

Elektro-magnetische Aktoren Magnetköpfe für Magnetbänder oder Disketten, Schrittmotoren, Positionierantriebe, Mikromotoren, Relais, Magnetventile, Pumpen, Lautsprecher, Druckköpfe (Nadel- und Tintenstrahldrucker), Drehspul-Messinstrumente, Sende-Antennen

Elektro-statische und (invers-)piezoelektrische Aktoren Mikroresonatoren, elektrostatische Lautsprecher, Piezosignalgeber, Ultraschallwandler, piezoelektrische Filter, akustische Oberflächenwellenfilter, Piezotranslatoren

Elektro-thermische Aktoren Peltierkühler, Druckköpfe (Thermostreifen- und Thermotransferdrucker), Sicherungen, Elektroheizungen

Elektro-optische Aktoren Lumineszensdioden, Optokoppler, Laserdioden, optische Speicher, Bildröhren, Plasmadisplays, LCD-Displays

Wie bei den Sensoren gibt es auch für Aktoren eine Reihe von Begriffen, mit denen ihre Eigenschaften beschrieben werden können. Dazu gehören:

- Übertragungsfunktion, evtl. Toleranz- und Linearitätsangaben
- Kalibrierung des Aktors, Genauigkeitsklassen
- Aussteuerbereich der physikalischen Ausgangsgröße, minimale und maximale Werte
- Auflösung, minimale reproduzierbare Unterscheidungsmöglichkeit von erzeugten Ausgangswerten
- Parameterstabilität, Lebensdauer, Betriebsstundenzahl, Zuverlässigkeit
- technische Randbedingungen, Abmessungen, Hilfsenergieaufnahme, Wirkungsgrad
- Klima- und Vibrationsfestigkeit, Explosionsschutz, elektro-magnetische Verträglichkeit (EMV), Toxizität

Als Beispiel zeigt Abbildung 2.35 den Lautsprecher eines Telefonhörers als Aktor für akustische Signale. Eine Spule, ein magnetischer Kern und eine Membran sind als magnetischer Kreis angeordnet. Ein elektrischer Strom durch die Spule erzeugt einen magnetischen Fluss, der wiederum eine Kraft erzeugt, durch die die Membran vom Magnetkern angezogen wird. Stromänderungen erzeugen so eine Kraftänderung und Membranbewegung. Durch die Kopplung der Membranbewegung an das Luftvolumen im Hörergehäuse werden Schallwellen im Rhythmus des elektrischen Stroms erzeugt. Bemerkenswert ist

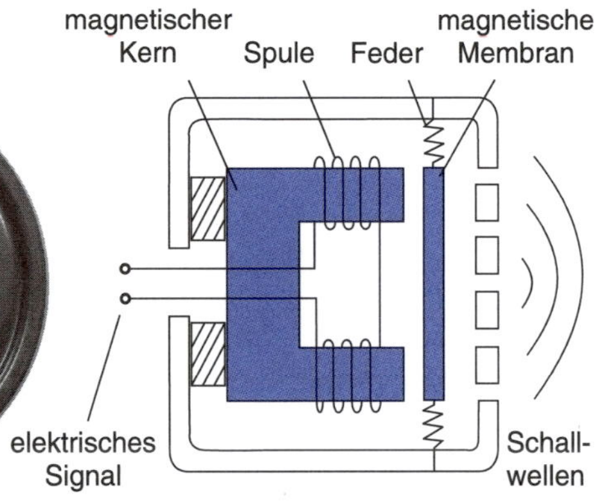

Abbildung 2.35: Telefonhörer als Beispiel für einen Aktor

der hohe Wirkungsgrad des Hörers, da die Kraft für die Membranauslenkung mit dem Quadrat des magnetischen Flusses wächst. Leider ist dadurch die Aktorkennlinie nichtlinear und die Übertragungsqualität nicht sehr hoch. Die Kennlinie ist außerdem noch von der Frequenz des akustischen Signals abhängig, weil Energie und Zeit für die Membranauslenkung benötigt werden.

2.5 Übungsaufgaben

Übung 1 (Lösung Seite 239)

Ein Signal $s(t) = s_0 \cos(2\pi f_0 t)$ mit $s_0 = 1$ und $f_0 = 1\,\text{Hz}$ soll abgetastet werden. Zeichnen Sie in ein Diagramm:

a) das abzutastende Signal $s(t)$
b) das Abtastsignal $\delta(t)$ mit einer Abtastfrequenz von $f_\text{A} = 4\,\text{Hz}$ und mit den Abtastzeitpunkten $t_n = nT_\text{A}$ für $n = -6 \ldots +7$
c) das abgetastete Signal $s'(t)$

Zeichnen Sie in ein weiteres Diagramm:

a) das Spektrum des abzutastenden Signals $s(t)$
b) das Spektrum des Abtastsignals $\delta(t)$
c) das Spektrum des abgetasteten Signals $s'(t)$

Ist das Signal rekonstruierbar? Wiederholen Sie die Aufgabe für eine Abtastfrequenz von $f_\text{A} = 2\,\text{Hz}$.

Übung 2 (Lösung Seite 239)

Ein Sensor wandelt die nichtelektrische Größe x aus dem Messbereich $x = 0 \ldots 4$ in ein elektrisches Signal y. Die statische Kennlinie des Sensors (Sensorkennlinie) ist eine Parabel $y(x) = x^2 + x + 2$.

a) Bestimmen Sie für die Messbereichsmitte die so genannte Sensorsteilheit oder Sensorempfindlichkeit (Anstieg der Parabel).
b) Durch das physikalische Wirkprinzip des Sensors ist bekannt, dass zur Messgröße $x = 0$ stets ein Sensorsignal $y = 2$ gehört. Mit dieser Randbedingung ist eine lineare Näherung für die Parabel zu finden. Die Näherungsgerade $y'(x) = c_1 x + c_0$ mit $c_0 = 2$ ist so zu konstruieren, dass der Fehler minimal wird (s. Abschnitt 3.8).
c) Die Inverse dieser Näherung kann beispielsweise dazu dienen, an beliebiger Stelle der Signalverarbeitungskette die Größe y' in die genäherte Messgröße $x'(y')$ umzurechnen. Geben Sie für die Inverse eine Rechenvorschrift $x' = f(y')$ an.

Übung 3 (Lösung Seite 240)

Leiten Sie über die Spannungsteilerregel die komplexe Übertragungsfunktion H in Abhängigkeit von der Frequenz f eines passiven RC-Tiefpasses her. Der Tiefpass bestehe aus einem Widerstand $R = 4{,}7\ \text{k}\Omega$ und einem Kondensator $C = 33\ \text{nF}$. Skizzieren Sie jeweils für den Frequenzbereich $f = 0 \ldots 3\,\text{kHz}$ folgende Graphen:

a) Betrag und Winkel von $H(f)$
b) Real- und Imaginärteil von $H(f)$

Wie groß ist die Frequenz, bei der der Betrag der Übertragungsfunktion den Wert $\frac{1}{\sqrt{2}}$ annimmt?

Übung 4 (Lösung Seite 240)

Entwerfen Sie einen Analogtiefpass, der folgende Forderungen erfüllt:

- $f_g = 2\,\text{kHz}$ (Grenzfrequenz)
- $f_s = 2 \cdot f_g$ (Sperrfrequenz)
- $|H(f_g)| = 0{,}707$ (Betrag der Übertragungsfunktion bei f_g)
- $|H(f_s)| = 0{,}316$ (Betrag der Übertragungsfunktion bei f_s)

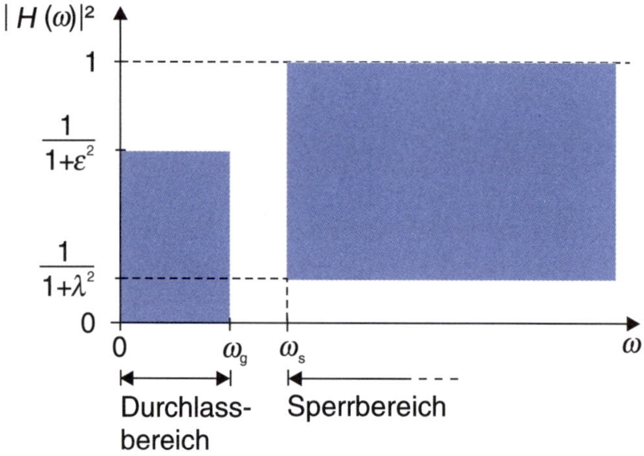

Abbildung 2.36: Toleranzschema für einen Tiefpassentwurf

Zeichnen Sie mit Gleichung (2.1) das Toleranzschema (Abbildung 2.36). Berechnen Sie das Betragsquadrat der Übertragungsfunktion bei den beiden Frequenzen f_g und f_s. Wie groß sind dann die Kennwerte ε und λ? Welche Filterordnung N ist für ein entsprechendes Butterworthfilter erforderlich? Skizzieren Sie abschließend das Betragsquadrat der Übertragungsfunktion $|H(f)|^2$ Ihres entworfenen Analogfilters im Diagramm mit dem Toleranzschema.

Übung 5 (Lösung Seite 241)

Entwerfen Sie ein Anti-aliasing-Filter mit Butterworthcharakteristik für eine Abtastfrequenz von 8 kHz und für einen 8-bit-Analog-Digital-Umsetzer. Geben Sie die von Ihnen gewählte Grenzfrequenz und die daraus resultierende Filterordnung N an.

Übung 6 (Lösung Seite 241)

Bereiten Sie auf einem Blatt Papier DIN A4 (quer) zwei Diagramme vor:

- Ordinate: 5 cm, Beschriftung: Amplitude [V], Teilung: 1 V = 4 cm
- Abszisse: 20 cm, Beschriftung: Frequenz [Hz], Teilung: 100 Hz = 1 cm

Zeichnen Sie in beide Diagramme bei jeweils 800 Hz eine Spektrallinie für die Abtastfrequenz f_A ein. Zeichnen Sie in beide Diagramme auch eine gestrichelte Hilfslinie für die Nyquistfrequenz f_N ein. Verfahren Sie ebenso bei allen ganzzahligen Vielfachen der Nyquistfrequenz. Für das erste Diagramm nehmen Sie an, dass das Spektrum (Amplitude 1 V) des abzutastenden Eingangssignals durch einen Tiefpass mit der Grenzfrequenz $f_g = 200$ Hz frequenzbandbegrenzt wird. Die Steilheit des Filters sorgt dafür, dass die Signalamplitude bei 300 Hz auf ein Zehntel abgesenkt wird. Für das zweite Diagramm nehmen Sie an, dass das Spektrum des abzutastenden Eingangssignals ebenfalls durch einen Tiefpass mit der Grenzfrequenz $f_g = 200$ Hz frequenzbandbegrenzt wird. Jedoch sei die Filtersteilheit geringer, so dass die Signalamplitude bei der Frequenz 300 Hz erst halbiert wird. Nun falten Sie Ihr Blatt wie den Balg einer Ziehharmonika oder wie einen Plisseerock, immer an den Hilfslinien für die Vielfachen der Nyquistfrequenz. Legen Sie das Konvolut mit dem Frequenzbereich $0 \ldots f_N$ nach oben und durchstechen Sie jeweils das Spektrum des möglichen Eingangssignals im 50-Hz-Raster. Dadurch übertragen Sie dieses Spektrum in die darunter liegenden Frequenzbereiche. Falten Sie nun Ihr Konvolut auseinander und verbinden Sie die Durchstechpunkte mit Linien. Erläutern Sie Unterschiede in beiden Diagrammen. Erklären Sie die oft in diesem Zusammenhang verwendete Größe π / T_A.

Übung 7 (Lösung Seite 241)

Untersuchen Sie den Analog-Digital-Umsetzer aus Abbildung 2.25 mit folgenden konkreten Werten: $U_{ref} = 7$ V, $R_1 = R_8 = 1$ kΩ, $R_2 \ldots R_7 = 2$ kΩ. Erinnern Sie sich dazu an die Spannungsteilerregel und an den nichtrückgekoppelten Operationsverstärker. Ermitteln bzw. zeichnen Sie: Typ des AD-Umsetzers, Umschaltpunkte, Codiertabelle, Diagramm der Kennlinie $D_A = f(U_E)$, Funktion der Kennlinie $D_A = f(U_E)$ und Diagramm des Quantisierungsfehlers $D_A - U_E = f(U_E)$.

Übung 8 (Lösung Seite 241)

Untersuchen Sie den Digital-Analog-Umsetzer in Abbildung 2.30 mit $R = 1\ \text{k}\Omega$ und einem konstanten Strom $I_{\text{k}} = 6$ mA für alle drei Stromquellen. Erinnern Sie sich dazu an die Stromteilerregel und an den gegengekoppelten Operationsverstärker mit der Spannungsverstärkung Eins. Legen Sie an den Eingang des DA-Umsetzers die Eingangszahlen $D_{\text{E}} = 0, 1, 2$ und 4 an. Dazu müssen Sie die Schalter unterhalb der Transistoren in Abbildung 2.30 öffnen (Bit ist 0) oder schließen (Bit ist 1). Skizzieren Sie die jeweiligen Ströme im Schaltplan des DA-Umsetzers. Mit dem Superpositionsprinzip können Sie dann leicht die Reaktionen auf die übrigen Eingangszahlen finden. Ermitteln bzw. zeichnen Sie: DA-Umsetzer-Typ, Wertetabelle, Diagramm der Kennlinie $U_{\text{A}} = f(D_{\text{E}})$, Funktion der Kennlinie $U_{\text{A}} = f(D_{\text{E}})$.

Übung 9 (Lösung Seite 242)

Zu den Zeitpunkten $t_n = \{0, 1, 2, 3, 4, 5\}$ sollen im Millisekundenabstand die Abtastwerte $f_n = \{0, 2, 4, 1, 2, 0\}$ ausgegeben werden. Rekonstruieren Sie den ursprünglichen Momentanwert des Signals $f(t)$ zum Zeitpunkt $t = 1{,}8$ ms.

Kapitel

3 Die Werkzeuge des Zeit- oder Ortsbereichs

Die in unserer Umgebung auftretenden Signale liegen als zeitabhängige oder ortsabhängige Signale vor. Die Gewinnung von Informationen aus diesen Signalen ist nun durch die Berechnung solcher Kenngrößen möglich, die uns über die Eigenschaften des Signals Auskunft geben. Derartige Kenngrößen können unmittelbar aus dem zeit- oder ortsabhängigen Signal gewonnen werden. Die Auswahl der Kenngrößen geschieht durch den Anwender oft mit Bezug auf den signalerzeugenden Prozess. So wird beispielsweise ein Kardiologe genau die Korrespondenzen zwischen einzelnen Phasen der Herzaktivität in einem Pumpzyklus und den entsprechenden Abschnitten des Elektrokardiogramms kennen. Er weiß auch, welcher Art die Veränderungen sind, wenn pathologische Vorgänge auftreten. Seine Entscheidung für die Ermittlung und Nutzung ganz bestimmter Kenngrößen und Kennfunktionen wird von diesem Wissen bestimmt (Abbildung 3.1).

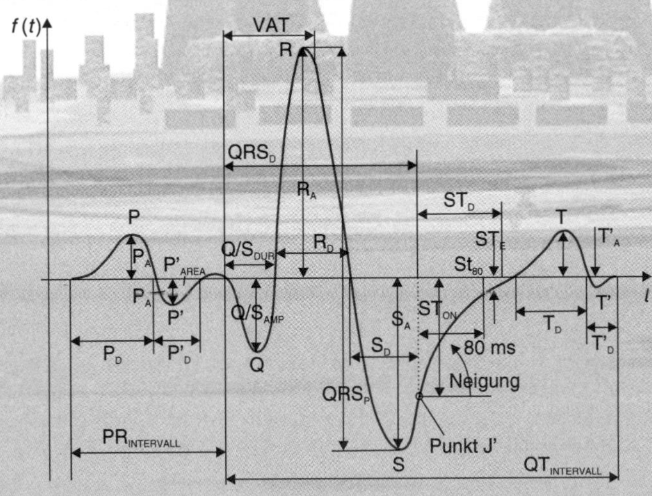

Abbildung 3.1: Kenngrößen in einem EKG nach [55]

Zur Berechnung von Kenngrößen und Kennfunktionen steht eine Reihe von Werkzeugen zur Verfügung, von denen wir die wichtigsten in diesem Kapitel vorstellen wollen. Dazu wird im folgenden Abschnitt zunächst eine Erläuterung der Begriffe Zufallsprozess, Zufallsgröße und Zufallsvariable vorgenommen. Es folgt ein Überblick über die zur Charakterisierung von uni- und multivariaten Zufallsvariablen üblichen Kenngrößen und Kennfunktionen. Anschließend werden mit der Korrelation und Faltung zwei Werkzeuge eingeführt, die beide aus zwei Eingangssignalen ein Ausgangssignal berechnen, aber sehr unterschiedliche Ziele der Signalverarbeitung verfolgen. Auch die Hauptachsentransformation verarbeitet mehrere Eingangssignale, allerdings besteht das Ergebnis aus genauso vielen Ausgangssignalen, deren Zusammenhang sich aber verändert hat. Die Rangordnungs-, Schwellwert- und Faltungsoperatoren sind Werkzeuge, die das Signal in gewünschter Weise verändern können. Der letzte Abschnitt dieses Kapitels ist der Signalapproximation gewidmet. Hier wird auch gezeigt, warum orthogonale Funktionssysteme in der Signalverarbeitung eine besondere Rolle spielen.

Für das Verständnis der nun folgenden Abschnitte werden Grundkenntnisse der Wahrscheinlichkeitsrechnung vorausgesetzt [7].

3.1 Signalstatistik

Wahrscheinlichkeitsrechnung und Statistik sind mit der Signalverarbeitung eng verbunden. Die Wechselwirkung von theoretischen Grundlagen und Anwendungen kann durch Erkenntnisse, wie sie die Statistik mit ihren wahrscheinlichkeitstheoretischen Methoden liefert, sehr befördert werden. Ohne statistische Modelle ist Signalverarbeitung undenkbar, denn sie verändert die statistischen Eigenschaften der Signale. Diese Veränderung kann beabsichtigt sein, wie beispielsweise bei der Hauptachsentransformation, oder aber ein unbeabsichtigter Nebeneffekt. In jedem Fall muss sich der Anwender über die Veränderungen Klarheit verschaffen. Schießlich kann die Signalstatistik selbst auch als ein Werkzeug der Signalverarbeitung eingesetzt werden. Ein arithmetischer Mittelwert oder eine Varianz enthalten Informationen über einen signalgenerierenden Prozess, die in einem bestimmten Anwendungsfall zur Beschreibung der gesuchten Eigenschaften durchaus ausreichen können. Im folgenden Abschnitt werden deshalb diejenigen Grundbegriffe und Kenngrößen aus der Wahrscheinlichkeitsrechnung und Statistik erläutert, die zur Beschreibung von Zufallssignalen und ihren möglicherweise vorhandenen Beziehungen benötigt werden.

3.1.1 Zufallsprozesse und -größen

Die uns interessierenden Signale sind in der Regel sehr komplexer Natur. Ursache sind die Zufälligkeiten in unserer Umwelt. Diese können nun wiederum ihre Ursache in dem zufälligen Prozess haben, den wir analysieren möchten. Die Zufälligkeiten können sich aber auch als Störungen den Signalen überlagern oder sie beschädigen. Als Folge ist die in den Signalen enthaltene Information verborgen und verzerrt. Liegt nun ein solches Signal nicht als ein einmaliges Ereignis vor, sondern sind wir in der Lage, viele zu erfassen, haben wir gute Chancen, die verborgenen und verzerrten Informationen dennoch zu finden.

Die häufigste Form eines Zufallssignals ist die zufällige Schwankung einer physikalischen Größe, die zeit- oder ortsabhängig ist. Dabei sind nicht die Zeit oder der Ort die Zufallsgröße, sondern bei digitalen Signalen die zu den diskreten Zeitpunkten oder an diskreten Orten auftretenden Werte der physikalischen Größe. Als mathematisches Modell der physikalischen Größe dient der Zufallsprozess, auch stochastischer Prozess

genannt. Die Menge der Zufallssignale bildet eine Schar oder ein Ensemble, das alle möglichen Ausprägungen einer Signalmessung enthalten kann. Die Ensemblemitglieder repräsentieren somit verschiedene Bestandteile des Zufallssignals. Das einzelne Signal eines Ensembles, hier auch Signalepisode genannt, heißt Realisierung des Prozesses.
Im Folgenden sollen Zufallssignale oder allgemein Zufallsgrößen mit großen Buchstaben $X_1, X_2 \ldots$ bezeichnet werden und mit kleinen Buchstaben $x_1, x_2, \ldots$ die zugehörigen Zahlenwerte (Realisationen). Eine Zufallsgröße X kann als eindeutige Abbildung von Elementarereignissen E_i in die Menge der reellen Zahlen interpretiert werden:

$$X : E_i \rightarrow X(E_i) \in \mathbb{R} \tag{3.1}$$

Betrachten wir ein zeitabhängiges Zufallssignal $X(t)$ zu einem bestimmten Zeitpunkt $t = t_1$, so erhalten wir eine Zufallsvariable $X(t_1)$. Betrachten wir einen Zufallsprozess zu verschiedenen Zeitpunkten $t_0, \ldots, t_{N-1}$, so können die N Zufallsvariablen vorteilhaft als Vektor geschrieben werden.
Als Beispiel für die Realisierung eines Zufallsprozesses ist in Abbildung 3.2 der Sperrstrom einer Fotodiode gezeigt, die von einer flackernden Kerze beleuchtet wird.

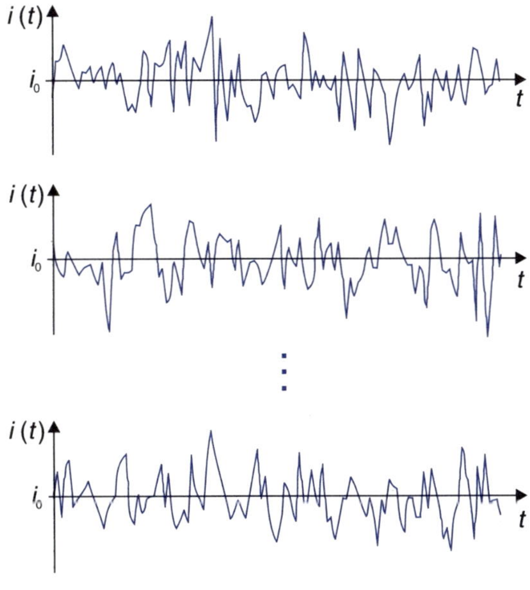

Abbildung 3.2: Verlauf des Sperrstroms $i(t)$ einer Fotodiode vor einer flackernden Kerze (i_0 arithmetischer Mittelwert)

Für die Beschreibung der Zufälligkeit steht als Werkzeug die Wahrscheinlichkeitsrechnung zur Verfügung. Mit ihrer Hilfe können die auch zufälligen Ereignissen innewohnenden Gesetzmäßigkeiten beschrieben werden. Die Anwendung der Methoden der Wahrscheinlichkeitsrechnung auf die Auswertung realer Vorgänge ist Gegenstand der mathematischen Statistik. Wahrscheinlichkeitsrechnung und mathematische Statistik bilden das Gebiet der Stochastik.
Für die Wahrscheinlichkeitsrechnung sind Modellvorstellungen wichtig, wie z. B. die einfach wiederholbaren Vorgänge Würfeln oder farbige Kugeln aus Urnen ziehen. Anhand dieser Modelle können die Begriffe zufälliges Ereignis, Wahrscheinlichkeit eines

zufälligen Ereignisses und zugehörige Größen wie Verteilungs- und Wahrscheinlichkeitsfunktion anschaulich erläutert werden. In das Gebiet der Statistik gehören Begriffe wie Grundgesamtheit, Stichprobe, Schätz- und Prüfverfahren.
Für die Signalverarbeitung sind die statistischen Eigenschaften von Signalen deshalb von besonderer Bedeutung, weil die Werkzeuge für ihre Verarbeitung die Signaleigenschaften verändern. Bei Anwendung der Werkzeuge müssen Art und Ausmaß der erwünschten oder manchmal auch unerwünschten Veränderungen bekannt oder berechenbar sein.

Die in einem Ensemble enthaltenen Signale können Realisierungen eines oder mehrerer Zufallsprozesse sein. Im ersten Fall heißt die Zufallsvariable univariat oder eindimensional, im zweiten Fall bi- oder allgemeiner multivariat bzw. zwei- oder mehrdimensional. In den folgenden beiden Abschnitten wird erläutert, wie univariate und multivariate Zufallsvariablen durch Kenngrößen beschrieben werden können. Im Sinne der Signalverarbeitung, die aus einem Signal Informationen gewinnen möchte, geben diese Kenngrößen über bestimmte Eigenschaften des Signals Auskunft.

3.1.2 Univariate Zufallsvariable

Die Wahrscheinlichkeit dafür, dass eine Zufallsgröße X einen Wert annimmt, der unterhalb einer Schranke x liegt, lässt sich der Verteilungsfunktion $F(x)$ entnehmen. $F(x)$ ist eine monoton steigende Funktion, das heißt, wenn $x_1 < x_2$ ist, dann ist $F(x_1) \leq F(x_2)$. Für die Verteilungsfunktion der Zufallsgröße X gilt:

$$F(x) = P(X \leq x) = \int_{-\infty}^{x} p(u)\,\mathrm{d}u \tag{3.2}$$

Der Wert der Verteilungsfunktion liegt zwischen dem Grenzwert Null, zugehörig dem unmöglichen Ereignis, und dem Grenzwert Eins, der dem sicheren Ereignis entspricht.

$$\lim_{x \to -\infty} F(x) = 0 \qquad \lim_{x \to \infty} F(x) = 1$$

Für die nun folgenden Betrachtungen ist es erforderlich, zwischen stetigen und diskreten Zufallsgrößen zu unterscheiden. Eine Zufallsgröße heißt stetig, wenn sie alle Werte eines gegebenen endlichen oder unendlichen Intervalls der reellen Zahlenachse annehmen kann. Damit ist die Anzahl der Realisationen nicht abzählbar und es kann eine von Null verschiedene Wahrscheinlichkeit nur einem Intervall zugeordnet werden. Eine Zufallsgröße heißt diskret, wenn sie endlich viele Werte oder abzählbar unendlich viele Werte x_i annehmen kann.

Ist die Funktion $p(x)$ in Gleichung (3.2) stetig, so heißt sie Wahrscheinlichkeitsdichtefunktion oder kurz Dichtefunktion der Zufallsgröße X. Sie ist die 1. Ableitung von $F(x)$ nach dem Wert x der Zufallsgröße:

$$p(x) = \frac{\mathrm{d}F(x)}{\mathrm{d}x} \tag{3.3}$$

Die Fläche unter der Wahrscheinlichkeitsdichtefunktion soll immer Eins sein:

$$\int_{-\infty}^{\infty} p\,(x)\mathrm{d}x = 1 \tag{3.4}$$

Der Zusammenhang zwischen der Verteilungsfunktion $F(x)$ und der Wahrscheinlichkeitsdichte $p(x)$ einer stetigen Zufallsgröße ist in Abbildung 3.3 dargestellt.

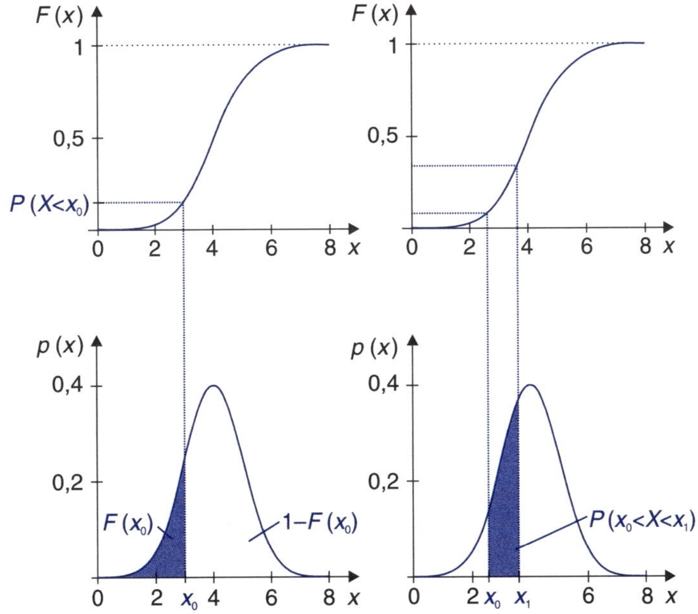

Abbildung 3.3: Verteilungsfunktion $F(x)$ und Wahrscheinlichkeitsdichtefunktion $p(x)$ einer stetigen Zufallsgröße

Für den Fall einer diskreten Zufallsgröße X seien die diskreten Werte x_i mit $i = 1 \ldots n$ zunehmend geordnet. Die Wahrscheinlichkeitsfunktion $p(x)$ dieser Zufallsgröße ist dann die Abbildung, die ihren Realisationen x_i Wahrscheinlichkeiten zuordnet:

$$f : x_i \rightarrow P\,(X = x_i) \tag{3.5}$$

Für die Wahrscheinlichkeitsfunktion $p(x)$ einer diskreten Zufallsgröße gilt dann:

$$p\,(x) = \begin{cases} p\,(x_i) & \text{für} \quad x = x_i \\ 0 & \text{sonst} \end{cases} \tag{3.6}$$

Statt $p\,(x_i)$ kann auch kurz p_i geschrieben werden.
Abbildung 3.4 zeigt Beispiele für die Verteilungs- und Wahrscheinlichkeitsfunktion einer diskreten Zufallsgröße. $F(x)$ ist immer eine Treppenfunktion mit abzählbar vielen Sprungstellen.

Die Verteilungsfunktion oder die Wahrscheinlichkeitsfunktion bestimmen ein Zufallssignal vollständig. Informationen über die Eigenschaften des Signals können die Para-

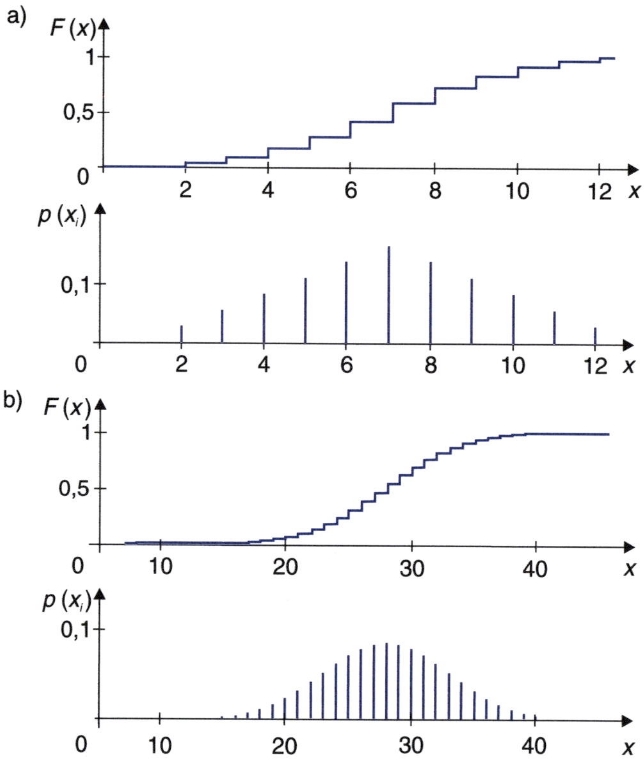

Abbildung 3.4: Verteilungsfunktion $F(x)$ und Wahrscheinlichkeitsfunktion $p(x_i)$ einer diskreten Zufallsgröße
a) Augensumme für zwei Würfel und b) für acht Würfel

meter dieser Funktionen liefern. Der wichtigste Parameter ist der Erwartungswert:

$$E(X) = \int_{-\infty}^{\infty} x\, p(x)\mathrm{d}x = \overline{X} \tag{3.7}$$

Das Symbol $\overline{X}$ kennzeichnet das Mittel des Zufallssignals.

Als Varianz oder Dispersion wird die Größe $D^2(X)$ bezeichnet,

$$\begin{aligned} D^2(X) &= \operatorname{var}(X) = E\left((X - E(X))^2\right) \\ &= E\left((X - m_1)^2\right) \\ &= \int_{-\infty}^{\infty} (x - m_1)^2\, p(x)\mathrm{d}x \;=\; \sigma^2 \end{aligned} \tag{3.8}$$

wobei als Abkürzung $m_1 = E(X)$ verwendet wird. Die positive Quadratwurzel aus der Varianz ist die Standardabweichung σ. Nach einer Umformung ergibt sich die folgende

Vereinfachung:

$$D^2(X) = \int_{-\infty}^{\infty} x^2\, p(x)\mathrm{d}x - 2\, m_1 \int_{-\infty}^{\infty} x\, p(x)\mathrm{d}x + {m_1}^2 \int_{-\infty}^{\infty} p(x)\mathrm{d}x$$

$$= \int_{-\infty}^{\infty} x^2\, p(x)\mathrm{d}x - 2\, m_1 \cdot m_1 + {m_1}^2 \cdot 1 = E\left(X^2\right) - {m_1}^2 \qquad (3.9)$$

Erwartungswert und Varianz sind Vertreter einer umfassenderen Klasse von Kennwerten, den so genannten Momenten. Dabei gehört der Erwartungswert zur Klasse der gewöhnlichen Momente, die Varianz zur Klasse der zentralen Momente. Für das gewöhnliche Moment k. Ordnung gilt im Fall stetiger Zufallssignale:

$$m_k = E\left(X^k\right) = \int_{-\infty}^{\infty} x^k p(x)\, \mathrm{d}x \quad \text{mit} \quad k \in \mathbb{N} \qquad (3.10)$$

Haben die Zufallsvariablen, aus denen sich der Zufallsprozess zusammensetzt, diskrete Werte, so tritt an die Stelle der Integration eine Summation:

$$m_k = E\left(X^k\right) = \sum_{i=0}^{\infty} {x_i}^k \cdot p_i \qquad (3.11)$$

Das gewöhnliche Moment 1. Ordnung, der Erwartungswert $E(X) = m_1$, ist der arithmetische Mittelwert. Die positive Quadratwurzel aus dem gewöhnlichen Moment 2. Ordnung, dem Erwartungswert $E(X^2) = m_2$, heißt auch quadratischer Mittelwert.

Die zentralen Momente sind jeweils auf das Zentrum $E(X) = m_1$ bezogen. Das zentrale Moment k. Ordnung berechnet sich für den stetigen Fall nach der Gleichung:

$$z_k = D^k(X) = E\left((X - E(X))^k\right)$$

$$= \int_{-\infty}^{\infty} (x - m_1)^k p(x)\, \mathrm{d}x \quad \text{mit} \quad k \in \mathbb{N} \qquad (3.12)$$

Für den diskreten Fall gilt:

$$z_k = E\left((X - m_1)^k\right) = \sum_{i=0}^{\infty} (x_i - m_1)^k p_i \qquad (3.13)$$

Die Bezeichnungen der zentralen Momente lauten:

- z_2 Streuung, Varianz oder Dispersion
- z_3 Schiefe oder Asymmetrie
- z_4 Wölbung oder Exzess

Die zentralen Momente werden auch in normierter Form verwendet:

$$\mathfrak{z}_k = \frac{z_k}{\sqrt{{z_2}^k}} \qquad (3.14)$$

Das hat den Vorteil, dass sie dann besser mit den Momenten anderer Verteilungen verglichen werden können, insbesondere mit denen einer Normalverteilung. Die ersten fünf normierten Zentralmomente nehmen bei der Normalverteilung die folgenden Werte an:

$$\begin{aligned}
\mathfrak{z}_0 &= 1 \\
\mathfrak{z}_1 &= 0 \quad \text{(nur Null beim mittelwertfreien Signal)} \\
\mathfrak{z}_2 &= 1 \\
\mathfrak{z}_3 &= 0 \\
\mathfrak{z}_4 &= 3
\end{aligned}$$

Die Berechnung dieser Momente kann als Test einer Verteilung auf Normalverteilung genutzt werden. Abweichungen von den obigen Werten lassen Schlüsse auf die Form der Wahrscheinlichkeitsdichtefunktion oder der Wahrscheinlichkeitsfunktion zu. Diese ist bei $\mathfrak{z}_3 > 0$ links schief, bei $\mathfrak{z}_3 < 0$ rechts schief, bei $\mathfrak{z}_4 > 3$ spitz und bei $\mathfrak{z}_4 < 3$ flach (Abbildung 3.5).

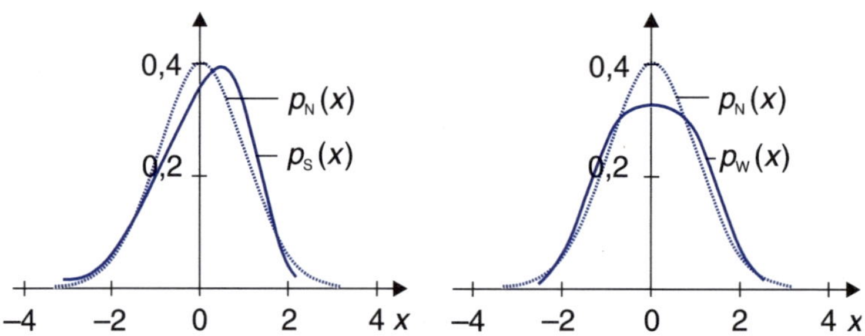

Abbildung 3.5: Dichtefunktion der Normalverteilung $p_{\mathrm{N}}(x)$ mit $\mathfrak{z}_3 = 0$ und $\mathfrak{z}_4 = 3$,
Dichtefunktion $p_{\mathrm{S}}(x)$ mit $\mathfrak{z}_3 = -0{,}65$ und $\mathfrak{z}_4 = 3$,
Dichtefunktion $p_{\mathrm{W}}(x)$ mit $\mathfrak{z}_3 = 0$ und $\mathfrak{z}_4 = 1{,}5$

In der Signalverarbeitung spielen die Gleichverteilung und die Normalverteilung eine besondere Rolle. Deshalb wollen wir sie hier kurz vorstellen.

Gleichverteilung Sie weist für alle Werte der Zufallsgröße eine konstante Wahrscheinlichkeitsdichte auf (Abbildung 3.6).

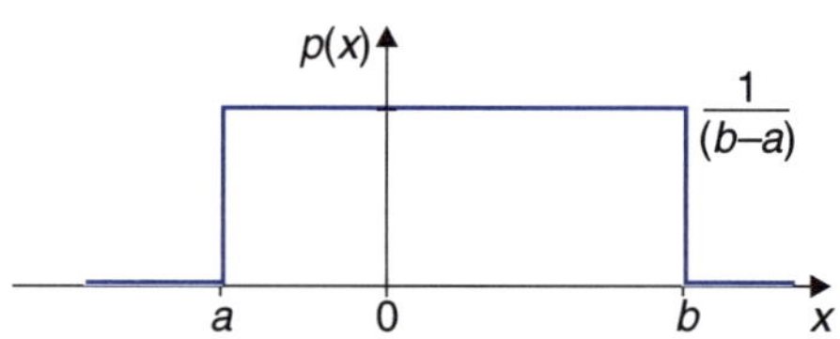

Abbildung 3.6: Gleichverteilung $p(x)$

Für das gewöhnliche Moment 1. Ordnung ergibt sich mit Gleichung (3.10)

$$m_1 = \int_{-\infty}^{\infty} x^1 p(x)\,\mathrm{d}x = \int_a^b x\,\frac{1}{b-a}\,\mathrm{d}x = \frac{1}{b-a}\left[\frac{x^2}{2}\right]_a^b = \frac{b+a}{2} \qquad (3.15)$$

und mit Gleichung (3.9) für das zentrale Moment 2. Ordnung:

$$\begin{aligned} z_2 &= E\left(X^2\right) - {m_1}^2 = \int_a^b x^2 p(x)\,\mathrm{d}x - {m_1}^2 \\ &= \frac{1}{b-a}\left[\frac{x^3}{3}\right]_a^b - \left(\frac{b+a}{2}\right)^2 = \frac{(b-a)^2}{12} \end{aligned} \tag{3.16}$$

Gaußsche Normalverteilung Viele natürliche Zufallsprozesse sind normalverteilt. Die gaußsche Normalverteilung, die bekannte Glockenkurve, hat die folgende Wahrscheinlichkeitsdichte:

$$p(x) = \frac{1}{\sigma\sqrt{2\,\pi}} \exp\left[-\frac{1}{2}\frac{(x-\mu)^2}{\sigma^2}\right] \tag{3.17}$$

Zur Berechnung des gewöhnlichen Moments 1. Ordnung nach Gleichung (3.10) muss ein Integral gelöst werden:

$$m_1 = \int_{-\infty}^{\infty} x^1 p(x)\,\mathrm{d}x = \frac{1}{\sigma\sqrt{2\,\pi}} \int_{-\infty}^{\infty} x \,\exp\left[-\frac{1}{2}\frac{(x-\mu)^2}{\sigma^2}\right] \mathrm{d}x \tag{3.18}$$

Mit der Substitution $(x-\mu)/\sigma = y$ ergibt sich:

$$\begin{aligned} m_1 &= \frac{1}{\sigma\sqrt{2\,\pi}} \int_{-\infty}^{\infty} (\sigma y + \mu) \exp\left[-\frac{y^2}{2}\right] \sigma\,\mathrm{d}y \\ &= \frac{\sigma}{\sqrt{2\,\pi}} \underbrace{\int_{-\infty}^{\infty} y \exp\left[-\frac{y^2}{2}\right] \mathrm{d}y}_{\text{1. Integral}} + \frac{\mu}{\sqrt{2\,\pi}} \underbrace{\int_{-\infty}^{\infty} \exp\left[-\frac{y^2}{2}\right] \mathrm{d}y}_{\text{2. Integral}} \\ &= \mu \end{aligned} \tag{3.19}$$

Der Integrand des ersten Integrals ist ungerade, demzufolge ist das Integral Null; für das zweite Integral ergibt sich $\sqrt{2\pi}$ und damit für das arithmetische Mittel der Wert μ. Nach ähnlicher Rechnung folgt für das zentrale Moment 2. Ordnung $z_2 = \sigma^2$. Die gaußsche Normalverteilung ist mit μ und σ vollständig beschrieben, deshalb ist auch die Notation $N(\mu, \sigma)$ üblich. Abbildung 3.7 zeigt die Veränderungen der Glockenkurve bei unterschiedlichen Mittelwerten und Standardabweichungen.

Wenn wir die Kennwerte der bisher betrachteten Verteilungs- und Wahrscheinlichkeitsfunktionen aus einer Stichprobe mit endlich vielen Abtastwerten oder anderen Messgrößen ermitteln, so erhalten wir empirische Kennwerte oder statistische Maßzahlen. An die Stelle der Verteilungs- und Wahrscheinlichkeitsfunktion treten dann Häufigkeitsverteilungen, deren grafische Darstellung durch Histogramme möglich ist. Das kumulative Histogramm entspricht der Verteilungsfunktion, das normierte Histogramm der Wahrscheinlichkeitsfunktion. Aus Gründen der besseren Übersichtlichkeit werden oft nicht

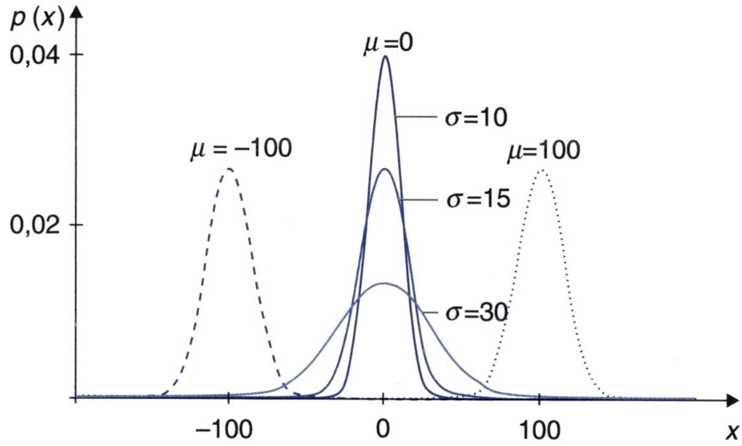

Abbildung 3.7: Wahrscheinlichkeitsdichtefunktionen der Normalverteilung für unterschiedliche Mittelwerte μ und Standardabweichungen σ

die primär ermittelten Messwerte und deren Häufigkeiten für die Histogrammdarstellung genutzt, sondern ihre Zusammenfassung in Klassen geeigneter Größe. Das normierte Histogramm benutzt relative Häufigkeiten. Für N Messungen werden die relativen Häufigkeiten h_i wie folgt berechnet:

$$h_i = \frac{a_{xi}}{N} \quad \text{mit} \quad \sum_{i=0}^{N-1} a_{xi} = N \quad \text{und} \quad i = 0 \ldots N-1 \tag{3.20}$$

wobei a_{xi} die Anzahl der Messwerte x_i ist und N die Anzahl der Messungen. Wie bei der Wahrscheinlichkeitsfunktion gelten die folgenden Beziehungen:

$$0 \leq h_i \leq 1 \quad \text{und} \quad \sum_{i=0}^{N-1} h_i = 1 \tag{3.21}$$

Aus dem Histogramm können etliche empirische Kennwerte unmittelbar abgelesen oder berechnet werden. So gilt z. B. $h_i = p_i$. Das kumulative Histogramm, die empirische Verteilungsfunktion (auch Summenhäufigkeitsverteilung), ergibt sich durch Summierung der Histogrammwerte:

$$F_n = \sum_{i=0}^{n} h_i \tag{3.22}$$

Hat die Zufallsgröße insgesamt N Werte, so ist F_n eine Treppenfunktion, die an der Stelle n einen Sprung der Höhe h_n aufweist und als Maximalwert bei $n = N - 1$ den Wert 1 erreicht. Als Beispiel für eine diskrete Zufallsgröße zeigt Abbildung 3.8 ein aus 256 Grauwerten bestehendes Bildsignal, das zugehörige Histogramm und daraus ermittelte weitere empirische Kenngrößen.

Unter den statistischen Maßzahlen existiert eine Reihe weiterer Kennwerte für das Mittel und die Variabilität von Zufallsgrößen, zum Beispiel:

- Median, Modalwert, geometrisches und harmonisches Mittel

Abbildung 3.8: Alexander von Humboldt als Bildsignal, zugehöriges Histogramm und weitere Kenngrößen

- Variationskoeffizient, Variationsbreite

In der Signalverarbeitung wird der Median häufig verwendet. Für eine stetige Zufallsgröße ist der Median x_{med} der Wert, auf dessen linker und rechter Seite die Flächen unter der Wahrscheinlichkeitsdichte $p(x)$ gleich sind, d. h., die Verteilungsfunktion $F(x_{\text{med}})$ ist gleich $0{,}5$. Für eine diskrete Zufallsgröße ist der Median die kleinste aller Realisationen x_i, für die $F(x) \leq 0{,}5$ gilt. Dies entspricht in einer nach dem Rang geordneten Zufallsfolge gerade dem in der Mitte stehenden Wert.

Entropie Bei den nun folgenden Betrachtungen wollen wir uns auf diskrete Signale beschränken. Es soll als weitere Größe zur Beschreibung der Eigenschaften zufälliger Signale die Entropie eingeführt werden, die vor allem im Zusammenhang mit der Frage nach vorhandener Redundanz bzw. nach Komprimierbarkeit von Signalen wichtig ist.
Der Begriff der Entropie ist im Jahre 1865 von dem Physiker Rudolf J. E. Clausius als Zustandsgröße der Thermodynamik eingeführt worden. Die Entropie ist dort ein Maß für die Irreversibilität eines Prozesses und nimmt z. B. beim irreversiblen Prozess des Wärmetransports, einer „freiwilligen" Zustandsänderung, zu. Mit dem Zuwachs an Entropie geht die Abnahme von Ordnung einher. Die Diffusion von Gasen oder das Mischen von Spielkarten bedeuten einen Verlust an Ordnung. Die Wahrscheinlichkeit für das Auftreten eines Zustandes nimmt ab. Der Zusammenhang zwischen Entropie und Wahrscheinlich-

keit eines Zustands ist im Jahre 1877 von Ludwig Boltzmann formuliert worden:

$$S = k \ln W \tag{3.23}$$

Dabei ist S die Entropie, k die Boltzmann-Konstante und W die Wahrscheinlichkeit. Norbert Wiener erkannte im Jahre 1947 die formale Ähnlichkeit zur entscheidenden Formel der Shannonschen Informationstheorie. Claude Shannon hatte sich der Interpretation einer Information als Beseitigung von Ungewissheit angeschlossen und festgestellt, dass der Informationsgehalt wächst, wenn die Wahrscheinlichkeit für das Auftreten eines Ereignisses oder Zeichens abnimmt. Shannon hat dabei nicht den semantischen Inhalt einer Nachricht, sondern dessen Unvorhersagbarkeit betrachtet: *"The word information, in this theory, is used in a special sense that must not be confused with its ordinary usage ... To be sure, this word information in communication theory relates not so much to what you do say, as to what you could say"* [46].
Eine Nachricht ist um so informationsreicher, je unsicherer wir über ihren Inhalt sind. So wird in einem Vortrag über Verhaltenswissenschaften und Kybernetik die Anrede des Auditoriums mit „Meine Damen und Herren“ sicher keine Ungewissheit beseitigen, der Inhalt des Vortrages aber schon.

Werden n gleichwahrscheinliche Ereignisse angenommen, so ist die Wahrscheinlichkeit für das Auftreten eines solchen Ereignisses $p_i = 1/n$. Wird weiterhin angenommen, dass die einzelnen Ereignisse oder Zeichen unabhängig voneinander auftreten, so ist als Informationsgehalt (auch Entscheidungsgehalt) I_0 eines Zeichens der duale Logarithmus der Anzahl unterschiedlicher Zeichen definiert:

$$I_0 = \operatorname{ld} n = \operatorname{ld} \frac{1}{p_i} \tag{3.24}$$

Die Maßeinheit für den Informationsgehalt ist bit. Die Gleichung (3.24) stellt einen Zusammenhang zwischen Informationsgehalt und optimaler Fragestrategie bei der Codierung von Zeichen her. I_0 ist nämlich die Anzahl der noch ausstehenden Ja-Nein-Entscheidungen zur vollständigen Information über eine Nachricht.
Bei nicht gleichwahrscheinlichen Ereignissen muss der Informationsgehalt für jedes einzelne Ereignis bestimmt werden:

$$I_i = \operatorname{ld} \frac{1}{p_i} = -\operatorname{ld} p_i \tag{3.25}$$

Als gewichteter Informationsgehalt eines Einzelereignisses wird die Größe

$$H_i = p_i \operatorname{ld} \frac{1}{p_i} = -p_i \operatorname{ld} p_i \tag{3.26}$$

verwendet. Diese Größe kann direkt aus dem Histogramm ermittelt werden. Wird der Informationsgehalt für ein ganzes Alphabet, also alle n Zeichen einer Signalquelle gesucht, so müssen die einzelnen Werte für H_i aufsummiert werden:

$$H = \sum_{i=1}^{n} H_i = \sum_{i=1}^{n} p_i \operatorname{ld} \frac{1}{p_i} = -\sum_{i=1}^{n} p_i \operatorname{ld} p_i \tag{3.27}$$

Die Größe H wird als Entropie der Quelle bezeichnet und in bit pro Zeichen angegeben. Wird H mit Gleichung (3.25) für gleichwahrscheinliche Ereignisse berechnet, so ergibt sich:

$$H = \sum_{i=1}^{n} \frac{1}{n} \cdot \operatorname{ld} n = \operatorname{ld} n = H_{\max} \tag{3.28}$$

Der maximale Informationsgehalt $H_{\max}$ heißt auch Entscheidungsgehalt. Es gilt allgemein, dass ein Signal die maximale Information pro Zeichen dann enthält, wenn die Zeichen gleichwahrscheinlich sind. Die maximale Entropie kann damit auch als Aufwand – in bit pro Zeichen – für die Codierung der Zeichen bei Gleichverteilung interpretiert werden. Sind die Auftretenswahrscheinlichkeiten der Zeichen nicht gleich, was in der Praxis meist der Fall ist, dann ist $H < H_{\max}$ und die Quelle enthält Redundanz R:

$$R = H_{\max} - H \tag{3.29}$$

Ist $R > 0$, so gibt die Quelle gegenüber einer redundanzfreien Quelle eine verminderte Information pro Zeichen ab. Für Codierung und Übertragung ist mehr Aufwand erforderlich. Andererseits bestehen gute Aussichten, das Signal komprimieren zu können.

Stationarität Eine weitere wichtige Eigenschaft eines Zufallsprozesses ist seine Stabilität bezüglich der zugehörigen statistischen Größen. Sie wird durch den Begriff der Stationarität erfasst. Ein Zufallsprozess heißt stationär, wenn sich seine Wahrscheinlichkeitsfunktion $p(x)$ und damit auch die daraus berechenbaren Kenngrößen bei einer zeitlichen Verschiebung τ nicht ändern. Für ein Signal $x(t)$ gilt dann:

$$p(x, t) = p(x, t + \tau) = p(x) \tag{3.30}$$

Viele Verfahren der Signalverarbeitung setzen die Stationarität von Signalen voraus. Es kann bei der Stationarität noch eine starke und eine schwache Stationarität unterschieden werden. Bei der starken Stationarität ist die Verteilungsfunktion (Gleichung (3.2)) zeitunabhängig, bei der schwachen Stationarität sind lediglich Erwartungswert und Varianz (ggf. Kovarianz) zeitunabhängig.
Ein Beispiel für ein stationäres und ein nichtstationäres Signal ist das Rauschen eines Widerstandes bei konstanter bzw. veränderlicher Temperatur.
Es muss angemerkt werden, dass zwar ein stationärer Prozess eine zeitunabhängige Wahrscheinlichkeitsfunktion hat, die Umkehrung jedoch nicht immer gilt.

Ergodizität Ein Prozess besitzt die Eigenschaft der Ergodizität, wenn die Schar- oder Ensemblemittelwerte gleich den zeitlichen Mittelwerten sind. Zur Charakterisierung eines ergodischen Prozesses genügt es also, eine einzige (möglichst lange) Realisierung des Zufallsprozesses zu kennen. Dies ist besonders dann vorteilhaft, wenn wir bei einem Zufallsprozess zu einem Zeitpunkt nicht mehrere Episoden eines Ensembles beobachten bzw. messen können. So kann z. B. der Erwartungswert der Zufallsgröße X nicht nur als Ensemblemittelwert nach Gleichung (3.7) berechnet, sondern auch aus dem Verlauf von $X(t)$ geschätzt werden:

$$E(X) = \lim_{T \to \infty} \frac{1}{T} \int_{0}^{T} X(t)\, \mathrm{d}t \tag{3.31}$$

Entsprechende Gleichungen lassen sich auch für die anderen gewöhnlichen und zentralen Momente aufstellen.

3.1.3 Multivariate Zufallsvariable

Sind die in einem Ensemble enthaltenen Signale nicht die Realisierung eines einzigen Zufallsprozesses, sondern durch verschiedene Prozesse verursacht, so sind für die Analyse dieser Prozesse auch die möglicherweise vorhandenen Beziehungen zwischen den einzelnen Zufallsprozessen aufschlussreich. Beispielsweise werden die bei einer Wetterbeobachtung anfallenden Größen ihre Ursachen nicht nur in einem Zufallsprozess haben. Für die quantitative Beschreibung der Zusammenhänge wollen wir die Zufallsvariablen zu einem Zufallsvektor $\boldsymbol{X}$ zusammenfassen, $\boldsymbol{X} = (X_1, \ldots, X_n)$. Bei zwei Zufallsvariablen wird oft die Notation $\mathbf{Z} = (X, Y)$ vorgezogen. Für das Beispiel der Wetterbeobachtung kann die Zufallsvariable X beispielsweise der Verlauf der Wassertemperatur der Ostsee in einem bestimmten Zeitraum und die Zufallsgröße Y der zugehörige Verlauf der Lufttemperatur sein.
Alle im vorigen Abschnitt gegebenen charakteristischen Größen können prinzipiell auch auf Zufallsvektoren übertragen werden, sind also nicht auf skalare Zufallsgrößen beschränkt.
Ist $\mathbf{Z} = (X, Y)$ ein bivariater Zufallsvektor, so gilt für seine Verteilungsfunktion:

$$F_Z(x, y) = P(X \leq x,\ Y \leq y) \tag{3.32}$$

Die Wahrscheinlichkeitsfunktion von $\mathbf{Z}$ ist $p(z) = p_z$. Die Zufallssignale heißen unabhängig genau dann, wenn für den Zufallsvektor $\mathbf{Z} = (X, Y)$ gilt:

$$F(x, y) = F_x(x) \cdot F_y(y) \quad \text{und} \quad p(x, y) = p_x(x) \cdot p_y(y) \tag{3.33}$$

Verteilungsfunktion und Wahrscheinlichkeitsdichte haben die gleiche Beziehung wie im univariaten Fall:

$$F(x, y) = \int_{-\infty}^{x} \int_{-\infty}^{y} p(u, v)\, du\, dv \quad \text{und} \quad p(x, y) = \frac{\partial^2 F(x, y)}{\partial x\, \partial y} \tag{3.34}$$

Als Beispiel für ein unabhängiges bivariates stetiges Zufallssignal möge wieder die Dichtefunktion einer gaußschen Normalverteilung dienen, die nun von zwei Mittelwerten μ_x und μ_y und zwei Standardabweichungen σ_x und σ_y bestimmt wird:

$$p(x, y) = \frac{1}{\sigma_x \sigma_y 2\pi} \exp\left[-\frac{1}{2}\left(\frac{(x-\mu_x)^2}{{\sigma_x}^2} + \frac{\left(y-\mu_y\right)^2}{{\sigma_y}^2}\right)\right] \tag{3.35}$$

Die grafische Darstellung einer Dichtefunktion zeigt Abbildung 3.9.

Treten mehr als zwei Zufallsvariablen auf, so ist eine allgemeinere Darstellung erforderlich. Die Verteilungsfunktion eines Zufallsvektors $\boldsymbol{X} = (X_1, \ldots, X_n)$ ist dann definiert durch:

$$F_X(x_1, \ldots, x_n) = P(X_1 \leq x_1,\ \ldots,\ X_n \leq x_n) \tag{3.36}$$

Die Zufallssignale sind unabhängig genau dann, wenn gilt:

$$F_X(x_1, \ldots, x_n) = F_{X_1}(x_1) \cdot F_{X_2}(x_2) \cdot \ \ldots\ \cdot F_{X_n}(x_n) \tag{3.37}$$

Die in Abschnitt 3.1.2 eingeführten gewöhnlichen und zentralen Momente können nun zwar für jeden Zufallsprozess einzeln berechnet werden, z. B. $E(X_1)$, $E(X_2)$ oder

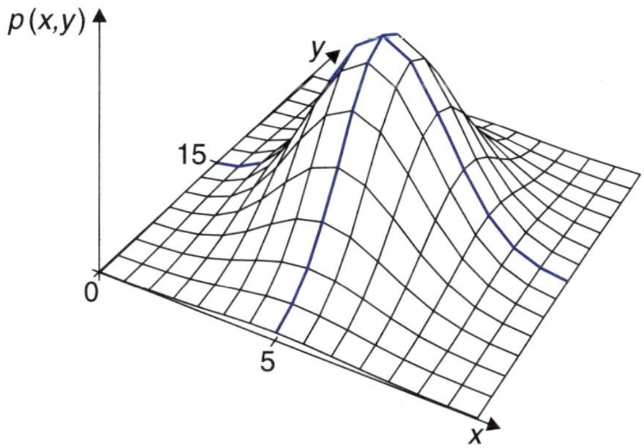

Abbildung 3.9: Wahrscheinlichkeitsdichtefunktion $p(x, y)$ einer bivariaten Normalverteilung mit $\mu_x = 5$, $\mu_y = 15$, $\sigma_x = 1$ und $\sigma_y = 2$

$D^2(X_1)$ und $D^2(X_2)$ usw. Über eine eventuell vorhandene Abhängigkeit der Zufallsvariablen X und Y sagen diese Momente jedoch nichts aus. Es werden deshalb so genannte gemischte Momente definiert, die Aussagen über mögliche Abhängigkeiten der Zufallsprozesse untereinander enthalten. Die wichtigsten gemischten Momente sind die Kovarianz und die Korrelation.

Kovarianz Als Kovarianz wird der Erwartungswert des Produkts der Abweichungen der Zufallsvariablen von ihren Mittelwerten bezeichnet:

$$\begin{aligned}\operatorname{cov}(X, Y) &= E\left[(X - E(X)) \cdot (Y - E(Y))\right] \\ &= E(XY) - 2\overline{X} \cdot \overline{Y} + \overline{X} \cdot \overline{Y} \\ &= E(XY) - \overline{X}\,\overline{Y} \\ &= \overline{XY} - \overline{X}\,\overline{Y} \quad \text{mit} \quad E(X) = \overline{X} \quad \text{und} \quad E(Y) = \overline{Y}\end{aligned} \tag{3.38}$$

Die Kovarianz sagt etwas darüber aus, ob sich zwei (oder mehrere) Prozesse in etwa um dasselbe Mittel herum abspielen und ob die Abweichungen davon ähnlich sind. Sie erfasst den Grad der (linearen) Abhängigkeit zwischen X und Y. Offensichtlich gilt für $Y = X$:

$$\operatorname{cov}(X, X) = E\left(X^2\right) - \overline{X}\,\overline{X} = E\left(X^2\right) - {m_1}^2 = D^2(X) = \operatorname{var}(X) \tag{3.39}$$

Die Kovarianz ist symmetrisch:

$$\operatorname{cov}(X, Y) = \operatorname{cov}(Y, X) \tag{3.40}$$

Sind X und Y linear unabhängig voneinander, so ist $\operatorname{cov}(X, Y) = 0$. Es gilt die Cauchy-Schwarzsche Ungleichung:

$$|\operatorname{cov}(X, Y)| \leq \sqrt{\operatorname{var}(X) \cdot \operatorname{var}(Y)} \tag{3.41}$$

Die bei zwei Zufallsvariablen auftretenden Varianzen und Kovarianzen können in einer symmetrischen Matrix, der Kovarianzmatrix $\boldsymbol{COV}(X, Y)$, übersichtlich dargestellt werden:

$$\boldsymbol{COV}(X,Y) = \begin{bmatrix} \operatorname{cov}(X,X) & \operatorname{cov}(X,Y) \\ \operatorname{cov}(Y,X) & \operatorname{cov}(Y,Y) \end{bmatrix} = \begin{bmatrix} \operatorname{var}(X) & \operatorname{cov}(X,Y) \\ \operatorname{cov}(Y,X) & \operatorname{var}(Y) \end{bmatrix} \tag{3.42}$$

Liegen n Zufallsvariablen $X_1, X_2 \ldots, X_n$ vor, muss die Kovarianzmatrix erweitert werden:

$$\boldsymbol{COV}(X_1, X_2, \ldots, X_n) = \begin{bmatrix} \operatorname{cov}(X_1,X_1) & \operatorname{cov}(X_1,X_2) & \cdots & \operatorname{cov}(X_1,X_n) \\ \operatorname{cov}(X_2,X_1) & \operatorname{cov}(X_2,X_2) & \cdots & \operatorname{cov}(X_2,X_n) \\ \vdots & \vdots & \ddots & \vdots \\ \operatorname{cov}(X_n,X_1) & \operatorname{cov}(X_n,X_2) & \cdots & \operatorname{cov}(X_n,X_n) \end{bmatrix} \tag{3.43}$$

Die Kovarianzmatrix kann auch über den Erwartungswert eines Vektors berechnet werden:

$$\boldsymbol{COV}(X_1, X_2, \ldots, X_n) = \boldsymbol{COV}(\boldsymbol{X}) = E\left[(\boldsymbol{X} - E(\boldsymbol{X})) \cdot (\boldsymbol{X} - E(\boldsymbol{X}))^{\mathrm{T}}\right] \tag{3.44}$$

Korrelation Neben der Kovarianz existiert mit der Korrelation eine weitere Größe, die Aussagen über Abhängigkeiten zwischen Zufallsvariablen enthält. Die Korrelation sagt etwas darüber aus, wie stark die Abhängigkeit der Zufallsvariablen ist und wie gut eine Variable aus der anderen vorhergesagt werden kann. Als Korrelation wird der Erwartungswert des Produkts der Zufallsvariablen bezeichnet:

$$\operatorname{cor}(X,Y) = E(X \cdot Y) \tag{3.45}$$

Auch die Korrelation ist symmetrisch:

$$\operatorname{cor}(X,Y) = \operatorname{cor}(Y,X) \tag{3.46}$$

Die bei zwei Zufallsvariablen auftretenden Korrelationen können wieder in einer symmetrischen Matrix, der Korrelationsmatrix $\boldsymbol{COR}(X,Y)$, übersichtlich dargestellt werden:

$$\boldsymbol{COR}(X,Y) = \begin{bmatrix} \operatorname{cor}(X,X) & \operatorname{cor}(X,Y) \\ \operatorname{cor}(Y,X) & \operatorname{cor}(Y,Y) \end{bmatrix} \tag{3.47}$$

Liegen n Zufallsvariablen $X_1, X_2 \ldots, X_n$ vor, muss die Korrelationsmatrix erweitert werden:

$$\boldsymbol{COR}(X_1, X_2, \ldots, X_n) = \begin{bmatrix} \operatorname{cor}(X_1,X_1) & \operatorname{cor}(X_1,X_2) & \cdots & \operatorname{cor}(X_1,X_n) \\ \operatorname{cor}(X_2,X_1) & \operatorname{cor}(X_2,X_2) & \cdots & \operatorname{cor}(X_2,X_n) \\ \vdots & \vdots & \ddots & \vdots \\ \operatorname{cor}(X_n,X_1) & \operatorname{cor}(X_n,X_2) & \cdots & \operatorname{cor}(X_n,X_n) \end{bmatrix} \tag{3.48}$$

Korrelationskoeffizient Da es vorteilhaft ist, die Korrelation durch eine Zahl ähnlich einer Prozentangabe auszudrücken, ist die Verwendung eines Korrelationskoeffizienten üblich. Dieser hat zudem den Vorteil, dass er eine dimensionslose Größe ist. Der Korrelationskoeffizient $\rho(X, Y)$, der auch pearsonscher Korrelationskoeffizient heißt, ist wie folgt definiert:

$$\rho\,(X, Y) = \frac{\operatorname{cov}\,(X, Y)}{\sqrt{\operatorname{var}\,(X)} \cdot \sqrt{\operatorname{var}\,(Y)}} \tag{3.49}$$

Die Größe des Korrelationskoeffizienten $\rho(X, Y)$ liegt im Bereich zwischen ± 1. Er liefert eine einfache und schnelle Möglichkeit, die lineare Abhängigkeit zwischen zwei Signalen einzuschätzen. Ist $X = Y$, so ergibt sich ein Korrelationskoeffizient von $\rho(X, X) = 1$, ist $X = -Y$, so folgt $\rho(X, Y) = -1$. Hiermit lässt sich eine symmetrische Matrix $\boldsymbol{COR}_{\mathrm{P}}(X, Y)$ der pearsonschen Korrelationskoeffizienten notieren. Sie enthält Einsen in der Hauptdiagonalen:

$$\boldsymbol{COR}_{\mathrm{P}}\,(X, Y) = \begin{bmatrix} 1 & \rho\,(X, Y) \\ \rho\,(Y, X) & 1 \end{bmatrix} \tag{3.50}$$

Liegen wieder n Zufallsvariablen $X_1, X_2 \ldots, X_n$ vor, so muss auch die pearsonsche Korrelationsmatrix erweitert werden:

$$\boldsymbol{COR}_{\mathrm{P}}\,(X_1, X_2, \ldots, X_n) = \begin{bmatrix} 1 & \rho\,(X_1, X_2) & \cdots & \rho\,(X_1, X_n) \\ \rho\,(X_2, X_1) & 1 & \cdots & \rho\,(X_2, X_n) \\ \vdots & \vdots & \ddots & \vdots \\ \rho\,(X_n, X_1) & \rho\,(X_n, X_2) & \cdots & 1 \end{bmatrix} \tag{3.51}$$

Sind die beiden Zufallsvariablen nicht linear abhängig, so ist der Korrelationskoeffizient Null. Allerdings folgt aus der Tatsache, dass $\rho(X, Y) = 0$ ist, nicht der Umkehrschluss, dass X und Y unabhängig voneinander sind. Es kann auch eine andere, beispielweise quadratische Abhängigkeit bestehen.

Empirische Kenngrößen Mit allen in diesem Abschnitt aufgeführten Gleichungen können aus zwei oder mehr Stichproben empirische Kenngrößen berechnet werden. Als Beispiel soll der Korrelationskoeffizient nach Gleichung (3.49) in eine empirische Kenngröße überführt werden. Mit den beiden Stichproben (Messreihen) x und y des Umfangs N und den Elementen x_i und y_i erhalten wir:

$$\rho = \frac{\sum\limits_{i=0}^{N-1} (x_i - \overline{x})\,(y_i - \overline{y})}{\sqrt{\sum\limits_{i=0}^{N-1} (x_i - \overline{x})^2} \cdot \sqrt{\sum\limits_{i=0}^{N-1} (y_i - \overline{y})^2}} \tag{3.52}$$

Diese empirische Kenngröße wird auch als normierte Kovarianz bezeichnet. Die Größe im Zähler ist die empirische Kovarianz (Gleichung (3.38)). Zur Illustration des Zusammenhangs zweier Zufallsvariablen sollen zwei meteorologische Messreihen dienen.[1] Eine Messreihe enthält die mittleren Lufttemperaturen in Zinnowitz (Insel Usedom), die zweite Messreihe die Wassertemperaturen der Ostsee, gemessen in Koserow (ebenfalls

[1] Wir danken dem Staatlichen Amt für Umwelt und Natur in Rostock und dem Deutschen Wetterdienst für die Überlassung der Messreihen.

Insel Usedom). Die Temperaturen der Luft x_i und des Wassers y_i wurden im Zeitraum Januar 2001 bis Dezember 2002 (730 Tage) täglich gemessen. Ihre Abhängigkeit geht aus der Abbildung 3.10 hervor. Für den empirischen Korrelationskoeffizienten nach Gleichung (3.52) ergibt sich ein Wert von $\rho = 0{,}924$, also eine starke Korrelation der Luft- und Wassertemperatur.

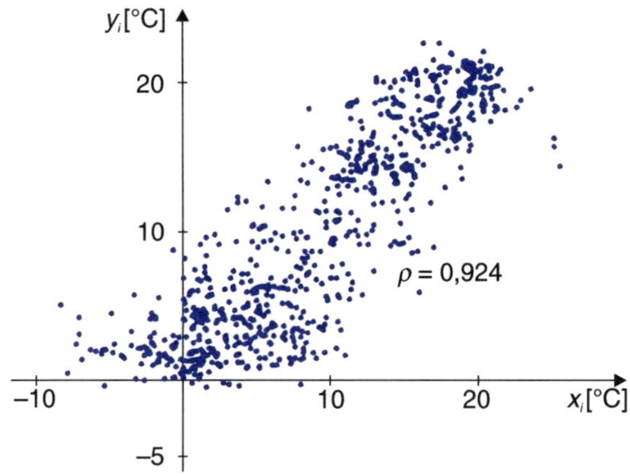

Abbildung 3.10: Abhängigkeit der Wassertemperatur der Ostsee y_i von der Lufttemperatur x_i

Korrelation innerhalb eines Signals In der Signalverarbeitung ist nun nicht nur der Zusammenhang zwischen mehreren Zufallssignalen von Interesse, sondern es kann auch wichtig sein, die Abhängigkeiten zeitlich oder örtlich benachbarter Abtastwerte innerhalb eines Signals zu kennen. Zur Erläuterung sind in Abbildung 3.11 Signale gezeigt, bei denen offensichtlich die statistische Abhängigkeit benachbarter Werte unterschiedlich ist. Abbildung 3.11 a) zeigt drei Episoden eines sich zufällig ändernden Signals. Die ausgewählten Episoden in Abbildung 3.11 b) gehören zu einem langsam veränderlichen Signal, da sich benachbarte Abtastwerte nur wenig unterscheiden. Die Signale in Abbildung 3.11 c) sind denen der ersten Gruppe ähnlich, klingen aber mit der Zeit ab.

Art und Größe der Abhängigkeit gehen am besten aus der grafischen Darstellung $f_{i+1} = f(f_i)$ hervor (Abbildung 3.12). Bei Unabhängigkeit benachbarter Werte wird sich eine gleichmäßige Verteilung auf alle vier Quadranten ergeben, bei Abhängigkeit sind die Werte dagegen im Wesentlichen auf zwei Quadranten beschränkt. Den Grad der Abhängigkeit können wir nun wieder durch die Berechnung der Korrelation nach Gleichung (3.45) erfassen.

Werden M Signalfolgen betrachtet, so gilt für die mittlere Korrelation zwischen zwei benachbarten Abtastwerten f_i und f_{i+1}:

$$\begin{aligned} \operatorname{cor}(f_i, f_{i+1}) &= \frac{1}{M} \sum_{m=0}^{M-1} f_i(m) \cdot f_{i+1}(m) \\ &= \overline{f_i(m) \cdot f_{i+1}(m)} \end{aligned} \tag{3.53}$$

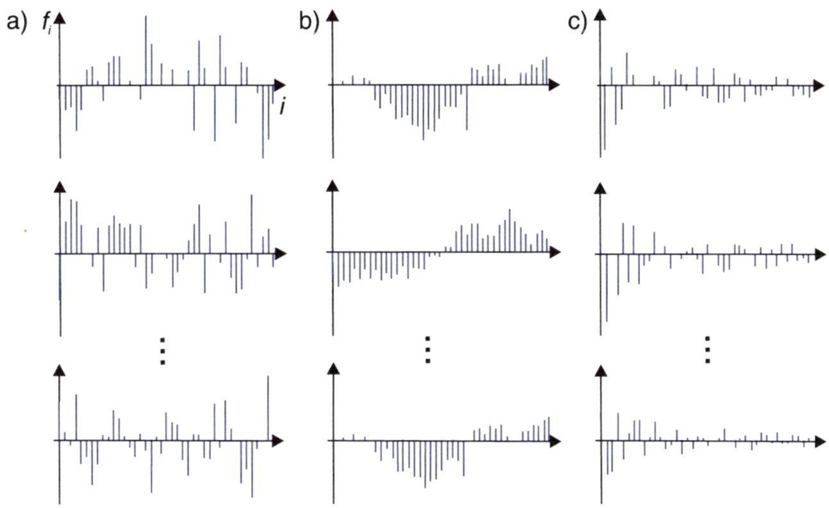

Abbildung 3.11: Drei Episoden typischer diskreter Signalverläufe
a) zufällige, b) langsam veränderliche und c) zufällige und abklingende Signale

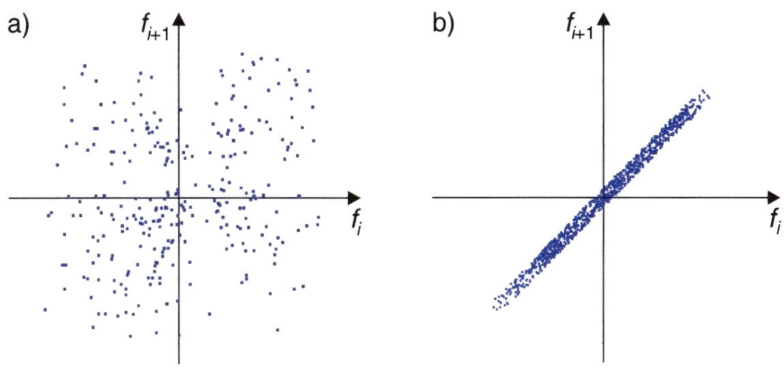

Abbildung 3.12: Statistische Abhängigkeit unmittelbar aufeinander folgender Abtastwerte
a) zufälliges Signal aus Abbildung 3.11 a)
b) langsam veränderliches Signal aus Abbildung 3.11 b)

Bei unkorrelierten Nachbarwerten ergibt sich ein kleiner Wert, denn die Summanden haben unterschiedliche Vorzeichen und sind auf alle vier Quadranten verteilt. Bei korrelierten Nachbarwerten ergibt sich dagegen ein großer Wert, weil die Signale das gleiche Vorzeichen haben. Wieder bietet sich die Darstellung der Korrelation in einer Matrix an:

$$\boldsymbol{COR}(f_i, f_{i+1}) = \begin{bmatrix} \overline{f_i^{\,2}} & \operatorname{cor}(f_i, f_{i+1}) \\ \operatorname{cor}(f_{i+1}, f_i) & \overline{f_{i+1}^{\,2}} \end{bmatrix} \quad \text{mit} \quad \overline{f_i^{\,2}} = \frac{1}{M} \sum_{m=0}^{M-1} f_i^{\,2}(m) \tag{3.54}$$

Die Berechnung der Korrelation ist nicht auf die unmittelbaren Nachbarn beschränkt; die Matrix kann erweitert werden:

$$\boldsymbol{COR}(f_i, f_{i+n}) = \begin{bmatrix} \overline{f_i^2} & \text{cor}(f_i, f_{i+1}) & \cdots & \text{cor}(f_i, f_{i+n}) \\ \text{cor}(f_{i+1}, f_i) & \overline{f_{i+1}^2} & \cdots & \text{cor}(f_{i+1}, f_{i+n}) \\ \vdots & \vdots & \ddots & \vdots \\ \text{cor}(f_{i+n}, f_i) & \text{cor}(f_{i+n}, f_{i+1}) & \cdots & \overline{f_{i+n}^2} \end{bmatrix} \tag{3.55}$$

Die meisten Signale sind so beschaffen, dass die Korrelation mit zunehmendem Abstand der Abtastwerte kleiner wird (Abbildung 3.13).

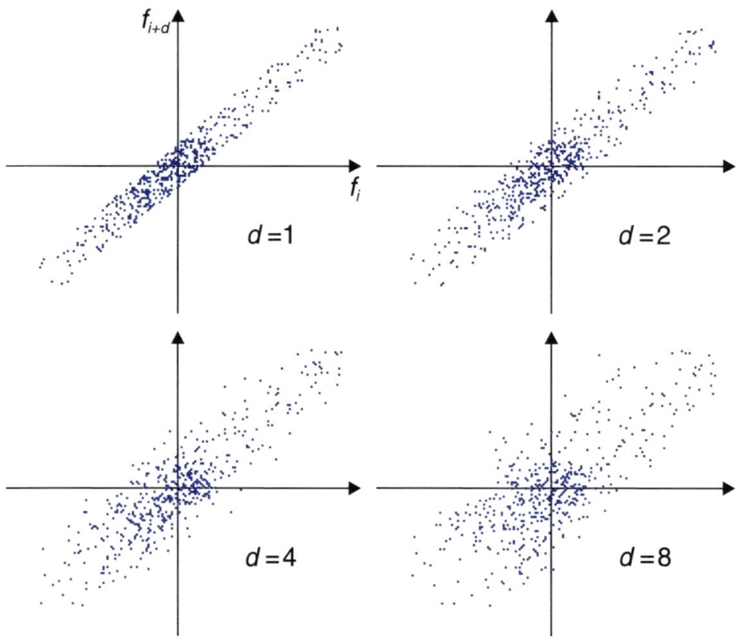

Abbildung 3.13: Statistische Abhängigkeit zwischen zwei Abtastwerten f_i und f_{i+d} in einem langsam veränderlichen Signal aus Abbildung 3.11 b) für verschiedene Abstände d

Anschaulich ist der Blick auf unterschiedliche Korrelationsmatrizen, wie er in [36] verwendet wird. Für einen stationären und vollständig unkorrelierten Prozess ergibt sich die in Abbildung 3.14 gezeigte Darstellung. Abbildung 3.15 zeigt die Korrelationsmatrizen stationärer, aber teilweise korrelierter Prozesse.

Interessant für die Signalverarbeitung ist der Zusammenhang zwischen Korrelation und Informationsgehalt. Abbildung 3.16 a) zeigt ein Bildsignal, in dem benachbarte Grauwerte als teilweise korreliert angesehen werden können.

Abbildung 3.16 b) enthält dieselben Grauwerte, allerdings von links oben nach rechts unten der Größe nach zu einem Graukeil geordnet. Um sich einen (optischen) Eindruck von der Korrelation benachbarter Grauwerte zu verschaffen, kann man sie beispielsweise in Abhängigkeit von ihrem Index darstellen. Dazu werden einfach alle Bildzeilen

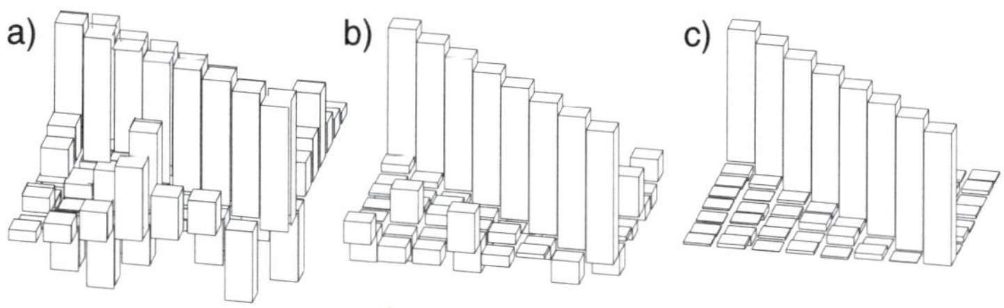

Abbildung 3.14: Korrelationsmatrizen nach Gleichung (3.55) des Zufallssignals aus Abbildung 3.11 a)
a) 10, b) 50 und c) 1000 Episoden mit je 8 Abtastwerten

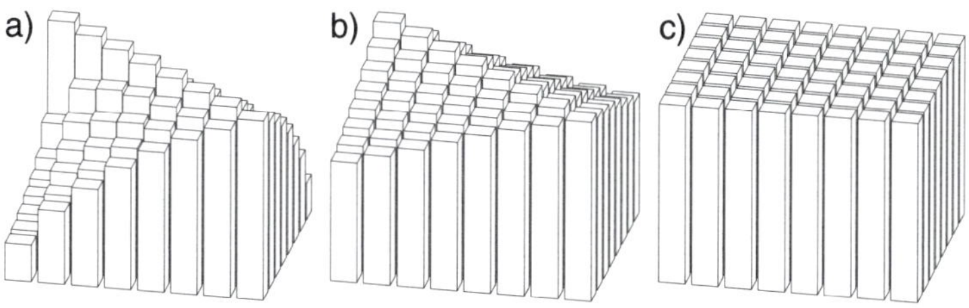

Abbildung 3.15: Korrelationsmatrizen nach Gleichung (3.55) des langsam veränderlichen Signals aus Abbildung 3.11 b) mit von a) nach c) zunehmender Korrelation

nacheinander in einen neuen Vektor geschrieben und seine Elemente über ihrem Index abgetragen. Abbildung 3.16 c) zeigt dies für das Originalbild, Abbildung 3.16 d) für das geordnete Bild. Der Unterschied spiegelt sich auch im Korrelationskoeffizienten wider, der für das Originalbild einen Wert von $\rho = -0{,}605$ und für die geordnete Grauwertfolge von $\rho = 0{,}954$ aufweist. Offensichtlich sind die aufeinanderfolgenden Bildpunkte im Graukeil viel stärker korreliert und der Informationsgehalt ist entsprechend geringer. Der Informationsgehalt ist also hoch, wenn die Korrelation gering ist und umgekehrt. Ein sinnvolles Ziel von signalverarbeitenden Operationen besteht demnach in der Verringerung der Korrelation.

Die bisher betrachtete Korrelation zwischen zwei Zufallssignalen oder aufeinander folgenden Abtastwerten ist lediglich durch eine Zahl, nämlich den Korrelationskoeffizienten erfasst worden. Wenn uns jedoch die Beziehung zweier Zufallssignale unter Berücksichtigung ihrer Zeitabhängigkeit interessiert, kann diese Zeitabhängigkeit in die Betrachtung mit einbezogen werden. Dies führt zur Korrelationsfunktion.

3.2 Korrelation

In Abschnitt 3.1.3 ist die Korrelation als eine skalare Größe eingeführt worden, die eine Mittelwertbildung für Zufallssignale darstellt. Es soll nun eine Korrelationsfunktion eingeführt werden, die wie die skalare Größe die Ähnlichkeit zweier Signale erfasst, zusätzlich jedoch eine funktionale Abhängigkeit der Ähnlichkeit von einer gegenseitigen zeitlichen Verschiebung der beiden Signale berücksichtigt. Die Korrelationsfunktion

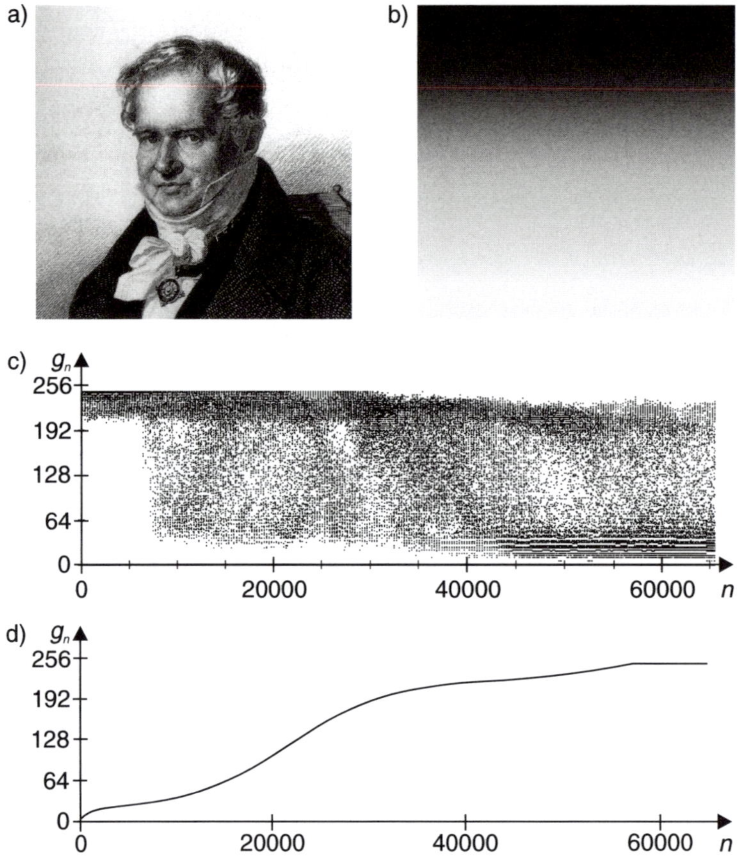

Abbildung 3.16: Zwei Signale mit unterschiedlichem Informationsgehalt

kann damit als Maß für die Übereinstimmung von zwei Signalen interpretiert werden, das für jede Verschiebung bestimmt wird.

Über die Korrelationsfunktion können aus einem Signal Informationen gewonnen werden, die bei anderen Verfahren unentdeckt bleiben. Ein populäres Beispiel ist das satellitengestützte Ortungssystem GPS (*Global Positioning System*). Die Position wird hier aus der Entfernung eines Ortes zu mehreren Satelliten berechnet. Um diese Entfernung zu ermitteln, wird in dem auf der Erde empfangenen Signal mit Hilfe der Korrelationsfunktion nach einem bekannten Bitmuster gesucht.

Verwendung findet die Korrelationsfunktion auch bei adaptiven Filtern, in der Sprachverarbeitung und in der Messtechnik.

Korrelation diskreter Signale Gegeben seien zwei diskrete Signalfolgen f_n und h_n endlicher Energie. Die Korrelationsfunktion r_m als Ergebnis der Korrelation von f_n und h_n wird nach folgender Gleichung berechnet:

$$r_m = \sum_{n=-\infty}^{\infty} f_n \cdot h_{n+m} \quad \text{mit} \quad m = 0, \pm 1, \pm 2, \ldots \tag{3.56}$$

Die Korrelationsfunktion r_m ergibt sich, indem die Signale f_n und h_n gegeneinander verschoben werden und für jede Verschiebung ein Ähnlichkeitsmaß berechnet wird. Als Ähnlichkeitsmaß wird die Summe der Produkte korrespondierender Werte der beiden Signalfolgen verwendet. Das Ergebnis heißt genauer Kreuzkorrelationsfunktion (KKF), da zwei verschiedene Signale miteinander korreliert werden. Die Kreuzkorrelationsfunktion wird in der Literatur u. a. mit den Symbolen R, z, φ bezeichnet; oft werden auch die zu korrelierenden Funktionen in den Index geschrieben.
Zur Berechnung des Wertes r_0 der Korrelationsfunktion werden korrespondierende Werte der beiden Signale f_n und h_n multipliziert und die Produkte addiert. Die Berechnung weiterer Werte r_m erfolgt für positives (negatives) m durch eine Verschiebung von h_n nach links (rechts). Das Signal f_n bleibt unverschoben. Dieses Prinzip der Ermittlung einer Korrelationsfunktion ist in Abbildung 3.17 an einem Beispiel illustriert.

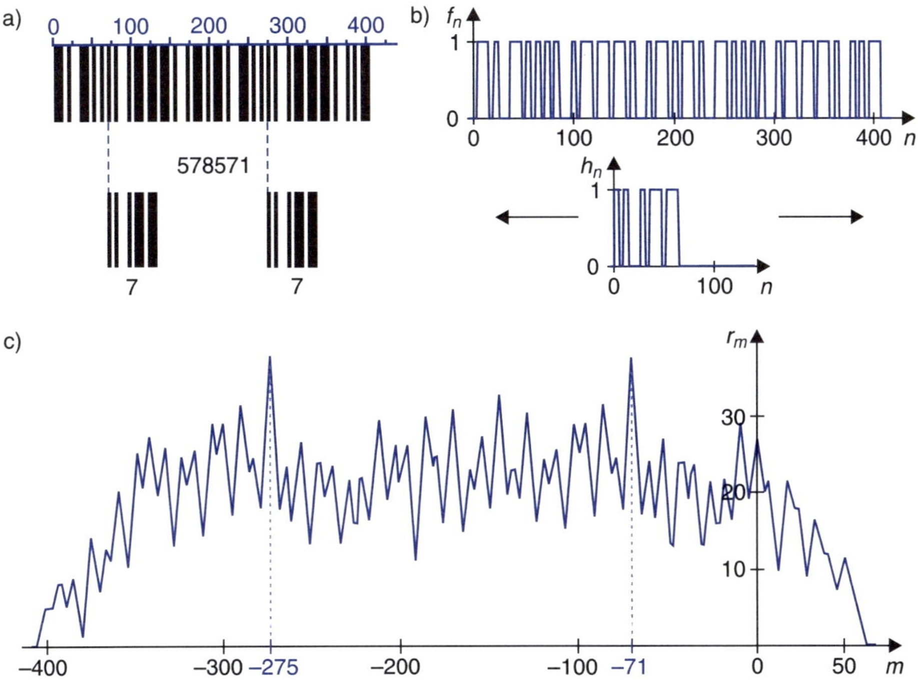

Abbildung 3.17: Prinzip der Ermittlung einer Kreuzkorrelationsfunktion
a) Strichcode als Beispiel für ein eindimensionales ortsabhängiges Signal
b) die beiden Operanden f_n und h_n für die Korrelation
c) das Korrelationsergebnis r_m

Als Signal f_n ist ein Strichcode gewählt worden, der eine sechsstellige Zahl codiert (Abbildung 3.17 a). Mit Hilfe der Korrelationsfunktion soll die Frage beantwortet werden, ob dieser Code die Ziffer 7 enthält (Mustersignal h_n) und wo sich (gegebenenfalls) die Position dieser Ziffer befindet. Die Strichcodes lassen sich wie in Abbildung 3.17 b) als eindimensionale ortsabhängige Signale darstellen. Die Verschiebung des Mustersignals h_n für positives und negatives m entsprechend Gleichung (3.56) ergibt die in Abbildung 3.17 c) dargestellte Korrelationsfunktion. Es ist zu beachten, dass es sich in den

Abbildungen 3.17 b) und c) um diskrete Funktionen handelt, die hier ausnahmsweise kontinuierlich dargestellt sind. Die Korrelationsfunktion hat zwei ausgeprägte Maxima bei $m = -71$ und $m = -275$. Das bedeutet, dass an den Positionen 71 und 275 des Strichcodes f_n jeweils eine Ziffer 7 beginnt.

Für die Korrelation ist auch das Symbol $\circledast$ gebräuchlich:

$$r_m = (f \circledast h)_m \tag{3.57}$$

Der Index m auf beiden Seiten der Gleichung gibt die Verschiebung an, für die ein Wert der Korrelation von f_n und h_n berechnet wird. Werden die Signale f_n und h_n vertauscht, muss die Korrelationsfunktion an der Ordinate gespiegelt werden:

$$\sum_{n=-\infty}^{\infty} f_n \cdot h_{n+m} = \sum_{n=-\infty}^{\infty} h_n \cdot f_{n-m} \tag{3.58}$$

Die Korrelation ist also nicht kommutativ.

Werden zwei identische Funktionen korreliert, d. h. $h_n = f_n$, so führt dies zur Autokorrelationsfunktion (AKF):

$$r_m = \sum_{n=-\infty}^{\infty} f_n \cdot f_{n+m} \tag{3.59}$$

Die Autokorrelationsfunktion gibt die innere Verwandtschaft einer Signalfolge wieder. Die größte Ähnlichkeit, also die beste Übereinstimmung mit sich selbst, besitzt ein Signal bei der Verschiebung Null, d. h. $|r_m| \leq r_0$. Aus Gleichung (3.59) folgt unmittelbar, dass die AKF eine gerade Funktion ist:

$$r_m = r_{-m} \tag{3.60}$$

Weitere Eigenschaften der AKF sind:

- Die Quadratwurzel aus dem Wert der AKF bei der Verschiebung Null entspricht dem quadratischen Mittelwert des diskreten Zeitsignals (vgl. Gleichung (3.11)).
- Die AKF kann als Verallgemeinerung des quadratischen Mittelwerts interpretiert werden.
- Die AKF geht um so schneller gegen Null, je breiter und gleichmäßiger das Spektrum des Signals ist; bei weißem Rauschen hat die AKF nur bei $m = 0$ einen von Null verschiedenen Wert.

In der Praxis der Signalverarbeitung werden die Signale f_n und h_n eine endliche und in der Regel unterschiedliche Dauer haben. Seien N_f und N_h die Längen der jeweiligen Signale mit $N_h \leq N_f$. Dann hat die Korrelationsfunktion r_m genau $M = N_f + N_h - 1$ Werte. Zur Berechnung eines Wertes der Korrelationsfunktion müssen jeweils N_h Produkte summiert werden:

$$r_m = \sum_{n=0}^{M-1} f_n \cdot h_{n+m} \quad \text{mit} \quad -\left(N_f - 1\right) \leq m \leq N_h - 1 \tag{3.61}$$

Sind die Signale f_n und h_n gleich lang, dann hat die Korrelationsfunktion die Länge $2M - 1$.

Zweckmäßig ist eine Normierung der diskreten Korrelationsfunktion, so dass sie nur Werte zwischen ± 1 annehmen kann:

$$\rho_m = \frac{r_m}{r_0} \tag{3.62}$$

Eine andere Möglichkeit ist die Normierung nach [31]:

$$\rho_m = \frac{r_m}{M - |m|} \tag{3.63}$$

Für Signale mit gleicher Länge M, die jeweils von ihrem Mittelwert befreit wurden, kann eine pearsonsche Korrelation berechnet werden:

$$\rho_m = \frac{\sum\limits_{n=0}^{M-1} f_n \cdot h_{n+m}}{\sqrt{\operatorname{var}(f_n)} \cdot \sqrt{\operatorname{var}(h_n)}} \tag{3.64}$$

Die Elemente von ρ_m sind dimensionslose Zahlen zwischen ± 1 und stellen für jede Verschiebung m pearsonsche Korrelationskoeffizienten dar. Insbesondere ist für die Verschiebung $m = 0$ der Koeffizient ρ_0 mit dem Korrelationskoeffizienten nach Gleichung (3.52) identisch, wenn die Signale mittelwertfrei sind. Als Beispiel für eine diskrete Korrelationsfunktion nach Gleichung (3.64) sollen noch einmal die Luft- und Wassertemperaturen der Abbildung 3.10 verwendet werden.

In Abbildung 3.18 a) ist die Lufttemperatur f_n, in Abbildung 3.18 b) die Wassertemperatur h_n und in Abbildung 3.18 c) die diskrete Korrelationsfunktion ρ_m dargestellt. (Da jede Messreihe aus 730 Werten besteht, erscheinen die Darstellungen der Abbildung kontinuierlich.) Das Maximum der Korrelationsfunktion ρ_m liegt bei $m = 4$. Das bedeutet, dass im dargestellten Zeitraum die Wassertemperatur nach 4 Tagen der Lufttemperatur folgt.

Werden periodische Funktionen korreliert, die keine endliche Energie besitzen, so wird die Summation in Gleichung (3.56) bzw. (3.59) über eine Periodenlänge N ausgeführt:

$$r_m = \frac{1}{N} \sum_{n=0}^{N-1} f_n \cdot h_{n+m} \tag{3.65}$$

bzw.

$$r_m = \frac{1}{N} \sum_{n=0}^{N-1} f_n \cdot f_{n+m} \tag{3.66}$$

Das Ergebnis ist in beiden Fällen wieder eine periodische Funktion. Die Autokorrelationsfunktion in Gleichung (3.66) hat dieselbe Frequenz wie die Signalfolge f_n. Ist das zu korrelierende Signal harmonisch, ergibt sich als AKF immer eine Kosinusfunktion.
Wird die Autokorrelationsfunktion von einem Signal berechnet, das von Störungen überlagerte periodische Anteile aufweist, so werden bei nichtkorrelierten Störungen in der AKF die periodischen Anteile dominieren und die Periodizität wird erkennbar sein. Da in Abbildung 3.18 die Verläufe der Luft- und Wassertemperatur in etwa periodische Funktionen sind, ist die Periodendauer von 365 Tagen auch im Ergebnis deutlich sichtbar.

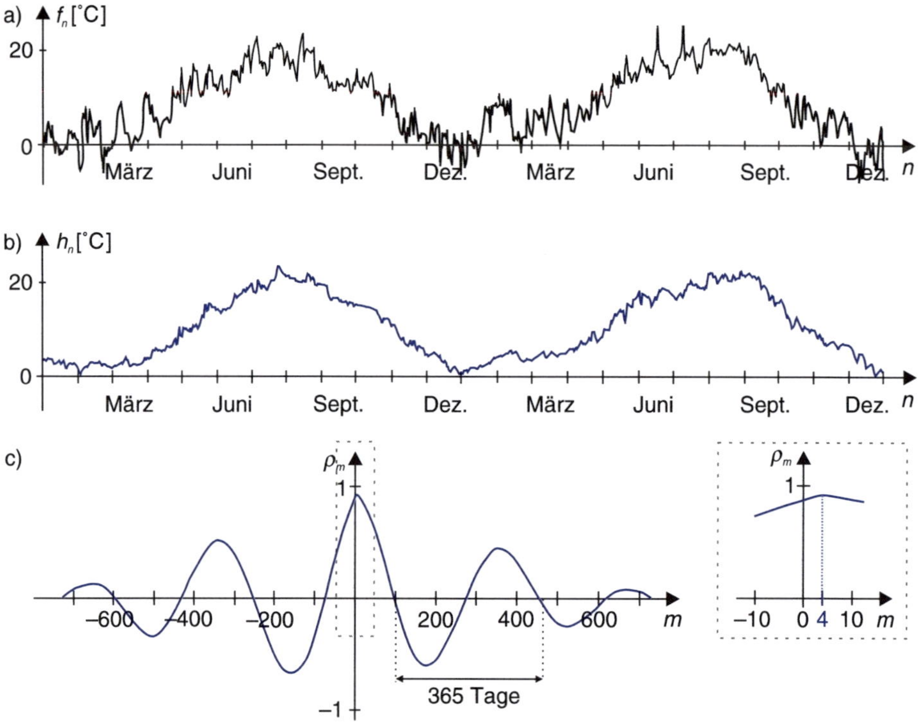

Abbildung 3.18: Kreuzkorrelationsfunktion der beiden Temperaturverläufe aus Abbildung 3.10
a) Lufttemperatur f_n
b) Wassertemperatur h_n
c) pearsonsche Korrelationsfunktion ρ_m

Die Berechnung der Kreuz- oder Autokorrelationsfunktion ist nicht auf eindimensionale Signale beschränkt. Es können auch zwei Bildsignale hinsichtlich ihrer Ähnlichkeit untersucht werden. Abbildung 3.19 zeigt die Anwendung der Kreuzkorrelationsfunktion als ein Verarbeitungsschritt zur Verbesserung der Bildqualität in der Astronomie. Schon mit relativ preiswerten, an Teleskopen montierten Videokameras können Amateurastronomen gute Aufnahmen der hellen Objekte unseres Sonnensystems machen. Allerdings ist die Qualität eines Einzelbildes oft nicht zufriedenstellend (Abbildung 3.19 b). Deshalb wird das Video in Einzelbilder zerlegt, und die besten Bilder werden für eine Weiterverarbeitung ausgewählt. Da die Einzelbilder das Objekt, beispielsweise einen Planeten, nicht an derselben Position zeigen, werden sie mit einem zweiten Bild korreliert, in dem sich der Planet (oder ein planetenähnliches Objekt) in der Mitte befindet (Abbildung 3.19 a). Abbildung 3.19 c) zeigt das Ergebnis der zweidimensionalen Korrelation. Das Maximum der Korrelationsfunktion bestimmt die jeweils notwendige Verschiebung des Planeten in den Einzelbildern. Nach dieser Operation befindet sich der Planet auf allen Einzelbildern in zentrierter Lage (Abbildung 3.19 d). Es schließt sich eine Signalmittelung an. Sie besteht aus der Addition der zentrierten Einzelbilder. Die Normierung auf die Anzahl der Einzelbilder ergibt als Ergebnis Abbildung 3.19 e). Die Mittelung bewirkt, dass die Störungen im Bild kleiner werden und damit die Bildqualität besser wird. Die Aufnahme

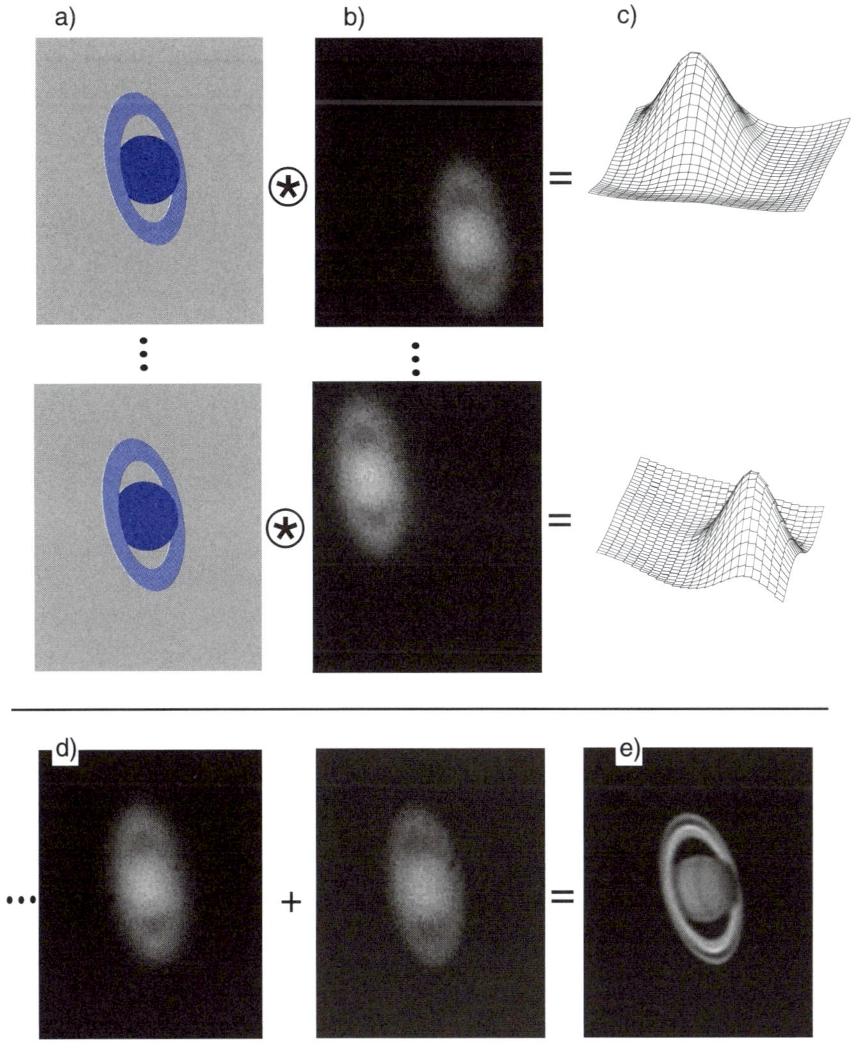

Abbildung 3.19: Anwendung der Kreuzkorrelation in der Amateurastronomie zur Verbesserung der Bildqualität

des Planeten Saturn entstand aus Bildern mit jeweils 320×240 Bildpunkten.[2] Nach der Addition ist das Bild noch gefiltert worden.

Der Zusammenhang zwischen der Korrelationsfunktion und den zugehörigen Fouriertransformierten wird durch das Korrelationstheorem beschrieben, das in den Abschnitten 4.2 und 4.5 erläutert wird.

[2] Wir danken Mario Grüneberg und Frank Meyer (Astronomischer Verein Schwerin) für die Überlassung der Aufnahmen.

Korrelation zeitkontinuierlicher Signale Der Vollständigkeit halber sei noch kurz auf die Kreuz- und Autokorrelationsfunktion zeitkontinuierlicher Signale verwiesen. Beide Funktionen sind von der kontinuierlichen Verschiebung τ abhängig:

$$r(\tau) = \int_{-\infty}^{\infty} f(t)\; h(t+\tau)\, \mathrm{d}t \tag{3.67}$$

bzw.

$$r(\tau) = \int_{-\infty}^{\infty} f(t)\; f(t+\tau)\, \mathrm{d}t \tag{3.68}$$

Die kontinuierliche Korrelationsfunktion $r(\tau)$ ist als inneres Produkt zweier Funktionen definiert, die um τ gegeneinander verschoben sind. Abbildung 3.20 zeigt als Beispiel den Verlauf der Autokorrelationsfunktion eines gestörten harmonischen Signals.

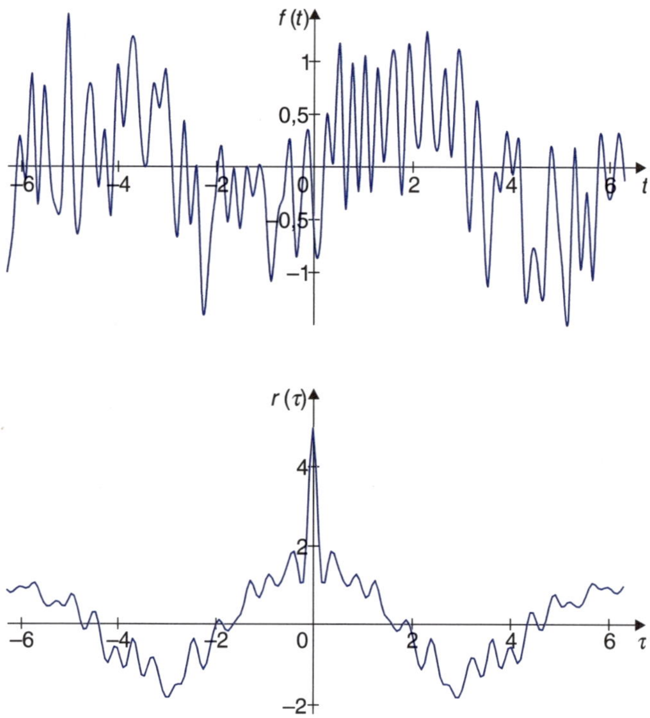

Abbildung 3.20: Autokorrelationsfunktion $r(\tau)$ eines verrauschten zeitkontinuierlichen Signals $f(t)$

Die Autokorrelationsfunktion kann als Verallgemeinerung des quadratischen Mittelwertes interpretiert werden. Durch die Mittelung geht die Phaseninformation des Signals verloren. Beispielsweise haben kosinus- und sinusförmige Signale die gleiche AKF. Aus der AKF lässt sich das Zeitsignal also nicht mehr rekonstruieren, es sind verschiedene Verläufe der Zeitfunktion möglich. Hat die AKF für ein $\tau \geq t_0$ den Wert Null, so ist vom Zeitpunkt dieser Verschiebung an kein statistischer Zusammenhang zwischen den

Abtastwerten mehr vorhanden. Die Zeit t_0 heißt Korrelationszeit oder Korrelationsdauer. Je größer die Bandbreite eines Signals ist, d. h., je mehr Frequenzen das Signal enthält, desto kleiner ist die Korrelationsdauer. Oder umgekehrt formuliert: Jede Beschränkung der Bandbreite vergrößert die Korrelationsdauer.
Wie im diskreten Fall auch, ist die AKF eine gerade Funktion, die ihr Maximum bei $\tau = 0$ hat. Die oben aufgeführten Eigenschaften der diskreten AKF gelten entsprechend.

Das Ergebnis der diskreten Korrelation kann eine Approximation der kontinuierlichen Korrelation sein. Dazu muss die Länge der zu korrelierenden Signale richtig gewählt werden. Zur Erläuterung ist in Abbildung 3.21 ein Dreiecksignal $f(t)$ mit einem Rechtecksignal $h(t)$ korreliert worden (Abbildung 3.21 a).

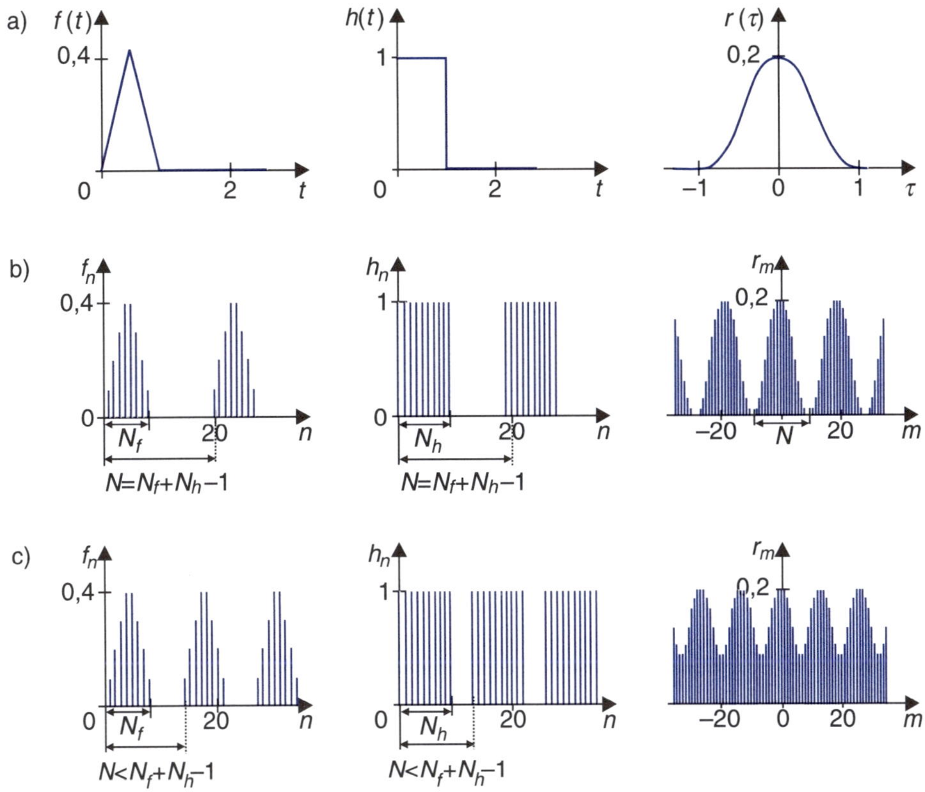

Abbildung 3.21: Vergleich der Ergebnisse einer kontinuierlichen und einer diskreten Korrelation, a) kontinuierlich, b) diskret und c) diskret, aber mit Zeitaliasing

Ist die Länge der abgetasteten Signale f_n und h_n gleich N_f und N_h, so müssen vor der Ausführung der diskreten Korrelation beide Signale durch Ergänzung von Nullen auf die Länge

$$N \geq N_f + N_h \tag{3.69}$$

gebracht werden. In der Abbildung 3.21 b) ist das Ergebnis für den Fall gezeigt, dass diese Bedingung eingehalten wurde. Das Ergebnis der diskreten Korrelation r_m ist eine Approximation der kontinuierlichen Korrelationsfunktion $r(\tau)$. Wird N zu klein gewählt, ergibt sich für die Korrelation das Ergebnis in Abbildung 3.21 c). Es tritt eine Überschneidung im Zeitbereich auf, ein so genanntes Zeitaliasing.

3.3 Faltung

Die Faltung (engl.: *convolution*) ist ein bedeutendes physikalisches Konzept für die Verknüpfung von zwei Signalen. Insbesondere stellt die Faltung eine Beziehung zwischen dem Ausgangssignal eines LTI-Systems (vgl. Abschnitt 2.2) und dem zugehörigen Eingangssignal her. Außerdem basieren so wichtige Signalverarbeitungsoperationen wie Filterung und Abtastung auf dem Prinzip der Faltung.

Faltung zeitdiskreter Signale Wir wollen die Faltung als Antwort eines LTI-Systems auf ein beliebiges Eingangssignal einführen. Wie in Abschnitt 2.2 gezeigt wurde, lässt sich ein zeitdiskretes Eingangssignal als Summe gewichteter Einheitsimpulse darstellen:

$$f_n = \sum_{m=-\infty}^{\infty} f_m \cdot \delta_{n-m} \tag{3.70}$$

Ist ein Einheitsimpuls $\delta(n)$ das Eingangssignal eines LTI-Systems, so ist das Ausgangssignal die diskrete Impulsantwort h_n. Auf eine Folge gewichteter Einheitsimpulse antwortet das System wegen seines linearen und zeitinvarianten Verhaltens mit der Überlagerung einzelner gewichteter Impulsantworten zu einem Ausgangssignal g_n:

$$g_n = \sum_{m=-\infty}^{\infty} f_m \cdot h_{n-m} \tag{3.71}$$

Die Operation nach Gleichung (3.71) wird Faltung genannt. Das Eingangssignal f_n muss mit der diskreten Impulsantwort h_n gefaltet werden, um das Ausgangssignal g_n zu ermitteln. Zur Berechnung eines Ausgangssignals aus einem Eingangssignal muss demnach lediglich die Impulsantwort h_n bekannt sein. Die Gleichung lässt sich auch so interpretieren, dass das Ausgangssignal zum Zeitpunkt n nicht nur vom Eingangssignal zum gleichen Zeitpunkt, sondern zusätzlich von zurückliegenden Abtastwerten abhängt, die aber mit geringerem Gewicht in das Ergebnis eingehen. Man spricht auch vom Gedächtnis eines Systems. Ist, wie hier bei der Faltung, ein akueller Wert des Ausgangssignals nicht nur von dem korrespondierenden Wert des Eingangssignals abhängig, sondern auch von dessen (kleiner) Umgebung, heißen die Operatoren auch lokale Operatoren.
Für die Faltungsoperation ist auch eine Darstellung in Kurzform gebräuchlich, die als Faltungssymbol einen Stern benutzt:

$$g = f * h \quad \text{oder} \quad g_n = (f * h)_n \tag{3.72}$$

Zur Erläuterung des Faltungsprinzips sei als Beispiel ein Signal f_n gewählt, das stückweise konstant ist, und eine Funktion h_n, die nur aus den beiden Werten $+1$ und -1 bestehen soll (Abbildung 3.22).

Das System reagiert beispielsweise auf den Abtastwert f_1 mit der Antwort $f_1 * h$, auf den Abtastwert f_{10} mit $f_{10} * h$. Die Überlagerung der einzelnen Antworten ist dann das

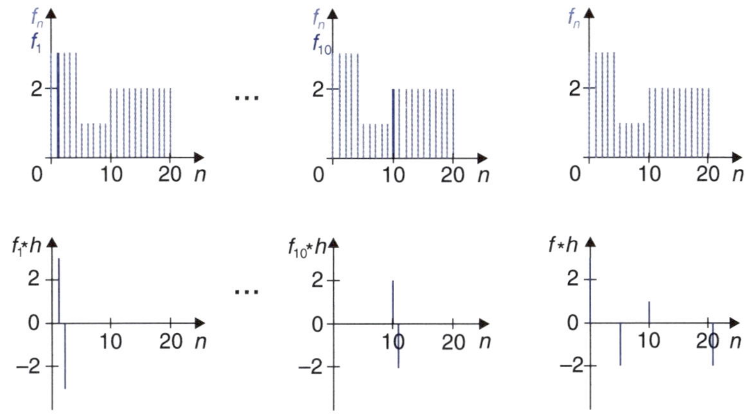

Abbildung 3.22: Prinzip der Faltung als Überlagerung einzelner Impulsantworten zur Faltungsfunktion $f * h$

Ergebnis der Faltung $f * h$. Die Faltung mit dem gewählten $h_n = \{+1, -1\}$ bewirkt, dass immer eine Differenz gebildet wird und im Ausgangssignal nur dann ein Wert ungleich Null erscheint, wenn im Eingangssignal eine Differenz auftritt.
Die Anwendung der Gleichung (3.71) ist nun nicht auf die Faltung eines Eingangssignals mit Impulsantworten beschränkt, sondern stellt allgemein eine Möglichkeit zur Verknüpfung von zwei Signalen dar. Die Funktion h_n ist dann so zu wählen, dass die Signalfolge f_n in der gewünschten Weise verändert wird. In der Regel wird h_n von kurzer Dauer sein, so dass in Gleichung (3.71) nur über wenige Werte für m zu summieren ist.
Die zur Berechnung der Faltung von f_n und h_n auszuführenden Operationen sind wie bei der Korrelation die Verschiebung des zweiten Signals, die Multiplikation korrespondierender Abtastwerte und die Summation der Produkte. Der Unterschied besteht darin, dass vor der Produktbildung eine Funktion an der Ordinate gespiegelt werden muss. Außerdem ist das Ergebnis der Faltung eine Funktion von n und nicht von der Verschiebung m. Zur Berechnung der Faltung sind somit die folgenden Schritte auszuführen:

- Durch Spiegeln von h_m an der Ordinate entsteht h_{-m}.
- Um h_{n-m} zu erhalten, wird h_{-m} für positive n nach rechts und für negative n nach links verschoben.
- Korrespondierende Werte f_m und h_{n-m} werden multipliziert. Die Anzahl der Produkte ist gleich der Anzahl der von Null verschiedenen Werte von h_m.
- Die Summation der Produkte ergibt einen Wert der Ausgangsfunktion bei g_n.

Im Gegensatz zur Korrelation ist die Faltung kommutativ, d. h., es ergeben sich gleichwertige Ergebnisse für:

$$g_n = \sum_{m=-\infty}^{\infty} f_m \cdot h_{n-m} \quad \text{und} \quad g_n = \sum_{m=-\infty}^{\infty} f_{n-m} \cdot h_m \tag{3.73}$$

Die Faltungsoperation hat weitere wichtige Eigenschaften. So gelten auch das Assoziativ- und das Distributivgesetz. Zudem ist die Faltung verschiebungsinvariant.

Es sei an dieser Stelle darauf hingewiesen, dass im Zusammenhang mit dem für die Signalverarbeitung sehr wichtigen Faltungstheorem, das in Abschnitt 4.3.3 behandelt wird, eine andere Variante der Faltung eine Rolle spielt, die so genannte zyklische Faltung. Sie unterscheidet sich von der hier dargestellten Faltung dadurch, dass die Funktionen periodisch fortgesetzt werden.

Faltung zeitkontinuierlicher Signale Wie schon im Zusammenhang mit der diracschen Deltafunktion $\delta(t)$ erwähnt wurde, kann das Faltungsintegral

$$f(t) = \int_{-\infty}^{\infty} f(\tau)\,\delta(t-\tau)\mathrm{d}\tau \tag{3.74}$$

auch so interpretiert werden, dass jede Funktion $f(t)$ aus Impulsfunktionen aufgebaut werden kann (vgl. Abschnitt 2.1.2, Abbildung 2.8). Wird diese Gleichung verallgemeinert, so ergibt sich die Faltung der Signale $f(t)$ und $h(t)$ als gemitteltes Produkt der gegeneinander verschobenen Funktionen:

$$g(t) = \int_{-\infty}^{\infty} f(\tau)\cdot h(t-\tau)\,\mathrm{d}\tau = f * h \tag{3.75}$$

Ist $h(t)$ die Impulsantwort eines Systems, so ist die Interpretation der Gleichung in ähnlicher Weise möglich wie bei der Faltung zeitdiskreter Signale. D. h., das Ausgangssignal eines LTI-Systems ergibt sich aus der Faltung des Eingangssignals mit der Impulsantwort $h(t)$ des Systems.

Faltung zweidimensionaler diskreter Signale Die Faltung zweidimensionaler Signale kann mit dem Doppelstern als Faltungssymbol in einer einfachen Gleichung dargestellt werden:

$$g = f ** h \quad \text{bzw.} \quad g_{z,s} = (f ** h)_{z,s} \tag{3.76}$$

Dabei ist $g_{z,s}$ das Ergebnis der Faltung an der örtlichen Position z (Zeilennummer) und s (Spaltennummer). Was im Fall zweier ortsabhängiger Signale genau zu tun ist, lässt sich übersichtlich darstellen, wenn die zu verschiebende Funktion $h_{z,s}$, auch Faltungs- oder Filtermaske oder Filtervorschrift genannt, viel kleiner als das Eingangsbild $f_{z,s}$ gewählt wird. Es sei die Größe der Filtermaske $m \times m$ (üblich $m = 3, 5, 7$) und $k = \frac{1}{2}(m-1)$. Dann folgt für die zweidimensionale Faltung:

$$\begin{aligned} g_{z,s} &= \sum_{u=0}^{m-1}\sum_{v=0}^{m-1} f_{u,v}\cdot h_{z+k-u,s+k-v} \\ &= \sum_{u=0}^{m-1}\sum_{v=0}^{m-1} f_{z+k-u,s+k-v}\cdot h_{u,v} \end{aligned} \tag{3.77}$$

Als Beispiel für den Effekt der Faltung sei hier eine Filtermaske gewählt, bei der jedes der neun Matrixelemente den Wert $\frac{1}{9}$ hat. Die Maske und das zu faltende Eingangsbild sind in Abbildung 3.23 dargestellt. Die Maske muss vor ihrer Anwendung zweimal gespiegelt werden, was für das Beispiel nicht notwendig und daher in der Abbildung nicht angedeutet ist.

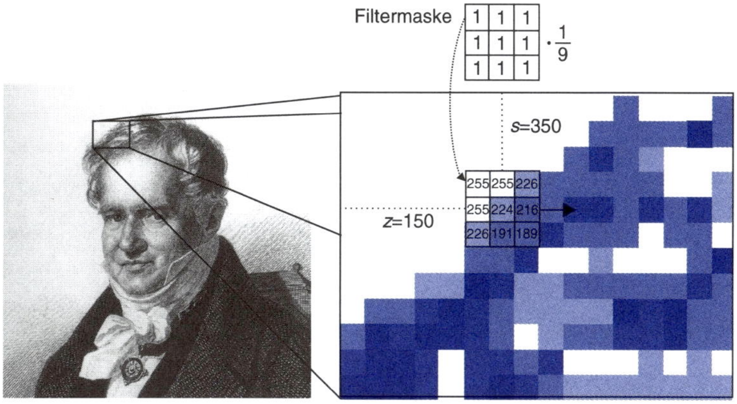

Abbildung 3.23: Ermittlung des Grauwertes $g_{150,350} = 226$ als Teilergebnis einer zweidimensionalen Faltung

Wie in der Abbildung angedeutet, wird zur Berechnung des Wertes $g_{150,350}$ im Ausgangsbild das Zentrum der Maske auf dem Bildpunkt mit den Koordinaten $z = 150$ und $s = 350$ angeordnet. Innerhalb der Maske werden korrespondierende Abtastwerte, hier die 9 Grauwerte des Eingangsbildes und die Werte der Maske, miteinander multipliziert und dann die Produkte addiert. Dieses Teilergebnis ist der Grauwert $g_{z,s}$ im Ausgangsbild. Die nächsten Grauwerte werden berechnet, indem die Maske zeilenweise über das Bild geschoben wird.

Sowohl bei der eindimensionalen als auch bei der zweidimensionalen Faltung gibt es ein Problem an den Rändern des zu faltenden Signals. In der Praxis sind zur Lösung des Problems verschiedene Verfahren gebräuchlich:

- Weglassen des Randes (bei sehr großen Bildern wenig auffällig)
- Übernahme der Grauwerte von $f_{z,s}$ in das neue Bild $g_{z,s}$
- periodische Fortsetzung des Bildes nach allen Seiten

3.4 Hauptachsentransformation

In Abschnitt 3.1.3 ist gezeigt worden, in welchem Zusammenhang die Größen Informationsgehalt und Korrelation stehen. Die Verringerung der Korrelation ist als ein sinnvolles Ziel signalverarbeitender Operationen abgeleitet worden. Wie aus dem Zusammenhang in Abbildung 3.12 ersichtlich ist, kann sie auf einfache Weise durch Drehung der Koordinatenachsen in Richtung der „Hauptachsen" erfolgen, d. h. in Richtung der größten Streuung. Eine solche Drehung ist deshalb sinnvoll, weil wir davon ausgehen können, dass in Zufallssignalen die relevanten Informationen dort vorhanden sind, wo die Signale ihre größte Varianz aufweisen. Die Vorschrift für die Drehung der Achsen liefert die

Hauptachsentransformation, auch Karhunen-Loève-Transformation (KLT) oder Hauptkomponentenanalyse (engl.: *PCA — Principal Component Analysis*) genannt. Sie wurde im Jahre 1901 von Pearson vorgeschlagen und 1935 von Hotteling als Berechnungsmethode eingeführt. Basis für die Ausführung der Hauptachsentransformation sind die in der Kovarianzmatrix nach Gleichung (3.43) zusammengefassten Varianzen und Kovarianzen der korrelierten Eingangsgrößen. Die Hauptachsentransformation dient nun dazu, diese Kovarianzmatrix in eine neue Kovarianzmatrix zu überführen, deren zugehörige Messreihen oder Zufallssignale nicht mehr korreliert sind. Die Berechnung der neuen Kovarianzmatrix erfolgt durch Multiplikation mit einer Transformationsmatrix. Wir wollen die folgende Notation benutzen:

- Für alle Variablen gelte $\nu = 1, 2, \ldots N$ und $\mu = 1, 2, \ldots M$.
- Eingangsgrößen sind N korrelierte Zufallsvektoren oder Messreihen $\boldsymbol{f}_\nu$ mit jeweils M Elementen $f_{\nu\mu}$.
- Die zugehörige Kovarianzmatrix ist $\boldsymbol{COV}(f) = \boldsymbol{S}_f$ und hat die Größe $N \times N$.
- Das Ergebnis der Hauptachsentransformation sind N unkorrelierte Zufallsvektoren oder Messreihen $\boldsymbol{g}_\nu$ mit jeweils M Elementen $g_{\nu\mu}$.
- Die zugehörige Kovarianzmatrix ist $\boldsymbol{COV}(g) = \boldsymbol{S}_g$ und hat die Größe $N \times N$.

Die Tatsache, dass die Vektoren $\boldsymbol{g}_\nu$ unkorreliert sein sollen, bestimmt das Aussehen der Kovarianzmatrix $\boldsymbol{S}_g$. Die Matrixelemente außerhalb der Hauptdiagonalen, die Kovarianzen, müssen dann alle Null sein. Zur Erläuterung sind in Abbildung 3.24 drei verschiedene Matrizen der Größe 2×2 und ihre geometrische Interpretation dargestellt, die man sich über eine allgemeine Ellipsengleichung herleiten kann.

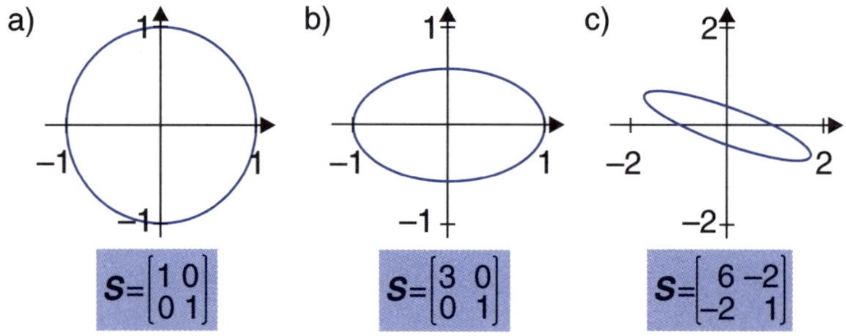

Abbildung 3.24: Geometrische Interpretation von verschiedenen Kovarianzmatrizen S

Abbildung 3.24 a) zeigt den Fall, dass die Messwerte in allen Quadranten gleichmäßig verteilt sind, also die Kovarianz zwischen den Messreihen den Wert Null hat. Eine Drehung der Koordinatenachsen würde daran nichts ändern. Da die Hauptdiagonalelemente, die den Varianzen entsprechen, den Wert Eins haben, ist die zugehörige geometrische Figur ein (Einheits-)Kreis. In der in Abbildung 3.24 b) dargestellten Matrix sind die Kovarianzen ebenfalls Null, die Varianzen aber unterschiedlich groß. Die zugehörige geometrische Figur ist eine Ellipse. Eine Achse des Koordinatensystems fällt mit der Hauptachse der Ellipse zusammen, das Koordinatensystem ist „richtig" ausgerichtet. Anders liegt der Fall bei Abbildung 3.24 c). Hier sind die Matrixelemente außerhalb der Hauptdiagonalen ungleich Null. Die zugehörige Ellipse liegt schräg im Koordinatensystem. Durch eine entsprechende Drehung können die den Kovarianzen entsprechenden

Matrixelemente zu Null gemacht werden.
Die Beziehung der über die Operation der Hauptachsentransformation verbundenen Kovarianzmatrizen ist durch die folgende Gleichung gegeben:

$$\boldsymbol{S}_g = \boldsymbol{KLT} \cdot \boldsymbol{S}_f \cdot \boldsymbol{KLT}^{-1} \tag{3.78}$$

Die Matrix $\boldsymbol{KLT}$ ist die Transformationsmatrix für die Hauptachsentransformation. Da sie orthogonal ist (vgl. Abschnitt 3.8.2), kann für die inverse Matrix $\boldsymbol{KLT}^{-1}$ die transponierte verwendet werden:

$$\boldsymbol{S}_g = \boldsymbol{KLT} \cdot \boldsymbol{S}_f \cdot \boldsymbol{KLT}^{\mathrm{T}} \tag{3.79}$$

Für die Berechnung der Transformationsmatrix $\boldsymbol{KLT}$ wird die Tatsache ausgenutzt, dass die Kovarianzmatrix $\boldsymbol{S}_g$ genau dann nur aus Hauptdiagonalelementen besteht, wenn die Zeilen der Matrix $\boldsymbol{KLT}$ die Eigenvektoren von $\boldsymbol{S}_f$ sind. Die Hauptdiagonalelemente der Matrix $\boldsymbol{S}_g$ sind dann die Eigenwerte λ_ν der Matrix $\boldsymbol{S}_f$:

$$\boldsymbol{S}_g = \begin{bmatrix} \lambda_1 & 0 & \cdots & 0 \\ 0 & \lambda_2 & \cdots & 0 \\ \vdots & \vdots & \ddots & \vdots \\ 0 & 0 & \cdots & \lambda_N \end{bmatrix} \tag{3.80}$$

Für die Eigenvektoren $\boldsymbol{EV}_\nu$ einer Matrix $\boldsymbol{S}_f$ gilt:

$$\boldsymbol{S}_f \; \boldsymbol{EV}_\nu = \lambda_\nu \; \boldsymbol{EV}_\nu \tag{3.81}$$

Die Multiplikation der Matrix $\boldsymbol{S}_f$ mit dem Eigenvektor $\boldsymbol{EV}_\nu$ ergibt einen Vektor, der dieselbe Richtung hat wie $\boldsymbol{EV}_\nu$, aber um den Faktor λ_ν, den Eigenwert dieses Vektors, von dessen Länge abweicht. Bei einer $N \times N$ großen Kovarianzmatrix existieren N verschiedene Eigenwerte λ_ν. Zur Bestimmung der Eigenwerte wird Gleichung (3.81) umgeformt:

$$\boldsymbol{S}_f \; \boldsymbol{EV}_\nu - \lambda_\nu \; \boldsymbol{EV}_\nu = 0 \quad \text{oder} \quad \left(\boldsymbol{S}_f - \lambda_\nu \; \boldsymbol{E}\right) \cdot \boldsymbol{EV}_\nu = 0 \tag{3.82}$$

Dabei ist $\boldsymbol{E}$ die Einheitsmatrix. Die Gleichung (3.82) ist lösbar, wenn die folgende Bedingung erfüllt ist

$$\det\left(\boldsymbol{S}_f - \lambda_\nu \; \boldsymbol{E}\right) = 0 \tag{3.83}$$

oder ausführlich:

$$\begin{vmatrix} s_{1,1} - \lambda_1 & s_{1,2} & \cdots & s_{1,N} \\ s_{2,1} & s_{2,2} - \lambda_2 & \cdots & s_{2,N} \\ \vdots & \vdots & \ddots & \vdots \\ s_{N,1} & s_{N,2} & \cdots & s_{N,N} - \lambda_N \end{vmatrix} = 0 \tag{3.84}$$

Aus dieser Gleichung ergeben sich N verschiedene Eigenwerte λ_ν, die als Hauptdiagonalelemente der Matrix $\boldsymbol{S}_g$ üblicherweise der Größe nach angeordnet werden. Wird λ_ν in die Gleichung (3.82) eingesetzt, so können die Eigenvektoren berechnet werden. Da wir eine orthogonale Matrix $\boldsymbol{KLT}$ berechnen wollen, kann noch die zusätzliche Bedingung eingeführt werden, dass die Länge der Vektoren jeweils Eins ist. Die gegebenenfalls skalierten Eigenvektoren sind dann die Zeilen der gesuchten Matrix $\boldsymbol{KLT}$:

$$\boldsymbol{KLT} = \begin{bmatrix} \boldsymbol{EV}^{\mathrm{T}}(\lambda_1) \\ \boldsymbol{EV}^{\mathrm{T}}(\lambda_2) \\ \vdots \\ \boldsymbol{EV}^{\mathrm{T}}(\lambda_N) \end{bmatrix} \tag{3.85}$$

Ziel der Hauptachsentransformation ist nun aber nicht die Berechnung der zu $\boldsymbol{g}_\nu$ gehörenden Kovarianzmatrix, sondern die Entkorrelierung der Zufallssignale $\boldsymbol{f}_\nu$ durch Drehung des Koordinatensystems. Die M Elemente der entkorrelierten Zufallsvektoren $\boldsymbol{g}_\nu$ können mit der folgenden Gleichung berechnet werden:

$$g_{\nu\mu} = \boldsymbol{EV}^{\mathrm{T}}(\lambda_\nu) \cdot \begin{bmatrix} f_{1\mu} & f_{2\mu} & \cdots & f_{N\mu} \end{bmatrix}^{\mathrm{T}} \tag{3.86}$$

Der transformierte Zufallsvektor $\boldsymbol{g}_1$ liegt im gedrehten Koordinatensystem auf der Hauptachse, d. h. der Koordinate in Richtung der größten Varianz, zugehörig zum Eigenwert λ_1 (Abbildung 3.25). Der Vektor $\boldsymbol{g}_2$ zeigt in die Richtung der zweitgrößten Varianz usw. Die Hauptachsentransformation erhält die Varianz, d. h., die Summe der Varianzen ist vor und nach der Drehung der Koordinatenachsen gleich.
Bei stark korrelierten Signalen $\boldsymbol{f}$ werden die Eigenwerte λ_ν mit wachsendem Index ν rasch abnehmen. Werden nun an Stelle der ursprünglich vorhandenen N korrelierten Zufallssignale $\boldsymbol{f}_1 \ldots \boldsymbol{f}_N$ nur noch R unkorrelierte Zufallssignale $\boldsymbol{g}_1 \ldots \boldsymbol{g}_R$ mit $R < N$ verwendet, so gewährleistet die KLT einen minimalen quadratischen Rekonstruktionsfehler. Der mittlere quadratische Fehler $E^2(\lambda)$ ist gleich der Summe der vernachlässigten Eigenwerte λ_ν:

$$E^2(\lambda) = \sum_{\nu=R+1}^{N} \lambda_\nu \tag{3.87}$$

Um die Auswirkung der Eliminierung eines Eigenvektors quantitativ zu erfassen, wird häufig nicht der absolute Fehler angegeben, sondern ein relatives Fehlermaß:

$$E_{\mathrm{rel}}^2(\lambda_i) = \frac{\lambda_i}{\sum\limits_{\nu=1}^{N} \lambda_\nu} \tag{3.88}$$

Die Bezugsgröße im Nenner ist die Spur der Kovarianzmatrix $\boldsymbol{S}_g$.

Die Hauptachsentransformation wird auch als problem- oder prozessabhängige Transformation bezeichnet, da die Transformationsmatrix an die statistischen Eigenschaften des signalgenerierenden Prozesses angepasst wird. Aus dieser Tatsache folgt auch die wichtigste Eigenschaft der KLT, nämlich die optimale Entkorrelierung der Eingangsgrößen. Ein Nachteil dieses Werkzeugs der Signalverarbeitung ist der für die Berechnung der Transformationsmatrix notwendige Aufwand.
Die Auswirkung der Hauptachsentransformation auf korrelierte Zufallsvektoren ist in Abbildung 3.25 an einem Beispiel illustriert. Die korrelierten Signale sind die Luft- und Wassertemperaturen aus Abbildung 3.10.

Zur Anpassung an Gleichung (3.86) werden sie mit $\boldsymbol{f}_1$ und $\boldsymbol{f}_2$ bezeichnet. Ebenfalls abgebildet ist das Koordinatensystem der entkorrelierten Signale $\boldsymbol{g}_1$ und $\boldsymbol{g}_2$. Für die mit

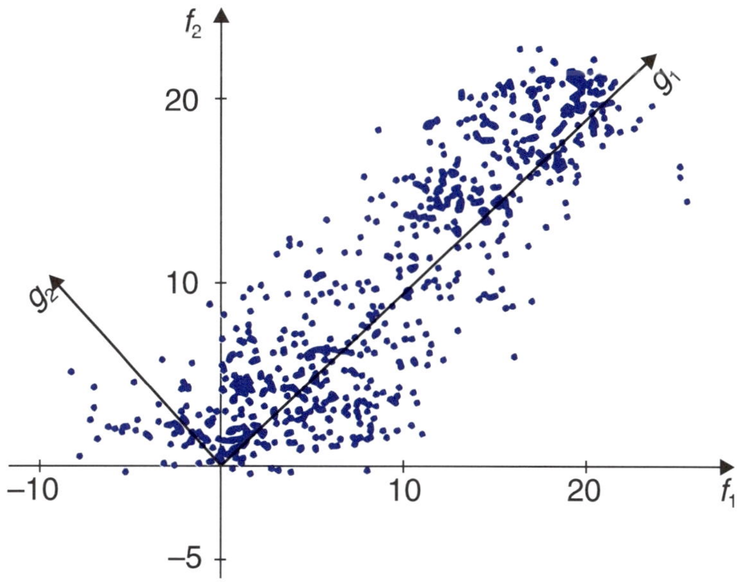

Abbildung 3.25: Abhängigkeit der Wassertemperatur f_2 von der Lufttemperatur f_1 aus Abbildung 3.10 im ursprünglichen Koordinatensystem (f_1, f_2) und in dem durch die Hauptachsentransformation gedrehten Koordinatensystem (g_1, g_2)

92,4 % stark positiv korrelierten Temperaturen ergibt sich folgende orthogonale KLT-Matrix:

$$\boldsymbol{KLT} = \begin{bmatrix} 0{,}7277 & 0{,}6859 \\ -0{,}6859 & 0{,}7277 \end{bmatrix}$$

Die Hauptachsentransformation kann auch für korrelierte ortsabhängige Signale vorteilhaft eingesetzt werden. Zur Anwendung kommt sie in der Bildverarbeitung beispielsweise zur Entkorrelierung der RGB-Farbkanäle. Hier soll ein anderes Beispiel vorgestellt werden, nämlich die Anwendung der Hauptachsentransformation zur Bildsignalkompression.

Die Abbildungen 3.26 a) bis d) sind folgendermaßen entstanden: Von einem Originalbild (s. Abbildung 3.8) mit je 256 Zeilen und Spalten sind die Zeilen als Zufallsvektoren mit 256 Elementen interpretiert worden. Für die Zufallsvektoren kann eine Kovarianzmatrix berechnet werden, deren Elemente Auskunft über ihre wechselseitige Ähnlichkeit geben. Aus der Kovarianzmatrix wurden nach Gleichung (3.83) die Eigenwerte und mit Gleichung (3.81) die Eigenvektoren berechnet. Abbildung 3.27 zeigt die der Größe nach geordneten Eigenwerte in Abhängigkeit von der laufenden Nummer.

Mit den Eigenvektoren kann nach Gleichung (3.85) die Transformationsmatrix $\boldsymbol{KLT}$ gebildet werden. Mit Gleichung (3.86) können wir 256 nunmehr unkorrelierte Bildzeilen berechnen und daraus das neue „Bild“ als Grundlage für eine Bildkompression zusammensetzen. Die ersten R Zeilen (hier exemplarisch $R = 2, 10, 20$ und 40) dieses Bildes bleiben unverändert, in den übrigen Zeilen werden die 256 Matrixelemente durch das

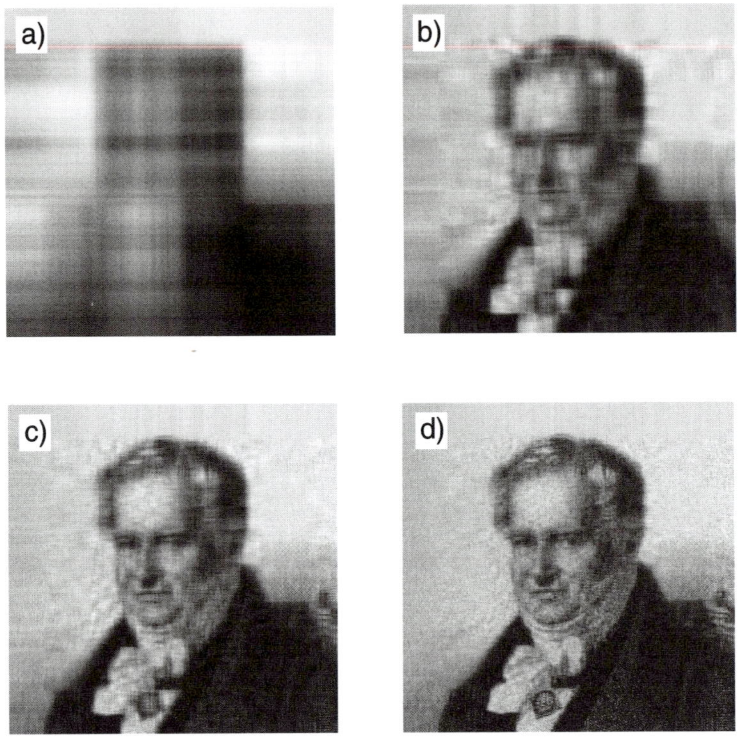

Abbildung 3.26: Rückgewinnung eines Bildsignals nach Kompression Komponentenanzahl a) 2, b) 10, c) 20 und d) 40

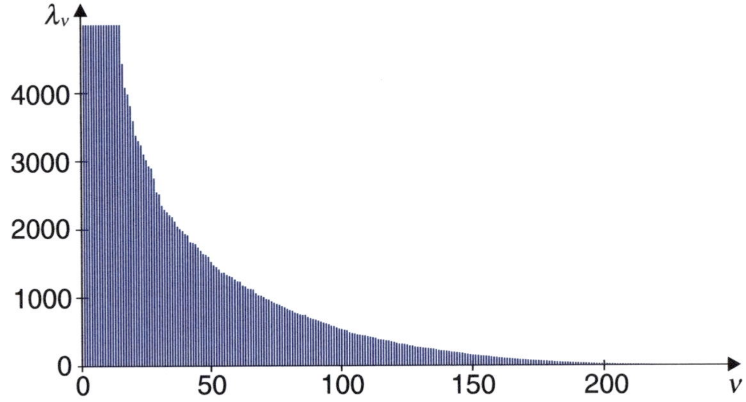

Abbildung 3.27: Eigenwerte λ_ν der Kovarianzmatrix der Bildzeilen von Abbildung 3.8 in Abhängigkeit von ihrer laufenden Nummer ν

jeweilige arithmetische Mittel ersetzt. Gespeichert bzw. übertragen werden dann nur die ersten R Zeilen dieser Matrix und der Teil der KLT-Matrix, der zur Rücktransformation benötigt wird. Die Abbildung 3.26 zeigt die Ergebnisse der Rücktransformation für die verschiedenen Werte R.

3.5 Rangordnungsoperatoren

Signalverarbeitende Systeme lassen sich, wie in Abschnitt 2.2 gezeigt wurde, in lineare und nichtlineare Systeme einteilen. Alle bisher behandelten Verfahren hatten die Eigenschaft der Linearität. Rangordnungsoperatoren gehören nun zu der Gruppe der nichtlinearen Operatoren. Das bedeutet, dass die in Gleichung (2.17) angegebene Linearitätsbeziehung nicht gilt. Das Verhalten des Systems ist jetzt abhängig vom Eingangssignal und das Ausgangssignal enthält neue Frequenzen.
Rangordnungsoperatoren sind wie die Faltung lokale Operatoren, weil zur Berechnung eines Wertes im Ausgangssignal der korrespondierende Wert im Eingangssignal und seine Umgebung herangezogen werden.

Eindimensionale diskrete Rangordnungsoperatoren Die Anwendung von Rangordnungsoperatoren erfordert die Definition einer Nachbarschaft N_M des Abtastwertes f_k, die in die Berechnung einbezogen werden soll:

$$N_M = f_{k+\mu} \tag{3.89}$$

mit $\mu = 0, \pm 1, \cdots \pm m$ und der Anzahl der Nachbarn $M = 2m + 1$. Die Elemente der Nachbarschaft werden der Größe nach geordnet:

$$R_k = r_1, r_2, \ldots, r_M \tag{3.90}$$

mit $r_\nu \in N_M$, $\nu = 1, 2, \ldots M$ und $r_\nu \leq r_{\nu+1}$. Auf diese Rangordnung können nun verschiedene Operatoren φ angewendet werden:

$$g_k = \varphi(R_k) \tag{3.91}$$

Die wichtigsten sind in der folgenden Tabelle zusammengefasst.

Operator	Bezeichnung	Wirkung
$\varphi(R_k) = r_1$	Erosion	Verkleinerung der Abtastwertefolge
$\varphi(R_k) = r_{\frac{M+1}{2}}$	Median	Beseitigung punktueller Störungen
$\varphi(R_k) = r_M$	Dilatation	Vergrößerung der Abtastwertefolge
$\varphi(R_k) = r_M - r_1$	—	Erkennung großer Differenzen der Abtastwertefolge

Bei allen Rangordnungsoperatoren ist das Ausgangssignal eine Funktion der nach Rang geordneten Abtastwerte des Eingangssignals. Obwohl ihre algorithmische Struktur gleich ist, sind die Auswirkungen, wie in Abbildung 3.28 gezeigt ist, jedoch unterschiedlich.

Wegen der besonderen Bedeutung für die Signalverarbeitung soll auf den Medianoperator etwas ausführlicher eingegangen werden. Der Median ist in einer Rangfolge mit

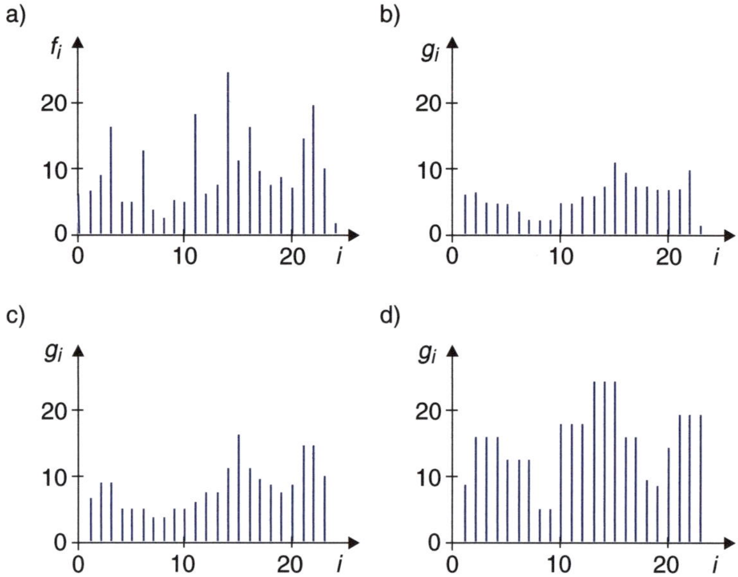

Abbildung 3.28: Effekte von Rangordnungsoperatoren ($M = 3$) auf ein eindimensionales Signal a) Eingangssignal und b) Ausgangssignal nach Erosion c) nach Medianoperation und d) nach Dilatation

einer ungeraden Anzahl von Abtastwerten der Wert in der mittleren Position. Bei einer geraden Anzahl von Werten wird das arithmetische Mittel der beiden mittleren Abtastwerte gebildet. Die Definition ist aber auch über das kumulative Histogramm möglich (vgl. Abschnitt 3.1.2). Es wird mit allen Werten der durch Gleichung (3.89) definierten Nachbarschaft von f_k berechnet. Für den Median gilt dann:

$$F_{r_{\frac{M+1}{2}}} = 0{,}5 \tag{3.92}$$

Der zur relativen Summenhäufigkeit von 0,5 gehörige Amplitudenwert $r_{(M+1)/2}$ ist der Median und wird dem Ausgangssignal g_k zugeordnet. Diese Zuordnung wird so oft ausgeführt, bis alle Werte für das Ausgangssignal berechnet sind.

Bei allen Rangordnungsoperatoren gibt es zu Beginn und am Ende des Signals Probleme. Sie können ähnlich gelöst werden wie bei der Faltung, d. h. durch Weglassen des Randes, Übernahme der Randwerte des Eingangssignals in das Ausgangssignal oder durch periodische Fortsetzung des Eingangssignals.
Auf die Eigenschaft der Nichtlinearität der Rangordnungsoperatoren ist schon hingewiesen worden. Eine weitere Eigenschaft der Medianoperation ist der Erhalt von Sprüngen im Signal. Da dem Ausgangssignal prinzipiell keine neuen Werte zugeordnet werden, können sie nicht „verschliffen" werden, sondern bleiben erhalten. Wie Abbildung 3.28 c) zeigt, ist jedoch eine Unterdrückung von Störungen möglich, die nur kurzzeitig auftreten.

Zweidimensionale Rangordnungsoperatoren Auch bei der Anwendung von Rangordnungsoperatoren auf zweidimensionale Signale, also Bilder, muss eine Nachbarschaft definiert werden. Sie wird üblicherweise über quadratische Fenster der Größe

3×3 oder 5×5 festgelegt. Die Grauwerte in diesen Fenstern werden nach Gleichung (3.90) in eine Rangfolge gebracht. Anschließend wird je nach gewünschter Operation der entsprechende Grauwert ausgewählt und der korrespondierenden Position im Ausgangssignal, einem neuen Bild, zugeordnet.

Erosion Die Erosion kann angewendet werden, um Ränder von Objekten durch Abtragen zu glätten. Dieser Effekt ist dann zu erzielen, wenn das Objekt einen höheren Grauwert als der Hintergrund hat, d. h., das Objekt heller als der Hintergrund ist. In diesem Fall wird der aktuelle Bildpunkt im Ergebnisbild nur dann den Grauwert des Objekts erhalten, wenn alle Grauwerte des quadratischen Fensters zum Objekt gehören.

Die Erosion kann auch auf Binärbilder angewendet werden (vgl. Abschnitt 3.6). Als Beispiel ist in Abbildung 3.29 a) ein binarisiertes Bild dargestellt. Abbildung 3.29 b) zeigt, dass sich im Bild durch die Erosion dunkle Flächen auf Kosten der hellen ausdehnen.

Abbildung 3.29: Effekte von Rangordnungsoperatoren auf ein zweidimensionales Signal
a) Eingangssignal
b) Ausgangssignale nach Erosion und c) nach Dilatation

Dilatation Die Glättung von Rändern kann nicht nur wie bei der Erosion durch Abtragen der Unebenheiten, sondern auch durch Auffüllen der Lücken durch Dilatation erfolgen. Hat das Objekt wieder einen höheren Grauwert als der Hintergrund, so wird der aktuelle Bildpunkt im Ergebnisbild immer dann den Grauwert des Objekts erhalten, wenn mindestens ein Grauwert des Fensters zum Objekt gehört.

Der Effekt bei Binärbildern ist in Abbildung 3.29 c) illustriert. Man erkennt, dass sich bei der Dilatation helle Flächen zu Lasten der dunklen ausdehnen.

Medianoperation Die Medianoperation wird bei Bildern dann angewendet, wenn sie durch singulär auftretendes Rauschen gestört sind und Bildkanten erhalten bleiben sollen. Um den Effekt zu verdeutlichen, ist dem in Abbildung 3.30 a) dargestellten Originalbild so genanntes Salz-und-Pfeffer-Rauschen hinzugefügt worden. Durch die Medianoperation entsteht das in Abbildung 3.30 b) dargestellte Bild.

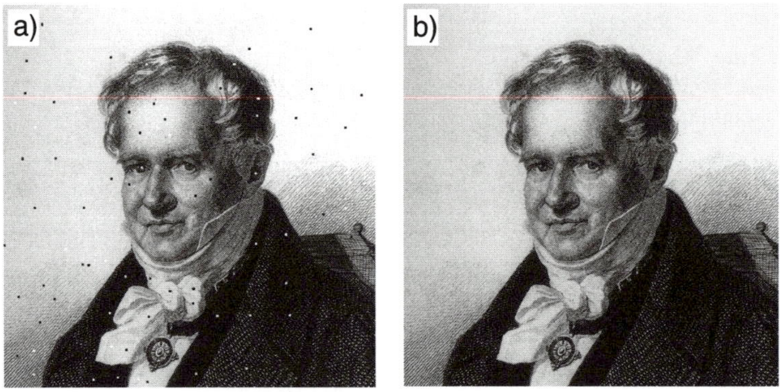

Abbildung 3.30: Effekt des Medianoperators auf ein zweidimensionales Signal
a) Eingangssignal mit Salz-und-Pfeffer-Rauschen
b) Ausgangssignal nach Medianoperation

In der Bildverarbeitung werden die verschiedenen Rangordnungsoperatoren auch nacheinander ausgeführt. Die Verknüpfung bewirkt, dass z. B. die eben demonstrierte Glättung von Rändern auch unter Erhalt der Fläche vorgenommen werden kann. Da die Form von Objekten im Vordergrund dieser Operationen steht, heißen sie auch morphologische Operatoren. Sie werden dann vorteilhaft eingesetzt, wenn die Störung eines Bildes vom Nutzsignal gut zu unterscheiden ist oder Wissen über die Form des Nutzsignals eingebracht werden kann. Wird eine Erosion von einer Dilatation gefolgt, heißt der morphologische Operator Öffnungsoperator (engl.: *opening*). Vom Schließen (engl.: *closing*) spricht man, wenn der Dilatation eine Erosion folgt.

3.6 Schwellwertoperatoren

Schwellwertoperatoren sind wie die Rangordnungsoperatoren nichtlinear. Dem Ausgangssignal werden Werte zugewiesen, die von einem Schwellwert θ abhängig gemacht werden. Der Effekt kann sehr verschieden sein und hängt ganz von der Zuweisungsoperation ab. Er soll hier an zwei Beispielen demonstriert werden: an der Glättung eines eindimensionalen Signals und an der Binarisierung eines Bildes.

Glättung Ein Signal, das in einem Vektor $\boldsymbol{f}$ der Länge N zusammengefasst ist, soll geglättet werden. Das geglättete Signal sei $\boldsymbol{g}$. Die Glättung erfolge über die folgenden Schwellwertoperationen:

1.		setze $g_1 = f_1$
2.		für $k = 2, 3, \ldots N$
2.	a)	wenn $f_k - \theta \leq g_{k-1} \leq f_k + \theta$, dann setze $g_k = g_{k-1}$
2.	b)	wenn $g_{k-1} < f_k - \theta$, dann setze $g_k = f_k - \theta$
2.	c)	wenn $g_{k-1} > f_k + \theta$, dann setze $g_k = f_k + \theta$

Die Operation beginnt mit der Übernahme des ersten Wertes von $\boldsymbol{f}$ in die geglättete Folge $\boldsymbol{g}$. Dann wird für den Fall a) der zweite Wert der neuen Folge gleich dem ersten

Wert der neuen Folge gesetzt, wenn der zweite Wert von f nur in den Grenzen von $\pm\theta$ abweicht. Für den Fall, dass g_{k-1} signifikant kleiner als f_k ist (festgelegt durch die Schwelle θ), erhält g_k einen Wert zugewiesen, der um θ kleiner als f_k ist, d. h., der Anstieg wird verlangsamt (Fall b). Entsprechendes gilt für ein abfallendes Signal (Fall c). Abbildung 3.31 zeigt an einem eindimensionalen Signal die Wirkung des hier beschriebenen Schwellwertoperators für verschiedene Werte von θ.

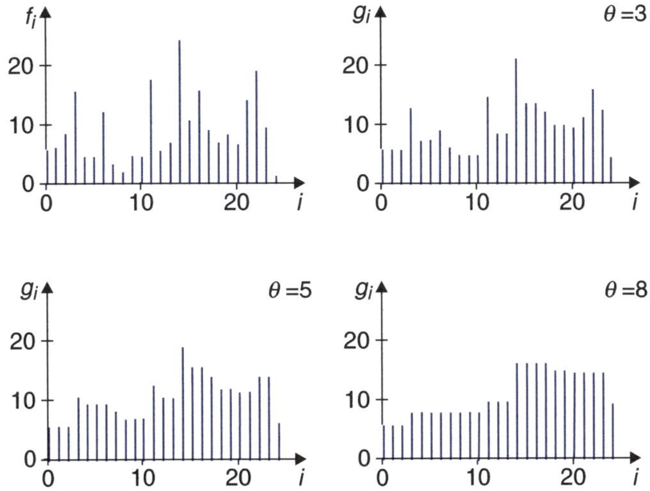

Abbildung 3.31: Effekt der Glättung eines eindimensionalen Signals durch eine Schwellwertoperation

Binarisierung Die Binarisierung ist eine nicht nur in der Bildverarbeitung sehr häufig angewendete Operation. Dabei wird ein Bild, das z. B. aus 256 Grauwerten besteht, so modifiziert, dass es nur noch zwei verschiedene Grauwerte aufweist, in der Regel 0 für Schwarz und 1 für Weiß. Das sehr nahe liegende Verfahren, nämlich allen Grauwerten unterhalb von 128 den Wert 0 und den restlichen den Wert 1 zuzuweisen, wird nicht immer zu einem befriedigenden Ergebnis führen (Abbildung 3.32).

Abbildung 3.32: Effekt der Binarisierung eines Bildsignals mit verschiedenen Schwellwerten a) 50, b) 100 und c) 150

In der Praxis wird deshalb die Binarisierungsschwelle unter Berücksichtigung der relativen Häufigkeiten der einzelnen Grauwerte festgelegt, die dem Histogramm eines Bildes entnommen werden kann. Ist das Histogramm bimodal, d. h., weist es zwischen zwei lokalen Maxima ein Minimum auf, so wird dieses Minimum als Schwellwert gewählt. Histogramme sind dann bimodal, wenn die zugehörigen Bilder einen deutlichen Vorder- und Hintergrund besitzen. Ist das Histogramm nicht bimodal, so kann ein interaktives Verfahren gewählt werden, bei dem der Anwender das Binärbild subjektiv beurteilen und danach die Schwelle festlegen kann.

3.7 Signalfilterung

In der Analogtechnik ist die Signalfilterung ein sehr häufig verwendetes Verfahren der Signalverarbeitung, mit dem vielfältige Wirkungen erzielt werden können. Durch Analogfilterung wird Rauschen unterdrückt, die Bandbreite begrenzt, störende Frequenzen werden eliminiert, Messwerte geglättet, Signallücken geschlossen, ein Trend im Signal hervorgehoben u.v.m. Die sehr breit gefächerten Anwendungen lassen dennoch eine kurze Charakterisierung der Analogfilterung zu: Filterung ist die frequenzabhängige Bewertung von Amplitude und Phasenwinkel eines Signals. Die Wirkung der Analogfilterung lässt sich also in der spektralen, d. h. frequenzabhängigen Darstellung des zu filternden Signals am besten beschreiben und ausführen.

Für digitale Signale werden digitale Filter benötigt. Der Entwurf und die Implementierung von digitalen Filtern gilt als das klassische Anwendungsgebiet der digitalen Signalverarbeitung. Obwohl die Theorie sehr viel älter ist, haben erst die in den 1980er Jahren entwickelten Signalprozessoren zu einer breiten Anwendung beigetragen. Für Spezialaufgaben sind heute integrierte Schaltkreise auf dem Markt. Einfache Filteraufgaben können aber auch mit einem Rechner geringer Leistungsfähigkeit gelöst werden.
Im Unterschied zur Analogfilterung kann die digitale Filterung nicht nur im Frequenzbereich, sondern ebenso im Zeit- oder Ortsbereich ausgeführt werden. Die theoretische Verknüpfung beider Verfahren stellt das Faltungstheorem her (vgl. Abschnitt 4.2). Es besagt, dass eine Multiplikation im Frequenzbereich — also die Operation, die bei einer Filterung auszuführen ist — einer (zyklischen) Faltung im Zeitbereich entspricht. Da die hier zu behandelnden Werkzeuge der Signalverarbeitung in Werkzeuge des Zeit- oder Ortsbereichs und Werkzeuge des Spektralbereichs unterschieden werden, wird das Werkzeug Filterung folglich zweimal behandelt, als Filterung im Zeit- oder Ortsbereich in diesem Abschnitt und als Filterung im Spektralbereich im Abschnitt 4.4.

Ein lineares zeitinvariantes digitales System kann eine Filterung im Zeitbereich ausführen. Es besteht typischerweise aus Verzögerungsgliedern, Multiplizierern und Addierern. Wir wollen uns der in der Literatur üblichen Systematisierung der Filter in rekursive und nichtrekursive Filter bzw. Filter mit endlicher oder unendlicher Impulsantwort anschließen (FIR-Filter, engl.: *finite impulse response*; IIR-Filter, engl.: *infinite impulse response*). Bis auf einen — eher theoretischen — Ausnahmefall haben nichtrekursive Filter eine endliche und rekursive Filter eine unendliche Impulsantwort. Wie schon aus der Bezeichnung zu entnehmen ist, besitzen die rekursiven Filter (mindestens) einen Rückführungspfad. Dadurch ist das Ausgangssignal, die Filterantwort, nicht nur abhängig vom Eingangssignal, sondern auch von den vom Filterausgang rückgeführten Anteilen des

Ausgangssignals. Die unendliche Impulsantwort der rekursiven Filter hat ihre Ursache in dieser Rückführung und bedeutet, dass eine (diskrete) Impulsfunktion am Eingang ein Ausgangssignal mit unendlicher Dauer zur Folge hat. Die nichtrekursiven Filter haben keine Rückführungen, die Filterantwort ist nur abhängig von den Signalwerten am Filtereingang.

Zu unterscheiden ist grundsätzlich immer zwischen der Analyse und der Synthese eines digitalen Filters. Bei der Filteranalyse wird ein digitales System hinsichtlich seiner Filtereigenschaften untersucht. Diese Aufgabe ist gelöst, wenn die frequenzabhängige Bewertung der Eingangsgröße gefunden ist. Bei der Filtersynthese müssen die Anforderungen an das Filter formuliert und ein Filterentwurf ausgeführt werden. Für den Filterentwurf gibt es eine sehr umfangreiche Theorie und zahlreiche, an den Anforderungen der Praxis orientierte Entwurfsverfahren. Hier sollen nur die Möglichkeiten der Filterbeschreibung und das Prinzip des Filterentwurfs vorgestellt werden.

Nichtrekursive digitale Filter Bei nichtrekursiven digitalen Filtern (FIR-Filter) sind das Eingangssignal f_n und das Ausgangssignal g_n über eine Gleichung verknüpft, die die Form der diskreten Faltung hat:

$$g_n = \sum_{k=0}^{N-1} b_k \, f_{n-k} \tag{3.93}$$

Die Koeffizienten b_k werden Filterkoeffizienten genannt. Zur Berechnung des Ausgangssignals werden die Eingangswerte f_n also mit den Filterkoeffizienten b_k gefaltet. Ist das Eingangssignal der diskrete Einheitsimpuls, so bilden die Filterkoeffizienten das Ausgangssignal. Die Filterkoeffizienten b_k sind die diskrete Impulsantwort. Die Anzahl der in die Berechnung eingehenden Werte von f_n bestimmt die Ordnung oder den Grad des Filters. Mit der Anzahl N der Summanden in Gleichung (3.93) ist die Filterordnung mit $N-1$ festgelegt. D. h., dass nach N Takten kein Einfluss des Eingangssignals auf das Ausgangssignal mehr vorhanden ist. Beispielsweise müssen bei einer Filterordnung von $N-1=4$ zur Berechnung eines Ausgangswertes g_n fünf Summanden gebildet werden:

$$g_n = b_4 f_{n-4} + b_3 f_{n-3} + b_2 f_{n-2} + b_1 f_{n-1} + b_0 f_{n-0} \tag{3.94}$$

In Abbildung 3.33 ist die Ermittlung eines Ausgangswertes nach Gleichung (3.94) grafisch veranschaulicht.

Neben der Beschreibung der digitalen Filterung durch eine Faltungsgleichung gibt es eine Reihe weiterer Beschreibungsmöglichkeiten. Dazu gehören das Blockdiagramm, die Übertragungsfunktion, die Impulsantwort, der Frequenzgang und die Zustandsgleichungen. Das Blockdiagramm für das Beispiel aus Gleichung (3.94) ist in Abbildung 3.34 gezeigt.

Die Übertragungsfunktion wurde bereits in Abschnitt 2.2 eingeführt. Sie beschreibt das Verhalten eines digitalen Systems über das Verhältnis von Ausgangs- und Eingangssignal in Abhängigkeit von der (Kreis-)Frequenz. Bei LTI-Systemen gilt die Besonderheit, dass bei einem harmonischen Eingangssignal ein Ausgangssignal mit veränderter Amplitude und verändertem Winkel, aber derselben Frequenz zu erwarten ist. Wird für f_n eine komplexe harmonische Schwingung $\exp(j\omega n T_A)$ mit T_A als Abtastintervall angenommen,

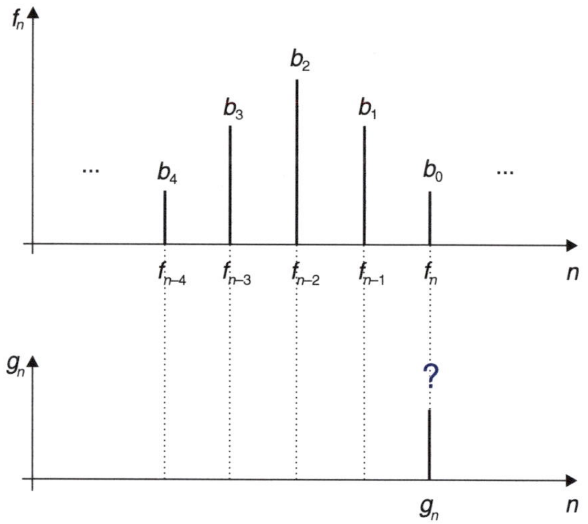

Abbildung 3.33: Ermittlung eines Ausgangswertes g_n für ein nichtrekursives Filter 4. Ordnung nach Gleichung (3.94)

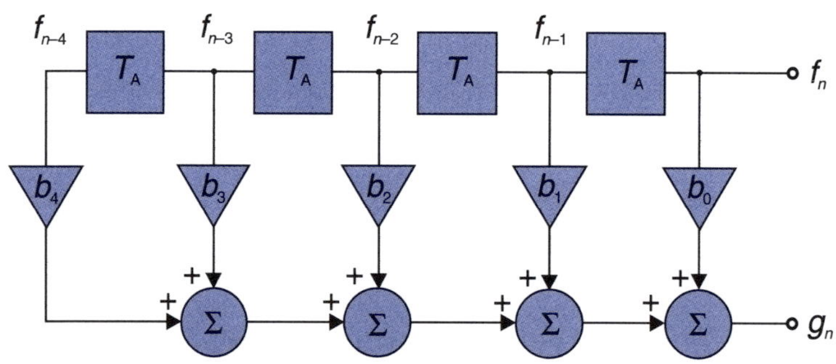

Abbildung 3.34: Blockdiagramm eines nichtrekursiven Filters 4. Ordnung nach Gleichung (3.94)

dann gilt für einen Wert des Ausgangssignals:

$$g_n = \sum_{k=0}^{N-1} b_k \ \mathrm{e}^{j\omega(n-k)T_\mathrm{A}} \tag{3.95}$$

Für die Übertragungsfunktion $H(\omega)$ als Verhältnis von Ausgangs- zu Eingangssignal ergibt sich:

$$H(\omega) = \frac{\sum\limits_{k=0}^{N-1} b_k \ \mathrm{e}^{j\omega(n-k)T_\mathrm{A}}}{\mathrm{e}^{j\omega n T_\mathrm{A}}} = \sum_{k=0}^{N-1} b_k \ \mathrm{e}^{-j\omega k T_\mathrm{A}} = f\,(\omega, N, b_k, T_\mathrm{A}) \tag{3.96}$$

Die Übertragungsfunktion ist frequenzabhängig und außerdem abhängig von der Filterordnung, den Filterkoeffizienten und dem Abtastintervall. Die Gleichung (3.96) zeigt, dass $H(\omega)$ als Fouriertransformierte der Filterkoeffizienten b_k interpretiert werden kann (vgl. Abschnitt 4.2). Da $H(\omega)$ eine komplexe Größe ist, erfolgt die grafische Darstellung üblicherweise getrennt nach Betrag und Winkel, also als Amplitudengang $|H(\omega)|$ und Phasengang $\angle(H(\omega))$. Die Übertragungsfunktion hat damit auch die Eigenschaften einer Fouriertransformierten. Die wichtigsten sind:

- $H(\omega)$ ist eine periodische Funktion mit der Periode $2\pi/T_A$.
- $H(\omega)$ und $H(-\omega)$ sind konjugiert komplex.
- $|H(\omega)|$ ist eine gerade Funktion.

Da $H(\omega)$ und b_k über die Fouriertransformation zusammenhängen, liefert diese auch die Gleichung zur Berechnung der Filterkoeffizienten (s. Gleichung (4.39)):

$$b_k = \frac{T_A}{2\pi} \int_{-\pi/T_A}^{\pi/T_A} H(\omega)\ e^{j\omega k T_A}\ d\omega \qquad (3.97)$$

Bei Filterkoeffizienten, die bezüglich eines Zentralkoeffizienten b_z symmetrisch sind, ist $H(\omega)$ reell und es ergeben sich einfache Verhältnisse:

$$H(\omega) = b_z + 2\sum_{k=1}^{z} b_{z+k} \cos(\omega k T_A) = H(-\omega) \quad \text{mit} \quad z = \frac{N-1}{2} \qquad (3.98)$$

Die Filterkoeffizienten b_k sind in diesem Fall reell:

$$b_k = \frac{T_A}{\pi} \int_{0}^{\pi/T_A} H(\omega) \cos(\omega k T_A)\, d\omega \qquad (3.99)$$

Ist die Übertragungsfunktion $H(\omega)$ gegeben, steht mit Gleichung (3.99) eine Vorschrift zur Berechnung der Filterkoeffizienten zur Verfügung.
Zur Erläuterung des Zusammenhangs zwischen den einzelnen Größen soll ein einfaches Zahlenbeispiel dienen, und zwar eine Glättung nach der Vorschrift:

$$g_n = \frac{1}{3}(f_{n-2} + f_{n-1} + f_n) \qquad (3.100)$$

Diese Vorschrift heißt auch Bildung des gleitenden Mittelwerts (engl.: *moving average*). Aus der Gleichung können die symmetrischen Filterkoeffizienten unmittelbar abgelesen werden: $b_2 = b_1 = b_0 = \frac{1}{3}$. Die Übertragungsfunktion $H(\omega)$ ist reell, die Filterordnung ist $N - 1 = 2$. Für die Übertragungsfunktion folgt nach Gleichung (3.98):

$$H(\omega) = b_1 + 2\sum_{k=1}^{1} b_{1+k} \cos(\omega k T_A) = \frac{1}{3}(1 + 2\cos(\omega T_A)) \qquad (3.101)$$

Abbildung 3.35 zeigt den Verlauf dieser reellwertigen Übertragungsfunktion.

In der Signalverarbeitung ist es oft nützlich, das Verhalten idealer Systeme zu studieren, um tatsächlich erreichbare Systemeigenschaften daran zu messen. Bei den digitalen Filtern ist der ideale Tiefpass von besonderem Interesse. Ein idealer Tiefpass lässt die tieffrequenten Anteile eines Eingangssignals bis zu einer Grenzfrequenz ω_g ungehindert passieren, für alle Signalanteile höherer Frequenz ist das Filter gesperrt. Ein solches

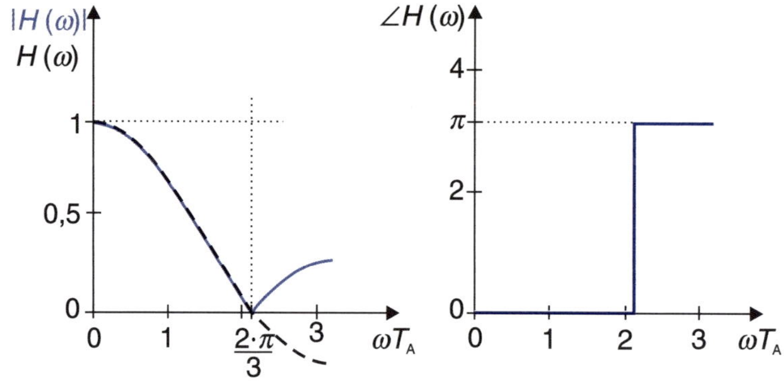

Abbildung 3.35: Betrag und Winkel der Übertragungsfunktion $H(\omega)$ eines nichtrekursiven Tiefpasses 2. Ordnung mit symmetrischen Koeffizienten nach Gleichung (3.100)

Verhalten kann durch eine rechteckförmige Übertragungsfunktion beschrieben werden (Abbildung 3.36).

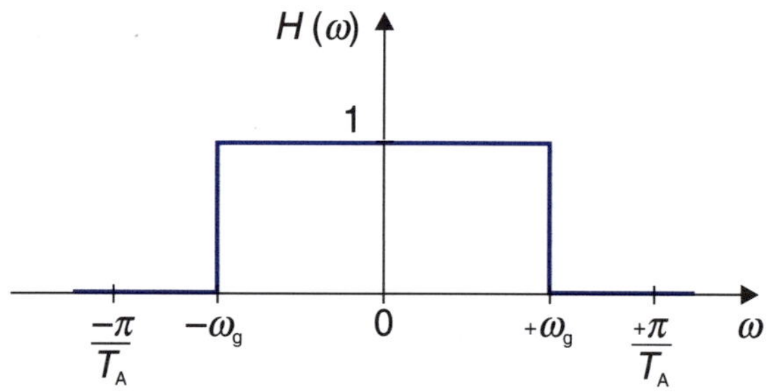

Abbildung 3.36: Übertragungsfunktion eines idealen Tiefpasses

Zur Berechnung der Filterkoeffizienten muss die Übertragungsfunktion $H_{\text{ideal}}(\omega)$ zwischen den Nyquistkreisfrequenzen (s. Abschnitt 2.3, Gleichung (2.24)) $\pm\pi / T_\text{A}$ betrachtet werden. Da sie eine gerade Funktion ist, können die Filterkoeffizienten mit Gleichung (3.99) berechnet werden:

$$
\begin{aligned}
b_k &= \frac{T_\text{A}}{\pi} \int_0^{\pi/T_\text{A}} H_{\text{ideal}}(\omega) \cos(\omega k T_\text{A})\, \mathrm{d}\omega \\
&= \frac{T_\text{A}}{\pi} \int_0^{\omega_\text{g}} 1 \cos(\omega k T_\text{A})\, \mathrm{d}\omega + \int_{\omega_\text{g}}^{\pi/T_\text{A}} 0 \cos(\omega k T_\text{A})\, \mathrm{d}\omega \\
&= \frac{\omega_\text{g} T_\text{A}}{\pi} \operatorname{si}\left(\omega_\text{g} k T_\text{A}\right) = 2\frac{f_\text{g}}{f_\text{A}} \operatorname{si}\left(2\pi k \frac{f_\text{g}}{f_\text{A}}\right)
\end{aligned}
\tag{3.102}
$$

Die Filterkoeffizienten sind also gewichtete Werte einer Spaltfunktion (s. Gleichung (2.12)), in deren Argument das Verhältnis von der Grenz- zur Abtastfrequenz bestimmend ist. Das Ausgangssignal ergibt sich nach Gleichung (3.93) aus der Faltung der

Filterkoeffizienten mit den Eingangswerten f_n:

$$g_n = \sum_{k=0}^{N-1} b_k \, f_{n-k} = \frac{\omega_g T_A}{\pi} \sum_{k=0}^{N-1} \mathrm{si}\left(\omega_g k T_A\right) f_{n-k} \tag{3.103}$$

Werden die Filterkoeffizienten des idealen Tiefpasses in die Gleichung (3.98) eingesetzt, so ergibt sich eine reelle Übertragungsfunktion, die in Abhängigkeit von N einen realen Tiefpass beschreibt:

$$H(\omega) = \frac{\omega_g T_A}{\pi} \left[1 + 2 \sum_{k=1}^{z} \mathrm{si}\left(\omega_g (z+k) T_A\right) \cos\left(\omega k T_A\right) \right] \quad \text{mit} \quad z = \frac{N-1}{2} \tag{3.104}$$

Für $N \to \infty$ wird die Rechteckfunktion durch Spaltfunktionen angenähert, für endliche Werte von N erfolgt die Näherung an ein Rechteck im Sinne des kleinsten quadratischen Fehlers. Abbildung 3.37 zeigt für eine Abtastfrequenz von 500 Hz und eine Grenzfrequenz von 50 Hz einige Übertragungsfunktionen in Abhängigkeit von der Filterordnung.

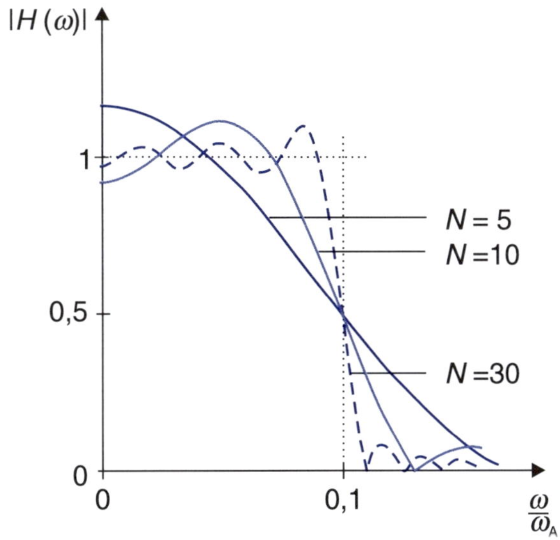

Abbildung 3.37: Betrag der Übertragungsfunktionen nichtrekursiver realer Tiefpässe nach Gleichung (3.104) für drei Filterordnungen $N = 5, 10, 30$ ($\omega_g/\omega_A = 10\,\%$)

Rekursive Filter Die in einem rekursiven Filter (IIR-Filter) vorhandenen Rückführungen bewirken, dass das Ausgangssignal nicht nur vom Eingangssignal, sondern auch von zeitlich zurückliegenden, bereits berechneten Werten des Ausgangssignals abhängt. Wegen der in der Regel unendlichen Impulsantwort der rekursiven Filter bedarf der Entwurf besonderer Sorgfalt, um die Stabilität des Filters zu gewährleisten. Die Gleichung zur Berechnung des Ausgangssignals ist eine Erweiterung der nichtrekursiven Filterung nach Gleichung (3.93):

$$g_n = \sum_{k=0}^{N-1} b_k \, f_{n-k} - \sum_{k=1}^{M} a_k \, g_{n-k} \tag{3.105}$$

Durch die zweite Summe werden die zurückliegenden Ausgangswerte in die Berechnung des aktuellen Ausgangswertes einbezogen. Die Gleichung zeigt, dass die nichtrekursiven Filter als Sonderfall der rekursiven betrachtet werden können, bei dem alle Filterkoeffizienten a_k Null sind.
Die Gleichung (3.105) kann vorteilhaft in symmetrischer Form geschrieben werden, indem dem Ausgangswert g_n der Filterkoeffizient $a_0 = 1$ zugeordnet wird:

$$\sum_{k=0}^{M} a_k \, g_{n-k} = \sum_{k=0}^{N-1} b_k \, f_{n-k} \quad \text{mit} \quad a_0 = 1 \tag{3.106}$$

Abbildung 3.38 zeigt für $M = 2$ und $N = 5$ das Vorgehen zur Berechnung eines Wertes des Ausgangssignals.

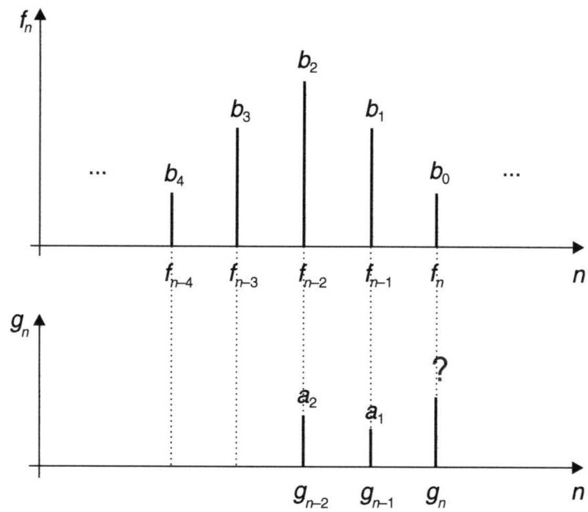

Abbildung 3.38: Ermittlung eines aktuellen Wertes des Ausgangssignals g_n für die rekursive Filterung nach Gleichung (3.105)

Bei der Darstellung der rekursiven Filterung als Blockdiagramm ist die Erweiterung des nichtrekursiven Filters nach Abbildung 3.34 um die Rückführungen erforderlich (Abbildung 3.39).

Die Übertragungsfunktion rekursiver Systeme wird in der Literatur gewöhnlich über die z-Transformation abgeleitet, die die diskrete Fouriertransformation als Sonderfall enthält. Da die Beschreibung digitaler Systeme hier lediglich mit Differenzengleichungen erfolgt, sei zum Studium der z-Transformation auf die Literatur verwiesen, z. B. [7, 17]. Danach ergibt sich die Übertragungsfunktion $H(\omega)$ zu:

$$H(\omega) = \frac{\sum\limits_{k=0}^{N-1} b_k \ \mathrm{e}^{-j\omega k T_\mathrm{A}}}{1 + \sum\limits_{k=1}^{M} a_k \ \mathrm{e}^{-j\omega k T_\mathrm{A}}} \tag{3.107}$$

Wie bei den nichtrekursiven Filtern ist die Übertragungsfunktion eine periodische Funktion mit der Periode $2\pi/T_\mathrm{A}$ und ihr Betrag $|H(\omega)|$ ist eine gerade Funktion.

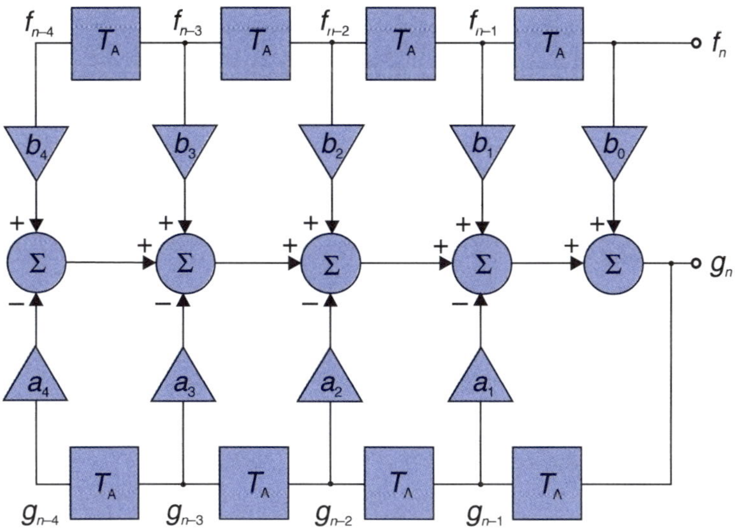

Abbildung 3.39: Blockdiagramm eines rekursiven Filters nach Gleichung (3.105)

Für den einfachen Fall eines rekursiven Tiefpasses mit $M = N = 1$ geht Gleichung (3.106) über in:

$$a_0 \, g_n + a_1 \, g_{n-1} = b_0 \, f_n \tag{3.108}$$

Wegen $a_0 = 1$ folgt für g_n

$$g_n = b_0 \, f_n - a_1 \, g_{n-1} \tag{3.109}$$

und für die Übertragungsfunktion:

$$H(\omega) = \frac{b_0}{1 + a_1 \; \mathrm{e}^{-j\omega T_\mathrm{A}}} \tag{3.110}$$

Mit der eulerschen Beziehung $\mathrm{e}^{-x} = \cos(x) - j \sin(x)$ lässt sich der Betrag der Übertragungsfunktion berechnen:

$$|H(\omega)| = \frac{b_0}{\sqrt{1 + {a_1}^2 + 2a_1 \cos(\omega T_\mathrm{A})}} \tag{3.111}$$

Er ist für $a_1 = -0{,}75$ und $b_0 = 0{,}25$ in Abbildung 3.40 dargestellt.

Deutlich zu erkennen ist die Periodizität der Übertragungsfunktion, eine Eigenschaft der Fouriertransformierten diskreter Signale (vgl. Abschnitt 4.2, Gleichung (4.38)).

Filtertypen Es werden vier wichtige Filtercharakteristiken unterschieden: Tiefpass, Hochpass, Bandpass und Bandsperre. Abbildung 3.41 zeigt die Beträge der zugehörigen Übertragungsfunktionen.

Ein fünfter Typ, der Allpass, wird benötigt, um den Entwurf anderer Filtertypen auf den Entwurf eines Tiefpasses zurückführen zu können. Für den Allpass gilt $g_n = f_n$, es

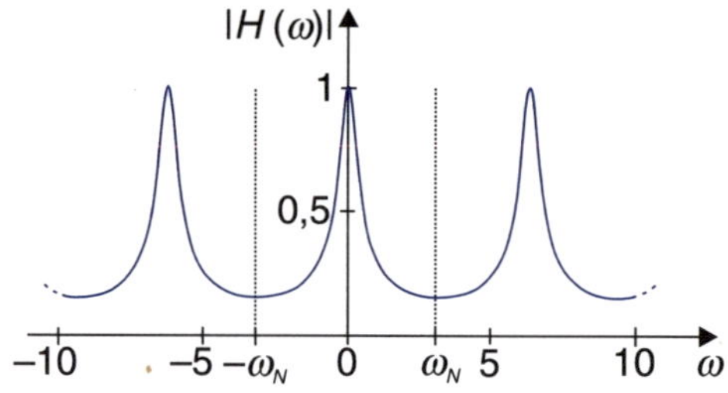

Abbildung 3.40: Betrag der Übertragungsfunktion eines rekursiven Tiefpasses nach Gleichung (3.111)

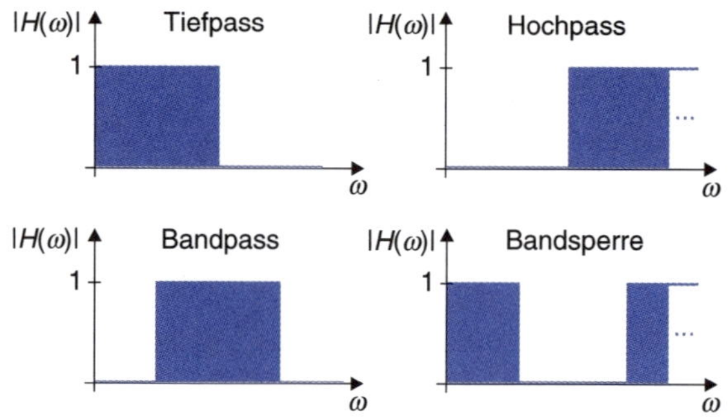

Abbildung 3.41: Beträge idealer Übertragungsfunktionen von vier wichtigen Filtertypen

gibt demzufolge nur den Koeffizienten $b_0 = 1$. Für nichtrekursive Filter lassen sich beispielsweise die Filterkoeffizienten eines Hochpasses aus den Koeffizienten von Allpass und Tiefpass berechnen:

$$b_{k\,\mathrm{Hochpass}} = b_{k\,\mathrm{Allpass}} - b_{k\,\mathrm{Tiefpass}} \tag{3.112}$$

Auch der Bandpass und die Bandsperre sind aus dem Tiefpass in ähnlicher Weise ableitbar. Der Filterentwurf kann deshalb auf den Entwurf eines Tiefpasses beschränkt werden.

Filterentwurf bedeutet in erster Linie, dass ein Kompromiss zwischen den gewünschten Eigenschaften und dem dafür erforderlichen Aufwand gefunden werden muss. In der Literatur werden zahlreiche Entwurfsverfahren ausführlich beschrieben [17, 30, 42, 43]. Hier soll deshalb lediglich das Prinzip des Entwurfs kurz dargestellt werden. Ausgangspunkt ist das ideale Übertragungsverhalten des Tiefpasses. Um es in eine realisierbare Übertragungsfunktion zu überführen, wird es mit einem Toleranzschema versehen, dem so genannten Stempel-Matritzen-Schema (s. Abbildung 2.36). Es besteht aus dem Durchlassbereich, dem Sperrbereich und dem dazwischen liegenden Übergangsbereich. In Abhängigkeit davon, ob ein nichtrekursives oder rekursives Filter realisiert werden soll, muss nun eine Übertragungsfunktion für das gewünschte Verhalten berechnet werden, die in dem Toleranzbereich liegt. Mit rekursiven Filtern ist eine größere Vielfalt an Übertragungsfunktionen realisierbar. Bei gegebener Zahl von Filterkoeffizienten liefern sie eine bessere Annäherung an ideale Verhältnisse. Reale Übertragungsfunktionen werden sich unterscheiden in der Welligkeit im Durchlass- und Sperrbereich, in der Steilheit des Übergangs vom Durchlass- zum Sperrbereich und in ihrer Eignung zur Impulsübertragung.

Je mehr ein Filter dem idealen Tiefpass entspricht, desto besser sind seine Eigenschaften. Anzustreben sind also ein steiler Übergang vom Durchlass- zum Sperrbereich, eine geringe Welligkeit in den beiden Bereichen und eine möglichst vollständige Sperrung oberhalb der Sperrfrequenz. Die Filterordnung und damit der Aufwand bestimmen die Abweichung von den idealen Eigenschaften.

3.8 Signalapproximation

Die Beschreibung eines zeitkontinuierlichen Signals $f(t)$ oder eines zeitdiskreten Signals bzw. einer Messreihe $f(t_n)$ oder f_n mit geeigneten Kenngrößen liefert Informationen über die Eigenschaften des signalgenerierenden Prozesses. Wird ein Zufallssignal mit einer Funktion approximiert, so können die Parameter der Funktion dann zur Beschreibung des Zufallssignals herangezogen werden, wenn die Approximation mit einer Genauigkeit erfolgt, die dem Anwendungsfall angepasst ist.
Bei der Signalapproximation spielen orthogonale Funktionssysteme eine besondere Rolle, weil die Eigenschaft der Orthogonalität die für die Approximation notwendigen Berechnungen wesentlich vereinfacht. Im Folgenden wird als Grundlage dieser Berechnungen zuerst das Prinzip der kleinsten Fehlerquadrate vorgestellt. Es folgen die Erläuterung der Orthogonalität von Funktionen und die Vorstellung der in der Signalverarbeitung häufig verwendeten orthogonalen Funktionssysteme.

3.8.1 Prinzip der kleinsten Fehlerquadrate

Das Problem der Signalapproximation kann folgendermaßen formuliert werden: Ein zeitkontinuierliches Signal $f(t)$ oder ein zeitdiskretes Signal f_n sollen durch eine Funktion $f_{\text{ap}}(c, t)$ approximiert werden. Dabei sind die Parameter c so festzulegen, dass eine „beste" Annäherung erreicht wird (Abbildung 3.42).

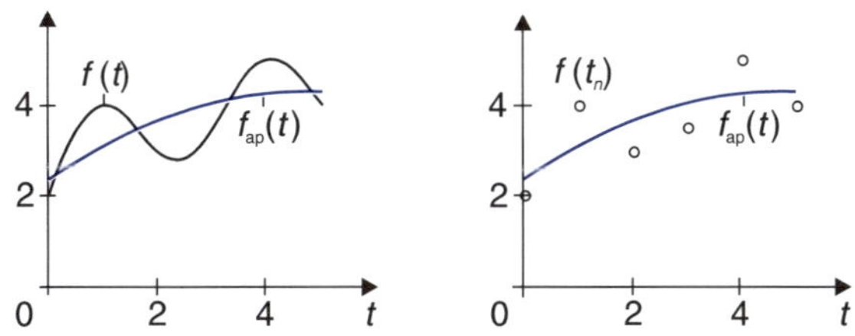

Abbildung 3.42: Approximation eines zeitkontinuierlichen Signals $f(t)$ und eines zeitdiskreten Signals $f(t_n)$

Die Güte der Annäherung wird durch ein Fehlermaß quantifiziert. Die Minimierung des Fehlermaßes ergibt die beste Annäherung. Wird die Summe der Absolutbeträge der Abweichungen minimiert, so handelt es sich um die L_1-Approximation. Bei der L_2-Approximation, die auch als das Prinzip der kleinsten Fehlerquadrate oder gaußsche Fehlerquadratmethode bezeichnet wird, ist die Summe der quadratischen Abweichungen das zu minimierende Fehlermaß. Schließlich kann auch die größte vorkommende Abweichung minimiert werden. Diese Approximation heißt L_∞-Approximation oder Tschebyscheffapproximation. Für alle Approximationen gilt der Erfahrungswert, dass im

diskreten Fall die Anzahl der Stützwerte (Abtastwerte) 3 bis 5 mal so groß sein soll wie die Zahl der zu bestimmenden Parameter.
Für ein diskretes Signal der Länge N ergibt sich bei Anwendung der gaußschen Fehlerquadratmethode für den zu minimierenden quadratischen Fehler $E^2(c)$ zwischen dem diskreten Signal mit den Abtastwerten $f(t_n)$ und seiner Approximation $f_{\mathrm{ap}}(c, t_n)$:

$$E^2(c) = \sum_{n=0}^{N-1} \left[f(t_n) - f_{\mathrm{ap}}(c, t_n)\right]^2 \tag{3.113}$$

Wird als Approximationsfunktion $f_{\mathrm{ap}}(c, t)$ eine Linearkombination von M Funktionen $\Phi_0(t) \dots \Phi_{M-1}(t)$ mit M Parametern $c_0 \dots c_{M-1}$ gewählt

$$f_{\mathrm{ap}}(c, t) = \sum_{m=0}^{M-1} c_m \Phi_m(t) \tag{3.114}$$

so folgt mit $f(t_n) = f_n$ und $\Phi_m(t_n) = \Phi_{m,n}$ für den quadratischen Fehler:

$$E^2(c) = \sum_{n=0}^{N-1} \left[f_n - \sum_{m=0}^{M-1} c_m \Phi_{m,n}\right]^2 \tag{3.115}$$

Das Minimum wird durch Nullsetzen der k partiellen Ableitungen ($k = 0, 1, \dots, M-1$) nach den Parametern c_k ermittelt:

$$\begin{aligned} \frac{\partial E^2}{\partial c_k} &= -2 \sum_{n=0}^{N-1} \left[f_n - \sum_{m=0}^{M-1} c_m \Phi_{m,n}\right] \Phi_{k,n} \\ &= -2 \sum_{n=0}^{N-1} f_n\, \Phi_{k,n} + 2 \sum_{n=0}^{N-1} \sum_{m=0}^{M-1} c_m\, \Phi_{m,n}\, \Phi_{k,n} \\ &= 0 \end{aligned} \tag{3.116}$$

Die Gleichung kann in symmetrischer Form geschrieben werden:

$$\sum_{n=0}^{N-1} \sum_{m=0}^{M-1} c_m\, \Phi_{m,n}\, \Phi_{k,n} = \sum_{n=0}^{N-1} f_n\, \Phi_{k,n} \tag{3.117}$$

Zur Berechnung der Koeffizienten c_k ist die Matrixschreibweise übersichtlicher. Wir erhalten ein lineares Gleichungssystem von M Gleichungen mit M unbekannten Koeffizienten c_k in der folgenden Form:

$$\begin{bmatrix} \sum\limits_{n=0}^{N-1} \Phi_{0,n}\Phi_{0,n} & \cdots & \sum\limits_{n=0}^{N-1} \Phi_{0,n}\Phi_{M-1,n} \\ \vdots & \ddots & \vdots \\ \sum\limits_{n=0}^{N-1} \Phi_{M-1,n}\Phi_{0,n} & \cdots & \sum\limits_{n=0}^{N-1} \Phi_{M-1,n}\Phi_{M-1,n} \end{bmatrix} \cdot \begin{bmatrix} c_0 \\ c_1 \\ \vdots \\ c_{M-1} \end{bmatrix} = \begin{bmatrix} \sum\limits_{n=0}^{N-1} f_n\Phi_{0,n} \\ \vdots \\ \sum\limits_{n=0}^{N-1} f_n\Phi_{M-1,n} \end{bmatrix} \tag{3.118}$$

Die Zahl der Lösungen des Gleichungssystems und die Größe des Fehlers hängen von der Anzahl M der zur Approximation benutzten Funktionen Φ_m und von der Anzahl N

der Abtastwerte von f_n ab. Für den praktisch relevanten Fall, dass $N \ggg M$ ist, ist der quadratische Fehler immer größer Null.

3.8.2 Orthogonalität

Das Gleichungssystem nach Gleichung (3.118) wird wesentlich einfacher, wenn weitere Einschränkungen für die Approximationsfunktion $f_{\mathrm{ap}}(c, t)$ gemacht werden. In der Signalverarbeitung von besonderer Bedeutung ist die Verwendung orthogonaler Funktionssysteme. Zur Erläuterung der Orthogonalität von Funktionen wollen wir von dem aus der Vektorrechnung bekannten Begriff der Orthogonalität ausgehen.

Orthogonalität zweier Vektoren Zwei Spaltenvektoren $\boldsymbol{f}$ und $\boldsymbol{g}$ besitzen das Skalarprodukt:

$$\langle \boldsymbol{f}, \boldsymbol{g} \rangle = \sum_{n=0}^{N-1} f_n \, g_n \quad \text{bzw.} \quad \langle \boldsymbol{f}, \boldsymbol{g} \rangle = \boldsymbol{f}^{\mathrm{T}} \boldsymbol{g} \tag{3.119}$$

Für komplexe Vektoren gilt mit den zu f_n konjugiert komplexen Werten $f_n{}^*$:

$$\langle \boldsymbol{f}, \boldsymbol{g} \rangle = \sum_{n=0}^{N-1} f_n{}^* \, g_n \tag{3.120}$$

Das Skalarprodukt heißt auch inneres Produkt. Sind die Vektoren orthogonal, so ist das Skalarprodukt Null, die Vektoren stehen senkrecht aufeinander:

$$\boldsymbol{f} \perp \boldsymbol{g} \quad \text{wenn} \quad \langle \boldsymbol{f}, \boldsymbol{g} \rangle = 0 \tag{3.121}$$

Das innere Produkt wird zur Norm eines Vektors, wenn nur ein Vektor betrachtet wird. Ist $\boldsymbol{f}$ reell, gilt für das innere Produkt

$$\langle \boldsymbol{f}, \boldsymbol{f} \rangle = \sum_{n=0}^{N-1} f_n \, f_n \tag{3.122}$$

und für die Norm $||\boldsymbol{f}||$:

$$||\boldsymbol{f}|| = \sqrt{\langle \boldsymbol{f}, \boldsymbol{f} \rangle} = \sqrt{\boldsymbol{f}^{\mathrm{T}} \boldsymbol{f}} \tag{3.123}$$

Die Norm eines Vektors kann als Verallgemeinerung seiner Länge angesehen werden.

Orthogonalität zweier Funktionen Zwischen dem Vektorraum, der Gesamtheit aller Vektoren des euklidischen Raumes, und dem Funktionenraum, der Gesamtheit aller im Intervall $a \leq t \leq b$ stetigen Funktionen, bestehen nun gewisse Analogien. In Anlehnung an das innere Produkt zweier Vektoren kann auch ein inneres Produkt für zwei Funktionen definiert werden:

$$\langle f, g \rangle = \int_a^b f(t) \; g(t) \, \mathrm{d}t \tag{3.124}$$

Falls die Funktionen komplex sind, muss folgende Definition verwendet werden:

$$\langle f, g \rangle = \int_a^b f^*(t)\ g(t)\ \mathrm{d}t \tag{3.125}$$

Wie bei den Vektoren gilt auch für Funktionen, dass sie im Intervall $[a, b]$, dem Orthogonalitätsintervall, orthogonal zueinander sind, wenn das innere Produkt Null ist:

$$\langle f, g \rangle = \int_a^b f(t)\ g(t)\ \mathrm{d}t = 0 \tag{3.126}$$

Die orthogonalen Funktionen bilden für die Signalapproximation eine orthogonale Basis. Da das innere Produkt auch als Maß für die Ähnlichkeit von zwei Funktionen interpretiert werden kann, bedeutet die Orthogonalitätsbedingung nach Gleichung (3.126), dass die Funktionen $f(t)$ und $g(t)$ keine Ähnlichkeit aufweisen.

In Analogie zur Länge eines Vektors nach Gleichung (3.123) heißt die positive Quadratwurzel aus dem inneren Produkt $\langle f, f \rangle$ Norm der Funktion f:

$$||f|| = \sqrt{\langle f, f \rangle} \tag{3.127}$$

Haben orthogonale Funktionen die Norm 1, so heißen sie orthonormale Funktionen. Die Funktionen $f_1, f_2, \ldots, f_N$ bilden genau dann ein Orthonormalsystem, wenn sie paarweise orthonormal sind:

$$\langle f_j, f_k \rangle = \delta_{j,k} \quad \text{mit dem Kroneckersymbol} \quad \delta_{j,k} = \begin{cases} 1 & \text{für} \quad j = k \\ 0 & \text{für} \quad j \neq k \end{cases} \tag{3.128}$$

Für den Fall diskreter Funktionen können die jeweils N Abtastwerte f_n und g_n als Elemente N-dimensionaler Vektoren $\boldsymbol{f}$ und $\boldsymbol{g}$ interpretiert werden. Dann ist Orthogonalität gegeben, wenn in Bezug auf ihre Abtastpunkte n Gleichung (3.121) gilt.

In dem Gleichungssystem (3.118) sollen nun für die Funktionen $\Phi_{m,n}$ orthogonale Funktionen verwendet werden. Die M Funktionen sind bezüglich der Abtastpunkte n orthogonal, wenn sie paarweise orthogonal sind. Für reelle bzw. komplexe Funktionen $\Phi_{m,n}$ muss dann gelten:

$$\sum_{n=0}^{N-1} \Phi_{m,n}\ \Phi_{k,n} = 0 \quad \text{bzw.} \quad \sum_{n=0}^{N-1} \Phi^*_{m,n}\ \Phi_{k,n} = 0 \tag{3.129}$$

Damit sind in der Matrix nur noch Hauptdiagonalelemente vorhanden und es ergibt sich eine einfache Beziehung zur Berechnung der Parameter c_k:

$$c_k = \frac{\sum\limits_{n=0}^{N-1} f_n\ \Phi_{k,n}}{\sum\limits_{n=0}^{N-1} \left|\Phi_{k,n}\right|^2} \tag{3.130}$$

Die orthogonalen Funktionen $\Phi_{m,n}$ heißen Basisfunktionen. Neben der einfachen Bestimmungsgleichung für ihre Koeffizienten c_k hat die Verwendung orthogonaler Funktionen

noch den Vorteil, dass die Hinzunahme einer weiteren Funktion in Gleichung (3.118) nur die Berechnung des neuen Koeffizienten erfordert.
Es ist zu beachten, dass die Orthogonalität nur für die in der Gleichung (3.119) angegebenen Abtastpunkte bzw. für das Integrationsintervall von Gleichung (3.124) gilt. Für ein anderes Intervall bzw. andere Abtastpunkte gilt die Orthogonalitätsbedingung im Allgemeinen nicht.

Der Vollständigkeit halber sei noch die Gleichung zur Berechnung der Koeffizienten der Basisfunktionen für zeitkontinuierliche Signale angegeben. Sie folgt aus Gleichung (3.130), indem die Summen durch Integrale ersetzt werden:

$$c_k = \frac{\int_a^b f(t)\ \Phi_k(t)\ \mathrm{d}t}{\int_a^b |\Phi_k(t)|^2\ \mathrm{d}t} \tag{3.131}$$

Es soll noch auf einen wichtigen Zusammenhang zwischen der Originalfunktion f_n und den Basisfunktionen $\Phi_{m,n}$ hingewiesen werden. Ein System orthogonaler Funktionen wird in einem geschlossenen Intervall $[a, b]$ vollständig genannt, wenn der quadratische Fehler nach Gleichung (3.115) für unendlich viele Funktionen $\Phi_{m,n}$ gegen Null konvergiert:

$$\lim_{k\to\infty} \sum_{n=0}^{N-1} \left[f_n - \sum_{m=0}^{k} c_m \Phi_{m,n} \right]^2 = 0 \tag{3.132}$$

Diese Bedingung wird auch Vollständigkeitstheorem genannt. Ein Beispiel für ein vollständiges Funktionssystem ist das Orthogonalsystem $\sin(\omega t_n)$ und $\cos(\omega t_n)$.

Orthogonalität als Matrixeigenschaft Eine reellwertige quadratische Matrix $\boldsymbol{A}$ heißt orthogonal, wenn

$$\boldsymbol{A}^{\mathrm{T}} \cdot \boldsymbol{A} = \boldsymbol{E} \tag{3.133}$$

wobei $\boldsymbol{E}$ die Einheitsmatrix ist. Für orthogonale Matrizen $\boldsymbol{A}$ gilt auch, dass ihre Inverse mit der Transponierten übereinstimmt:

$$\boldsymbol{A}^{\mathrm{T}} = \boldsymbol{A}^{-1} \quad \text{und} \quad |\boldsymbol{A}| = \pm 1 \tag{3.134}$$

Eine orthogonale Matrix hat reelle Matrixelemente. Eine komplexe quadratische Matrix $\boldsymbol{A}$, die analoge Eigenschaften besitzt, heißt unitär, wenn

$$\boldsymbol{A}^{\mathrm{T}*} \cdot \boldsymbol{A} = \boldsymbol{E} \tag{3.135}$$

Die Transposition wird dabei durch die hermitesche Konjugation ersetzt. Das Symbol $^{\mathrm{T}*}$ steht für eine transjungierte Matrix (transponiert und konjugiert). Für unitäre Matrizen $\boldsymbol{A}$ gilt auch:

$$\boldsymbol{A}^{\mathrm{T}*} = \boldsymbol{A}^{-1} \tag{3.136}$$

Viele in der Signalverarbeitung verwendete Orthogonalsysteme können vorteilhaft in Matrixform geschrieben werden.

Die in der Signalverarbeitung verwendeten vollständigen orthogonalen Funktionssysteme sollen hier in zwei Gruppen eingeteilt werden: die harmonischen oder sinusförmigen Funktionen und die nichtharmonischen oder rechteckförmigen Funktionen. Die wichtigsten Vertreter werden im folgenden Abschnitt vorgestellt.

3.8.3 Orthogonale Funktionen

Harmonische Funktionen Eine harmonische Schwingung ist eine periodische Bewegung, bei der die Auslenkung sinus- oder kosinusförmig ist. Ein wichtiges harmonisches Schwingungssystem ist das mathematische Pendel, das aus einer punktförmigen Masse an einem masselosen Faden besteht. Die Bewegung dieses Pendels kann mit einer Differentialgleichung beschrieben werden, deren Lösung beispielsweise eine Kosinusfunktion ist. Aus der Kosinusfunktion können Schwingungsdauer und -frequenz berechnet werden.

In der Nachrichtentechnik spielten harmonische Schwingungen von Beginn an eine einzigartige Rolle. Die Ursache liegt einerseits darin, dass sie mit Schaltungen aus Widerständen, Spulen und Kondensatoren einfach zu erzeugen waren. Andererseits werden sie durch ideale lineare zeitinvariante Systeme nur gedämpft und verzögert. Form und Frequenz bleiben erhalten. Harmonische Signale brachten in der Elektrotechnik so lange große Vorteile, wie analoge Baugruppen vorherrschend waren. Für analoge Schaltungen stand mit der Fourieranalyse zudem ein sehr komfortables Werkzeug zur Signal- und Systembeschreibung zur Verfügung. Mit ihrer Hilfe konnte jedes Signal nicht nur als zeitabhängige Größe dargestellt werden, sondern auch als Zusammensetzung vieler harmonischer Funktionen unterschiedlicher Frequenz (spektrale Darstellung). Mit der Entwicklung der Halbleiterbauelemente und der darauf aufbauenden Digitaltechnik wurde die Analogtechnik aus vielen Anwendungsgebieten mehr und mehr verdrängt. Da harmonische Signale in der Signalverarbeitung aber immer noch eine große Rolle spielen, sollen sie hier vorgestellt werden.

Eine harmonische Schwingung ist eine periodische Funktion $f(t) = f(t + nT)$. Dabei ist T die Perioden- oder Schwingungsdauer und n eine beliebige ganze Zahl. Für die Kosinusfunktion bzw. Sinusfunktion mit der Signalamplitude A gilt:

$$\begin{aligned} f(t) &= A\cos(\omega t + \varphi_0) = A\cos[\varphi(t)] \\ f(t) &= A\sin(\omega t + \varphi_0) = A\sin[\varphi(t)] \quad \text{mit} \quad \omega = 2\pi/T \end{aligned} \tag{3.137}$$

Die Größe φ_0 heißt Nullphasenwinkel. Rotiert in einem Einheitskreis ein Zeiger, so ist ω die Winkelgeschwindigkeit:

$$\omega = \frac{\mathrm{d}\varphi(t)}{\mathrm{d}t} \tag{3.138}$$

Ist sie konstant, heißt sie auch Kreisfrequenz und hängt mit der Schwingungsfrequenz f über den Faktor 2π zusammen:

$$\omega = 2\pi f \tag{3.139}$$

Die Kosinus- und Sinusfunktion gehören zu den trigonometrischen Funktionen, den Kreisfunktionen, die am Einheitskreis geometrisch interpretiert werden können. Wird im Argument der Kosinusfunktion $\cos(\omega t) = \cos(x)$ der Winkel x im Bogenmaß benutzt, hat die Kosinusfunktion die Periode 2π; steht im Argument aber $2\pi x$, so ist die Periode 1.

Einen fundamentalen Zusammenhang für die Theorie der trigonometrischen Funktionen stellt die von Leonhard Euler im Jahre 1749 gefundene Formel dar:

$$e^{j\omega t} = \cos(\omega t) + j \sin(\omega t) \tag{3.140}$$

Dabei ist j die imaginäre Einheit mit $j^2 = -1$. Sie wurde von Euler mit i bezeichnet, in der Elektrotechnik wird aber traditionell j verwendet. Durch die eulersche Formel wird die harmonische Schwingung $\cos(\omega t)$ durch Hinzunahme des Imaginärteils $j\sin(\omega t)$ auf eine komplexe Exponentialfunktion abgebildet. Diesen Zusammenhang hat sich die von Karl Steinmetz im Jahre 1893 eingeführte symbolische Methode der Wechselstromtechnik, die so genannte $j\omega$-Rechnung, zu Nutze gemacht. Durch sie war es möglich, die Probleme der Wechselstromlehre auf bekannte Gleichstromprobleme zurückzuführen [49]. Die Verhältnisse können in der komplexen Ebene veranschaulicht werden (Abbildung 3.43).

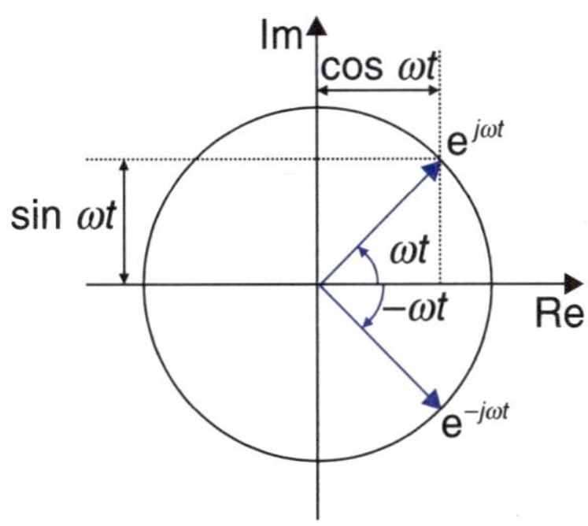

Abbildung 3.43: Veranschaulichung der eulerschen Formel in der komplexe Ebene

Aus der Abbildung geht folgender Sachverhalt hervor: Um statt mit $\cos(\omega t)$ mit $\exp(j\omega t)$ widerspruchsfrei rechnen zu können, müssen zwei konjugiert komplexe Größen verwendet werden, über deren Addition die reelle Kosinusfunktion bestimmt werden kann:

$$\cos(\omega t) = \frac{1}{2}\left(e^{+j\omega t} + e^{-j\omega t}\right) \tag{3.141}$$

Für die Sinusfunktion gilt:

$$\sin(\omega t) = \frac{1}{2j}\left(e^{+j\omega t} - e^{-j\omega t}\right) \tag{3.142}$$

Der Übergang von harmonischen Funktionen zu Exponentialfunktionen mit imaginärem Argument bedeutet also die Verwendung eines ω-Paares $(+\omega, -\omega)$. Das Problem der negativen Frequenzen wird gelöst, indem „technische" Frequenzen für $0 < \omega < \infty$ und „mathematische" Frequenzen für $-\infty < \omega < \infty$ unterschieden werden. Die eulersche Formel ist Grundlage der gesamten spektralen Signaldarstellung.

Das System der harmonischen Funktionen mit der Periode $T = 2\pi/\omega$ ist unter bestimmten Bedingungen auch orthogonal. Werden die harmonischen Funktionen 1, $\cos(\omega t)$,

$\sin(\omega t)$, $\cos(2\omega t)$, $\sin(2\omega t)$, ... betrachtet, so ist Orthogonalität dann gegeben, wenn diese Funktionen paarweise orthogonal sind, d. h., das Integral über das Produkt verschiedener Funktionen verschwindet. Für zwei Kosinusfunktionen lautet die Orthogonalitätsbedingung:

$$\int_0^T \cos(n\omega t)\cos(k\omega t)\,\mathrm{d}t = 0 \quad \text{für} \quad n \neq k \quad \text{und} \quad n, k \in \mathbb{N} \tag{3.143}$$

Wenn die Funktionen gleich sind, sind sie nicht orthogonal und das Integral ist nicht Null:

$$\int_0^T \cos(n\omega t)\cos(k\omega t)\,\mathrm{d}t = \begin{cases} \frac{T}{2} & \text{für} \quad n = k \neq 0 \\ T & \text{für} \quad n = k = 0 \end{cases} \tag{3.144}$$

Für zwei Sinusfunktionen gilt entsprechend:

$$\int_0^T \sin(n\omega t)\sin(k\omega t)\,\mathrm{d}t = \begin{cases} \frac{T}{2} & \text{für} \quad n = k \neq 0 \\ 0 & \text{für} \quad n \neq k,\ n = 0 \quad \text{und/oder} \quad k = 0 \end{cases} \tag{3.145}$$

Auch Sinus- und Kosinusfunktionen sind orthogonal:

$$\int_0^T \sin(n\omega t)\cos(k\omega t)\,\mathrm{d}t = 0 \tag{3.146}$$

Liegen die harmonischen Funktionen in diskreter Form $f(t_n)$ vor, sind für die Orthogonalität die Abtastzeitpunkte wichtig. Umfassen die Abtastzeitpunkte $t_0, t_1, \ldots, t_{N-1}$ genau eine Periode des diskreten Signals und ist $t_n = (n-1)T/N$, so gelten bezüglich dieser Zeitpunkte die folgenden Orthogonalitätsbedingungen:

$$\begin{aligned} \sum_{n=0}^{N-1} \cos(n\,\omega t_n)\cos(k\,\omega t_n) &= 0 \quad \text{für} \quad n \neq k \\ \sum_{n=0}^{N-1} \sin(n\,\omega t_n)\sin(k\,\omega t_n) &= 0 \quad \text{für} \quad n \neq k \\ \sum_{n=0}^{N-1} \sin(n\,\omega t_n)\cos(k\,\omega t_n) &= 0 \end{aligned} \tag{3.147}$$

Die harmonischen Funktionen bilden noch weitere Orthogonalsysteme. Dazu gehört das im Jahre 1942 von Ralph Hartley eingeführte System der cas-Funktionen [22]:

$$\operatorname{cas}(\omega t) = \cos(\omega t) + \sin(\omega t) \tag{3.148}$$

Abbildung 3.44 zeigt die ersten 8 cas-Funktionen.

Die Funktionen sind reell, die darauf basierende Hartleytransformation hat einen reellen Transformationskern (vgl. Abschnitt 4.3).

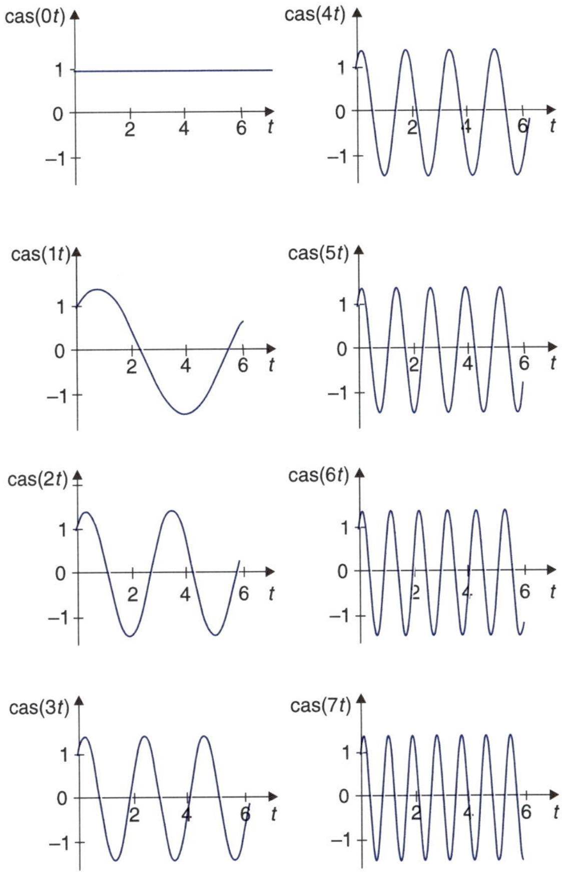

Abbildung 3.44: Die ersten 8 cas-Funktionen

Harmonische Funktionssysteme sind nicht nur für die Verarbeitung eindimensionaler Signale von Bedeutung, sondern ebenso für die Bildverarbeitung. Um sie dort anwenden zu können, ist ihre Erweiterung auf zwei Dimensionen erforderlich. Mit den Ortskoordinaten x, y gilt beispielsweise für die ortskontinuierliche zweidimensionale Kosinusfunktion:

$$f(x, y) = \cos(\omega_x\, x) \cdot \cos\left(\omega_y\, y\right) \tag{3.149}$$

Zur Bildung der zweidimensionalen ortsabhängigen Funktion werden also zwei eindimensionale ortsabhängige Funktionen multipliziert. An die Stelle der Kreisfrequenz ω und der Zeit t im Argument der zeitabhängigen Funktion $f(t) = \cos(\omega t)$ tritt für die Abhängigkeit vom Ort x die Ortskreisfrequenz ω_x, d. h. $f(x) = \cos(\omega_x x)$, und für die Abhängigkeit vom Ort y die Ortskreisfrequenz ω_y, also $f(y) = \cos(\omega_y y)$. Für die Ortsfrequenz f_x gilt $f_x = \omega_x/2\pi$. Als Beispiel ist in Abbildung 3.45 für $\omega_x = 3$ und $\omega_y = 2$ eine zweidimensionale Kosinusfunktion dargestellt.

Eine ortsdiskrete zweidimensionale harmonische Funktion kann durch die Multiplikation von zwei eindimensionalen diskreten Funktionen gebildet werden. Hat diese Funktion die Ausdehnung von Z Zeilen und S Spalten und sind die Ortskoordinaten durch den

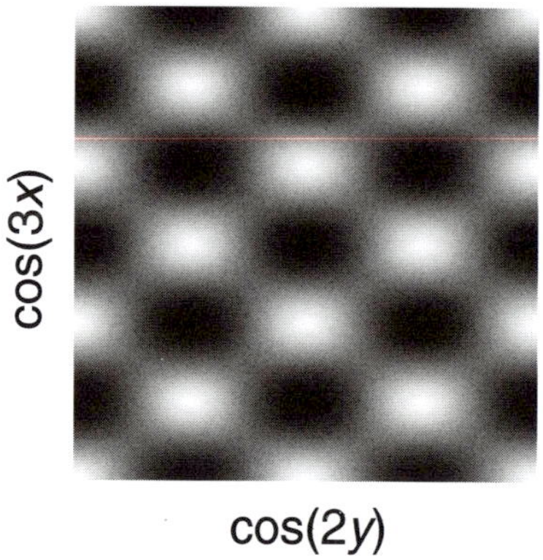

Abbildung 3.45: Die zweidimensionale Kosinusfunktion $\cos(3x) \cdot \cos(2y)$

Zeilenindex z und den Spaltenindex s gegeben, so hat beispielsweise die diskrete Exponentialfunktion $f_{z,s}$ an der Position z, s den Wert:

$$f_{z,s} = \exp\left(j2\pi u\frac{z}{Z}\right) \cdot \exp\left(j2\pi v\frac{s}{S}\right) = \exp\left[j2\pi\left(u\frac{z}{Z} + v\frac{s}{S}\right)\right] \tag{3.150}$$
$$\text{mit} \quad z = u = 0, 1, \ldots, Z-1 \quad \text{und} \quad s = v = 0, 1, \ldots, S-1$$

Die diskreten Größen u und v entsprechen den kontinuierlichen Ortsfrequenzen ω_x und ω_y in Gleichung (3.149).

Nichtharmonische Funktionen Als nichtharmonische Funktionen sollen im weitesten Sinne rechteckförmige Funktionen verstanden werden. Das einfachste rechteckförmige orthogonale System ist das der Blockimpulse (Abbildung 3.46).

Abbildung 3.46: Blockimpulse nach [20]

Die Orthogonalität der Blockimpulse ist offensichtlich, denn bei der Produktbildung ist immer eine von beiden Funktionen Null. Das System der Blockimpulse ist aber nicht vollständig (s. Gleichung (3.132)), so dass es für die Signalapproximation nicht gut verwendet werden kann.

Anders liegen die Verhältnisse beim System der Walshfunktionen, die auch zweiwertig und rechteckförmig sind, aber ein vollständiges Funktionssystem bilden. Die Funktionen sind bereits im Jahre 1923 in die Mathematik eingeführt worden [53]. Anwendung haben sie jedoch erst im Zusammenhang mit der Entwicklung der Digitaltechnik gefunden. Für digitale Signale und Systeme, die nur mit zwei Zuständen arbeiten, schienen die harmonischen Funktionen und die darauf basierenden Werkzeuge nicht mehr adäquat. Die Suche nach einem zweiwertigen Funktionssystem führte zu den von Walsh beschriebenen Funktionen, die seit Mitte der 1960er Jahre auf ihre Anwendbarkeit – anfangs vor allem für die Nachrichtentechnik – umfangreich untersucht wurden [18, 39]. Die erste Monographie wurde im Jahre 1969 von H. F. Harmuth veröffentlicht [19]. Im Folgenden sollen die ein- und zweidimensionalen kontinuierlichen und diskreten Walshfunktionen vorgestellt werden.

Mit den Variablen μ als reelle Zahl und $\theta = t/T$, einer auf die Zeitbasis oder Periode T normierten „Zeit“, werden die Walshfunktionen symbolisiert mit:

$$\mathrm{wal}\,(\mu, \theta) \tag{3.151}$$

An den Sprungstellen θ_s zwischen den Werten ± 1 gilt der Grenzübergang:

$$\mathrm{wal}\,(\mu, \theta_s) = \lim_{\varepsilon \to 0} \mathrm{wal}\,(\mu, \theta_s + \varepsilon) \tag{3.152}$$

Falls $\mu = i$ und $i \in \mathbb{Z}$, ist i eine Ordnungszahl der Walshfunktionen. Sie entspricht der Anzahl der Nulldurchgänge im offenen Einheitsintervall. Allgemein gilt für dieses Intervall $\theta \in [0, 1)$:

$$\mathrm{wal}\,(\mu, \theta) = \mathrm{wal}\,(i, \theta) \quad \text{mit} \quad \mu \in [i, i+1) \tag{3.153}$$

In Abbildung 3.47 sind die ersten 16 Walshfunktionen und ihre Reihenfolge in verschiedenen Ordnungssystemen dargestellt (s. Seite 124).

In Analogie zu den harmonischen Funktionen wird das System der Walshfunktionen auch in gerade und ungerade Funktionen unterteilt. Für gerades i sind die cal-Funktionen definiert

$$\mathrm{wal}\,(i, \theta) = \mathrm{cal}\left(\frac{i}{2}, \theta\right) = \mathrm{cal}\,(s_i, \theta) \tag{3.154}$$

und für ungerades i die sal-Funktionen

$$\mathrm{wal}\,(i, \theta) = \mathrm{sal}\left(i + \frac{i}{2}, \theta\right) = \mathrm{sal}\,(s_i, \theta) \tag{3.155}$$

wobei s_i als normierte Sequenz bezeichnet wird und der halben Anzahl der Vorzeichenwechsel im halboffenen Intervall entspricht (Abbildung 3.48). Die Sequenz hat die Maßeinheit zps als Abkürzung für Nulldurchgänge pro Sekunde (engl.: *zero crossings per second*).

Die Walshfunktionen sind orthogonal. Für das Orthogonalitätsintervall $\theta \in [0, T)$ gilt:

$$\int_0^T \mathrm{wal}\,(i, \theta)\,\mathrm{wal}\,(k, \theta)\;\mathrm{d}\theta = \delta_{i,k} \quad \text{mit} \quad \delta_{i,k} = \begin{cases} 1 & \text{für} \quad i = k \\ 0 & \text{für} \quad i \neq k \end{cases} \tag{3.156}$$

s wal(i,θ)	b wal(i,θ)	k wal(i,θ)
0	0	0
1	1	8
2	3	12
3	2	4
4	6	6
5	7	14
6	5	10
7	4	2
8	12	3
9	13	11
10	15	15
11	14	7
12	10	5
13	11	13
14	9	9
15	8	1

Abbildung 3.47: Die ersten 16 Walshfunktionen und ihre Reihenfolge in verschiedenen Ordnungssystemen

Das Walshfunktionssystem ist vollständig (Gleichung (3.132)). Die Walshfunktionen haben eine Reihe interessanter Eigenschaften [20], von denen einige hier genannt seien. Sie sind reziprok zu sich selbst:

$$\text{wal}\,(i,\theta) = \frac{1}{\text{wal}\,(i,\theta)} \tag{3.157}$$

Die Variablen der Walshfunktionen können vertauscht werden:

$$\text{wal}\,(i,\theta) = \text{wal}\,(\theta, i) \tag{3.158}$$

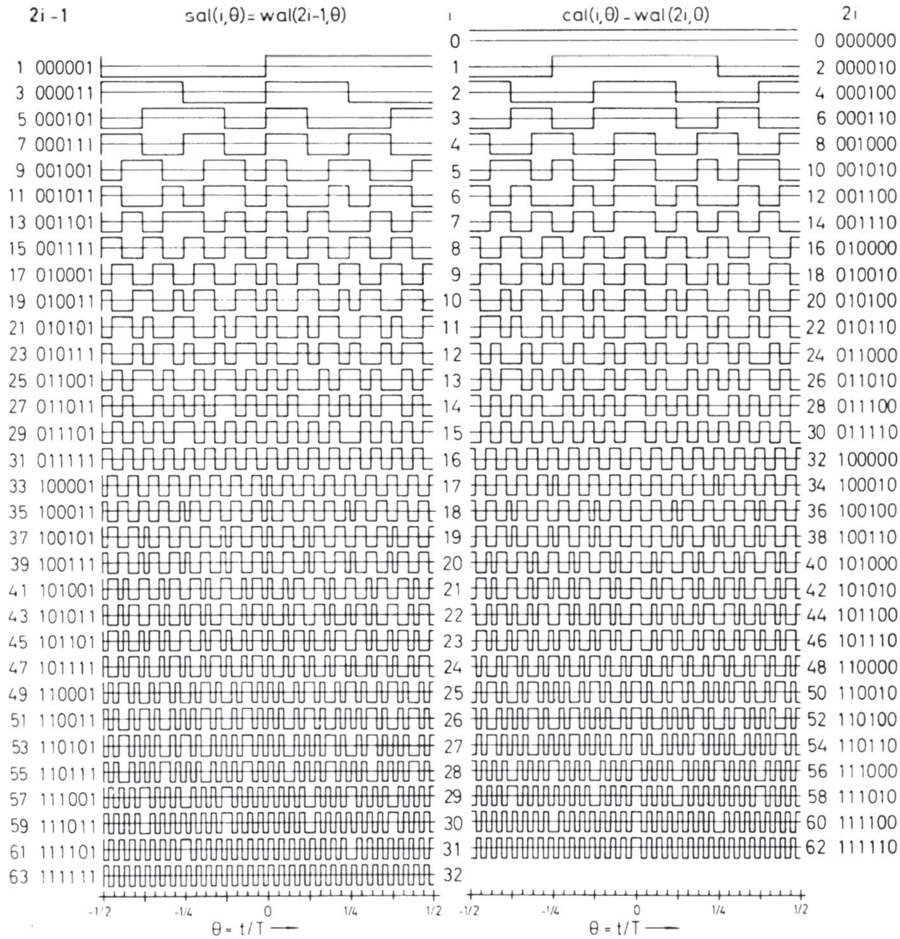

Abbildung 3.48: Die ersten 32 sal- und cal-Funktionen aus [21]

Insbesondere gilt:

$$\mathrm{wal}\left(i, 2^s\theta\right) = \mathrm{wal}\left(2^s i, \theta\right) \tag{3.159}$$

Das Produkt zweier Walshfunktionen ergibt eine neue Walshfunktion:

$$\mathrm{wal}\,(i, \theta) \cdot \mathrm{wal}\,(j, \theta) = \mathrm{wal}\,(k, \theta) \quad \text{mit} \quad k = i \oplus j \tag{3.160}$$

Das Symbol $\oplus$ bezeichnet die Addition modulo 2. Die Multiplikation einer Walshfunktion mit sich selbst ergibt immer $\mathrm{wal}(0, \theta)$.
Die Tatsache, dass die Variablen μ und θ der Walshfunktionen kontinuierlich oder diskret sein können, führt zu drei gebräuchlichen Darstellungen der Funktionen (Abbildung 3.49).

Es existieren unterschiedliche Möglichkeiten der Anordnung der Walshfunktionen. Hier sollen drei Ordnungssysteme vorgestellt werden:

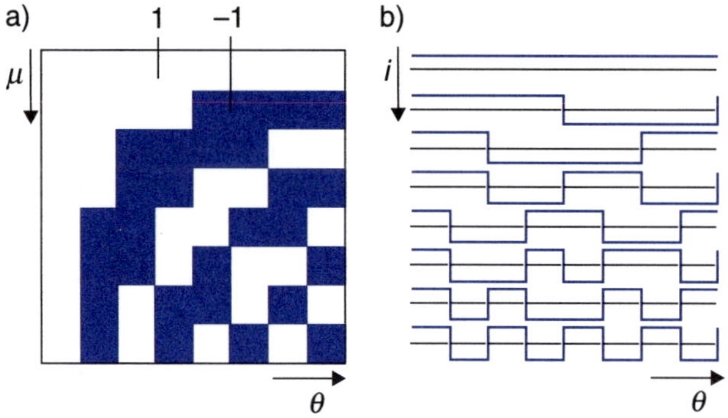

c)

$$\begin{pmatrix} 1 & 1 & 1 & 1 & 1 & 1 & 1 & 1 \\ 1 & 1 & 1 & 1 & -1 & -1 & -1 & -1 \\ 1 & 1 & -1 & -1 & -1 & -1 & 1 & 1 \\ 1 & 1 & -1 & -1 & 1 & 1 & -1 & -1 \\ 1 & -1 & -1 & 1 & 1 & -1 & -1 & 1 \\ 1 & -1 & -1 & 1 & -1 & 1 & 1 & -1 \\ 1 & -1 & 1 & -1 & -1 & 1 & -1 & 1 \\ 1 & -1 & 1 & -1 & 1 & -1 & 1 & -1 \end{pmatrix}$$

Abbildung 3.49: Diskretisierung der Walshfunktionen nach [37]
a) kontinuierliche Werte für die Variablen μ und θ
b) diskretes $\mu = i$ und kontinuierliches θ
c) μ und θ diskret

- Sequenzordnung (Walsh, Kaczmarz)
- binäre Ordnung (Paley, Rademacher)
- natürliche Ordnung (Hadamard, Kronecker)

Die Namen in Klammern nennen alternative Bezeichnungen für die Ordnungssysteme.

Sequenzordnung In diesem Ordnungssystem sind die Walshfunktionen nach der Sequenz, d. h. nach steigender Anzahl der Nulldurchgänge geordnet. Sie sollen hier mit $\mathrm{swal}(i, \theta)$ bezeichnet werden (s. Abbildung 3.47). Ein Bildungsgesetz ist beispielsweise das rekursive Bildungsgesetz nach Harmuth [20]. Mit

$$\mathrm{swal}\,(0, \theta) = \begin{cases} 1 & \text{für} \quad -\frac{1}{2} \leq \theta < \frac{1}{2} \\ 0 & \text{sonst} \end{cases} \tag{3.161}$$

gilt

$$\mathrm{swal}\,(2j + p, \theta) = (-1)^{\left\lfloor \frac{j}{2} \right\rfloor + p}\, \mathrm{swal}\left[j, 2\left(\theta + \frac{1}{4}\right)\right] + (-1)^{j+p}\, \mathrm{swal}\left[j, 2\left(\theta - \frac{1}{4}\right)\right] \tag{3.162}$$

mit $p \in \{0, 1\}$, $j = 0, 1, 2, \ldots$ und $\left\lfloor \frac{j}{2} \right\rfloor$ als größte ganze Zahl $\leq \frac{j}{2}$.

Binärordnung Die Binärordnung des Walshfunktionssystems beruht auf der Binärdarstellung der Ordnungszahl. Das Bildungsgesetz für die binärgeordneten Funktionen $\mathrm{bwal}(i, \theta)$ lautet (s. Abbildung 3.47):

$$\mathrm{bwal}\,(i, \theta) = \mathrm{swal}\,(\mathrm{gray}\,(i)\,, \theta) \tag{3.163}$$

wobei $\mathrm{gray}(x)$ die Umwandlung der Binärdarstellung von x in den Graycode ist.

Natürliche Ordnung Die Reihenfolge der Walshfunktionen in diesem Ordnungssystem entspricht der „natürlichen" Reihenfolge der mit den Funktionen verknüpften Walshkoeffizienten, wenn diese mit der schnellen Walshtransformation (vgl. Abschnitt 4.3.6) berechnet werden [23]. Da das Ordnungssystem auch Kroneckerordnung heißt, werden sie meistens mit $\mathrm{kwal}(i, \theta)$ bezeichnet (s. Abbildung 3.47). Das Bildungsgesetz lautet:

$$\mathrm{kwal}\,(i, \theta) = \mathrm{swal}\,(\mathrm{bro}\,(\mathrm{gray}\,(i))\,, \theta) \tag{3.164}$$

mit $\mathrm{bro}(x)$ als Binärdarstellung von x mit Bitumkehr (engl.: *bit reverse order*).
Eine einfache rekursive Definition diskreter Walshfunktionen in natürlicher Ordnung ist über die Hadamardmatrizen $\boldsymbol{H}$ möglich. Mit $n = \mathrm{ld}\, N$ und $H_0 = 1$ folgt:

$$\boldsymbol{H}_n = \begin{bmatrix} \boldsymbol{H}_{n-1} & \boldsymbol{H}_{n-1} \\ \boldsymbol{H}_{n-1} & -\boldsymbol{H}_{n-1} \end{bmatrix} \tag{3.165}$$

Eine weitere rekursive Definition kann über das Kroneckerprodukt angegeben werden [21]:

$$\boldsymbol{H}_n = \boldsymbol{H}_{n-2} \otimes \boldsymbol{H}_{n-1} \tag{3.166}$$

Dabei ist n der Rekursionsindex und $\otimes$ der Kronecker-Produkt-Operator, der zwei Matrizen verbindet, die nicht miteinander verkettet sind.

Wie die harmonischen Funktionen werden auch die Walshfunktionen in der Bildverarbeitung eingesetzt. Dafür wird eine zweidimensionale Definition benötigt. Sind wieder x und y die kontinuierlichen Ortskoordinaten, so gilt im Intervall $x, y \in [0, 1)$:

$$\mathrm{wal}\,(i, j, x, y) = \mathrm{wal}\,(i, x) \cdot \mathrm{wal}\,(j, y) \tag{3.167}$$

Als Beispiel ist in Analogie zur Abbildung 3.45 für $i = 3$ und $j = 2$ in Abbildung 3.50 eine zweidimensionale gerade Walshfunktion dargestellt.

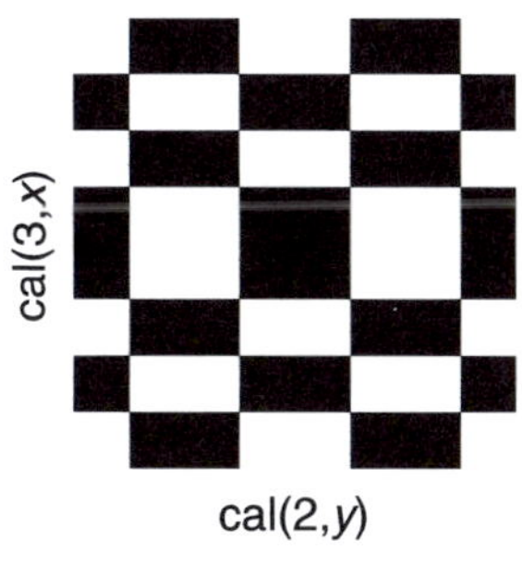

Abbildung 3.50: Die zweidimensionale Walshfunktion $\mathrm{cal}(3, x) \cdot \mathrm{cal}(2, y)$

Haarfunktionen Neben den Walshfunktionen haben auch die von dem ungarischen Mathematiker Alfréd Haar im Jahre 1910 eingeführten und später nach ihm benannten rechteckförmigen Funktionen Eingang in die Ingenieurwissenschaften gefunden. Besonders populär sind sie durch die Anwendung der Wavelettransformation in der Signalverarbeitung geworden, da die Haarfunktionen das einfachste Wavelet bilden (vgl. Abschnitt 4.7).

Die Haarfunktionen sollen hier mit $\mathrm{haar}(n, m, \theta)$ bezeichnet werden. Mit der Funktion $\mathrm{haar}(0, 0, \theta) = 1$ sowie den Variablen $0 \le n < \mathrm{ld}\, N$ und $1 \le m \le 2^n$ gilt die folgende rekursive Definition:

$$\mathrm{haar}\,(n, m, \theta) = \begin{cases} 2^{\frac{n}{2}} & \text{für} \quad \frac{m-1}{2^n} \le \theta < \frac{m-\frac{1}{2}}{2^n} \\ -2^{\frac{n}{2}} & \text{für} \quad \frac{m-\frac{1}{2}}{2^n} \le \theta < \frac{m}{2^n} \\ 0 & \text{sonst} \end{cases} \tag{3.168}$$

Für jeweils einen Wert n gibt es 2^n Werte für die Variable m, also m verschiedene Haarfunktionen. Für $N = 8$ ergeben sich folgende Werte für n und m:

n	*m*
0	0
0	1
1	1, 2
2	1, 2, 3, 4

Die ersten 8 Haarfunktionen für kontinuierliches θ und diskrete Werte für n und m sind in Abbildung 3.51 dargestellt. Die Haarfunktionen sind vollständig (s. Gleichung (3.132))

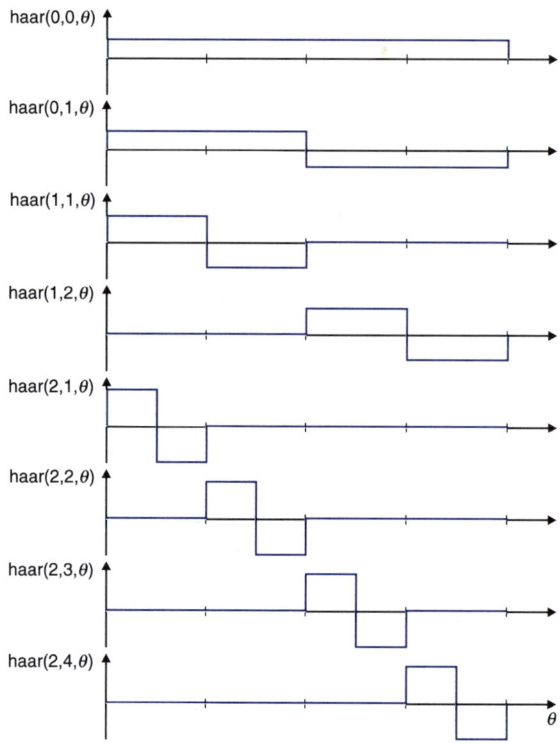

Abbildung 3.51: Die ersten 8 Haarfunktionen

und orthogonal. Die Orthogonalitätsbedingung lautet:

$$\int_0^T \text{haar}\,(i, u, \theta)\, \text{haar}\,(k, v, \theta)\ \mathrm{d}x = 0 \quad \text{für} \quad i \neq k \quad \text{oder} \quad u \neq v \tag{3.169}$$

Die Haarfunktionen besitzen eine Eigenschaft, die sie von anderen orthogonalen Funktionen unterscheidet. Sie besteht darin, dass sich die Funktionswerte einer Haarfunktion, die ungleich Null sind, bei einigen Funktionen auf das gesamte Orthogonalitätsintervall erstrecken (globale Funktionen), bei anderen jedoch nur auf einen kleinen Bereich (lokale Funktionen). Werden diese Funktionen zur Approximation benutzt, so erfolgt diese zum einen in globaler Hinsicht, also bezüglich des gesamten Intervalls, und zum anderen lokal, also in einer kleinen Umgebung. Die gleichzeitige Betrachtung der globalen und lokalen Eigenschaften eines Signals ist das Prinzip der Wavelettransformation.
Die zweidimensionalen Haarfunktionen lassen sich in Analogie zu Gleichung (3.167) aus dem Produkt der eindimensionalen ableiten. Die ersten 16 zweidimensionalen Haarfunktionen sind in Abbildung 3.52 dargestellt.

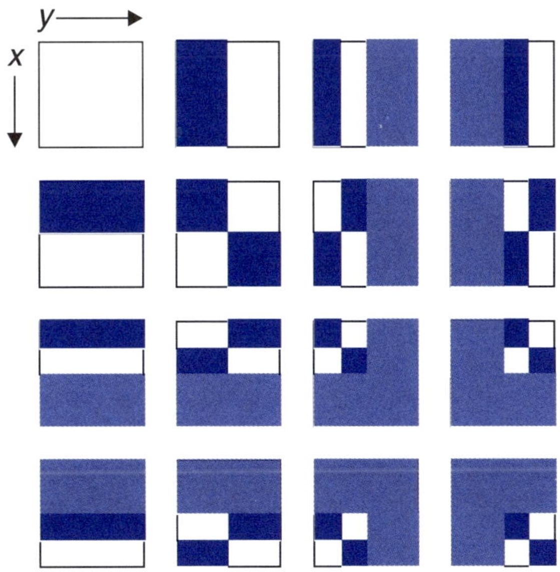

Abbildung 3.52: Zweidimensionale Haarfunktionen nach [3]

Die Abbildung zeigt deutlich den lokalen und globalen Charakter der einzelnen zweidimensionalen Funktionen.

3.9 Übungsaufgaben

Übung 10 (Lösung Seite 242)

Stellen Sie sich einen Würfel als Signalquelle vor und nehmen Sie „recht viele" Messungen dieses Signals vor. Wenn ein Messwert die Augenzahl ist, welche Messwerte sendet dann die Quelle, wie oft treten diese Messwerte jeweils auf, wie sieht das normierte Histogramm aus? Berechnen Sie aus dem normierten Histogramm Mittelwert und Standardabweichung der Messreihe und zeichnen Sie beide Kennwerte in die Histogrammdarstellung ein. Berechnen Sie Entropie und maximale Entropie. Wie groß ist die Redundanz?

Übung 11 (Lösung Seite 242)

Wiederholen Sie alle Betrachtungen für eine Signalquelle mit 2 oder 3 Würfeln; ein Messwert sei jetzt die Augensumme. Berechnen Sie darüber hinaus jeweils das kumulative Histogramm, stellen Sie es dar und zeichnen Sie statistische Maßzahlen ein.

Übung 12 (Lösung Seite 242)

Stellen Sie sich jetzt wieder einen Würfel als Signalquelle vor, diesmal aber eine Kugel. Stellen Sie sich weiterhin vor, diese Quelle sendet kontinuierliche und gleichwahrscheinliche Signalwerte $x(t)$ in den Grenzen a und b. Wie sieht nun das normierte „Histogramm" $p(x)$ aus und wie heißt es jetzt? Berechnen Sie aus der Funktion $p(x)$ den Signalmittelwert und die Signalvarianz. Faktorisieren Sie oder benutzen Sie bi- bzw. trinomische Formeln zum Vereinfachen der beiden Ausdrücke.

Übung 13 (Lösung Seite 243)

Von einem kontinuierlichen Signal $x(t)$ ist lediglich die Wahrscheinlichkeitsdichtefunktion $p(x) = \lambda\,e^{-\lambda x}$ für $x \geq 0$ bekannt. Die Kenngröße λ sei beispielsweise 0,5. Zeichnen Sie die Dichtefunktion $p(x)$ und die Verteilungsfunktion $F(x)$. Bei welchem Funktionswert x wird die Fläche unter der Dichtefunktion halbiert, wie heißt dieser Wert und wie groß ist er? Zeichnen Sie ihn in die Diagramme ein. Berechnen Sie noch weitere statistische Kenngrößen und versuchen Sie, auch diese in die Diagramme einzuzeichnen.

Übung 14 (Lösung Seite 243)

Die Beobachtung eines diskreten Signals mit einem möglichen Signalpegel von ± 10 ergab die folgenden absoluten Häufigkeiten:

Messwert	−10	−5	0	+5	+10
Häufigkeit	13	8	58	8	13

Zeichnen Sie das normierte Histogramm, berechnen Sie die normierten Zentralmomente $\mathfrak{z}_0$ bis $\mathfrak{z}_4$ und vergleichen Sie diese mit denen einer Normalverteilung.

Übung 15 (Lösung Seite 243)

Gegeben seien die 64 aufeinander folgenden Messwerte eines Signals:
−6 2 −3 7 −2 2 2 −2 −9 0 −5 −1 2 −5 2 −7 −2 10 −3 9 −5 −9 9 2 −8 7 6
−8 −3 −10 8 10 7 3 −1 1 −3 −9 3 7 −5 9 −7 −2 −2 4 −6 −2 0 −3 8 2 5 3
1 0 −10 10 −3 9 −6 8 9 −8
Zeichnen Sie das Signal und untersuchen Sie das Signal in seiner „Gänze". Stellen Sie dazu ein Histogramm über das gesamte Signal auf, berechnen Sie daraus die Momente m_1 und z_2 sowie Median und Modalwert(e). Jetzt untersuchen Sie das Signal „episodisch". Schneiden Sie dazu aus diesem Signal möglichst viele, sich nicht überlappende Episoden der Dauer 4 heraus. Berechnen Sie den Episoden-Mittelwertsvektor $\boldsymbol{m}$, die Kovarianzmatrix $\boldsymbol{S}$ und die Korrelationsmatrix $\boldsymbol{R}$ dieser Episoden. Vergleichen Sie ein Element aus dem Mittelwertsvektor (Scharmittelwert, Ensemblemittelwert) mit dem Zeitmittelwert bzw. Moment m_1. Ist das Signal ergodisch?

Übung 16 (Lösung Seite 244)

Wiederholen Sie die Aufgabe für das folgende Signal:
0 4 7 9 10 9 7 3 0 −4 −7 −9 −10 −9 −6 −3 1 5 8 10 10 9 6 2 −1 −5 −8
−10 −10 −8 −6 −2 2 6 8 10 10 8 5 1 −2 −6 −9 −10 −10 −8 −5 −1 3 6 9
10 9 8 4 1 −3 −7 −9 −10 −9 −7 −4 0
Vergleichen Sie die Resultate mit denen der vorangegangenen Aufgabe.

Übung 17 (Lösung Seite 244)

Berechnen Sie die Maßzahlen mittlere Helligkeit, Varianz, Standardabweichung, normierte Schiefe, normierte Wölbung, Grauwertspanne und Entropie für folgende Bildsignale:

- Schachbrett 8×8 Pixel, 2 Grauwerte 0 und 1
- Graukeil 8×8 Pixel, 8 Grauwerte 0 bis 7
- homogenes Bild 8×8 Pixel, 1 Grauwert 3

Übung 18 (Lösung Seite 245)

Es sind zwei Signale $\boldsymbol{x}$ und $\boldsymbol{y}$ gemessen worden:

$\boldsymbol{x}$	2	16	14	23	12	18	6
$\boldsymbol{y}$	3	10	9	11	8	10	5

Berechnen Sie die Mittelwerte m_x und m_y, die Varianzen s_x und s_y sowie die Kovarianz $s_{x,y}$. Bestimmen Sie den pearsonschen Korrelationskoeffizienten.

Übung 19 (Lösung Seite 245)

Korrelieren Sie zwei zeitkontinuierliche Signale. Signal $x_1(t)$ sei ein linear abfallendes Signal der Dauer 1 mit einer Startamplitude 1 und einer Endamplitude 0,5, Signal $x_2(t)$ ein konstantes Signal der Dauer 1 mit einer Amplitude von 0,5. Wählen Sie ein Verschiebungszeitintervall von $-1 \leq \tau \leq 1$. Beachten Sie, dass $x_2(t)$ in negativer Richtung verschoben werden muss, d. h. nach links, wenn τ positiv ist und nach rechts, wenn τ negativ ist. Skizzieren Sie das kontinuierliche Ergebnis $r(\tau)$.

Übung 20 (Lösung Seite 245)

Korrelieren Sie die zwei diskreten Signale $\boldsymbol{x}_1$ und $\boldsymbol{x}_2$:

$\boldsymbol{x}_1$	0,5	0,75	1	0,75	0,5
$\boldsymbol{x}_2$	0,5	0,5	0,5	0,5	0,5

Führen Sie die erforderlichen Verschiebungen für ein Verschiebungsindex-Intervall $-4 \leq m \leq 4$ durch. Skizzieren Sie das diskrete Ergebnis r_m.

Übung 21 (Lösung Seite 246)

Falten Sie ein diskretes Signal $\boldsymbol{f}$ mit der Maske $\boldsymbol{h}$:

$\boldsymbol{f}$	0	0	0	0,5	1	1	1
$\boldsymbol{h}$	1	0	−1				

Führen Sie das Falten der beiden Vektoren für ein Intervall $0 \leq n \leq 12$ durch. Interpretieren Sie das Ergebnis g_n. Beachten Sie dabei, dass die diskrete Faltung Grundlage aller Digitalfilter ist. Skizzieren Sie das Eingangssignal und das Faltungsergebnis.

Übung 22 (Lösung Seite 246)

Filtern Sie die folgenden vier Ausschnitte von 3-bit-Bildsignalen mit einem Tiefpassfilter, bei dem alle Grauwerte innerhalb einer 3×3-Umgebung addiert werden und die Summe noch durch die Zahl 9 geteilt werden muss (gleitender Mittelwert). Geben Sie die Filtervorschrift in Form der Wichtungsmatrix $\boldsymbol{h}$ an. Die vier Bildausschnitte heißen:

- homogenes Bild (ein Grauwert 3)
- waagerechte Zebrastreifen (zwei Grauwerte 0 und 7)
- senkrechte Zebrastreifen (zwei Grauwerte 0 und 7)
- Schachbrett (zwei Grauwerte 0 und 7)

homogen					
3	3	3	3	3	3
3	3	3	3	3	3
3	3	3	3	3	3

waag. Zebra					
7	7	7	7	7	7
0	0	0	0	0	0
7	7	7	7	7	7

senkr. Zebra					
7	0	7	0	7	0
7	0	7	0	7	0
7	0	7	0	7	0

Schachbrett					
7	0	7	0	7	0
0	7	0	7	0	7
7	0	7	0	7	0

Setzen Sie die Ausschnitte ggf. sinngemäß fort. Runden Sie bitte nicht die Grauwerte im jeweiligen Ergebnisbild.

Übung 23 (Lösung Seite 247)

Filtern Sie wieder das Schachbrett, diesmal aber mit einem 3×3-Gaußtiefpass als Filtervorschrift $\boldsymbol{h}$:

$$\boldsymbol{h} = \frac{1}{16}\begin{bmatrix} 1 & 2 & 1 \\ 2 & 4 & 2 \\ 1 & 2 & 1 \end{bmatrix}$$

Übung 24 (Lösung Seite 247)

Sie kennen bereits die zwei Signale $\boldsymbol{x}$ und $\boldsymbol{y}$:

$\boldsymbol{x}$	2	16	14	23	12	18	6
$\boldsymbol{y}$	3	10	9	11	8	10	5

Berechnen Sie die Mittelwerte m_x und m_y, die Varianzen s_x und s_y sowie die Kovarianz $s_{x,y}$. Schreiben Sie die beiden Mittelwerte in einen Mittelwertsvektor $\boldsymbol{m}$ und die drei Varianzen in eine Kovarianzmatrix $\boldsymbol{S}$. Ordnen Sie die drei pearsonschen Korrelationskoeffizienten in einer Korrelationsmatrix $\boldsymbol{R}$ an.
Berechnen Sie nun von der Kovarianzmatrix $\boldsymbol{S}$ die Eigenwerte und die Eigenvektoren. Skalieren Sie ggf. die Eigenvektoren jeweils auf die Länge 1. Schreiben Sie diese beiden Eigenvektoren (Basisvektoren) in eine Karhunen-Loève-Matrix $\boldsymbol{KLT}$. Transformieren Sie den Mittelwertsvektor mit der Formel $\boldsymbol{m}' = \boldsymbol{KLT} \cdot \boldsymbol{m}$ und die Kovarianzmatrix mit der Formel $\boldsymbol{S}' = \boldsymbol{KLT} \cdot \boldsymbol{S} \cdot \boldsymbol{KLT}^{\mathrm{T}}$ vom x-y-Signalraum in einen u-v-Signalraum und berechnen Sie $\boldsymbol{R}'$. Mit der Formel für die Transformation des Mittelwertsvektors können Sie auch andere Vektoren transformieren. Berechnen Sie auf diese Art zwei neue Signale $\boldsymbol{u}$ und $\boldsymbol{v}$. Dazu nehmen Sie jeweils zwei korrespondierende Vektorelemente aus $\boldsymbol{x}$ und $\boldsymbol{y}$ und multiplizieren diese von rechts an die KLT-Matrix.

Übung 25 (Lösung Seite 248)

Die Filterkoeffizienten eines Digitalfilters haben die folgenden Werte $\boldsymbol{b} = 0,2 \cdot (2\ \ 1\ \ 2)^{\mathrm{T}}$. Was für ein Filter ist das? Zeichnen Sie den Betrag der Übertragungsfunktion (mit Ergebnissen der Kurvendiskussion) und ein Signalflussbild.

Übung 26 (Lösung Seite 248)

Ein Digitalfilter habe die Filterkoeffizienten $b_0 = 0{,}5$ und $a_1 = -0{,}5$. Was für ein Filter ist das? Zeichnen Sie wieder den Betrag der Übertragungsfunktion (mit Ergebnissen der Kurvendiskussion) und ein Signalflussbild.

Übung 27 (Lösung Seite 248)

Ein Rekursivfilter habe die Filterkoeffizienten $b_0 = 1$ und $a_1 = -a_2 = -1$. Zeichnen Sie wieder den Betrag der Übertragungsfunktion (mit Ergebnissen der Kurvendiskussion). Wofür kann dieses Filterverhalten ausgenutzt werden?

Übung 28 (Lösung Seite 248)

Geben Sie die 9 symmetrischen Filterkoeffizienten b_k für einen nichtrekursiven Gaußtiefpass und -hochpass jeweils 8. Ordnung an. Gehen Sie dazu folgenden Rechenweg: Nehmen Sie von einem pascalschen Dreieck die Zeile, in der 9 Zahlen stehen. Finden Sie noch einen geeigneten Normierungsfaktor. Mit dem Verschiebungssatz

$$b_k = \mathrm{e}^{\frac{jk2\pi\omega_\mathrm{M}}{\omega_\mathrm{A}}} b_{\mathrm{TP}k} \quad \text{mit} \quad \omega_\mathrm{M},\ \omega_\mathrm{A} \quad \text{Mitten- bzw. Abtastfrequenz}$$

können Sie das Verhalten des Gaußtiefpasses verändern, und zwar in das eines Hochpasses. Skizzieren Sie jeweils den Betrag der Übertragungsfunktion.

Übung 29 (Lösung Seite 249)

Gegeben sei folgende Messreihe:

n	0	1	2	3
t_n	0	1	2	3
f_n	7	5	2	−1

Berechnen Sie als erstes den pearsonschen Korrelationskoeffizienten. Falls dieser nahe bei ± 1 liegt, bestimmen Sie mit den Basisfunktionen $\Phi_0(t) = t^0$ und $\Phi_1(t) = t^1$ eine Näherungsgerade. Skizzieren Sie die Näherungsfunktion $f(t)$ im Diagramm der Messreihe.

Übung 30 (Lösung Seite 249)

Nähern Sie folgende Messreihe:

n	0	1	2	3	4	5
t_n	−3	−2	0	1	2	3
f_n	9	4	0	1	4	9

Benutzen Sie jeweils die folgenden drei Basisfunktionen:

a) die geraden Kreisfunktionen $\cos(0)$, $\cos(t)$ und $\cos(2t)$
b) die ungeraden Kreisfunktionen $\sin(\pi/2)$, $\sin(t)$ und $\sin(2t)$

Berechnen Sie für beide Näherungsfunktionen das gaußsche Fehlermaß E^2 und vergleichen Sie. Skizzieren Sie wieder die Näherungsfunktionen $f(t)$ im Diagramm der Messreihe.

Übung 31 (Lösung Seite 249)

Gegeben sei die diskrete Betragsfunktion als Messreihe:

n	0	1	2	3	4
t_n	-1	$-0{,}5$	0	0,5	1
f_n			$\lvert t_n \rvert$		

Untersuchen Sie als erstes, ob die beiden Basisfunktionen $\Phi_0(t) = t$ und $\Phi_1(t) = t^2$ im Intervall der Messreihe $[t_0, t_4]$ zueinander orthogonal sind. In das Gleichungssystem zum Berechnen der Koeffizienten c_0 und c_1 gehen ja nur die Funktionswerte der Basisfunktionen $\Phi_m(t_n)$ zu den Messzeitpunkten t_n ein. Daher untersuchen Sie auch, ob die Folgen t_n und t_n^2 orthogonal sind. Nun berechnen Sie die Näherungsfunktion und überlegen, welchen Vorteil orthogonale Basisfunktionen beim Lösen von Näherungsaufgaben haben.

Kapitel

4 Die Werkzeuge des Spektralbereichs

Im vorigen Kapitel haben wir Werkzeuge vorgestellt, mit denen aus einem Signal in seiner zeitlichen oder räumlichen Darstellung Informationen über den signalerzeugenden Prozess gewonnen werden konnten. Jetzt soll das zeit- oder ortsabhängige Signal als Summe so genannter Basisfunktionen beschrieben werden. Dies geschieht durch seine spektrale Zerlegung. Sie liefert eine Aussage darüber, mit welchem Anteil die verschiedenen Basisfunktionen im Signal enthalten sind. Sind die Basisfunktionen beispielsweise sinusförmige Schwingungen, so ist die spektrale Amplitude eine Funktion der Frequenz. Bei diskreten Signalen heißen diese Anteile Spektralkoeffizienten, bei kontinuierlichen Signalen ergibt sich eine Spektralfunktion. Die Darstellung eines Signals in seinem originalen oder spektralen Bereich ist unter dem Gesichtspunkt des Informationsgehalts grundsätzlich gleichwertig. Die beiden Darstellungen sind wie zwei Sprachen lediglich eine andere Ausdrucksweise. Nicht gleichwertig sind die beiden Darstellungsformen jedoch hinsichtlich der Interpretation der Signaleigenschaften und der Möglichkeit, die bei der Signalverarbeitung erwünschten Effekte zu verdeutlichen. Beispielsweise gibt die spektrale Darstellung eines Signals oft besser als die zeitliche Auskunft darüber, ob und wie eine verlustarme Kompression des Signals erfolgen kann.
Der Übergang in ein Signalspektrum ist mit orthogonalen bzw. unitären Transformationen möglich. Durch solche Transformationen werden Signale vom Zeit- oder Ortsbereich, dem Objektbereich, in einen Spektralbereich, den Transformationsbereich, überführt. Als Basisfunktionen für die spektrale Zerlegung können die in Abschnitt 3.8.3 vorgestellten orthogonalen Funktionssysteme dienen. Die zugehörigen Transformationen haben unterschiedliche Eigenschaften. Eine Reihe von ihnen hat sich in der Signalverarbeitung als nützlich erwiesen. Welche für den jeweiligen Anwendungsfall zu bevorzugen ist, hängt von den Signaleigenschaften ab, aber auch von der verfügbaren Zeit oder dem erforderlichen Aufwand zur Berechnung des Spektrums. Die Gleichwertigkeit der allgemeinen Signalbeschreibung in einem Originalbereich als $f(x)$ und einem Spektralbereich als $F(y)$ lässt sich aus der reziproken Natur der orthogonalen bzw. unitären Transformationen T ableiten: $T\{f(x)\} = F(y) \longleftrightarrow T^{-1}\{F(y)\} = f(x)$. Das ursprüngliche Signal lässt sich also durch die inverse Transformation T^{-1} wiedergewinnen, demzufolge muss auch die spektrale Darstellung dieselbe Information wie das zeitabhängige Signal enthalten.

So wie der Objektbereich unterschiedlicher physikalischer Natur sein und verschiedene Maßeinheiten haben kann, hat auch die spektrale Darstellung unterschiedliche Maßeinheiten. Eine eindimensionale Funktion der Zeit mit der Maßeinheit Sekunde kann in

eine Spektraldarstellung transformiert werden, die eine Funktion der Frequenz mit der Maßeinheit Hertz ist (1 Hz = 1/s). Eine zweidimensionale Funktion des Ortes mit der Maßeinheit Meter für beide Ortskoordinaten ist im Transformationsbereich eine Funktion der so genannten Ortsfrequenz mit der Maßeinheit 1/m für beide spektralen Dimensionen. Da diese Maßeinheit nicht sehr aussagefähig ist, wird stattdessen zur Angabe der Auflösung im Ortsfrequenzbereich die Angabe Linienpaar pro Millimeter benutzt, wobei unter einem Linienpaar eine schwarze und eine weiße Linie zu verstehen ist.
Die Transformation von zeit- oder ortsabhängigen diskreten Signalen in einen Spektralbereich kann auch als Koordinatentransformation interpretiert werden (vgl. Abschnitt 4.3.2). Die Originalsignale sind dann als N-dimensionaler Vektor in einem Vektorraum aufzufassen, dessen Dimension gleich der Anzahl der Abtastwerte ist. Transformation bedeutet nun die Rotation des Koordinatensystems in diesem N-dimensionalen Raum. Das diskrete ein- oder zweidimensionale Spektrum entspricht dann den Koordinaten des neuen Koordinatensystems. Durch die Drehung des Koordinatensystems werden Varianzen umverteilt. Das bedeutet, dass die Varianzen der Abtastwerte des Originalsignals, die der Leistung des Signals entsprechen, so auf das Spektrum verteilt werden, dass sie sich auf möglichst wenig spektrale Anteile (Koeffizienten) konzentrieren. Dabei bleibt die Summe der Varianzen in beiden Koordinatensystemen erhalten. Die Umverteilung der Varianzen ist gleichbedeutend damit, dass die zwischen benachbarten Abtastwerten bestehende Korrelation verringert wird. Die Dekorrelation ist maximal, wenn die Basisfunktionen für die Transformation aus den statistischen Eigenschaften des Signals selbst ermittelt werden (Hauptachsentransformation). Transformationen mit konstanten Basisfunktionen, wie z. B. die Fouriertransformation, liefern nur eine suboptimale Entkorrelierung.

Der Übergang von der Original- zur Spektraldarstellung eines Signals kann nun das Ziel verfolgen, die weitere Signalverarbeitung im Spektrum durchführen zu wollen, d. h. die Koeffizienten weiter zu verarbeiten. Es kann aber auch wünschenswert sein, das Spektrum zu verändern, also bestimmte Spektralanteile zu dämpfen oder hervorzuheben. Schließlich kann auch eine Auswahl bestimmter Koeffizienten für eine inverse Transformation zurück in den Originalbereich eine vorteilhafte Signalverarbeitung darstellen.

In diesem Kapitel sollen nun zuerst Verfahren vorgestellt werden, mit denen Signale aus dem Zeit- oder Ortsbereich in einen Spektralbereich überführt werden können. Dazu gehören für stationäre Signale verschiedene Reihenentwicklungen und Orthogonaltransformationen, für instationäre Signale die Kurzzeittransformationen und die Wavelettransformation. Anschließend werden für ausgewählte Spektralbereiche Werkzeuge erläutert, mit deren Hilfe das Spektrum zielgerichtet verändert werden kann. Dazu gehören die Signalfilterung, die schnelle Korrelation und die schnelle Faltung.

4.1 Reihenentwicklungen mit orthogonalen Funktionen

Das Prinzip der Reihenentwicklungen soll zunächst an der klassischen Fourierreihenentwicklung erläutert werden. Anschließend wird als Beispiel für eine Reihenentwicklung mit einem rechteckförmigen Funktionssystem die Walshreihenentwicklung vorgestellt.

4.1.1 Fourierreihenentwicklung

Zeitkontinuierliche periodische Signale Die Ausführungen in diesem Abschnitt beziehen sich auf ein zeitkontinuierliches Signal $f(t)$ mit der Periodenlänge T, also $f(t) = f(t + nT)$. Die reziproke Periodenlänge $1/T$ heißt auch Grundfrequenz des periodischen Signals und soll mit f_0 bezeichnet werden, die zugehörige Kreisfrequenz ist $\omega_0 = 2\pi f_0$. Wir benötigen zum Verständnis der Fourierreihenentwicklung außerdem die Zusammenhänge des Abschnittes 3.8.1 über die Näherung von Funktionen. Dort wurde gezeigt, dass orthogonale Funktionssysteme für die Signalapproximation besonders gut geeignet sind. Für die Approximationsfunktion $f_{\text{ap}}(c, t)$ wurde der allgemeine Ansatz einer Linearkombination von M Basisfunktionen $\Phi_m(t)$ mit M Parametern c_m gewählt:

$$f_{\text{ap}}(c, t) = \sum_{m=0}^{M-1} c_m \, \Phi_m(t) \tag{4.1}$$

Die Anwendung des Prinzips der kleinsten Fehlerquadrate und die Einschränkung auf orthogonale Funktionen führt zu einfachen Lösungen für die Koeffizienten c_m der Basisfunktionen.

Das Funktionssystem $\Phi_m(t)$ kann nun aus harmonischen oder nichtharmonischen orthogonalen Funktionen bestehen. Prinzipiell sind sie beide für eine Reihenentwicklung geeignet. Zuerst soll die älteste und nach wie vor wichtigste Reihenentwicklung, die Fourierreihenentwicklung, ausführlich behandelt werden. Jean Baptiste Fourier hat im Jahre 1807 die folgende Behauptung aufgestellt:

> Jedes periodische Signal lässt sich in harmonische Bestandteile zerlegen, deren Komponenten sich in Amplitude, Phase und Frequenz unterscheiden, wobei die Frequenz der Komponenten immer ein Vielfaches der Grundfrequenz ist.

Diese Erkenntnis stieß bei den Mathematikern seiner Zeit auf erhebliche Vorbehalte, so dass es erst 1822 zu einer Veröffentlichung kam [25]. Zur Demonstration des von Fourier formulierten Sachverhalts zeigt Abbildung 4.1 ein periodisches Signal und seine harmonischen Bestandteile.

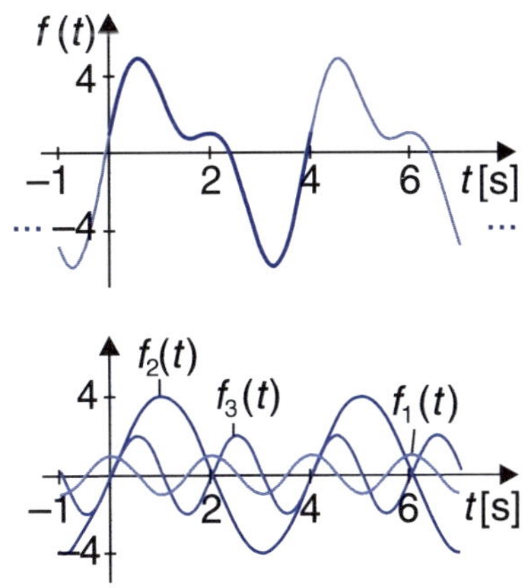

Abbildung 4.1: Ein periodisches Signal $f(t)$ und seine Komponenten $f_1(t)$ bis $f_3(t)$

Die Komponenten des periodischen Signals sind eine Kosinusfunktion und zwei Sinusfunktionen:

Komponente	Frequenz	Amplitude
Kosinusfunktion $f_1(t)$	0,5 Hz	1
Sinusfunktion $f_2(t)$	0,25 Hz	4
Sinusfunktion $f_3(t)$	0,5 Hz	2

Die Funktion $f(t)$ ergibt sich durch Addition dieser Komponenten. Bei der Fourierreihenentwicklung sind also die Basisfunktionen $\Phi_m(t)$ in Gleichung (4.1) bzw. Gleichung (3.114) orthogonale harmonische Funktionen. Wir wollen für die Approximationsgleichung zuerst die komplexe Schreibweise benutzen, die sich aus der Addition der Kosinus- und Sinusfunktionen nach der Eulerformel (Gleichung (3.140)) ergibt. Mit $k \in \mathbb{Z}$ als Ordnungszahl und der Grundfrequenz ω_0 gilt für die Approximationsfunktion $f_{\mathrm{ap}}(c, t)$:

$$f_{\mathrm{ap}}(c, t) = \sum_{k=-\infty}^{\infty} c_k \, \mathrm{e}^{jk\omega_0 t} \tag{4.2}$$

Für die Berechnung der Koeffizienten c_k ist in Abschnitt 3.8.1 schon eine Gleichung abgeleitet worden (Gleichung (3.131)):

$$c_k = \frac{\int_a^b f(t) \; \Phi_k(t) \; \mathrm{d}t}{\int_a^b |\Phi_k(t)|^2 \; \mathrm{d}t} \tag{4.3}$$

Werden in die Gleichung (4.3) für $\Phi_k(t)$ die komplexe Exponentialfunktion und für $f(t)$ ein periodisches Signal mit der Periode T eingesetzt, genügt für die Berechnung der Koeffizienten eine Signalperiode T. Für die Koeffizienten c_k ergibt sich dann:

$$c_k = \frac{\omega_0}{2\pi} \int_0^T f(t) \, \mathrm{e}^{-jk\omega_0 t} \; \mathrm{d}t \tag{4.4}$$

Die Koeffizienten c_k heißen Fourierkoeffizienten. Sie sind komplex und bestehen in der Regel aus einem Realteil $\Re\{c_k\}$ und einem Imaginärteil $\Im\{c_k\}$. Werden nun unendlich viele, mit c_k gewichtete Exponentialfunktionen überlagert, kann jedes beliebige periodische Signal $f(t)$ approximiert werden:

$$f(t) = \sum_{k=-\infty}^{\infty} c_k \, \mathrm{e}^{jk\omega_0 t} \tag{4.5}$$

Diese Gleichung stellt die Fourierreihenentwicklung in komplexer Form dar. Sie wird auch als Fouriersynthese bezeichnet, da sie die Zusammensetzung des periodischen Signals aus Exponentialfunktionen beschreibt. Dagegen ist die Berechnung der Fourierkoeffizienten nach Gleichung (4.4) die Fourieranalyse.

Die Fourierreihenentwicklung lässt sich auch in reeller Form angeben. Gleichung (4.1) geht dann über in:

$$f(t) = \frac{a_0}{2} + \sum_{k=1}^{\infty} [a_k \cos(k\omega_o t) + b_k \sin(k\omega_0 t)] \tag{4.6}$$

Die Gleichungen zur Berechnung von a_k und b_k ($a_k, b_k \in \mathbb{R}$) lauten:

$$a_k = \frac{\omega_0}{\pi} \int_0^T f(t) \cos(k\omega_0 t)\ \mathrm{d}t \quad \text{für} \quad k = 0, 1, \dots \tag{4.7}$$

$$b_k = \frac{\omega_0}{\pi} \int_0^T f(t) \sin(k\omega_0 t)\ \mathrm{d}t \quad \text{für} \quad k = 1, 2, \dots \tag{4.8}$$

Aus der Eulerformel (Gleichung (3.140)) ergibt sich eine Beziehung zwischen den komplexen Koeffizienten c_k und den reellen Koeffizienten a_k und b_k:

$$c_k = \frac{a_k - j\, b_k}{2} \quad \text{und} \quad c_{-k} = \frac{a_k + j\, b_k}{2} = c_k^* \tag{4.9}$$

Da die Sinusfunktion auch als verschobene Kosinusfunktion dargestellt werden kann, gilt auch:

$$f(t) = \frac{A_0}{2} + \sum_{k=1}^{\infty} A_k \cos(k\omega_0 t + \alpha_k) \tag{4.10}$$

Die Koeffizienten A_0 und A_k und der Winkel α_k berechnen sich für $k = 1, 2, \dots$ wie folgt:

$$\begin{aligned} A_0 &= \frac{a_0}{2} \\ A_k &= \sqrt{{a_k}^2 + {b_k}^2} \\ \alpha_k &= -\arctan\frac{b_k}{a_k} \end{aligned} \tag{4.11}$$

Werden in der reellen Darstellung der Fourierreihe nach Gleichung (4.6) auch negative Frequenzen zugelassen, teilen sich die halbierten Koeffizienten symmetrisch (Kosinusanteile) oder zentralsymmetrisch (Sinusanteile) um die Ordinate auf.

Die Darstellung der Koeffizienten in Abhängigkeit von der Frequenz ist das Spektrum des periodischen Signals. Es enthält die Grundfrequenz und ihre Vielfachen, die Harmonischen, deren Größe durch die Koeffizienten bestimmt wird. Das Spektrum heißt auch harmonische Schwingungsreihe oder Linienspektrum oder einfach Ergebnis der Fourieranalyse.
Aus den verschiedenen Gleichungen für die Fourierreihenentwicklung ergeben sich auch verschiedene Möglichkeiten, das Ergebnis darzustellen. Für die komplexen Koeffizienten c_k ist die Darstellung von Betrag $|c_k|$ und Winkel $\angle c_k$ in Abhängigkeit von ω möglich. Auch die Koeffizienten a_k und b_k können zu einer Betrags- und Winkeldarstellung zusammengefasst werden. Dazu verwenden wir wieder die Gleichungen (2.29) und (2.30).

Als Beispiel ist die periodische Funktion aus Abbildung 4.1 in eine Fourierreihe entwickelt worden. Abbildung 4.2 a) zeigt das Kosinusspektrum a_k und das Sinusspektrum b_k mit den zu diesen Frequenzen gehörigen harmonischen Schwingungen. In Abbildung 4.2 b) ist das komplexe Spektrum c_k als Betrags- und Winkeldarstellung gezeigt. Die 1. Harmonische ($k = 1$) besteht nur aus der Sinusfunktion $f_2(t)$, die 2. Harmonische ($k = 2$) setzt sich aus den Komponenten $f_1(t)$ als Kosinusfunktion und $f_3(t)$ als Sinusfunktion zusammen.

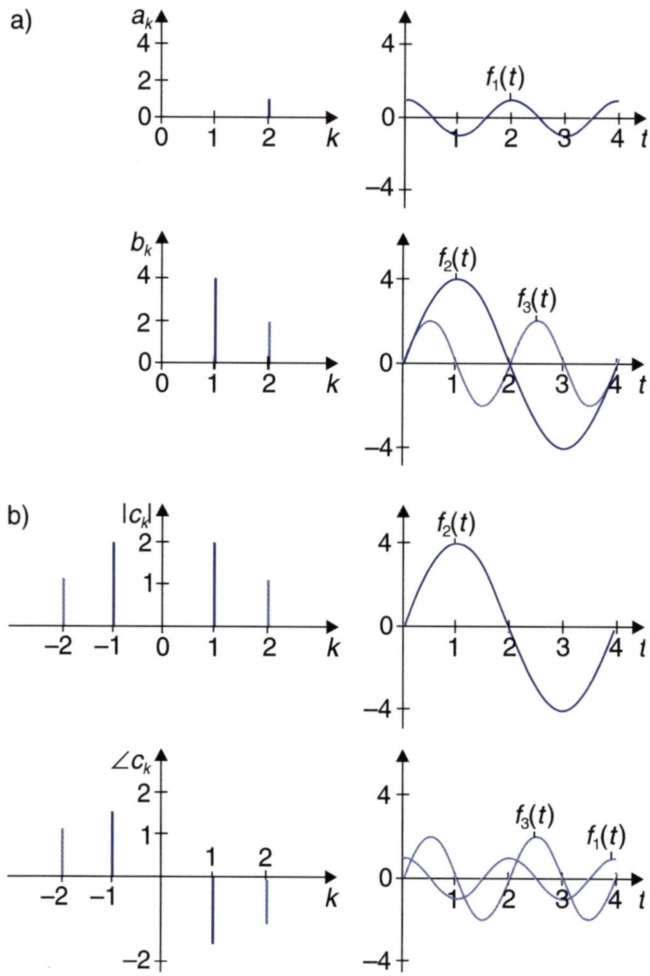

Abbildung 4.2: Ergebnisse der Fourierreihenentwicklung des periodischen Signals aus Abbildung 4.1 in verschiedenen Darstellungen
a) Koeffizienten a_k, b_k und zugehörige Kosinus- und Sinusfunktionen
b) Koeffizienten c_k und zugehörige Kosinus- und Sinusfunktionen

Unabhängig davon, ob komplexe oder reelle Koeffizienten das Ergebnis der Fourierreihenentwicklung beschreiben, haben die Frequenzlinien immer einen Abstand von $\omega_0 = 2\pi/T$.

Wegen der weitreichenden Bedeutung sei hier noch einmal auf den wichtigen Zusammenhang hingewiesen, der durch die Fourierreihenentwicklung hergestellt wird. Zu einem zeitabhängigen periodischen Signal gehört in der spektralen Darstellung ein diskretes Spektrum, ein Linienspektrum. Da über die Fouriersynthese aus dem Linienspektrum, also aus den diskreten Werten der Koeffizienten, das periodische Signal — theoretisch fehlerfrei — wieder berechnet werden kann, impliziert die Entsprechung von periodischem Signal und Linienspektrum auch, dass in den Koeffizienten die gesamte Information enthalten sein muss. Diese Erkenntnis ist für das Verständnis des Abtasttheorems von besonderer Bedeutung (vgl. Abschnitt 2.3).
Falls das periodische Signal einen Knick aufweist, d. h. eine Unstetigkeit in der 1. Ableitung besitzt, sind für die Approximation unendlich viele Basisfunktionen notwendig. Ist das Signal selbst unstetig, so tritt in der Approximation das so genannte gibbssche Phänomen auf. Es beschreibt das Überschwingen der Fourierreihe an Unstetigkeitsstellen. Das „Phänomen" besteht darin, dass dieses Überschwingen unabhängig von der Anzahl der Summanden in Gleichung (4.6) zirka 9 % der Sprunghöhe beträgt [8]. Der typische Verlauf des Überschwingens ist auch in Abbildung 4.13 c) zu sehen.

Zeitdiskrete periodische Signale Liegt das zu approximierende Signal als Abtastwertefolge vor, müssen auch die harmonischen Funktionen diskretisiert und das Orthogonalitätsintervall beachtet werden. Ist die Periodenlänge des abgetasteten Signals $f(t_n) = f_n$ gleich N, dann gilt $f_n = f_{n+N}$. Auch die abzutastende harmonische Funktion muss die Periodenlänge N oder ein Vielfaches davon haben. Damit hat die diskrete Exponentialfunktion einen Abtastwert von $\exp(j2\pi kn/N)$. Die Grundfrequenz ist $2\pi/N$, Vielfache von 2π unterscheiden sich nicht. Da die komplexe Exponentialfunktion nur N verschiedene Werte annehmen kann, besteht die Fourierreihe nur aus N Komponenten. In der komplexen Form lautet die diskrete Fourierreihe dann:

$$f_n = \sum_{k=0}^{N-1} c_k \, \mathrm{e}^{j2\pi \frac{kn}{N}} \quad \text{mit} \quad n = 0, 1, \ldots, N-1 \tag{4.12}$$

Die reelle Darstellung hat die Form:

$$f_n = \frac{a_0}{2} + \sum_{k=1}^{N-1} \left[a_k \cos\left(2\pi \frac{kn}{N}\right) + b_k \sin\left(2\pi \frac{kn}{N}\right) \right] \tag{4.13}$$

Die Berechnung der Koeffizienten kann aus der Gleichung (3.130)

$$c_k = \frac{\sum\limits_{n=0}^{N-1} f_n \, \Phi_{k,n}}{\sum\limits_{n=0}^{N-1} \left|\Phi_{k,n}\right|^2} \tag{4.14}$$

durch Einsetzen der diskreten Exponentialfunktion für $\Phi_{k,n}$ abgeleitet werden. Da der Nenner dann den Wert N oder $N/2$ hat, ergibt sich für die komplexen Koeffizienten c_k

$$c_k = \frac{1}{N} \sum_{n=0}^{N-1} f_n \, \mathrm{e}^{-j2\pi \frac{kn}{N}} \quad \text{für} \quad k = 0, \pm 1, \pm 2, \ldots, \pm(N-1) \tag{4.15}$$

und für die reellen Koeffizienten a_k, b_k:

$$a_k = \frac{2}{N} \sum_{n=0}^{N-1} f_n \cos\left(2\pi \frac{kn}{N}\right) \quad \text{für} \quad k = 0, 1, 2, \ldots, N-1 \tag{4.16}$$

$$b_k = \frac{2}{N} \sum_{n=0}^{N-1} f_n \sin\left(2\pi \frac{kn}{N}\right) \quad \text{für} \quad k = 1, 2, \ldots, N-1 \tag{4.17}$$

Wird nach Gleichung (4.15) der Koeffizient c_0 berechnet, so ist das Ergebnis gleich dem arithmetischen Mittelwert der Abtastwerte einer Periode:

$$c_0 = \frac{1}{N} \sum_{n=0}^{N-1} f_n \, \mathrm{e}^{-j2\pi \frac{0 \cdot n}{N}} = \frac{1}{N} \sum_{n=0}^{N-1} f_n \tag{4.18}$$

Der Unterschied zur Fourierreihenentwicklung zeitkontinuierlicher periodischer Signale besteht darin, dass die zeitkontinuierlichen Signale aus unendlich vielen, die zeitdiskreten Signale aber nur aus N Frequenzkomponenten zusammengesetzt sind.

Wie bei der Fourierreihenentwicklung für zeitkontinuierliche periodische Signale entspricht der Abstand der Spektrallinien einer Grundperiode $2\pi/N$. Eine wichtige Eigenschaft der diskreten Fourierreihenentwicklung ist die Periodizität der Spektralkoeffizienten, d. h. $c_k = c_k + N$ und $c_{-k} = c_{N-k} = c_k{}^*$. Ein gerades reelles Signal besitzt reelle Spektralkoeffizienten, ein ungerades reelles Signal hat rein imaginäre Koeffizienten.

4.1.2 Walshreihenentwicklung

Das Prinzip der Fourierreihenentwicklung als Approximation eines periodischen Signals kann auch auf andere orthogonale Funktionen übertragen werden. Als Beispiel für eine Reihenentwicklung mit einem nichtharmonischen Orthogonalsystem soll die Walshreihenentwicklung dienen. Hierbei werden periodische Signale als Summe von Walshfunktionen dargestellt, die sich in Amplitude und Sequenz unterscheiden. Die Basisfunktionen $\Phi_m(t)$ nach Gleichung (3.114) sind jetzt die Walshfunktionen $\mathrm{wal}(i, \theta)$, die in Abschnitt 3.8.3 beschrieben sind. Für ein periodisches Signal $f(\theta)$ der Periodenlänge 1 gilt dann die Beziehung:

$$f(\theta) = \sum_{i=0}^{\infty} c_i \, \mathrm{wal}(i, \theta) \tag{4.19}$$

Wird die Gleichung (3.131) auf Eins normiert, so ergibt sich für die Koeffizienten c_i:

$$c_i = \int_0^1 f(\theta) \, \mathrm{wal}(i, \theta) \, \mathrm{d}\theta \tag{4.20}$$

Gleichung (4.19) entspricht der Walshsynthese, die Berechnung der Walshkoeffizienten nach Gleichung 4.20 ist die Walshanalyse. Das besondere Kennzeichen der Walshsynthese wird aus Abbildung 4.3 deutlich. Gezeigt ist ein periodisches Signal und seine Komponenten der Walshreihenentwicklung:

Komponente	Sequenz	Amplitude
$\mathrm{wal}(0, \theta)$	0 zps	2,25
$\mathrm{wal}(1, \theta)$	1 zps	1,00
$\mathrm{wal}(3, \theta)$	2 zps	0,50
$\mathrm{wal}(7, \theta)$	4 zps	0,25

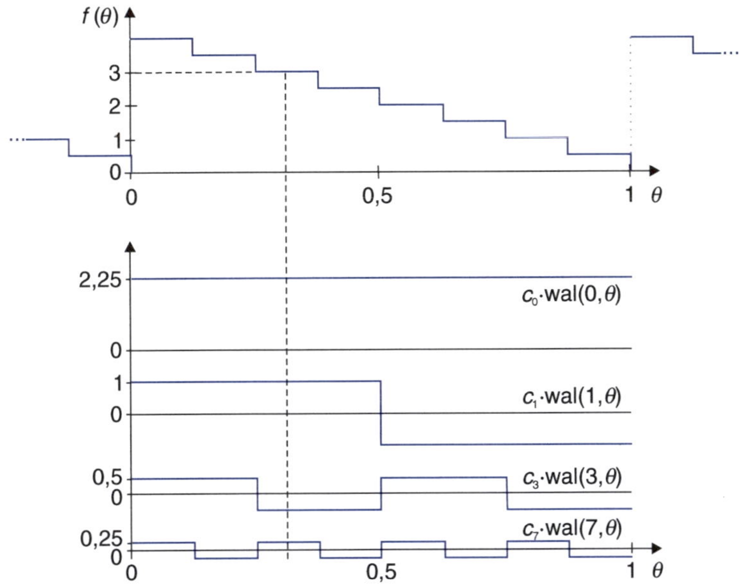

Abbildung 4.3: Ein periodisches Signal $f(\theta)$ und seine Komponenten

Die mit c_0, c_1, c_3 und c_7 bezeichneten Amplituden der zugehörigen Walshfunktionen haben die in der Tabelle aufgeführten Werte. Sie sind das Ergebnis der Walshanalyse. Die Walshsynthese nach Gleichung (4.19) ist durch additive Überlagerung der mit den Koeffizienten c_i gewichteten Walshfunktionen auszuführen. Diese Überlagerung ist in der Abbildung exemplarisch für den Wert $\theta = 5/16$ angedeutet. Wie das Beispiel zeigt, wird sich bei einer endlichen Zahl von überlagerten Walshfunktionen immer ein treppenförmiges periodisches Signal ergeben.

Um die inhaltliche Bedeutung der Walshanalyse zu verdeutlichen, soll als Beispiel die Walshreihenentwicklung eines periodischen Dreiecksignals $f_D(t)$ ausgeführt werden. Dazu sei daran erinnert, dass eine Beziehung der Form von Gleichung 4.20 ein inneres Produkt darstellt, das als Maß für die Ähnlichkeit von zwei Funktionen interpretiert werden kann (vgl. Abschnitt 3.8.2, Gleichung (3.124)). Auf das Beispiel bezogen heißt das, dass die Größe der Koeffizienten c_i ein Maß dafür ist, wie ähnlich das Dreiecksignal der jeweiligen Walshfunktion ist. Zur Illustration dieses Sachverhalts sollen die Koeffizienten nicht nach Gleichung 4.20 berechnet, sondern exemplarisch die grafische Ermittlung von zwei Koeffizienten als inneres Produkt demonstriert werden.

Abbildung 4.4 a) zeigt die Ermittlung des Koeffizienten c_1 als gemeinsame Fläche des Produkts $f_D(\theta) \cdot \mathrm{wal}(1, \theta)$, seine Größe ist $c_1 = 4/8$ (4 Dreiecke der Fläche $1/8$). In

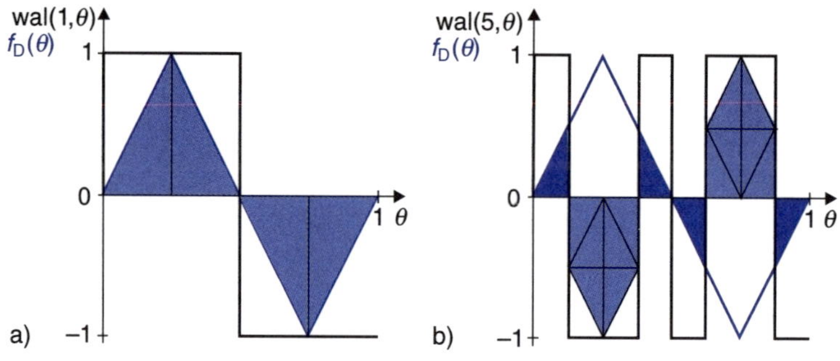

Abbildung 4.4: Grafische Ermittlung der Walshkoeffizienten $c_1 = 1/2$ und $c_5 = -1/4$

Abbildung 4.4 b) ist die Ermittlung des Koeffizienten c_5 gezeigt. Die gemeinsame Fläche und damit der Koeffizient c_5 ist jetzt gleich $-8/32$ (16 Dreiecke der Fläche $1/32$, davon 12 mit negativem und 4 mit positivem Vorzeichen).

Für die Entwicklung eines zeitdiskreten Signals f_n mit der Periodenlänge N in eine Walshreihe gilt in Analogie zu Gleichung (4.12):

$$f_n = \sum_{i=1}^{N-1} c_i \operatorname{wal}\left(i, \frac{n}{N}\right) \tag{4.21}$$

Die Walshkoeffizienten c_i berechnen sich mit:

$$c_i = \frac{1}{N} \sum_{n=0}^{N-1} f_n \operatorname{wal}\left(i, \frac{n}{N}\right) \tag{4.22}$$

Das Ergebnis der Walshreihenentwicklung, das Sequenzspektrum, ist ebenfalls ein Linienspektrum. Der Abstand der Linien entspricht wieder einer Grundperiode des periodischen Signals, die in den Gleichungen (4.19) und 4.20 mit der Länge 1 festgelegt wurde. Abbildung 4.5 zeigt das Sequenzspektrum des Dreiecksignals $f_D(\theta)$ in Abbildung 4.4.

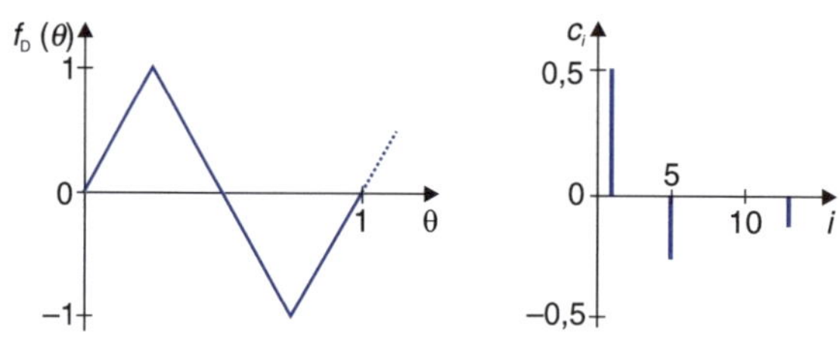

Abbildung 4.5: Periodisches Dreiecksignal $f_D(\theta)$ und sein Sequenzspektrum c_i

4.1.3 Verallgemeinerte Reihenentwicklung

Reihenentwicklungen periodischer Signale sind, wie in Abschnitt 4.1.2 gezeigt, nicht auf das System der harmonischen Funktionen beschränkt. Im Prinzip können alle orthogonalen Funktionssysteme zur Approximation verwendet werden. Es ist deshalb zweckmäßig, die Gleichungen für die Analyse und Synthese periodischer Signale in verallgemeinerter Form zu schreiben [19]. Für zeitkontinuierliche Signale lauten die beiden Gleichungen:

$$c_k = \int_0^T f(t)\ \Phi(k,t)\ \mathrm{d}t \quad \text{und} \quad f(t) = \sum_{k=0}^{\infty} c_k\ \Phi^{-1}(k,t) \tag{4.23}$$

Das orthogonale Funktionssystem für die Analyse ist $\Phi(k,t)$, das System für die Synthese ist das dazu inverse System $\Phi^{-1}(k,t)$. Dem zeitkontinuierlichen periodischen Signal $f(t)$ wird durch die Reihenentwicklung immer ein diskretes Spektrum (Linienspektrum) mit den Koeffizienten c_k zugeordnet.
Für den diskreten Fall gelten die beiden Gleichungen:

$$c_k = \sum_{n=0}^{N-1} f_n\ \Phi_{k,n} \quad \text{und} \quad f_n = \sum_{k=0}^{N-1} c_k\ \Phi_{k,n}^{-1} \tag{4.24}$$

Die Orthogonalsysteme für die Analyse $\Phi_{k,n}$ und die Synthese $\Phi_{k,n}^{-1}$ bestehen jetzt aus diskreten Funktionen. Das zeitdiskrete periodische Signal mit den Abtastwerten f_n besitzt wieder ein Linienspektrum mit den Koeffizienten c_k.

4.2 Kontinuierliche Transformationen

Reihenentwicklungen mit orthogonalen Funktionssystemen beschränken sich auf die Approximation periodischer Signale. Hat ein nichtperiodisches Signal jedoch endliche Energie, kann es ebenfalls mit orthogonalen Funktionen angenähert werden. Das klassische Werkzeug für den Übergang vom Originalbereich in einen Spektralbereich ist in diesem Fall die Fouriertransformation. Eine Transformation erfolgt allgemein über die Bildung des inneren Produkts zwischen der Zeitfunktion und der komplexen Exponentialfunktion. Das zu transformierende Signal kann als zeitkontinuierliches oder zeitdiskretes Signal vorliegen. Im Folgenden werden beide Fälle vorgestellt. Das Ergebnis ist immer eine Funktion der kontinuierlichen Frequenz bzw. Kreisfrequenz. Die Transformation wird deshalb als kontinuierliche Transformation bezeichnet.

Zeitkontinuierliche Signale Ein nichtperiodisches kontinuierliches Signal wird mit einer orthogonalen kontinuierlichen Transformation in seine Spektraldarstellung überführt. Sie existiert nur, wenn das Signal absolut integrierbar ist:

$$\int_{-\infty}^{\infty} |f(t)|\ \mathrm{d}t < \infty \tag{4.25}$$

Orthogonale Transformationen gehören zu den Funktionaltransformationen, die zwei Mengen einander zuordnen:

$$F(y) = T\{f(x)\} \quad \text{und} \quad f(x) = T^{-1}\{F(y)\} \tag{4.26}$$

Die Berechnung von $F(y)$ wird als Hintransformation, die Berechnung von $f(x)$ als Rücktransformation oder auch inverse Transformation bezeichnet. Eine spezielle Funktionaltransformation ist die Integraltransformation mit der allgemeinen Form:

$$F(y) = \int_{-\infty}^{\infty} f(x)\ K(x, y)\ \mathrm{d}x \quad \text{mit} \quad f(x) \in \mathbb{A} \quad \text{und} \quad F(y) \in \mathbb{B} \tag{4.27}$$

wobei $\mathbb{A}$ als Originalbereich und $\mathbb{B}$ als Bildbereich bezeichnet wird. (Um bei ortsabhängigen Signalen Konfusionen zu vermeiden, wollen wir statt Bildbereich immer den Begriff Spektralbereich benutzen.) Die Funktion $K(x, y)$ ist der Kern der Transformation. Für die inverse Transformation gilt:

$$f(x) = \int_{-\infty}^{\infty} F(y)\ K^{-1}(x, y)\ \mathrm{d}y \tag{4.28}$$

Integraltransformationen wurden untersucht, um komplizierte Rechenoperationen auf einfache abbilden zu können. Das bedeutet, dass Funktionen $f(x)$ und Operationen mit diesen Funktionen als andere Funktionen und andere Operationen in einen mathematischen Bildbereich abgebildet werden. Beispielsweise werden durch Anwendung einer Integraltransformation Differentiationen in Multiplikationen überführt. Nützlich für das Verständnis orthogonaler Transformationen ist es, die Gleichung (4.27) als inneres Produkt von zwei Funktionen zu interpretieren. Das Ergebnis der Integration ist dann ein Maß für die Ähnlichkeit zwischen der Funktion $f(x)$ und dem Transformationskern $K(x, y)$. Werden für den Transformationskern $K(x, y)$ spezielle orthogonale Funktionssysteme eingesetzt, so ergeben sich verschiedene Transformationen.

Ist der Transformationskern die komplexe Exponentialfunktion, gehen die Gleichungen (4.27) und (4.28) über in:

$$F(\omega) = \int_{-\infty}^{\infty} f(t)\,\mathrm{e}^{-j\omega t}\ \mathrm{d}t \quad \text{und} \quad f(t) = \frac{1}{2\pi}\int_{-\infty}^{\infty} F(\omega)\,\mathrm{e}^{+j\omega t}\ \mathrm{d}\omega \tag{4.29}$$

Diese beiden Gleichungen bilden das klassische Fouriertransformationspaar. Mit diesen Gleichungen kann eine Zeitfunktion in den Spektralbereich transformiert werden, der im Fall der Fouriertransformation Frequenzbereich heißt. Versuche der Symmetrierung dieser Gleichungen durch Normierung beider Gleichungen auf $\sqrt{2\pi}$ und Ersatz von ω durch $2\pi f$ führen zu verschiedenen Versionen dieser Gleichungen, die z. B. in [32] aufgeführt sind. Leider geht bei symmetrischer Normierung die recht praktische Eigenschaft verloren, dass $F(0)$ der Mittelwert von $f(t)$ ist.

Die Funktion $F(\omega)$ heißt Fouriertransformierte und ist eine komplexe Funktion der reellen Variablen ω. Die grafische Darstellung dieser komplexen Funktion erfolgt üblicherweise als Betragsspektrum $|F(\omega)|$ und Winkelspektrum $\angle F(\omega)$. Diese Spektren berechnen wir wieder mit den Gleichungen (2.29) und (2.30). Als Beispiel für die Transformation eines zeitkontinuierlichen Signals in den Frequenzbereich sind in Abbildung 4.6 ein Signal und das zugehörige Betrags- und Winkelspektrum dargestellt. Transformiert wird nur eine Periode des Signals aus Abbildung 4.1. Das heißt, dass die Funktionswerte von $f(t)$ außerhalb des Intervalls $[0, 4)$ Null sind.

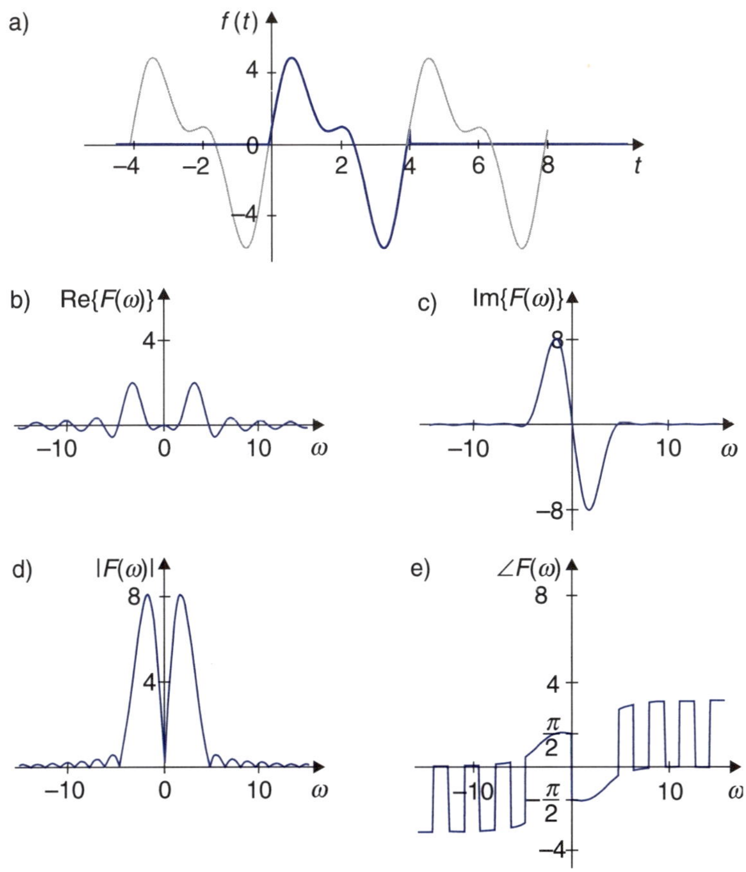

Abbildung 4.6: Zeitabhängiges Signal und Fouriertransformierte
a) zeitkontinuierliches Signal endlicher Energie
b) Realteilspektrum und c) Imaginärteilspektrum
d) Betragsspektrum und e) Winkelspektrum

Die Voraussetzung für die Existenz der Fouriertransformierten nach Gleichung (4.25) besagt, dass das zu transformierende Signal auch endliche Energie besitzen muss:

$$\int_{-\infty}^{\infty} |f(t)|^2 \, \mathrm{d}t < \infty \tag{4.30}$$

Das Betragsquadrat der Fouriertransformierten von $f(t)$ gibt nun Auskunft darüber, wie sich die Energie im Spektrum verteilt. Diese Größe heißt Energiedichtespektrum $S(\omega)$ des Signals $f(t)$:

$$S(\omega) = |F(\omega)|^2 \tag{4.31}$$

Das Energiedichtespektrum eines Signals enthält keinerlei Phaseninformation mehr. Das hat zur Folge, dass das ursprüngliche Signal nicht wieder zurückgewonnen werden kann. Ein Teil der Information des Signals ist somit verloren. Auf die Phaseninformation kann aber unter Umständen auch verzichtet werden, wie z. B. bei Signalverläufen mit einer statistisch völlig unregelmäßig schwankenden Phase. Die Größe $S(\omega)$ ist eine gerade Funktion und invariant gegenüber einer Zeitverschiebung. Ist $F(\omega)$ eine Übertragungsfunktion, heißt das Betragsquadrat auch Leistungsverstärkung.

Ein Vergleich der Fouriertransformation nach Gleichung (4.29) mit der Fourierreihenentwicklung nach Gleichung (4.4) zeigt den wesentlichen Unterschied der beiden Verfahren. Das Ergebnis der Reihenentwicklung ist ein Linienspektrum, das Ergebnis der Transformation ist eine kontinuierliche Funktion. Eine Beziehung zwischen beiden kann hergestellt werden, indem im Linienspektrum der Reihenentwicklung ein Grenzübergang $\omega_0 \to 0$ oder $T \to \infty$ ausgeführt wird. Die Spektrallinien haben mit wachsender Periodenlänge T einen zunehmend geringeren Abstand und gehen schließlich in ein kontinuierliches Spektrum über. Bei der Reihenentwicklung stellt der Koeffizient c_k den komplexen Beitrag der k. Harmonischen $k \cdot \omega_0$ der Zeitfunktion $f(t)$ dar; bei der Fouriertransformation ist $F(\omega)$ die Amplitudenfunktion oder Amplitudendichte an der Stelle ω. Bei der Fourierreihenentwicklung können wir mit Hilfe der Fouriersynthese die Zeitfunktion zurückgewinnen. Bei der Fouriertransformation ist dies über die Rücktransformation genauso möglich. Das bedeutet, dass die Fouriertransformierte $F(\omega)$ genau wie das Linienspektrum der Reihenentwicklung alle Informationen enthält.
Der Übergang vom Zeitbereich in den Frequenzbereich wird durch das Symbol $\circ\!\!-\!\!\bullet$ gekennzeichnet:

$$f(t) \quad \circ\!\!-\!\!\bullet \quad F(\omega) \quad \text{bzw.} \quad F(\omega) \quad \bullet\!\!-\!\!\circ \quad f(t) \tag{4.32}$$

Es sei noch darauf hingewiesen, dass für die Existenz der Fouriertransformierten neben der Bedingung der absoluten Integrierbarkeit nach Gleichung (4.25) auch die dirichletschen Bedingungen erfüllt sein müssen. Sie sagen etwas darüber aus, wie die Approximation an den Unstetigkeitsstellen zu erfolgen hat [7].

Symmetrieeigenschaften Die Berechnung des Spektrums eines zeitabhängigen Signals lässt sich vereinfachen, wenn die Symmetrieeigenschaften der Fouriertransformation beachtet werden. Ausgangspunkt ist die Tatsache, dass sich jede reelle Funktion in einen geraden Anteil $f_\mathrm{g}(t)$ und einen ungeraden Anteil $f_\mathrm{u}(t)$ zerlegen lässt:

$$f(t) = f_\mathrm{g}(t) + f_\mathrm{u}(t) \qquad f_\mathrm{g}(t) = \frac{1}{2}(f(t) + f(-t)) \qquad f_\mathrm{u}(t) = \frac{1}{2}(f(t) - f(-t)) \tag{4.33}$$

Als Beispiel ist in Abbildung 4.7 die Zerlegung einer Rechteckfunktion gezeigt.

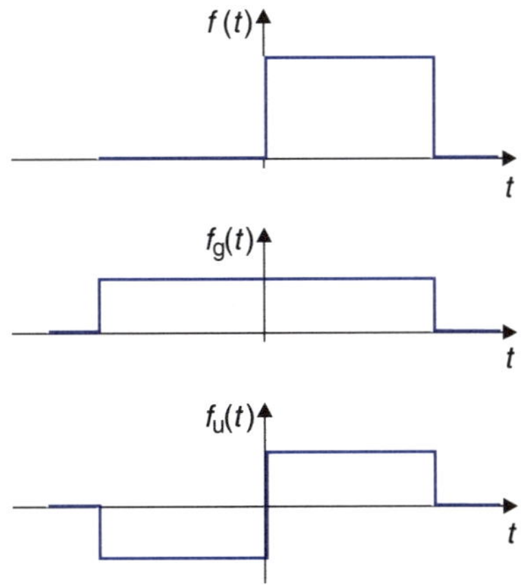

Abbildung 4.7: Zerlegung einer Rechteckfunktion $f(t)$ in eine gerade Komponente $f_g(t)$ und eine ungerade Komponente $f_u(t)$

Werden in Gleichung (4.29) die komplexen Exponentialfunktionen nach der Eulerformel durch die harmonischen Funktionen ersetzt und diese nach Gleichung (4.33) in gerade und ungerade Komponenten zerlegt, dann ergibt sich:

$$\begin{aligned} F(\omega) &= \int_{-\infty}^{\infty} f_g(t)\cos(\omega t)\,dt + \underbrace{\int_{-\infty}^{\infty} f_u(t)\cos(\omega t)\,dt}_{\text{2. Integral}} \\ &\quad \underbrace{-j\int_{-\infty}^{\infty} f_g(t)\sin(\omega t)\,dt}_{\text{3. Integral}} - j\int_{-\infty}^{\infty} f_u(t)\sin(\omega t)\,dt \end{aligned} \tag{4.34}$$

Für das zweite und dritte Integral ergibt sich Null, da über Produkte von geraden und ungeraden Funktionen integriert wird. Es bleiben zwei Anteile übrig:

$$\begin{aligned} F(\omega) &= \int_{-\infty}^{\infty} f_g(t)\cos(\omega t)\,dt - j\int_{-\infty}^{\infty} f_u(t)\sin(\omega t)\,dt \\ &= F_g(\omega) - j\,F_u(\omega) \end{aligned} \tag{4.35}$$

Aus der Gleichung lassen sich die folgenden Schlussfolgerungen ziehen:

- Eine gerade reelle Zeitfunktion erzeugt eine gerade reelle Spektralfunktion.
- Eine ungerade reelle Zeitfunktion erzeugt eine ungerade imaginäre Spektralfunktion.
- Eine (beliebige) reelle Zeitfunktion erzeugt eine Spektralfunktion mit geradem Realteil und ungeradem Imaginärteil. Es gilt die so genannte hermitesche Symmetrie $F^*(\omega) = F(-\omega)$.

Auch die Betrags- und Winkeldarstellung der komplexen Fouriertransformierten haben Symmetrieeigenschaften. Der Betrag ist eine gerade und der Winkel eine ungerade Funktion von ω:

$$|F(\omega)| = |F(-\omega)| \quad \text{und} \quad \angle F(-\omega) = -\angle F(\omega) \tag{4.36}$$

Das in Abbildung 4.6 dargestellte Beispiel zeigt diese Symmetrieeigenschaften.

Zeitdiskrete Signale Die kontinuierliche Fouriertransformation soll jetzt für zeitdiskrete Signale $f_n = f(nT_\mathrm{A})$ verwendet werden, wobei T_A das Abtastintervall ist. Die Bedingung für die Existenz der Fouriertransformierten (Gleichung (4.25)) geht bei diskreten Signalen in eine Summe über:

$$\sum_{n=-\infty}^{\infty} |f_n| < \infty \tag{4.37}$$

Sind die Abtastwerte eines Signals absolut summierbar, so konvergiert die Fouriertransformierte. Beispielsweise erfüllen aperiodische und abklingende Signale die Gleichung (4.37). Für die Fouriertransformierte von f_n gilt:

$$F(\omega) = \sum_{n=-\infty}^{\infty} f_n \cdot \mathrm{e}^{-j\omega n T_\mathrm{A}} \tag{4.38}$$

Ein Vergleich dieser Beziehung mit Gleichung (4.29) zeigt, dass der Unterschied zwischen der Transformation eines zeitkontinuierlichen und eines zeitdiskreten Signals darin besteht, dass das Spektrum zeitkontinuierlicher Signale eine unendliche Ausdehnung hat. Dagegen erstreckt sich das Spektrum zeitdiskreter Signale von $-\pi/T_\mathrm{A}$ bis $+\pi/T_\mathrm{A}$ bzw. von 0 bis $2\pi/T_\mathrm{A}$ und setzt sich periodisch fort. Die Periodizität der Fouriertransformierten $F(\omega)$ mit der Periode 2π ist offensichtlich, wenn man die komplexe Exponentialfunktion über die Eulerformel durch eine Summe von Kosinus- und Sinusfunktionen ersetzt. Der Vergleich zeigt auch, dass die Fouriertransformation eines zeitdiskreten Signals nicht mehr über eine Integration zu berechnen ist, sondern lediglich durch Summation der Produkte der Zeitfunktion mit den Exponentialfunktionen verschiedener Frequenz. Aus der Tatsache, dass die Fouriertransformierte eines zeitdiskreten Signals eine periodische Funktion ist und somit in eine Fourierreihe entwickelt werden kann, ergeben sich die „Koeffizienten" dieser Reihe. Sie sind nach Gleichung (4.38) genau die Abtastwerte f_n. Deshalb folgt:

$$f_n = \frac{T_\mathrm{A}}{2\pi} \int_{-\pi/T_\mathrm{A}}^{\pi/T_\mathrm{A}} F(\omega)\, \mathrm{e}^{j\omega n T_\mathrm{A}}\, \mathrm{d}\omega \tag{4.39}$$

Die bisher betrachteten Möglichkeiten, ein Signal in einen Spektralbereich zu transformieren, sind für die Praxis der digitalen Signalverarbeitung deshalb wenig geeignet, weil die resultierende Spektralfunktion immer noch eine kontinuierliche Funktion von ω ist. Erst wenn auch das Spektrum in diskreter Form berechnet wird, spricht man von diskreten Transformationen. Ihre ausführliche Darstellung ist Gegenstand von Abschnitt 4.3.

Da sich die Eigenschaften der diskreten Fouriertransformation aus den Eigenschaften der kontinuierlichen Fouriertransformation diskreter Signale einfach ableiten lassen, sollen sie aber bereits an dieser Stelle aufgeführt werden. Auf Beweise wird verzichtet und dazu auf die Literatur verwiesen [41, 42].

Symmetriebeziehungen Die auf S. 148 beschriebenen Symmetrieeigenschaften gelten auch für zeitdiskrete Signale.

Linearitätstheorem Das Linearitätstheorem, auch Additionstheorem genannt, sagt aus, dass die Fouriertransformation eine lineare Transformation ist. Wenn

$$f_n \;\circ\!\!-\!\!\bullet\; F(\omega) \quad \text{und} \quad g_n \;\circ\!\!-\!\!\bullet\; G(\omega)$$

dann gilt:

$$a_1 f_n + a_2 g_n \;\circ\!\!-\!\!\bullet\; a_1 F(\omega) + a_2 G(\omega) \tag{4.40}$$

Abbildung 4.8 zeigt als Beispiel, dass die gewichtete additive Überlagerung der Signale f_n und g_n zu h_n zu derselben Linearkombination der Spektren führt.

Erstes Verschiebungstheorem (Verschiebung im Zeitbereich) Das erste Verschiebungstheorem macht eine Aussage darüber, welche Auswirkung eine zeitliche Verschiebung des Signals auf das Spektrum hat. Wenn

$$f_n \;\circ\!\!-\!\!\bullet\; F(\omega)$$

dann gilt:

$$f_{n-k} \;\circ\!\!-\!\!\bullet\; \mathrm{e}^{-j\omega k T_\mathrm{A}} F(\omega) \tag{4.41}$$

Die Multiplikation von $F(\omega)$ mit dem Faktor $\exp(-j\omega k T_\mathrm{A})$ bewirkt im Spektrum eine Änderung des Phasenwinkels, nicht aber des Betrags. Werden die Real- und Imaginärteile getrennt dargestellt, so müssen sich im Spektrum die veränderten Symmetrieverhältnisse des Zeitbereichs widerspiegeln. Abbildung 4.9 zeigt an einem Beispiel, dass sich die Verschiebung von f_n um $k = 4$ nicht auf das Betragsspektrum, sondern nur auf das Winkelspektrum auswirkt.

Zweites Verschiebungstheorem (Verschiebung im Frequenzbereich) Das zweite Verschiebungstheorem zeigt, welche Auswirkung eine Verschiebung des Spektrums um ω_0 auf das Zeitsignal hat. Wenn

$$f_n \;\circ\!\!-\!\!\bullet\; F(\omega)$$

dann gilt

$$\mathrm{e}^{j\omega_0 n T_\mathrm{A}} f_n \;\circ\!\!-\!\!\bullet\; F(\omega - \omega_0) \tag{4.42}$$

Eine beliebige Verschiebung im Frequenzbereich verändert die Symmetrieverhältnisse, so dass im Zeitbereich aus einem reellen Signal ein komplexes werden kann.

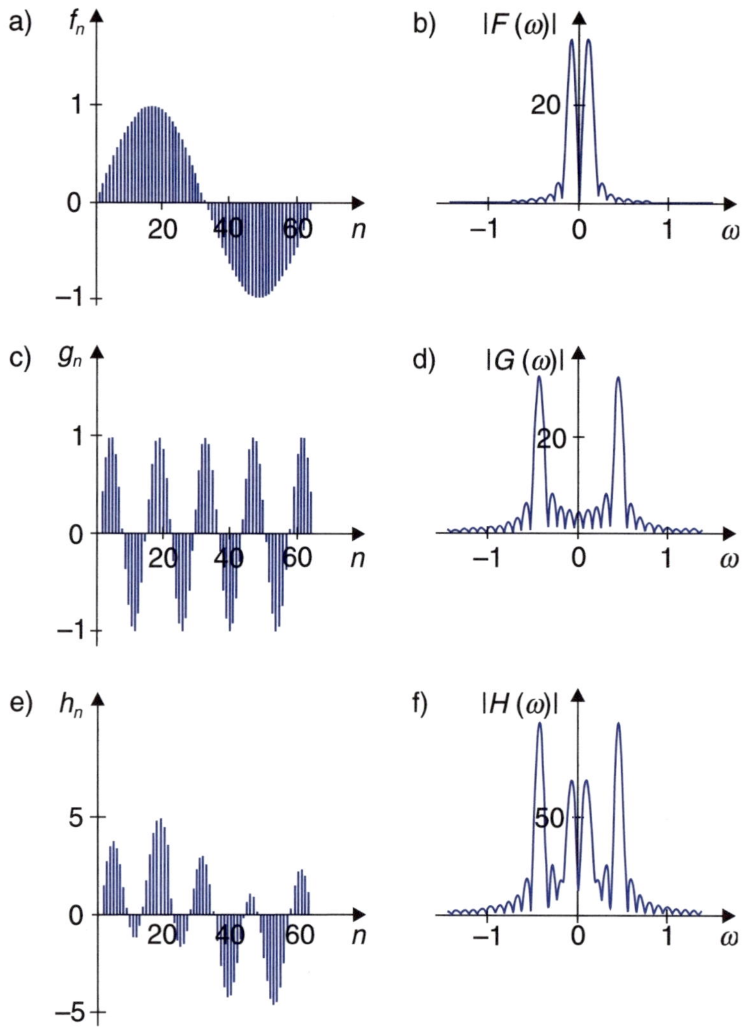

Abbildung 4.8: Linearitätstheorem der Fouriertransformation
a) Signal f_n und b) Betragsspektrum $|F(\omega)|$
c) Signal g_n und d) Betragsspektrum $|G(\omega)|$
e) Linearkombination der Signale $h_n = 2f_n + 3g_n$
f) Betragsspektrum $|H(\omega)|$

Skalierungstheorem Das Skalierungstheorem, auch Ähnlichkeitstheorem genannt, verknüpft den Zusammenhang von Zeitsignal und Spektrum bei einer Skalierung im Zeitbereich. Wenn wieder

$$f_n \circ\!\!-\!\!\bullet\; F(\omega)$$

dann gilt:

$$f_{k \cdot n} \circ\!\!-\!\!\bullet\; \frac{1}{k} F\left(\frac{k}{\omega}\right) \quad \text{mit} \quad k > 0 \tag{4.43}$$

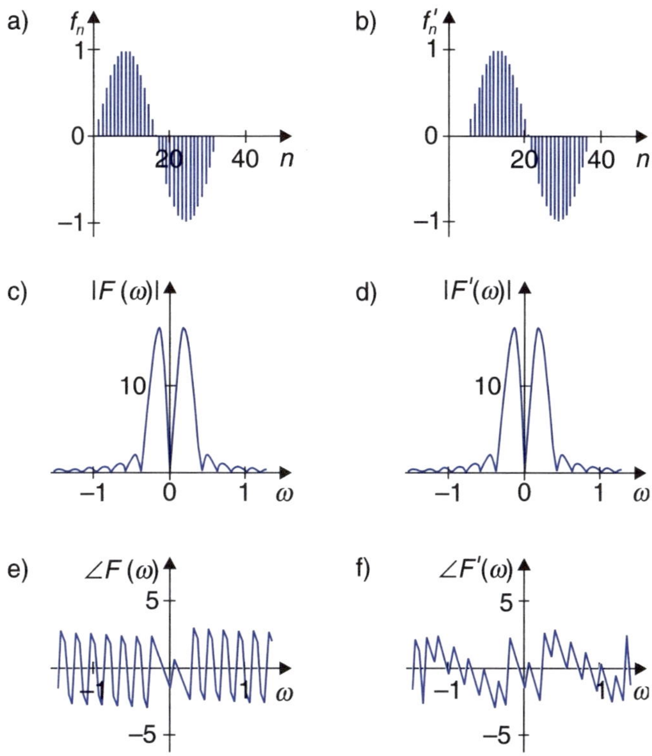

Abbildung 4.9: Verschiebungstheorem der Fouriertransformation
a) Signal f_n und b) das um $k = 4$ verschobene Signal $f'_n = f_{n-k}$
c) und d) Betragsspektren, e) und f) Winkelspektren

Ist $k < 1$, so wird das Signal gestaucht, für $k > 1$ wird es gestreckt. Die Auswirkung auf die Frequenzachse ist reziprok, d. h., bei Streckung im Zeitbereich erfolgt eine Stauchung im Frequenzbereich und umgekehrt. Abbildung 4.10 zeigt ein Beispiel.

Faltungstheorem Das Faltungstheorem beinhaltet einen außerordentlich wichtigen Zusammenhang, der bei vielen Signalverarbeitungsaufgaben Verwendung findet. Es enthält eine Aussage darüber, welche Operation im Spektralbereich auszuführen ist, wenn zwei Signale im Zeitbereich miteinander gefaltet werden (vgl. Abschnitt 3.3). Wenn

$$f_n \circ\!\!-\!\!\bullet\ F(\omega) \quad \text{und} \quad h_n \circ\!\!-\!\!\bullet\ H(\omega)$$

dann gilt:

$$(f * h)_n \circ\!\!-\!\!\bullet\ F(\omega) \cdot H(\omega) \quad \text{mit} \quad (f * h)_n = \sum_{m=-\infty}^{\infty} f_m\, h_{n-m} \tag{4.44}$$

Der Faltung von zwei Signalen im Zeitbereich entspricht also eine Multiplikation ihrer Fouriertransformierten im Spektralbereich. Abbildung 4.11 zeigt diesen Zusammenhang für zwei diskrete Signale. Die zu faltenden Signale f_n und h_n sind in Abbildung 4.11 a) gezeigt, das Ergebnis der Faltung in Abbildung 4.11 d). Werden die Signale f_n und h_n in den Frequenzbereich transformiert, ergeben sich die in Abbildung 4.11 g) und h)

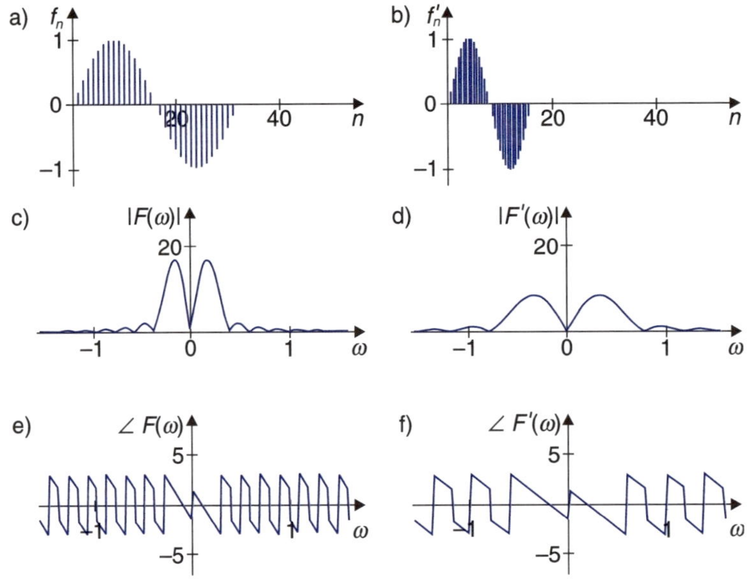

Abbildung 4.10: Skalierungstheorem der Fouriertransformation
a) Signal und b) gestauchtes Signal $f'_n = f_{k \cdot n}$ mit $k = 1/2$
c) und d) Betragsspektren, e) und f) Winkelspektren

gezeigten Spektren $F(\omega)$ und $H(\omega)$. Das Ergebnis der Multiplikation beider Spektren zeigt Abbildung 4.11 f). Es ist mit dem Faltungsergebnis der Zeitfunktionen f_n und h_n in Abbildung 4.11 d) über die Fouriertransformation verbunden.

Das Faltungstheorem ist umkehrbar. Werden im Zeitbereich zwei Signale multipliziert, so ist die äquivalente Operation im Spektralbereich eine Faltung:

$$f_n \cdot h_n \quad \circ\!\!-\!\!\bullet \quad F(\omega) * H(\omega) \tag{4.45}$$

Der Multiplikation von zwei Signalen im Zeitbereich entspricht also eine Faltung ihrer Fouriertransformierten im Spektralbereich. Werden in der Abbildung 4.11 die Spektren $F(\omega)$ und $H(\omega)$ miteinander gefaltet, so ergibt sich die Spektralfunktion in Abbildung 4.11 e). Dieses Spektrum ist auch das Ergebnis der Fouriertransformation des Produkts $f_n \cdot h_n$ in Abbildung 4.11 c).

Die Faltung nach Gleichung (4.45) heißt periodische Faltung, da sowohl die zu faltenden Funktionen $F(\omega)$ und $H(\omega)$ als auch das Ergebnis der Faltung periodische Funktionen sind.

Korrelationstheorem Das Korrelationstheorem ist dem Faltungstheorem ähnlich. Es macht eine Aussage darüber, welche Operation im Spektralbereich auszuführen ist, wenn zwei Signale im Zeitbereich korreliert werden (vgl. Abschnitt 3.2). Wenn wieder

$$f_n \quad \circ\!\!-\!\!\bullet \quad F(\omega) \qquad \text{und} \qquad h_n \quad \circ\!\!-\!\!\bullet \quad H(\omega)$$

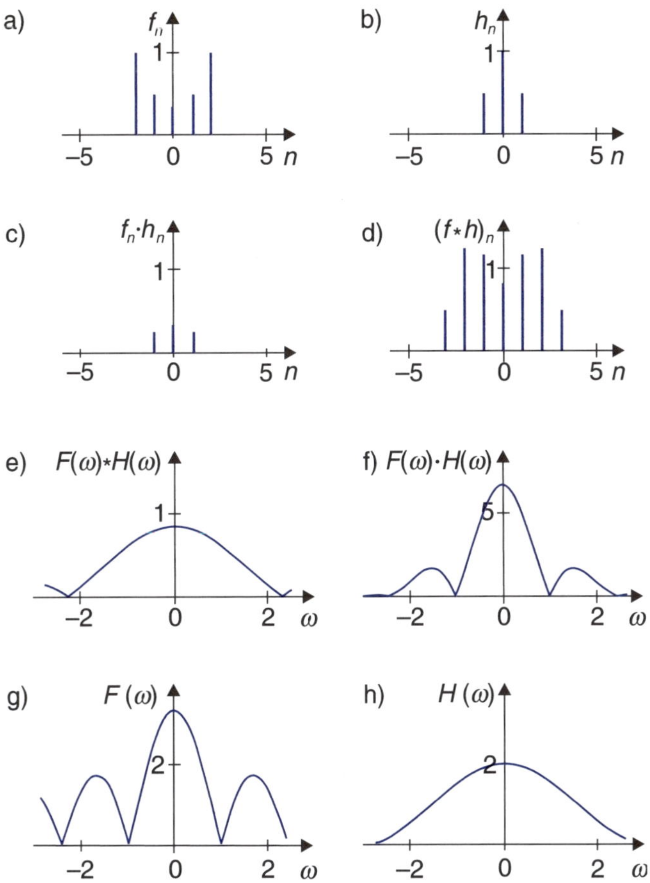

Abbildung 4.11: Faltungstheorem der Fouriertransformation
a) diskretes Signal f_n und b) Signal h_n
c) punktweise Multiplikation $f_n \cdot h_n$ und d) Faltung $f * h$
e) Faltung der Fouriertransformierten $F * H$
f) Multiplikation $F(\omega) \cdot H(\omega)$
g) $F(\omega)$ als Fouriertransformierte von f_n
h) $H(\omega)$ als Fouriertransformierte von h_n

dann gilt:

$$(f \circledast h)_m \circ\!\!-\!\!\bullet\ F(\omega) \cdot H^*(\omega) \quad \text{mit} \quad (f \circledast h)_m = \sum_{n=-\infty}^{\infty} f_n \cdot h_{n+m} \tag{4.46}$$

Der Korrelation von zwei Signalen im Zeitbereich (Symbol: $\circledast$) entspricht also eine Multiplikation ihrer Fouriertransformierten im Spektralbereich, wobei von der Fouriertransformierten des zweiten Signals die konjugiert komplexe Transformierte $H^*(\omega)$ zu verwenden ist.

Wiener-Chintschin-Theorem Mit Gleichung (4.31) ist das Betragsquadrat der Fouriertransformierten eingeführt worden, das keine Phaseninformation mehr enthält. Das

Wiener-Chintschin-Theorem beantwortet nun die Frage, welches Zeitsignal zu diesem Betragsquadrat gehört:

$$|F(\omega)|^2 \;\bullet\!\!-\!\!\circ\; (f \circledast f)_m \tag{4.47}$$

Die inverse Fouriertransformation des Energiedichtespektrums $|F(\omega)|^2$ ist also die Autokorrelationsfunktion von f_n (vgl. Abschnitt 3.2). Das ist plausibel, denn auch in der Autokorrelationsfunktion ist die Phaseninformation des Signals nicht mehr enthalten; sie lässt keine Rekonstruktion des originalen Zeitsignals mehr zu. Es sei angemerkt, dass das Wiener-Chintschin-Theorem auch als Sonderfall des Korrelationstheorems nach Gleichung (4.46) interpretiert werden kann. Da die Autokorrelationsfunktion eine gerade Funktion ist, gilt für die Fouriertransformierte $F(\omega) \cdot F^*(\omega) = F(\omega) \cdot F(-\omega) = |F(\omega)|^2$. Als Beispiel sei ein bandbegrenztes Rauschsignal angeführt. Sein Spektrum ist eine Rechteckfunktion (Abbildung 4.12 a). Die Bandbreite des Rauschsignals und die Korrelationsdauer der Autokorrelationsfunktion in Abbildung 4.12 b) sind reziprok. Ein Extremfall ist die Autokorrelationsfunktion r_m des idealen weißen Rauschens, die gleich der diracschen Deltafunktion ist (vgl. Abbildung 4.13 a).

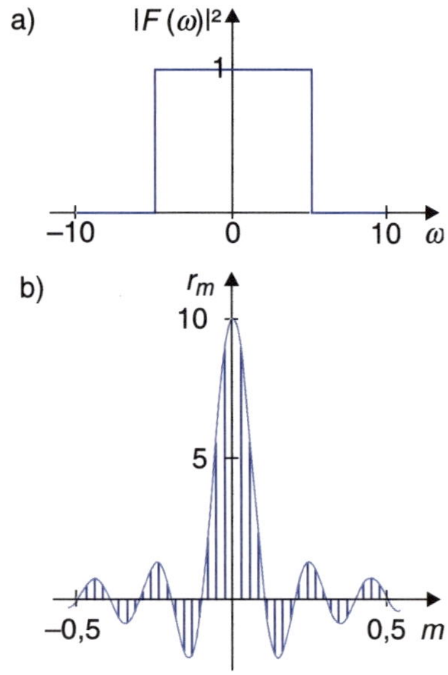

Abbildung 4.12: Wiener-Chintschin-Theorem
a) Energiedichtespektrum eines bandbegrenzten Rauschsignals
b) Spaltfunktion als Autokorrelationsfunktion r_m nach inverser Fouriertransformation

Parsevalsches Theorem Das parsevalsche Theorem stellt eine Beziehung zwischen der Energie des Zeitsignals und der Energie des Spektralsignals her. Ist das Originalsignal das zeitdiskrete Signal f_n, so gilt die Beziehung:

$$\sum_{n=-\infty}^{\infty} |f_n|^2 = \frac{1}{2\pi} \int_{-\pi}^{\pi} |F(\omega)|^2 \mathrm{d}\omega \tag{4.48}$$

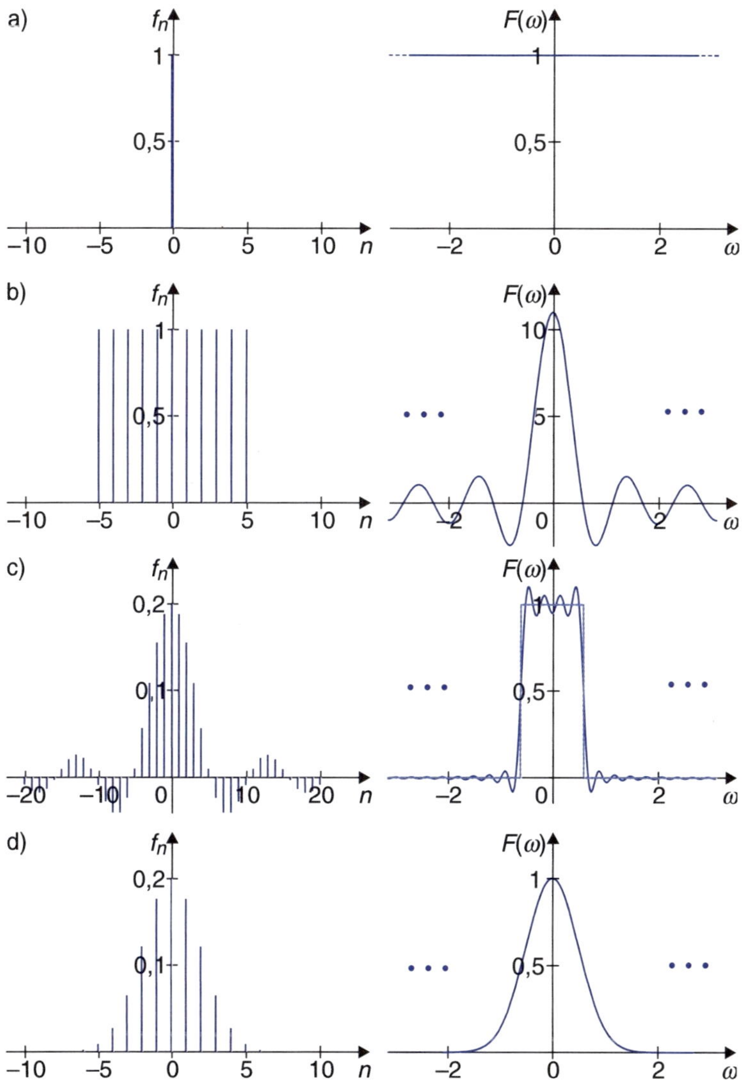

Abbildung 4.13: Beispiele für die kontinuierliche Fouriertransformation zeitdiskreter Signale
a) Einheitsimpuls und sein unendlich ausgedehntes Spektrum
b) Rechteckfunktion und periodische Spaltfunktion als Spektrum
c) Spaltfunktion und periodische Rechteckfunktion als Spektrum, Näherung mit gibbsschem Phänomen für endlich viele Summanden in Gleichung (4.38)
d) Gaußglocke und ihr periodisches gaußförmiges Spektrum

Die Energie der Zeitfunktion ist im Spektralbereich in ihrem Energiedichtespektrum enthalten.

In Abbildung 4.13 sind einige Beispiele für zeitdiskrete Funktionen und ihre Fouriertransformierten dargestellt. Die ausgewählten Signale sind gerade Funktionen von n, deshalb sind die Spektren reell und gerade.

Die kontinuierliche Transformation von zeitkontinuierlichen und zeitdiskreten Signalen ist in diesem Abschnitt exemplarisch nur anhand der Fouriertransformation gezeigt worden. Auf andere Integraltransformationen wollen wir nicht eingehen, weil die digitale Signalverarbeitung ausschließlich die im nächsten Abschnitt beschriebenen diskreten Transformationen verwendet. Außerdem sind weitere kontinuierliche Transformationen einfach aus Gleichung (4.27) abzuleiten, indem für den Transformationskern das gewünschte orthogonale Funktionssystem eingesetzt wird.

4.3 Diskrete Transformationen

Die Spektralanalyse eines zeit- oder ortsabhängigen Signals als Werkzeug der digitalen Signalverarbeitung erfordert eine Folge von Abtastwerten im Zeit- oder Ortsbereich und liefert als Ergebnis eine Folge von Abtastwerten im Spektralbereich. Transformationen, die ein diskretes Originalsignal auf ein diskretes Spektralsignal abbilden, heißen diskrete Transformationen.

4.3.1 Diskrete Fouriertransformation

Eindimensionale diskrete Fouriertransformation Das mit der Abtastperiode T_A abgetastete Signal f_n hat nach Gleichung (4.38) ein periodisches Spektrum:

$$F(\omega) = \sum_{n=-\infty}^{\infty} f_n \cdot \mathrm{e}^{-j\omega n T_\mathrm{A}} \tag{4.49}$$

Auch das Spektrum wird nun abgetastet, und zwar in den Abständen:

$$\Delta\omega = 2\pi \Delta f = \frac{2\pi}{N T_\mathrm{A}} \quad \text{mit} \quad N \quad \text{Anzahl der Abtastwerte} \tag{4.50}$$

Das Ergebnis ist ein diskretes Spektrum, wie es am Beispiel einer Gaußglocke in Abbildung 4.14 gezeigt ist.

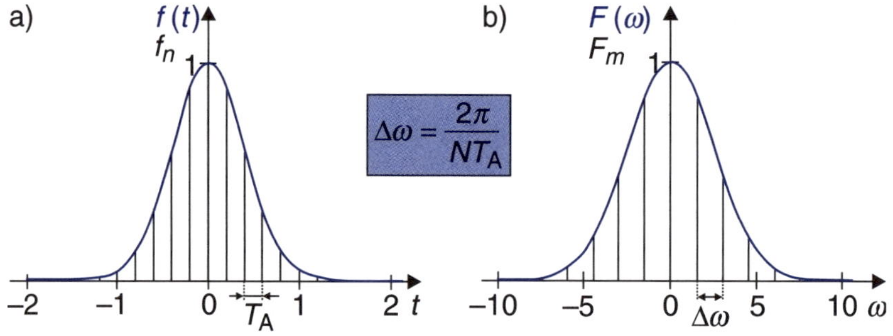

Abbildung 4.14: Abtastung des Frequenzspektrums mit $\Delta\omega$
a) gerades kontinuierliches Signal $f(t)$ und abgetastetes Signal f_n
b) reellwertiges kontinuierliches Spektrum $F(\omega)$ und abgetastetes Spektrum F_m

Die für die diskrete Zeitfunktion eingeführte Notation $f(t_n) = f_n$ soll nun entsprechend auch für die diskrete Spektralfunktion verwendet werden:

$$F(\omega_m) = F\left(\frac{2\pi m}{NT_\mathrm{A}}\right) = F_m \tag{4.51}$$

Das eindimensionale diskrete Fouriertransformationspaar hat damit die folgende Form:

$$F_m = \sum_{n=0}^{N-1} f_n \; \mathrm{e}^{-j2\pi\frac{mn}{N}} \qquad \text{mit} \quad m = 0, 1, \ldots, N-1 \tag{4.52}$$

$$f_n = \frac{1}{N}\sum_{m=0}^{N-1} F_m \; \mathrm{e}^{+j2\pi\frac{mn}{N}} \qquad \text{mit} \quad n = 0, 1, \ldots, N-1 \tag{4.53}$$

Als Abkürzung für die diskrete Fouriertransformation ist DFT üblich, für die inverse Transformation (Rücktransformation) DFT^{-1} oder IDFT. Da sowohl die Hin- als auch die Rücktransformation über das innere Produkt mit der periodischen diskreten Exponentialfunktion berechnet werden, sind F_m und f_n periodische Funktionen.
Wird in den Gleichungen (4.52) und (4.53) die N. Einheitswurzel

$$W_N = \mathrm{e}^{-j2\pi/N} \tag{4.54}$$

eingeführt, hat das Transformationspaar eine kompaktere Form:

$$F_m = \sum_{n=0}^{N-1} f_n \; {W_N}^{mn} \quad \text{und} \quad f_n = \frac{1}{N}\sum_{m=0}^{N-1} F_m \; {W_N}^{-mn} \tag{4.55}$$

Noch einfacher ist die diskrete Fouriertransformation als Matrixgleichung zu schreiben. Mit der Matrix $\boldsymbol{W}$ $(N \times N)$, dem Vektor $\boldsymbol{f}$ des Zeitsignals $(N \times 1)$ und dem Vektor $\boldsymbol{F}$ als Spektralfunktion $(N \times 1)$ lautet die Matrixgleichung:

$$\boldsymbol{F} = \boldsymbol{W} \cdot \boldsymbol{f} \tag{4.56}$$

Die Elemente der symmetrischen Matrix $\boldsymbol{W}$ können mit Hilfe der Einheitswurzel berechnet werden. Die Division durch N bei der inversen Transformation in Gleichung (4.55) wird symmetrisch auf die Hin- und Rücktransformation aufgeteilt:

$$W_{m,n} = \frac{1}{\sqrt{N}} \cdot W_N^{m \cdot n} \tag{4.57}$$

Werden beide Seiten der Gleichung (4.56) von links mit der inversen Matrix $\boldsymbol{W}^{-1}$ multipliziert, also

$$\boldsymbol{W}^{-1} \cdot \boldsymbol{F} = \boldsymbol{W}^{-1}\boldsymbol{W} \cdot \boldsymbol{f} \tag{4.58}$$

so folgt für die inverse diskrete Fouriertransformation

$$\boldsymbol{f} = \boldsymbol{W}^{-1}\boldsymbol{F} \tag{4.59}$$

Da die Transformationsmatrix symmetrisch ist, ist die inverse Matrix gleich der konjugiert komplexen:

$$\boldsymbol{W}^{-1} = \boldsymbol{W}^{*} \tag{4.60}$$

Die inverse Transformation berechnet sich dann mit:

$$\boldsymbol{f} = \boldsymbol{W}^* \cdot \boldsymbol{F} \tag{4.61}$$

Da neben der diskreten Fouriertransformation in der Signalverarbeitung auch eine Reihe anderer diskreter Transformationen von Bedeutung ist, wollen wir im Folgenden eine Notation benutzen, die leicht auf andere Transformationen übertragen werden kann:

$$\boldsymbol{F} = \boldsymbol{DFT} \cdot \boldsymbol{f} \quad \text{und} \quad \boldsymbol{f} = \boldsymbol{DFT}^{-1} \cdot \boldsymbol{F} \tag{4.62}$$

Ein Element der Transformationsmatrix $\boldsymbol{DFT}$ berechnet sich wie folgt:

$$DFT_{m,n} = \frac{1}{\sqrt{N}} \exp\left(-j2\pi \frac{mn}{N}\right) \tag{4.63}$$

Da mit der Einheitsmatrix $\boldsymbol{E}$ die Beziehung

$$\boldsymbol{DFT}^{\mathrm{T}*} \cdot \boldsymbol{DFT} = \boldsymbol{DFT}^* \cdot \boldsymbol{DFT} = \boldsymbol{E} \tag{4.64}$$

gilt, ist die Matrix $\boldsymbol{DFT}$ eine unitäre Matrix (nicht aber orthogonal, da sie komplexe Elemente enthält). Um eine unitäre Matrix zu invertieren, wird im allgemeinen Fall von der transponierten die konjugiert komplexe Matrix gebildet:

$$\boldsymbol{DFT}^{-1} = \boldsymbol{DFT}^{\mathrm{T}*} \tag{4.65}$$

Da aber die Matrix $\boldsymbol{DFT}$ wie schon die Matrix $\boldsymbol{W}$ symmetrisch ist, gilt analog zu Gleichung (4.60):

$$\boldsymbol{DFT}^{-1} = \boldsymbol{DFT}^* \tag{4.66}$$

Zur Berechnung der Matrix für die inverse Transformation sind damit lediglich die Vorzeichen aller Imaginärteile zu invertieren.
Als Beispiel sollen für $N = 4$ die Matrizen $\boldsymbol{DFT}$ und $\boldsymbol{DFT}^{-1}$ berechnet werden. Mit Gleichung (4.63) ergibt sich für die Matrix $\boldsymbol{DFT}$:

$$\boldsymbol{DFT} = \frac{1}{2} \begin{bmatrix} +1 & +1 & +1 & +1 \\ +1 & -j & -1 & +j \\ +1 & -1 & +1 & -1 \\ +1 & +j & -1 & -j \end{bmatrix} \tag{4.67}$$

Die inverse Matrix für die Rücktransformation ergibt sich mit Gleichung (4.65):

$$\boldsymbol{DFT}^{-1} = \boldsymbol{DFT}^{\mathrm{T}*} = \boldsymbol{DFT}^* = \frac{1}{2} \begin{bmatrix} +1 & +1 & +1 & +1 \\ +1 & +j & -1 & -j \\ +1 & -1 & +1 & -1 \\ +1 & -j & -1 & +j \end{bmatrix} \tag{4.68}$$

Da die Matrix $\boldsymbol{DFT}$ eine unitäre Matrix ist, muss Gleichung (4.64) gelten. In der Tat ergibt sich:

$$\boldsymbol{DFT}^{\mathrm{T}*} \cdot \boldsymbol{DFT} = \begin{bmatrix} 1 & 0 & 0 & 0 \\ 0 & 1 & 0 & 0 \\ 0 & 0 & 1 & 0 \\ 0 & 0 & 0 & 1 \end{bmatrix} = \boldsymbol{E} \tag{4.69}$$

Das Ergebnis der eindimensionalen diskreten Fouriertransformation ist ein Vektor mit komplexen Fourierkoeffizienten. Die grafische Darstellung dieser Koeffizienten muss deshalb getrennt nach Real- und Imaginärteil oder aber Betrag und Winkel (Phase) der komplexen Größe erfolgen. Für den Betrag der komplexen Fourierkoeffizienten $|F_m|$ gilt:

$$|F_m| = \sqrt{\Re^2\{F_m\} + \Im^2\{F_m\}} \tag{4.70}$$

Der Winkel $\angle F_m$ berechnet sich mit

$$\angle F_m = \arctan \frac{\Im\{F_m\}}{\Re\{F_m\}} \tag{4.71}$$

wobei noch ein Korrekturwinkel nach Gleichung (2.30) zu berücksichtigen ist.

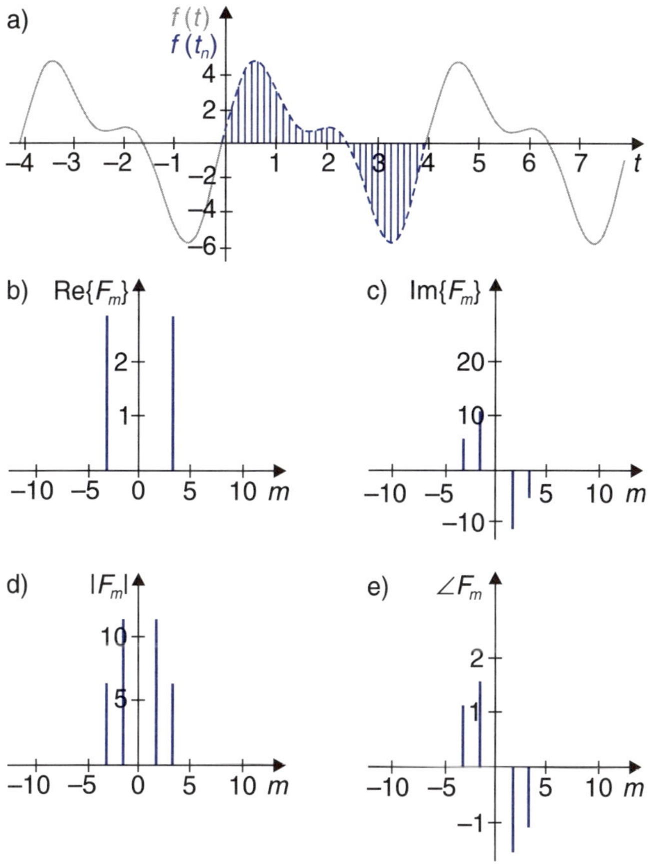

Abbildung 4.15: Ergebnis einer diskreten Fouriertransformation
a) Zeitsignal
b) Realteilspektrum und c) Imaginärteilspektrum
d) Betragsspektrum und e) Winkelspektrum

Abbildung 4.15 zeigt als Beispiel das Ergebnis der diskreten Fouriertransformation des bereits kontinuierlich transformierten Signals nach Abbildung 4.6. Das Signal wird zuerst im Intervall $[0, 4)$ abgetastet. Dann werden mit Gleichung (4.56) die komplexen Fourierkoeffizienten berechnet. Die Komponenten des periodischen Signals sind uns bereits aus Abbildung 4.1 bekannt: eine Kosinuskomponente, eine große Sinuskomponente niedriger Frequenz und eine kleinere Sinuskomponente höherer Frequenz. Die Kosinuskomponente ist auch im diskreten Frequenzspektrum sichtbar, nämlich im Realteilspektrum der Abbildung 4.15 b). Die beiden Sinuskomponenten finden sich im Imaginärteilspektrum wieder (Abbildung 4.15 c). Betrags- und Winkelspektrum zeigen die Abbildungen 4.15 d) und e). Als weiteres Beispiel für die Anwendung der DFT ist in Abbildung 4.22 b) und c) das Frequenzspektrum des Elektrokardiogramms aus Abbildung 2.1 gezeigt.

Es sei darauf hingewiesen, dass an das zu transformierende Signal bisher keine weiteren Bedingungen gestellt worden sind. Insbesondere spielt es bei der diskreten Form der Transformation keine Rolle mehr, ob die in dem Signalvektor enthaltenen Abtastwerte einem periodischen, aperiodischen oder zufälligen Signal entnommen worden sind. Damit ist die diskrete Fouriertransformation ein universelles Werkzeug der Signalverarbeitung. Dennoch kann es bei ihrer Anwendung zu Problemen kommen. Sie werden in Abschnitt 4.3.5 behandelt.
Die Eigenschaften der diskreten Fouriertransformation korrespondieren zum großen Teil mit den Eigenschaften der kontinuierlichen Transformation, die im vorigen Abschnitt ausführlich dargestellt worden sind. Sie werden im Folgenden für den diskreten Fall nur kurz zusammengefasst. Die diskrete Transformation weist darüber hinaus aber auch Besonderheiten auf, zu denen z. B. die zyklische Faltung gehört. Sie wird deshalb ausführlicher beschrieben. Auf Beweise wird wieder verzichtet und auf die Literatur verwiesen [4, 38, 41].

Periodizität Es sei ein Signal mit seinem Spektrum gegeben:

$$f_n \circ\!\!-\!\!\bullet F_m$$

Dann sind sowohl das zeitdiskrete Signal als auch die diskrete Spektralfunktion periodisch:

$$f_n = f_{n+N} \quad \text{und} \quad F_m = F_{m+N} \quad \text{für alle} \quad n,\ m \tag{4.72}$$

Symmetrieeigenschaften Für jedes reelle Signal f_n gilt, dass der Realteil des Spektrums eine gerade Funktion und der Imaginärteil eine ungerade Funktion ist:

$$\Re\{F_m\} = \Re\{F_{N-m}\} \quad \text{und} \quad \Im\{F_m\} = -\Im\{F_{N-m}\} \tag{4.73}$$

Bei der Darstellung des Spektrums als Betrag und Winkel ist das Betragsspektrum gerade und das Winkelspektrum ungerade:

$$|F_m| = |F_{N-m}| \quad \text{und} \quad \angle F_m = -\angle F_{N-m} \tag{4.74}$$

Ist das Signal darüber hinaus gerade, d. h. $f_n = f_{-n}$, so ist das Spektrum ebenfalls gerade:

$$F_m = \Re\{F_m\} = F_{N-m} \tag{4.75}$$

Die Berechnung des Spektrums nach Gleichung (4.52) vereinfacht sich dann zu:

$$F_m = \sum_{n=0}^{N-1} f_n \cos\left(2\pi \frac{mn}{N}\right) \tag{4.76}$$

Die Transformation eines reellen und ungeraden Zeitsignals $f_n = -f_{-n}$ ergibt ein imaginäres und ungerades Spektrum:

$$F_m = \Im\{F_m\} = -F_{N-m} \tag{4.77}$$

Auch hier vereinfacht sich die Berechnung des Spektrums nach Gleichung (4.52):

$$F_m = -j \sum_{n=0}^{N-1} f_n \sin\left(2\pi \frac{mn}{N}\right) \tag{4.78}$$

Die Symmetriebeziehungen der Fouriertransformierten weisen auf eine vorhandene Redundanz hin. Sie ist zum Beispiel in Abbildung 4.17 d) zu sehen.

Linearität Es seien zwei Signale mit ihren Spektren gegeben:

$$f_n \circ\!\!-\!\!\bullet\; F_m \quad \text{und} \quad g_n \circ\!\!-\!\!\bullet\; G_m$$

Für die gewichtete Summe gilt dann:

$$a_1 f_n + a_2 g_n \circ\!\!-\!\!\bullet\; a_1 F_m + a_2 G_m \tag{4.79}$$

Haben die Signale eine unterschiedliche Länge N_f und N_g, so hat das Ergebnis die Länge $N = \max(N_f, N_g)$. Das kürzere Signal muss mit Nullen aufgefüllt werden.

Zyklische Verschiebung Bei einer zeitlichen Verschiebung des Originalsignals müssen wegen seiner Periodizität die Elemente im Signal f_n zyklisch verschoben werden. Das verschobene Signal ist wieder periodisch, d. h.:

$$f_{n-k} = f_{n-k+pN} \quad \text{mit} \quad p \in \mathbb{Z} \tag{4.80}$$

Als Symbol für die Periodizität wollen wir hier $f_{(n-k)_N}$ schreiben. Die Schreibweise soll an eine Modulo-Operation erinnern. Damit ergibt sich die folgende Korrespondenz:

$$f_{(n-k)_N} \circ\!\!-\!\!\bullet\; \mathrm{e}^{-j2\pi \frac{mk}{N}} F_m \tag{4.81}$$

Die zeitliche Verschiebung wirkt sich also nicht auf das Betragsspektrum des Signals, sondern nur auf die Phasenwinkel aus. Die Exponentialfunktion, mit der das Spektrum multipliziert werden muss, heißt deshalb auch Phasenfaktor.
Wird die Spektralfunktion verschoben – wegen der Periodizität der Funktion ebenfalls zyklisch – so gilt die Korrespondenz:

$$f_n\, \mathrm{e}^{j2\pi \frac{nk}{N}} \circ\!\!-\!\!\bullet\; F_{(m-k)_N} \tag{4.82}$$

Zyklische Faltung Werden zwei diskrete Spektralfunktionen im Frequenzbereich multipliziert, so entspricht diese Operation einer zyklischen Faltung von zwei gleichlangen Signalen im Zeitbereich. Wenn wieder

$$f_n \circ\!\!-\!\!\bullet\; F_m \quad \text{und} \quad h_n \circ\!\!-\!\!\bullet\; H_m$$

dann gilt:

$$\left(f \overset{N}{*} h\right)_n \circ\!\!-\!\!\bullet\ F_m \cdot H_m \quad \text{mit} \quad \left(f \overset{N}{*} h\right)_n = \sum_{k=0}^{N-1} f_k \cdot h_{(n-k)_N} \tag{4.83}$$

Diese Gleichung stellt die diskrete Version des Faltungstheorems nach Gleichung (4.44) dar. Zur Berechnung der zyklischen Faltung muss wie bei der in Abschnitt 3.3 beschriebenen Faltungsgleichung (3.72) zuerst die Spiegelung eines der beiden Signale erfolgen und dann eine sukzessive Verschiebung dieses Signals unter Ermittlung der Produktsummen korrespondierender Werte. Bei der zyklischen Faltung muss die Verschiebung als Rotation des Signals interpretiert werden, wobei der Index der gespiegelten Folge mit der Operation modulo N berechnet wird.
Werden zwei Zeitsignale multipliziert, so wird diese Operation durch die diskrete Fouriertransformation auf die zyklische Faltung der Spektralfunktionen abgebildet:

$$f_n \cdot h_n \circ\!\!-\!\!\bullet \left(F \overset{N}{*} H\right)_m \quad \text{mit} \quad \left(F \overset{N}{*} H\right)_m = \sum_{k=0}^{N-1} F_k \cdot H_{(m-k)_N} \tag{4.84}$$

Zyklische Korrelation Wird im Spektralbereich die diskrete Fouriertransformierte eines Zeitsignals mit dem konjugiert komplexen Wert der Fouriertransformierten eines zweiten Zeitsignals multipliziert, so entspricht diese Operation einer zyklischen Korrelation im Zeitbereich. Wenn wieder

$$f_n \circ\!\!-\!\!\bullet\ F_m \quad \text{und} \quad h_n \circ\!\!-\!\!\bullet\ H_m$$

dann gilt:

$$\left(f \overset{N}{\circledast} h\right)_k \circ\!\!-\!\!\bullet\ F_m \cdot H_m^* \quad \text{mit} \quad \left(f \overset{N}{\circledast} h\right)_k = \sum_{n=0}^{N-1} f_n \cdot h_{(n+k)_N} \tag{4.85}$$

Für die Autokorrelation gilt entsprechend:

$$\left(f \overset{N}{\circledast} f\right)_k \circ\!\!-\!\!\bullet\ |F_m|^2 \tag{4.86}$$

Die Gleichung (4.85) stellt die diskrete Version des Korrelationstheorems nach Gleichung (4.46) dar.

Parsevalsches Theorem Das parsevalsche Theorem gibt auch für den Fall der diskreten Fouriertransformation Auskunft über die Verteilung der Energie:

$$\sum_{n=0}^{N-1} |f_n|^2 = \sum_{m=0}^{N-1} |F_m|^2 \tag{4.87}$$

Die in den Abtastwerten des Zeitsignals f_n enthaltene Energie verteilt sich demnach im Spektrum auf die Koeffizienten.

Zur Illustration des Zusammenhangs zwischen kontinuierlicher und diskreter Fouriertransformation soll die Abbildung 4.16 dienen. Sie zeigt den Übergang vom Zeitbereich in den Frequenzbereich am Beispiel der Gaußfunktion. Die Abbildungen 4.16 a) und

b) zeigen eine Gaußfunktion und ihr Spektrum, das ebenfalls eine Gaußfunktion ist, allerdings mit anderen Parametern. Da die Gaußfunktion kontinuierlich, nichtperiodisch und abklingend ist, muss für den Übergang vom Zeitbereich in den Frequenzbereich das Werkzeug der kontinuierlichen Fouriertransformation Verwendung finden, das im vorigen Abschnitt behandelt wurde. Wird die Gaußfunktion abgetastet, entsteht eine zeitdiskrete Funktion (Abbildung 4.16 c). Das Spektrum wird ebenfalls mit der kontinuierlichen Fouriertransformation berechnet, allerdings ergibt sich mit Gleichung (4.38) ein kontinuierliches, aber periodisches Spektrum (Abbildung 4.16 d). Das diskrete Spektrum in Abbildung 4.16 f) hängt mit der diskreten periodischen Zeitfunktion über die inverse diskrete Fouriertransformation nach der Gleichung (4.53) zusammen.

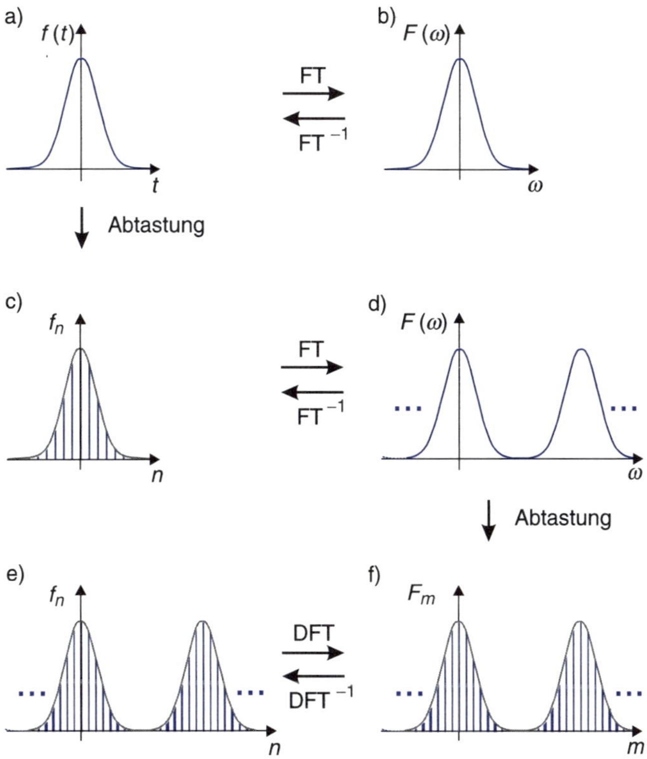

Abbildung 4.16: Übergang vom Zeit- in den Frequenzbereich mit der kontinuierlichen und diskreten Fouriertransformation
a) kontinuierliches Signal und b) zugehöriges kontinuierliches Spektrum
c) abgetastetes Signal und d) zugehöriges kontinuierliches Spektrum
e) Ergebnis einer inversen DFT des f) diskreten Spektrums

Durch die Anwendung von diskreten Transformationen wird auch die Signalstatistik verändert. Dies soll am Beispiel der diskreten Fouriertransformation demonstriert werden. Abbildung 4.17 a) zeigt drei ausgewählte Episoden des dafür verwendeten Zufallssignals. Als statistische Größe ist die Kovarianzmatrix dieser Episoden nach Gleichung (3.43) berechnet worden (Abbildung 4.17 c). Werden die Episoden in den Frequenzbereich transformiert, so ergeben sich die in Abbildung 4.17 b) gezeigten DFT-Betragsspektren.

Die Kovarianzmatrix dieser Spektren (Abbildung 4.17 d) unterscheidet sich deutlich von der Kovarianzmatrix der Episoden im Zeitbereich. Die Fourierkoeffizienten sind weit weniger korreliert als die Abtastwerte.

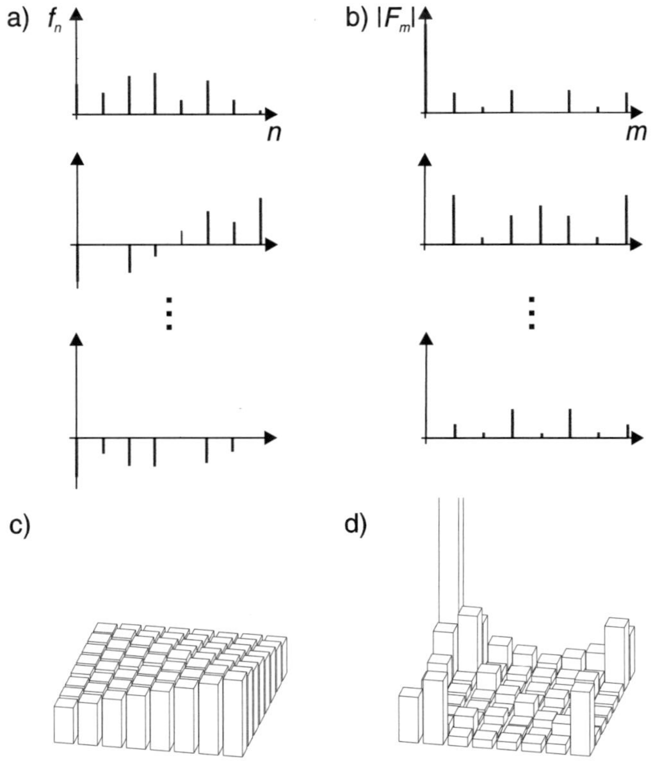

Abbildung 4.17: Veränderung der Signalstatistik durch die diskrete Fouriertransformation
a) Episoden eines Signals
b) Betragsspektren dieser Episoden
c) Kovarianzmatrix von 1000 Signalepisoden
d) Kovarianzmatrix von 1000 Betragsspektren

Zweidimensionale diskrete Fouriertransformation Die Anwendung der diskreten Fouriertransformation auf zweidimensionale Signale erfordert als Basisfunktionen ortsdiskrete zweidimensionale harmonische Funktionen. Sie sind in Abschnitt 3.8.3 bereits definiert worden (s. Gleichung (3.150)). Das ortsabhängige Bildsignal mit der Ausdehnung von Z Zeilen mit $z = 0, 1, \ldots, Z-1$ und S Spalten mit $s = 0, 1, \ldots, S-1$ soll mit $B_{z,s}$ bezeichnet werden. Um es diskret transformieren zu können, muss die zweidimensionale diskrete Exponentialfunktion $f_{z,s}$ an der Position z, s berechnet werden. Die zweidimensionale Fouriertransformation (2D-DFT) des Bildes $B_{z,s}$ kann damit als Summengleichung in folgender Form geschrieben werden:

$$F_{u,v} = \sum_{z=0}^{Z-1} \sum_{s=0}^{S-1} B_{z,s} \ \mathrm{e}^{-j2\pi\left(\frac{z\cdot u}{Z}+\frac{s\cdot v}{S}\right)} \tag{4.88}$$

$$B_{z,s} = \frac{1}{Z \cdot S} \sum_{u=0}^{Z-1} \sum_{v=0}^{S-1} F_{u,v} \; e^{j2\pi\left(\frac{z \cdot u}{Z} + \frac{s \cdot v}{S}\right)} \tag{4.89}$$

Das Spektrum $F_{u,v}$ hat ebenfalls die Größe $Z \times S$. Seine Koordinaten $u = 0, 1, \ldots, Z-1$ und $v = 0, 1, \ldots, S-1$ entsprechen diskreten Ortsfrequenzen. Das Ergebnis der Transformation ist wie im eindimensionalen Fall eine komplexe Größe, deren grafische Darstellung wieder getrennt nach Betragsspektrum $|F_{u,v}|$ und Winkelspektrum $\angle F_{u,v}$ erfolgt (s. Gleichungen (4.70) und (4.71)). Mit Gleichung (4.89) wird ein Bild als Überlagerung von zweidimensionalen harmonischen Funktionen betrachtet, die sich in Amplitude, Ortsfrequenz und Phase unterscheiden. Das Betragsspektrum gibt an, wie groß die einzelnen harmonischen Komponenten sind, das Phasenspektrum zeigt ihr Verhältnis zueinander. Ein Beispiel für die Fouriertransformation eines Bildes ist in Abbildung 4.18 gezeigt. Die Spektren in Abbildung 4.18 b) und c) sind wegen der besseren Übersichtlichkeit in zentrierter Darstellung wiedergegeben, die einfach durch Umordnung der Quadranten erreicht wird. Die waagerechten und senkrechten Linien in der Mitte der Spektren werden durch die Periodizität der DFT (s. Gleichung (4.72)) verursacht. Die periodische Fortsetzung des Bildes führt — insbesondere bei der Fortsetzung nach oben und unten — zu Sprüngen im Bildsignal. Diese Sprünge bewirken hohe Frequenzen im Spektrum.

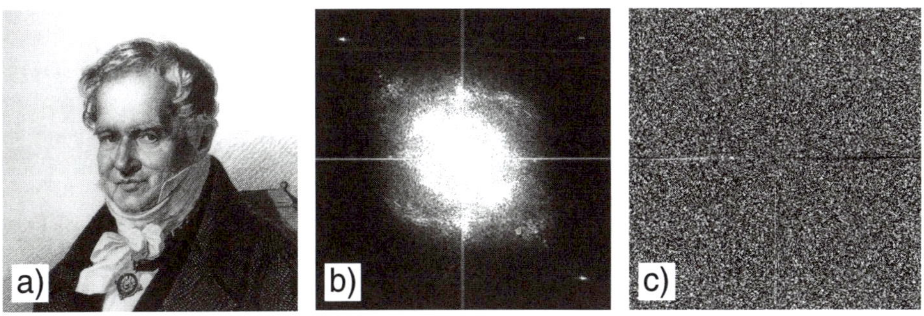

Abbildung 4.18: Zweidimensionale diskrete Fouriertransformation
a) Bildsignal, b) Betragsspektrum und c) Winkelspektrum

Bei Beschränkung auf quadratische Bilder der Größe $N \times N$ ist für die 2D-DFT die Matrixschreibweise übersichtlicher. Mit der Bildmatrix $\boldsymbol{B}$ $(N \times N)$ und der Transformationsmatrix $\boldsymbol{DFT}$ $(N \times N)$ nach Gleichung (4.63) ergibt sich die Matrix $\boldsymbol{F}$ $(N \times N)$ der komplexen Fourierkoeffizienten mit:

$$\boldsymbol{F} = \boldsymbol{DFT} \cdot \boldsymbol{B} \cdot \boldsymbol{DFT} \tag{4.90}$$

Für die inverse zweidimensionale diskrete Fouriertransformation gilt:

$$\boldsymbol{B} = \boldsymbol{DFT}^{-1} \cdot \boldsymbol{F} \cdot \boldsymbol{DFT}^{-1} \tag{4.91}$$

Die 2D-DFT hat dieselben Eigenschaften wie die 1D-DFT: sie ist also linear, eine Verschiebung im Ortsbereich wirkt sich nicht auf das Betragsspektrum aus, die Maßstabsänderungen im Original- und Spektralbereich sind reziprok. Mit der in Abschnitt 3.3 definierten zweidimensionalen Faltung (s. Gleichung (3.76)) kann für die 2D-DFT auch ein Faltungstheorem definiert werden. Wird die Faltungsmaske $h_{z,s}$ vor der Faltung durch

Auffüllen mit Nullen auf die Größe des Bildes $B_{z,s}$ gebracht, dann sind auch die Fouriertransformierten $F_{u,v}$ und $H_{u,v}$ gleich groß. Das Faltungstheorem lautet dann:

$$g = B ** h \circ\!\!-\!\!\bullet\ G_{u,v} = F_{u,v} \cdot H_{u,v} \tag{4.92}$$

$$\text{mit} \quad g_{z,s} = \sum_{m=0}^{Z-1} \sum_{n=0}^{S-1} B_{m,n} \cdot h_{z-m,s-n}$$

Die zweidimensionale Fouriertransformation hat aber auch Eigenschaften, die im eindimensionalen Fall nicht vorhanden sind. Dazu gehören der Rotationssatz und die Eigenschaft der Separierbarkeit. Der Rotationssatz besagt, dass die Rotation eines zweidimensionalen Signals eine Rotation der Spektralfunktion um denselben Winkel bewirkt. Die Eigenschaft der Separierbarkeit ist wichtig für die Berechnung der Fourierkoeffizienten. Sie bezieht sich auf den Orts- und Ortsfrequenzbereich. Da sie auch für andere Transformationen von Bedeutung ist, wird die Separierbarkeit im nächsten Abschnitt in allgemeiner Form beschrieben.

4.3.2 Verallgemeinerte Matrixgleichungen

Eindimensionale diskrete Transformationen Im vorigen Abschnitt ist für das Transformationspaar der diskreten Fouriertransformation die Notation als Summenformel und als Matrixgleichung verwendet worden. Die Darstellung weiterer diskreter Transformationen soll sich auf die zweckmäßige Matrixschreibweise beschränken. In diesem Abschnitt werden für die ein- und zweidimensionalen diskreten Transformationen deshalb verallgemeinerte Gleichungen angegeben, aus denen sich durch Spezifikation der Transformationsmatrix alle anderen diskreten Transformationen einfach ableiten lassen.

Für die Berechnung eines Koeffizientenvektors wird der folgende allgemeine Ansatz gewählt:

$$F_m = \sum_{n=0}^{N-1} f_n\, T_{m,n} + a_m \quad \text{mit} \quad m = 0, 1, \ldots, N-1 \tag{4.93}$$

Dabei sind f_n die Elemente eines Signalvektors $\boldsymbol{f}$ der Größe $N \times 1$ und F_m die Elemente eines Koeffizientenvektors $\boldsymbol{F}$ der Größe $N \times 1$. Die Werte $T_{m,n}$ können als Elemente einer Transformationsmatrix $\boldsymbol{T}$ aufgefasst werden. Ist die Matrix $\boldsymbol{T}$ nichtsingulär, dann ist die Transformation reziprok. Der Signalvektor $\boldsymbol{f}$ ergibt sich dann als Ergebnis der inversen Transformation. Für seine Elemente f_n gilt:

$$f_n = \sum_{m=0}^{N-1} F_m\, T_{m,n}^{-1} + b_n \quad \text{mit} \quad n = 0, 1, \ldots, N-1 \tag{4.94}$$

Die Gleichungen (4.93) und (4.94) haben in der Matrixnotation die folgende einfache Form:

$$\boldsymbol{F} = \boldsymbol{T} \cdot \boldsymbol{f} + \boldsymbol{a} \quad \text{und} \quad \boldsymbol{f} = \boldsymbol{T}^{-1} \cdot \boldsymbol{F} + \boldsymbol{b} \tag{4.95}$$

Sind $\boldsymbol{a}$ und $\boldsymbol{b}$ Null, handelt es sich um affine Transformationen:

$$\boldsymbol{F} = \boldsymbol{T} \cdot \boldsymbol{f} \quad \text{und} \quad \boldsymbol{f} = \boldsymbol{T}^{-1} \cdot \boldsymbol{F} \tag{4.96}$$

Sind die euklidischen Abstände in der komplexen Ebene invariant, ist die Transformation unitär:

$$\boldsymbol{T}^{\mathrm{T}*} \cdot \boldsymbol{T} = \boldsymbol{E} \quad \text{und} \quad \boldsymbol{T}^{-1} = \boldsymbol{T}^{\mathrm{T}*} \tag{4.97}$$

Enthält die Matrix nur reelle Werte, ist sie orthogonal:

$$\boldsymbol{T}^{\mathrm{T}} \cdot \boldsymbol{T} = \boldsymbol{E} \quad \text{und} \quad \boldsymbol{T}^{-1} = \boldsymbol{T}^{\mathrm{T}} \tag{4.98}$$

Für symmetrische orthogonale Matrizen gilt darüber hinaus, das für die Hin- und Rücktransformation dieselbe Matrix verwendet werden kann:

$$\boldsymbol{T}^{-1} = \boldsymbol{T} \tag{4.99}$$

Die Matrix $\boldsymbol{T}$ heißt auch Kernmatrix der Transformation. Jedes Element F_m des Koeffizientenvektors ist das innere Produkt des Signalvektors $\boldsymbol{f}$ mit der m. Zeile der Matrix $\boldsymbol{T}$. Jedes Element von $\boldsymbol{f}$ ergibt sich wieder als inneres Produkt, jetzt von $\boldsymbol{F}$ und einer Zeile von $\boldsymbol{T}^{-1}$.

Von den vielen möglichen Transformationsmatrizen sind für die Signalverarbeitung nur diejenigen von Nutzen, die orthogonal oder unitär sind. Ist die Transformationsmatrix $\boldsymbol{T}$ orthogonal, dann bilden die Zeilen von $\boldsymbol{T}$ eine Orthonormalbasis im N-dimensionalen Vektorraum aller $N \times 1$ Vektoren. Eine lineare Transformation ist eine Koordinatentransformation in diesem Raum. Die Berechnung des Koeffizientenvektors $\boldsymbol{F}$ in Gleichung (4.95) heißt Analyse eines Signalvektors, weil der Vektor $\boldsymbol{f}$ in elementare Bestandteile zerlegt wird. Der Vektor $\boldsymbol{F}$ ist das Ergebnis dieses Zerlegungsprozesses und enthält die „Bestandteile" des Signalvektors, ausgedrückt in Vielfachen von Basisvektoren, den Koeffizienten. Die Berechnung des Signalvektors $\boldsymbol{f}$ in Gleichung (4.95) ist die Synthese, weil über die Summation eine Zusammensetzung der elementaren Bestandteile zum ursprünglichen Signalvektor $\boldsymbol{f}$ erfolgt. Die Tatsache, dass als Ergebnis der Synthese der ursprüngliche Vektor $\boldsymbol{f}$ vollständig wiederhergestellt wird, weist darauf hin, dass der Koeffizientenvektor $\boldsymbol{F}$ alle Informationen des Signalvektors $\boldsymbol{f}$ enthalten muss. Durch die Transformation geht keine Information verloren. Der Koeffizientenvektor ist damit auch eine alternative Beschreibung des Signalvektors.

Zweidimensionale diskrete Transformationen Soll ein (quadratisches) Bild der Größe $N \times N$, also ein diskretes zweidimensionales Signal $\boldsymbol{B}$ mit den Elementen $B_{z,s}$, in einen Spektralbereich transformiert werden, so ist eine zweidimensionale Transformation auszuführen. Ein Koeffizient $F_{u,v}$ als Ergebnis einer zweidimensionalen Transformation ergibt sich nach der folgenden Gleichung:

$$F_{u,v} = \sum_{z=0}^{N-1} \sum_{s=0}^{N-1} B_{z,s}\, T_{z,s}(u,v) \quad \text{mit} \quad u,v = 0,1,\ldots,N-1 \tag{4.100}$$

Die Matrix $\boldsymbol{T}$ mit den Elementen $T_{z,s}(u,v)$ ist wieder der Transformationskern. Wenn der Transformationskern separierbar ist, kann er in ein Produkt von zwei Faktoren $\boldsymbol{T}^{\mathrm{z}}$ und $\boldsymbol{T}^{\mathrm{s}}$ zerlegt werden:

$$\boldsymbol{T} = \boldsymbol{T}^{\mathrm{z}} \cdot \boldsymbol{T}^{\mathrm{s}} \tag{4.101}$$

Dabei ist $\boldsymbol{T}^{\mathrm{Z}}$ die Matrix für die eindimensionale Transformation der Zeilen von $\boldsymbol{B}$ und $\boldsymbol{T}^{\mathrm{S}}$ die Matrix für die anschließende Transformation der Spalten. Gleichung (4.100) ist dann eine separierbare Transformation. Sind in Gleichung (4.101) die beiden Faktoren identisch, so ist die Transformation symmetrisch und kann als Matrixgleichung geschrieben werden:

$$\boldsymbol{F} = \boldsymbol{T} \cdot \boldsymbol{B} \cdot \boldsymbol{T} \quad \text{und} \quad \boldsymbol{B} = \boldsymbol{T}^{\mathrm{T}*} \cdot \boldsymbol{F} \cdot \boldsymbol{T}^{\mathrm{T}*} \tag{4.102}$$

Wird für eine zweidimensionale lineare Transformation die Matrixschreibweise benutzt, impliziert das immer, dass es sich um eine separierbare symmetrische unitäre Transformationsmatrix handelt.

Die Transformation nichtquadratischer, rechteckiger Bildsignale mit Z Zeilen und S Spalten kann ebenfalls in Matrixschreibweise notiert werden:

$$\underbrace{\boldsymbol{F}}_{Z\times S} = \underbrace{\boldsymbol{T}_1}_{Z\times Z} \cdot \underbrace{\boldsymbol{B}}_{Z\times S} \cdot \underbrace{\boldsymbol{T}_2}_{S\times S} \quad \text{und} \quad \underbrace{\boldsymbol{B}}_{Z\times S} = \underbrace{\boldsymbol{T}_1^{\mathrm{T}*}}_{Z\times Z} \cdot \underbrace{\boldsymbol{F}}_{Z\times S} \cdot \underbrace{\boldsymbol{T}_2^{\mathrm{T}*}}_{S\times S} \tag{4.103}$$

Die Angaben unter den geschweiften Klammern weisen auf die jeweilige Matrixgröße hin. Die Indizes 1 und 2 zeigen an, dass hier zwei verschiedene Transformationsmatrizen verwendet werden müssen. Die Größe der Matrix $\boldsymbol{T}_1$ richtet sich nach der Anzahl der Bildzeilen und die der Matrix $\boldsymbol{T}_2$ nach der Anzahl der Bildspalten.

4.3.3 Andere sinusförmige Basisfunktionen

Die diskrete Fouriertransformation ist sicher die bekannteste und am meisten verwendete Orthogonaltransformation mit sinusförmigen Basisfunktionen. Es gibt aber weitere diskrete Transformationen, die ein Signal in sinusförmige Basisfunktionen zerlegen. Die Vorschrift für die Transformation eines Signals ergibt sich, indem die Matrix der allgemeinen Transformationsgleichungen (4.96) und (4.102) dem jeweiligen Orthogonalsystem angepasst wird.

Im Folgenden soll das für die Hartleytransformation, die Kosinus- und die Sinustransformation gezeigt werden.

Diskrete Hartleytransformation Wird das in Abschnitt 3.8.3 vorgestellte System der reellen cas-Funktionen in diskreter Form als Basisfunktionssystem für eine lineare Transformation verwendet, so heißt die Transformation diskrete Hartleytransformation (DHYT). In ihrer kontinuierlichen Form ist sie im Jahre 1942 von Ralph V. L. Hartley als reelle Alternative für die Fouriertransformation eingeführt worden [22]. Eine ausführliche Darstellung der Transformation ist in [5] zu finden. Hier sollen nur die Matrixgleichungen für die ein- und zweidimensionale Hartleytransformation angegeben werden. Ist $\boldsymbol{f}$ das Zeitsignal, $\boldsymbol{F}$ der Spaltenvektor der Hartleykoeffizienten und $\boldsymbol{DHYT}$ die Transformationsmatrix, so lauten die Matrixgleichungen für die 1D-Hartleytransformation:

$$\boldsymbol{F} = \boldsymbol{DHYT} \cdot \boldsymbol{f} \quad \text{und} \quad \boldsymbol{f} = \boldsymbol{DHYT} \cdot \boldsymbol{F} \tag{4.104}$$

Im Unterschied zur diskreten Fouriertransformation sind die Matrizen für die Hin- und Rücktransformation gleich. Die Elemente der Transformationsmatrix berechnen sich nach

$$DHYT_{m,n} = \frac{1}{\sqrt{N}} \operatorname{cas}\left(2\pi \frac{mn}{N}\right) \tag{4.105}$$

mit der Bildungsvorschrift $\operatorname{cas}(x) = \sin(x) + \cos(x)$. Neben dem Fehlen des Imaginärteils im Transformationsergebnis hat die Hartleytransformation den Vorteil, dass sie nicht redundant ist. Die schnellen Algorithmen zur Berechnung der Transformation sind sehr effizient.
Die diskrete Hartleytransformation ist das diskrete Analogon der kontinuierlichen Transformation. Sie ist im Jahre 1983 von R. H. Bracewell als eine effiziente Methode zur Berechnung der DFT vorgeschlagen worden [5]. Durch die Entwicklung schneller Algorithmen für die Fouriertransformation hat sich diese Verwendung der diskreten Hartleytransformation nicht durchgesetzt.
Abbildung 4.22 d) zeigt als Beispiel das Hartleyspektrum eines Elektrokardiogramms.
Für die 2D-Hartleytransformation folgt:

$$\boldsymbol{F} = \boldsymbol{DHYT} \cdot \boldsymbol{B} \cdot \boldsymbol{DHYT} \quad \text{und} \quad \boldsymbol{B} = \boldsymbol{DHYT} \cdot \boldsymbol{F} \cdot \boldsymbol{DHYT} \tag{4.106}$$

Auch die zweidimensionale diskrete Hartleytransformation berechnet aus reellen Eingangssignalen reelle Spektren, ohne dass — wie bei der Fouriertransformation — komplexe Größen verwendet werden.

Diskrete Kosinustransformation Die diskrete Kosinustransformation (engl.: *discrete cosine transform, DCT*) wurde in der Literatur erstmals 1974 erwähnt [2]. Seither findet sie vor allem zur Kompression von Sprach- und Bildsignalen breite Anwendung. Das hängt vor allem damit zusammen, dass die Kosinustransformation nicht nur in effizienten Algorithmen realisiert werden kann, sondern beispielsweise auch mit digitalen Signalprozessoren. Dadurch wird die Berechnung der Koeffizienten stark beschleunigt. Mit der Transformationsmatrix ***DCT*** lauten die Matrixgleichungen für die eindimensionale diskrete Kosinustransformation:

$$\boldsymbol{F} = \boldsymbol{DCT} \cdot \boldsymbol{f} \quad \text{und} \quad \boldsymbol{f} = \boldsymbol{DCT}^{\mathrm{T}} \cdot \boldsymbol{F} \tag{4.107}$$

Die Elemente der Transformationsmatrix berechnen sich nach der Gleichung:

$$DCT_{m,n} = \begin{cases} \sqrt{\frac{1}{N}} & \text{wenn} \quad m = 0 \\ \sqrt{\frac{2}{N}} \cos\left[\pi \frac{(2n+1)m}{2N}\right] & \text{wenn} \quad m > 0 \end{cases} \tag{4.108}$$

Für die 2D-Kosinustransformation folgt:

$$\boldsymbol{F} = \boldsymbol{DCT} \cdot \boldsymbol{B} \cdot \boldsymbol{DCT} \quad \text{und} \quad \boldsymbol{B} = \boldsymbol{DCT}^{\mathrm{T}} \cdot \boldsymbol{F} \cdot \boldsymbol{DCT}^{\mathrm{T}} \tag{4.109}$$

Die Basisfunktionen der Kosinustransformation sind eine Teilmenge der Tschebyscheffpolynome. Die vorteilhaften Eigenschaften der diskreten Kosinustransformation sind auf die Tatsache zurückzuführen, dass dem Algorithmus die Anwendung der Transformation auf ein Signal doppelter Länge zugrunde liegt [33]. Die Erweiterung der Signalfolge f_n geschieht entweder als symmetrische, geradzahlige Erweiterung auf $2N$ Abtastwerte zur Signalfolge $f_{n\,\mathrm{g}}$ oder als ungeradzahlige Erweiterung auf $2N - 1$ Werte zur Folge $f_{n\,\mathrm{u}}$. Das Prinzip ist in Abbildung 4.19 dargestellt.

Die Bildungsvorschrift für die Matrixelemente nach Gleichung (4.108) geht von der symmetrischen, geradzahligen Erweiterung der Signalfolge aus. Für N muss jedoch die Abtastwerteanzahl der Signalfolge f_n eingesetzt werden. Damit hat die Transformationsmatrix die Größe $N \times N$.

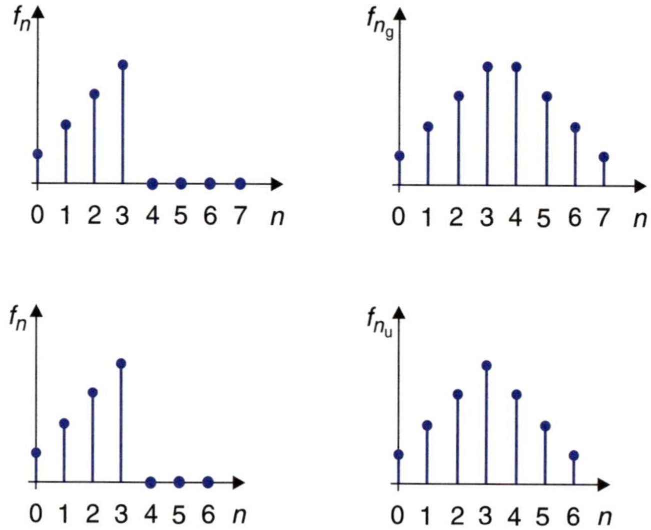

Abbildung 4.19: Erweiterung der Signalfolge f_n für die Anwendung der DCT, geradzahlige Erweiterung $f_{n\mathrm{g}}$ und ungeradzahlige Erweiterung $f_{n\mathrm{u}}$

Die Erweiterung der Signalfolge führt dazu, dass im Signal keine Diskontinuitäten (Sprünge) mehr vorhanden sind, die sonst infolge der Periodizitätseigenschaft der diskreten Transformationen bei der periodischen Fortsetzung des zeit- oder ortsdiskreten Signals durchaus entstehen können (vgl. Abbildung 4.18 b). Die Approximation eines Signals durch Kosinusfunktionen bezieht sich somit auf das erweiterte Signal ohne Sprünge. Dadurch weist die Kosinustransformation eine hohe Energiekompaktheit auf, was auch gleichbedeutend damit ist, dass die Dekorrelation der Koeffizienten besonders gut gelingt. Die Eigenschaft der Dekorrelation sei wieder an den Episoden des Signals aus Abbildung 4.17 gezeigt. Von 1000 Episoden des Signals sind mit der Kosinus-, Sinus- und Hartleytransformation 1000 Spektren berechnet worden. Aus diesen wurden dann für die jeweilige Transformation die Kovarianzmatrix ermittelt. Beziehen wir noch Abbildung 4.17 d) mit ein, so lassen sich, zumindest für das gewählte Zufallssignal, alle gebräuchlichen Transformationen mit sinusförmigen Basisfunktionen hinsichtlich ihrer entkorrelierenden Eigenschaft vergleichen. In der Kovarianzmatrix der Kosinusspektren in Abbildung 4.20 a) zeigt sich eine deutliche Konzentration großer Matrixelemente in der linken oberen Ecke, die übrigen Werte sind klein. Sehr verteilt sind die Kovarianzen in der zur Sinustransformation gehörenden Matrix. In der Matrix mit den Kovarianzen der Fourierkoeffizienten ist die Redundanz der Transformation zu beachten, die sich in der Wiederholung der Koeffizienten zeigt.

Ein Nachteil der Kosinustransformation ergibt sich aus der Tatsache, dass der Transformationskern kein Exponentialkern ist. Die Eigenschaften der Transformation sind dadurch weit weniger elegant als die der Fouriertransformation. Insbesondere ist das Faltungstheorem viel komplizierter [41]. Für die Spektralanalyse reeller Signale wird die Kosinustransformation dennoch häufig verwendet. Sie ist beispielsweise im standardisierten Bildkompressionsalgorithmus JPEG enthalten. Die (verlustbehaftete) Kompres-

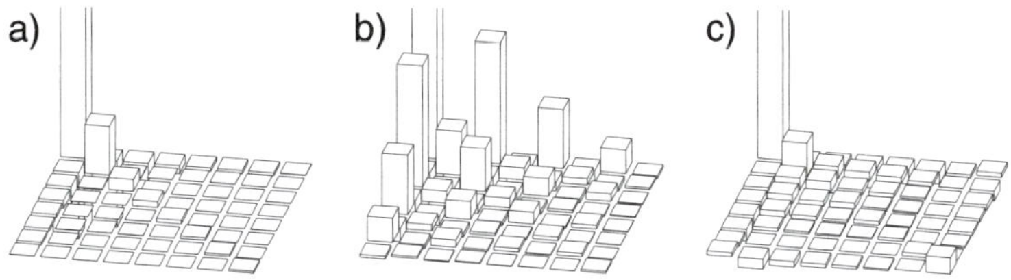

Abbildung 4.20: Veränderung der Signalstatistik durch Transformationen mit sinusförmigen Basisfunktionen
Kovarianzmatrizen transformierter Signalepisoden aus Abbildung 4.17
a) nach Kosinustransformation
b) nach Sinustransformation
c) nach Hartleytransformation

sion der Bildsignale erfolgt dadurch, dass von den berechneten DCT-Koeffizienten nur ein geringer Teil für die inverse Kosinustransformation verwendet wird.

Ein Beispiel für die Energiekompaktheit der Kosinustransformation zeigt Abbildung 4.21. Das Bildsignal aus Abbildung 4.18 a) wurde transformiert (Abbildung 4.21 a) und anschließend mit den jeweils ersten DCT-Koeffizienten eine Rücktransformation durchgeführt (Abbildung 4.21 b) und c). Sowohl das DCT-Spektrum als auch die Ergebnisse der Rücktransformation machen deutlich, dass wesentliche Bildinformationen bereits in einigen wenigen Koeffizienten niedriger Frequenz konzentriert sind.
Abbildung 4.22 e) zeigt als weiteres Beispiel das Ergebnis der eindimensionalen Kosinustransformation eines Elektrokardiogramms.

Abbildung 4.21: Anwendung der Kosinustransformation zur Bildsignalkompression
a) DCT-Spektrum
Ergebnis der inversen DCT mit
b) den ersten 5 % und c) den ersten 40 % der Koeffizienten

Diskrete Sinustransformation Der Vollständigkeit halber sei erwähnt, dass mit den Matrixelementen

$$DST_{m,n} = \sqrt{\frac{2}{N+1}} \sin\left[\pi \frac{(m+1)\cdot(n+1)}{N+1}\right] \tag{4.110}$$

auch eine diskrete Sinustransformation (DST) definiert werden kann. Die Matrix $\boldsymbol{DST}$ ist symmetrisch und orthogonal, das heißt $\boldsymbol{DST}^{\mathrm{T}} \cdot \boldsymbol{DST} = \boldsymbol{E}$. Deshalb lässt sich die

Transformation in Matrixschreibweise anlog zu den Gleichungen (4.107) und (4.109) formulieren:

$$\boldsymbol{F} = \boldsymbol{DST} \cdot \boldsymbol{f} \quad \text{und} \quad \boldsymbol{f} = \boldsymbol{DST} \cdot \boldsymbol{F} \tag{4.111}$$

$$\boldsymbol{F} = \boldsymbol{DST} \cdot \boldsymbol{B} \cdot \boldsymbol{DST} \quad \text{und} \quad \boldsymbol{B} = \boldsymbol{DST} \cdot \boldsymbol{F} \cdot \boldsymbol{DST} \tag{4.112}$$

Die diskrete Sinustransformation wird in der Signalverarbeitung selten verwendet. Abbildung 4.22 f) zeigt zum Vergleich das Ergebnis der eindimensionalen Sinustransformation eines Elektrokardiogramms.

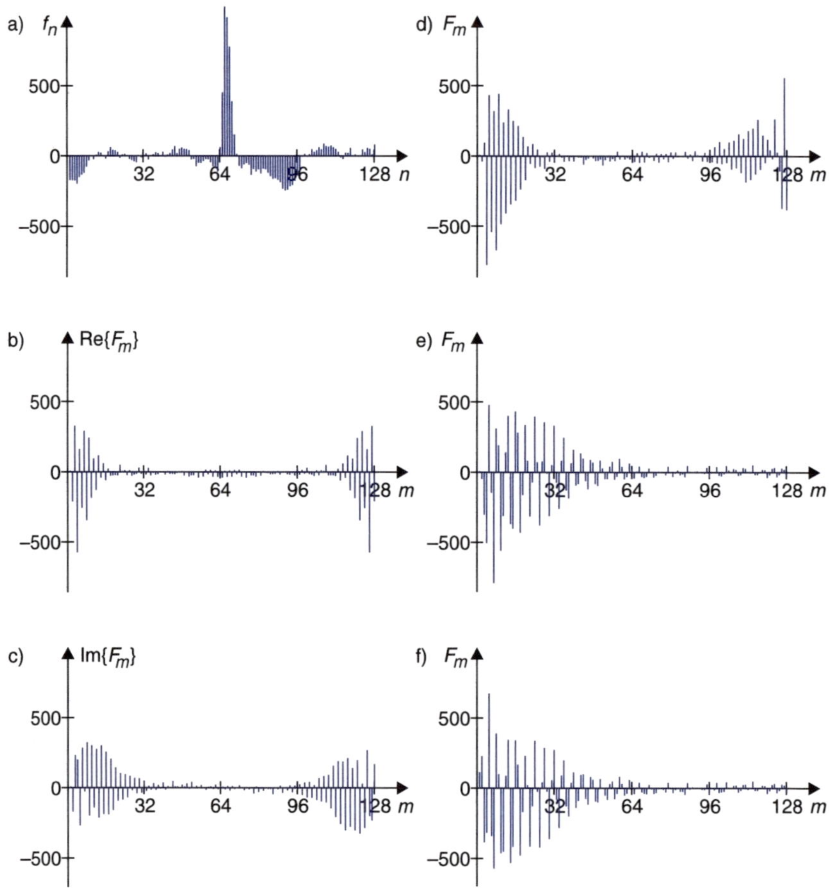

Abbildung 4.22: Ergebnisse diskreter Transformationen mit sinusförmigen Basisfunktionen
a) Elektrokardiogramm als zeitdiskretes Signal
b) DFT-Realteilspektrum und c) DFT-Imaginärteilspektrum
d) DHYT-Spektrum, e) DCT-Spektrum und f) DST-Spektrum

4.3.4 Nichtsinusförmige Basisfunktionen

Die Transformationsmatrizen in den allgemeinen Gleichungen für die diskreten Transformationen (s. Abschnitt 4.3.2) können auch aus nichtsinusförmigen Basisfunktionen bestehen. Das Vorgehen zur Berechnung der Koeffizienten ist im Prinzip gleich, d. h., es muss eine Multiplikation des Eingangssignals $\boldsymbol{f}$ oder $\boldsymbol{B}$ mit der Transformationsmatrix $\boldsymbol{T}$ ausgeführt werden, um in den jeweiligen Spektralbereich zu gelangen. Der Übergang in einen Spektralbereich bringt auch bei nichtsinusförmigen Basisfunktionen eine (gewünschte) Veränderung der Signalstatistik mit sich. Die wichtigsten Vertreter dieser Klasse von Transformationen sollen in diesem Abschnitt vorgestellt werden.

Eindimensionale diskrete Walshtransformation Bei der eindimensionalen diskreten Walshtransformation (1D-DWT) besteht der Transformationskern aus einer Matrix mit den diskreten Werten der Walshfunktionen in einem der drei vorgestellten Ordnungssysteme: Sequenzordnung, binäre Ordnung oder natürliche Ordnung. Es gibt deshalb drei Möglichkeiten für die Definition eines Matrixelements:

$$\begin{aligned} DWT^{\mathrm{seq}}_{u,v} &= \frac{1}{\sqrt{N}}(-1)^{\sum\limits_{z=0}^{n-1} v_{n-1-z}\cdot(u_{z+1}+u_z)} \\ DWT^{\mathrm{bin}}_{u,v} &= \frac{1}{\sqrt{N}}(-1)^{\sum\limits_{z=0}^{n-1} v_z\cdot u_{n-z-1}} \\ DWT^{\mathrm{nat}}_{u,v} &= \frac{1}{\sqrt{N}}(-1)^{\sum\limits_{z=0}^{n-1} v_z\cdot u_z} \qquad \text{jeweils mit} \quad n = \mathrm{ld}\,(N) \end{aligned} \tag{4.113}$$

Mit v_z bzw. u_z ist das Bit z der Dualzahl v bzw. u gekennzeichnet. Sind in einer Programmiersprache oder in einem Algebraprogramm die Befehle $\mathrm{mod}(a, b)$ als der Divisionsrest von a/b und $\mathrm{trunc}(c)$ für das Abschneiden der Nachkommastellen von c vorhanden, so kann beispielsweise eine Funktion für das Bit z der Dualzahl $v \in \mathbb{N}$ einfach gefunden werden:

$$v_z = \mathrm{bit}\,(z, v) = \mathrm{mod}\left(\mathrm{trunc}\left(\frac{v}{2^z}\right), 2\right) \tag{4.114}$$

Wird in der Gleichung (4.95) die Matrix $\boldsymbol{T}$ durch die Walshmatrix $\boldsymbol{DWT}$ ersetzt, ergibt sich:

$$\boldsymbol{F} = \boldsymbol{DWT} \cdot \boldsymbol{f} \quad \text{und} \quad \boldsymbol{f} = \boldsymbol{DWT} \cdot \boldsymbol{F} \tag{4.115}$$

Da die Walshmatrizen orthogonal und symmetrisch sind, können für die Hin- und Rücktransformation die gleichen Transformationsmatrizen verwendet werden.
Die Veränderung der Signalstatistik durch Anwendung der diskreten Walshtransformation sei wieder am Beispiel der Signalepisoden aus Abbildung 4.17 a) gezeigt.

Die Kovarianzen in den Matrizen der Abbildung 4.23 sind anders verteilt als die Kovarianzen der Koeffizienten sinusförmiger Basisfunktionen in den Abbildungen 4.17 d) und 4.20. Das muss auch so sein, denn jede Transformation stellt die Ähnlichkeit des zu transformierenden Signals mit ihren speziellen Basisfunktionen fest. Deshalb sind die

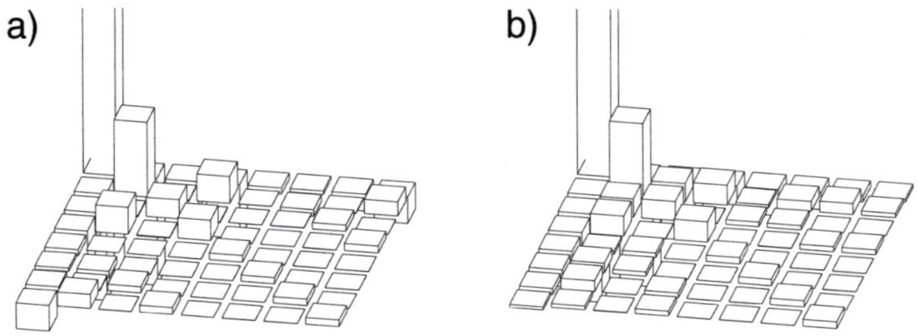

Abbildung 4.23: Veränderung der Signalstatistik durch Transformationen mit nichtsinusförmigen Basisfunktionen
Kovarianzmatrizen transformierter Signalepisoden aus Abbildung 4.17
a) nach Walshtransformation
b) nach Haartransformation

Größen der Koeffizienten anders verteilt und damit auch ihre Varianzen und Kovarianzen.

Abbildung 4.24 b) zeigt als Beispiel für die Anwendung der diskreten Walshtransformation das Sequenzspektrum des Elektrokardiogramms aus Abbildung 2.1.

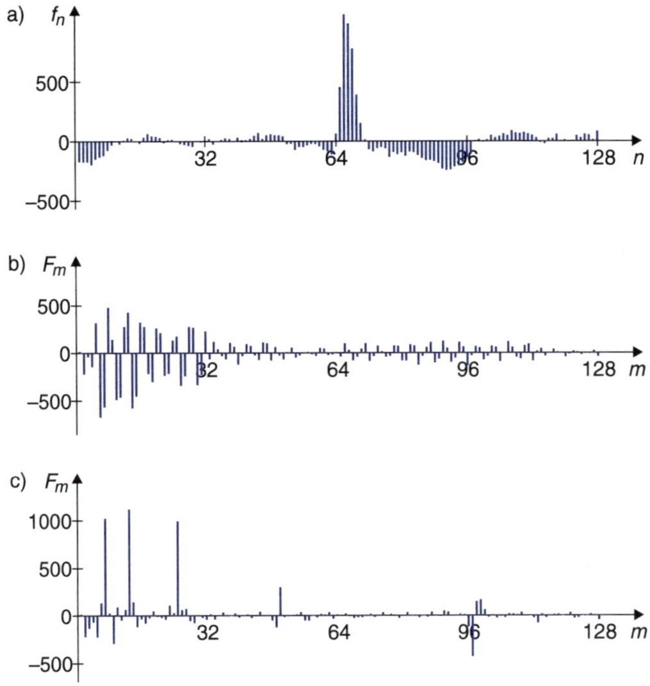

Abbildung 4.24: Ergebnisse diskreter Transformationen mit nichtsinusförmigen Basisfunktionen
a) Elektrokardiogramm als zeitdiskretes Signal
b) DWT-Spektrum und c) DHT-Spektrum

Zweidimensionale diskrete Walshtransformation Die zweidimensionale diskrete Walshtransformation (2D-DWT) kann wieder aus den allgemeinen Matrixgleichungen (4.102) abgeleitet werden, indem die Walshmatrix als Transformationsmatrix verwendet wird:

$$\boldsymbol{F} = \boldsymbol{DWT} \cdot \boldsymbol{B} \cdot \boldsymbol{DWT} \quad \text{und} \quad \boldsymbol{B} = \boldsymbol{DWT} \cdot \boldsymbol{F} \cdot \boldsymbol{DWT} \tag{4.116}$$

Eine Bildmatrix $\boldsymbol{B}$ wird in ein Sequenzspektrum $\boldsymbol{F}$ transformiert, dessen Ordnungssystem wie im eindimensionalen Fall von der verwendeten Walshmatrix abhängt. Abbildung 4.25 b) zeigt als Beispiel für die Anwendung der zweidimensionalen Walshtransformation das Spektrum eines Bildes.

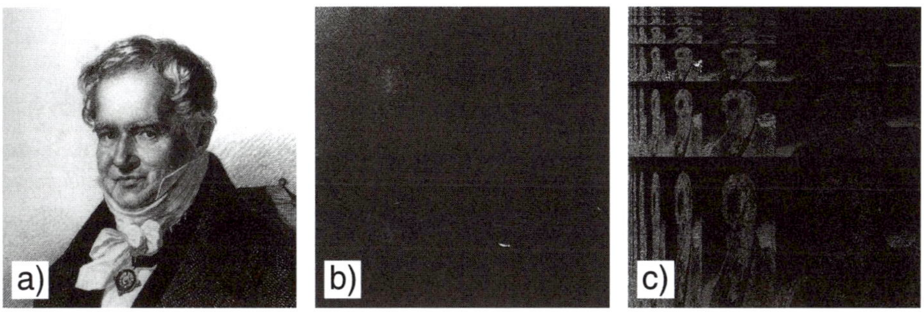

Abbildung 4.25: a) Bildsignal und zugehöriges b) Walshspektrum und c) Haarspektrum

Das sequenzgeordnete Walshspektrum besteht aus 256^2 Walshkoeffizienten, die den 256^2 zweidimensionalen Walshfunktionen zugeordnet sind. Die niedrigen Sequenzen befinden sich in der linken oberen Ecke, die hohen unten rechts. Zu erkennen ist, dass die Größe der Koeffizienten von niedrigen zu höheren Sequenzen hin abnimmt.

Diskrete Haartransformation Die diskrete Haartransformation (DHT) hat durch die Einführung der Wavelettransformation in die Signalverarbeitung an Bedeutung gewonnen. Haarfunktionen besitzen die Eigenschaften, die von einem Wavelet gefordert werden. Die Elemente der Transformationsmatrix ergeben sich durch Diskretisierung der in Abschnitt 3.8.3 beschriebenen zeitkontinuierlichen Haarfunktionen. Die Angabe einer Gleichung zur Ermittlung der Matrixelemente einer orthogonalen Haarmatrix ist nicht möglich. Die einzelnen Elemente müssen mit wenigen Programmzeilen oder mit Hilfe eines Algebraprogramms berechnet werden. Abbildung 4.26 zeigt dies für das Algebraprogramm Mathcad.

Ist $\boldsymbol{DHT}$ die Haarmatrix, dann gilt für die eindimensionale diskrete Haartransformation:

$$\boldsymbol{F} = \boldsymbol{DHT} \cdot \boldsymbol{f} \quad \text{und} \quad \boldsymbol{f} = \boldsymbol{DHT}^{\mathrm{T}} \cdot \boldsymbol{F} \tag{4.117}$$

Im Gegensatz zur diskreten Walsh- oder Fouriertransformation ist hier nicht jeder Koeffizient eine Funktion aller Abtastwerte. Ein Teil der Haarkoeffizienten wird nur mit den Abtastwerten eines Zeitsignalausschnitts berechnet. Diese Koeffizienten repräsentieren dann die Ähnlichkeit dieses Signalausschnitts mit der entsprechenden Basisfunktion. Sie geben also Auskunft über die lokalen Eigenschaften des Originalsignals. Die Koeffizienten, die aus dem gesamten Zeitsignal berechnet werden, sind hingegen ein globales

```
Haar(Rg):= | val ← 1
           | seed ← 1
           | v ← 0
           | N ← Rg
           | step ← 2·N
           | for u∈0..N-1
           |   | counter ← 0
           |   | while counter < step/2
           |   |   | dht_{u,mod(v,N)} ← val
           |   |   | counter ← counter+1
           |   |   | v ← v+1
           |   | while (counter<step)∧(counter<N)
           |   |   | dht_{u,mod(v,N)} ← -val
           |   |   | counter ← counter+1
           |   |   | v ← v+1
           |   | if mod(v,N) = 0
           |   |   | if u≠0
           |   |   |   | seed ← 2·seed
           |   |   |   | val ← √seed
           |   |   | step ← step/2
           | return (1/√N) · dht
```

Abbildung 4.26: Mathcad-Funktion zur Ermittlung einer orthogonalen Haarmatrix vom Range Rg

Ähnlichkeitsmaß. Man spricht deshalb vom lokalen und globalen Charakter der Haartransformation. Abbildung 4.27 zeigt ein Beispiel für die Anwendung der Haartransformation.

Das Spektrum des so genannten Zirpsignals (engl.: *chirp signal*) zeigt deutlich Gruppierungen. Sie entsprechen der Gruppenbildung, die die Haarfunktionen aufweisen (vgl. Abbildung 3.51). Die rechte Hälfte der $N = 256$ Koeffizienten mit den Ordnungszahlen 128 bis 255 hat die beste Frequenzauflösung. Das innere Produkt wird hier mit Haarfunktionen gebildet, die nur in einem Intervall der Länge $N/128 = 2$ einen Wert ungleich Null haben. Dieses schmale Intervall wird von links nach rechts über das Zirpsignal geschoben. Das Ergebnis sind die rechten 128 Koeffizienten. Davon haben die ersten Koeffizienten (beginnend mit der Nr. 128) kleine Werte, da der Beginn des Zirpsignals mit seinen niedrigen Frequenzen den schmalen Haarfunktionen sehr unähnlich ist. Die letzten Koeffizienten haben größere Werte, da hier die Ähnlichkeit zunimmt.
Die nächste Gruppe liegt im Intervall von 64 bis 127. Die zugehörigen Haarfunktionen sind mit der Länge $N/64 = 4$ ungleich Null. Auch sie durchlaufen das Zirpsignal von links nach rechts und liefern 64 Koeffizienten. Wieder nimmt ihre Größe von links nach rechts zu. Das Prinzip wiederholt sich mit Ausnahme der ersten beiden Koeffizienten, die eine globale Information über das Zirpsignal liefern.

Das Haarspektrum eines Elektrokardiogramms zeigt ebenfalls diesen globalen und lokalen Charakter (Abbildung 4.24 c). Die unterschiedliche Frequenzauflösung ist das Prinzip

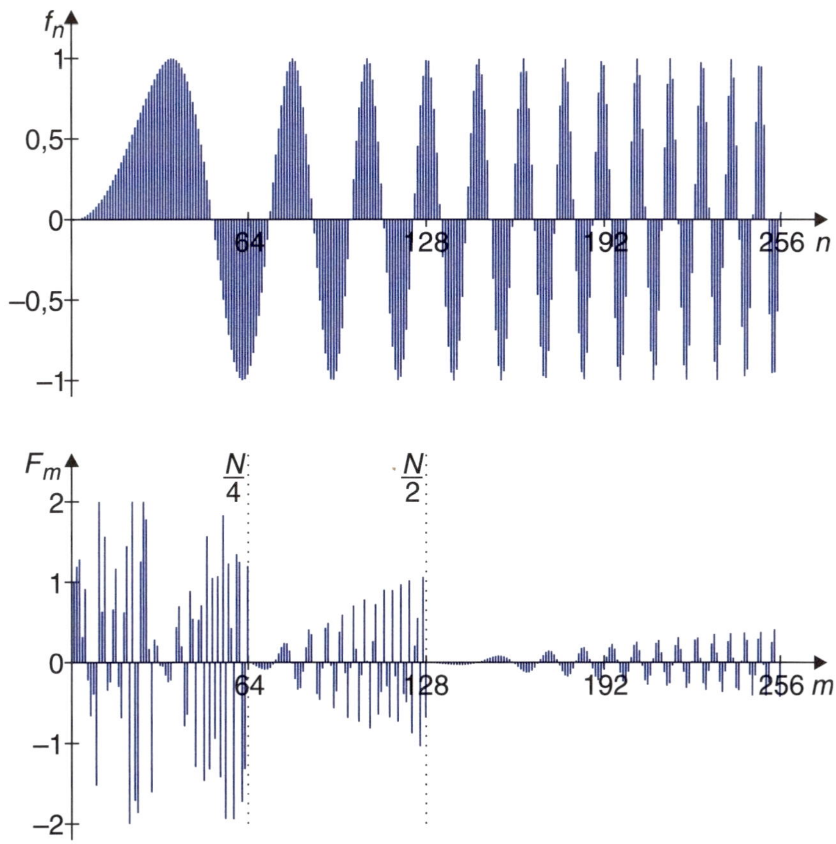

Abbildung 4.27: Zeitsignal (Zirp) und sein diskretes Haarspektrum mit $N = 256$

der Wavelettransformation; die Haarfunktionen sind das einfachste Wavelet (vgl. Abschnitt 4.7). Auch die Haartransformation ändert die Signalstatistik. Werden als statistische Größen wieder die Varianzen und Kovarianzen gewählt, so gibt die Kovarianzmatrix Auskunft über die Änderungen (Abbildung 4.23 b).

Zweidimensionale Haartransformation Die zweidimensionale diskrete Haartransformation (2D-DHT) kann wieder aus den allgemeinen Matrixgleichungen (4.102) abgeleitet werden, indem die Haarmatrix $\boldsymbol{DHT}$ als Transformationsmatrix verwendet wird:

$$\boldsymbol{F} = \boldsymbol{DHT} \cdot \boldsymbol{B} \cdot \boldsymbol{DHT} \quad \text{und} \quad \boldsymbol{B} = \boldsymbol{DHT}^{\mathrm{T}} \cdot \boldsymbol{F} \cdot \boldsymbol{DHT}^{\mathrm{T}} \tag{4.118}$$

Abbildung 4.25 c) zeigt als Beispiel auch ein zweidimensionales Haarspektrum. Zur Interpretation dieser Abbildung sei an das Aussehen der zweidimensionalen Haarfunktionen erinnert (Abbildung 3.52). Wie im eindimensionalen Fall auch, gibt es Koeffizienten, die eine globale Information über das Originalbild liefern, und andere, die Auskunft über die Ähnlichkeit eines kleinen Bildausschnitts mit den weniger ausgedehnten Haarfunktionen geben. Es entsteht eine Gruppenbildung, die der in Abbildung 4.27 ähnlich ist.

4.3.5 Fensterung

In diesem Abschnitt soll am Beispiel der Fouriertransformation die Frage erörtert werden, ob das Ergebnis der diskreten Fouriertransformation als Approximation des Ergebnisses der kontinuierlichen Fouriertransformation oder der Fourierreihenentwicklung angesehen werden kann. Unter der Voraussetzung, dass das Abtasttheorem eingehalten wurde, ist die Güte der Approximation abhängig von dem zu transformierenden Signal, von der Abtastung und der Zeitbegrenzung. Liegt ein zu transformierendes Signal als zeitkontinuierliches Signal vor, muss es für die digitale Verarbeitung abgetastet werden. Dazu ist die Festlegung eines Abtastintervalls $\Delta t = T_\mathrm{A}$ erforderlich. Wird es zu groß gewählt, geht Information verloren, was sich beispielsweise darin zeigt, dass eine Rekonstruktion des Originalsignals nicht mehr möglich ist. Wird es zu klein gewählt, so sind Aufwand und Kosten für die Signalerfassung und -verarbeitung unnötig hoch. Die maximale Größe des Abtastintervalls wird bestimmt durch das Abtasttheorem (s. Abschnitt 2.3).
Bei der praktischen Ausführung der diskreten Fouriertransformation ist zu beachten, dass das Abtastintervall T_A, die Anzahl der Abtastwerte N und die Frequenzauflösung Δf in einem festen Zusammenhang stehen. Die gesetzmäßige Verknüpfung dieser drei Größen lautet:

$$N \cdot \Delta t \cdot \Delta f = \mathrm{const} \tag{4.119}$$

Beziehungen vom Typ $\Delta t \cdot \Delta f = \mathrm{const}$ werden allgemein als Unschärferelation bezeichnet. Ein Prozess, der durch ein Signal repräsentiert werden soll, kann bei gleichzeitiger Darstellung seiner Zeit- und Frequenzabhängigkeit in der Zeit-Frequenz-Ebene (vgl. Abschnitt 4.7) nicht als scharfer Punkt, sondern nur als Rechteck $\Delta t \cdot \Delta f$ angegeben werden. Aus diesem Zusammenhang ergeben sich wichtige theoretische und praktische Schlussfolgerungen, auf die hier kurz eingegangen werden soll.
In der Signalverarbeitung wird ein Signal im Allgemeinen nur endlich lange gemessen bzw. beobachtet. Wir sprechen auch davon, dass wir das Signal lediglich durch ein Zeitfenster sehen können. Mit der Beobachtungsdauer T_B

$$T_\mathrm{B} = N\, T_\mathrm{A} \tag{4.120}$$

kann Gleichung (4.119) nach der Frequenzauflösung umgestellt werden:

$$\Delta f = \frac{1}{T_\mathrm{B}} = \frac{1}{N\, T_\mathrm{A}} \tag{4.121}$$

Da das Abtastintervall T_A über das Abtasttheorem festgelegt wird, kann Δf nur noch durch die Abtastwerteanzahl N beeinflusst werden. Es sind zwei Fälle zu untersuchen:

- N wird zu klein gewählt. Das bedeutet, die Frequenzauflösung Δf ist zu groß (zu grob). Die Folgen erklärt der „Lattenzauneffekt“: Mitunter hat sich eine interessante Spektrallinie gerade hinter der Latte eines gedachten Lattenzaunes versteckt — an dieser Stelle des Spektrums berechnet die DFT keinen Spektralkoeffizienten (s. Abbildung 4.28). Die im Signal enthaltene Information geht aber nicht verloren. Die verdeckten Spektrallinien addieren sich zu den links und rechts benachbarten, tatsächlich berechneten Frequenzen.
- N wird zu groß gewählt. Nun ist die Frequenzauflösung zu klein (zu fein), die interessante Spektrallinie wird sich nicht mehr hinter dem Lattenzaun befinden. Die DFT

berechnet jedoch zu viele Spektralkoeffizienten, was sich ungünstig auf die Zeit zur Signalerfassung und die sich anschließende Rechenzeit auswirkt.

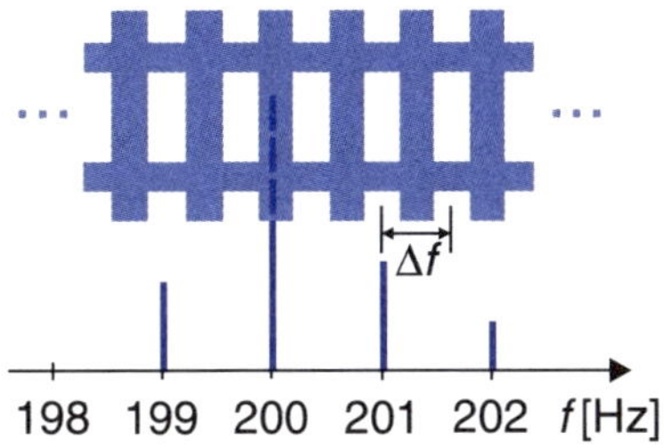

Abbildung 4.28: Ungünstige Frequenzauflösung Δf, die Spektrallinien bei 200 und 202 Hz werden verdeckt

An dieser Stelle sei vermerkt, dass wir zur Erzielung einer feineren Frequenzauflösung ein Signal länger als notwendig beobachten können. Abbildung 4.29 zeigt, dass dies auch durch Auffüllen mit Nullen (engl.: *zero padding*) erfolgen kann. Im Frequenzbereich erscheinen nun die Spektrallinien in einem kleineren Abstand Δf (Abbildung 4.29 b). Die Spektrallinien in Abbildung 4.29 a) würden bei der Rücktransformation aber bereits das 2 s lange Signal ergeben. Deshalb ist das Auffüllen des Signals mit Nullen lediglich eine kosmetische Operation.

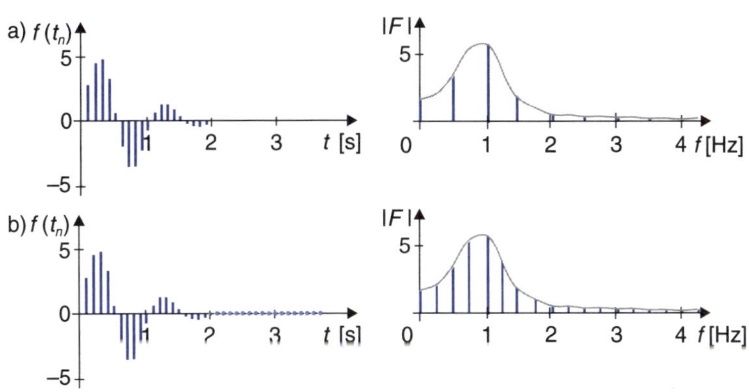

Abbildung 4.29: Veränderte Frequenzauflösung durch Auffüllen eines Zeitsignals mit Nullen
a) abklingendes Signal mit $T_B = 2$ s und Betragsspektrum mit $\Delta f = 0{,}5$ Hz
b) Signal mit $T_B = 4$ s und Betragsspektrum mit $\Delta f = 0{,}25$ Hz

Ohne es besonders zu betonen, ist bisher immer unterstellt worden, dass die Folge der Abtastwerte f_n das Analogsignal vollständig repräsentiert. Im allgemeinen Fall wird das nicht zutreffen, weil das zu verarbeitende Zeitsignal selten abklingt oder zeitlich begrenzt ist. Das bedeutet, dass nach Festlegung des Abtastintervalls auch die Beobachtungsdauer beschränkt werden muss, denn nur eine endliche Anzahl von Abtastwerten kann in die weiteren Berechnungen eingehen.

Für den Fall periodischer Funktionen kann das Begrenzen des Zeitsignals auf eine Dauer, die nicht gleich der Periodenlänge oder einem ganzzahligen Vielfachen davon ist, dazu führen, dass im Spektrum Frequenzen auftauchen, die nicht im Signal enthalten sind. Die

Ursache liegt in der Periodizität der Zeit- und Spektralfunktion nach Gleichung (4.72). Das Spektrum wird nämlich so berechnet, dass sich die periodische Fortsetzung des Zeitsignals möglichst gut approximieren lässt. Wird es an ungeeigneter Stelle begrenzt und periodisch fortgesetzt, so können unter Umständen künstliche Diskontinuitäten (Signalsprünge) entstehen. Die Auswirkungen einer ungünstigen Begrenzung sind nicht so groß, wenn man einen längeren Abschnitt des Zeitsignals wählt. Allerdings wird dann möglicherweise die Annahme der Stationarität nicht mehr erfüllt sein. Auch bei Zufallssignalen kann die periodische Fortsetzung zu Problemen führen.
In der Signalverarbeitung haben sich nun verschiedene Maßnahmen bewährt, die den negativen Effekt mildern:

Abklingendes Signal Die zeitliche Begrenzung des Signals erfolgt durch Festlegung eines Schwellwerts. Unterschreiten die Abtastwerte für eine bestimmte Dauer diesen Wert, so werden sie Null gesetzt.

Periodisches Signal Für die diskrete Transformation wird ein Zeitintervall gewählt, das einer ganzen Zahl von Signalperioden entspricht.

Zufälliges Signal Das Signal wird im Zeitbereich mit einer Fensterfunktion multipliziert, die so gewählt wird, dass durch die periodische Fortsetzung des Signalausschnitts keine künstlichen Diskontinuitäten entstehen.

Für die Bewertung der einzelnen Maßnahmen ist es günstig, den Idealfall kennen zu lernen. Dieser liegt vor, wenn ein bandbegrenztes periodisches Signal gegeben ist und die Beobachtungszeit einer ganzen Signalperiode (oder einem ganzzahligen Vielfachen davon) entspricht. Dieser Fall ist in Abbildung 4.30 a) dargestellt. Das Signal wird genau über eine Periode beobachtet, die Beobachtungsdauer T_B ist 4 s lang. Das Ergebnis der DFT ist das „wahre“ Spektrum. Das Betragsspektrum ist dargestellt, das Winkelspektrum entspricht dem in Abbildung 4.2. Abbildung 4.30 b) zeigt das DFT-Ergebnis für den Fall, dass das Beobachtungsintervall keine ganze Signalperiode bzw. kein ganzzahliges Vielfaches davon umfasst. Die Beobachtungsdauer beträgt nun $T_B = 64 \cdot 100$ ms $= 6{,}4$ s. Das zugehörige Spektrum zeigt einen Effekt, der als Auslaufen der Spektrallinien bezeichnet wird (auch Leckeffekt, engl.: *leakage*). Abbildung 4.30 c) zeigt, dass mit größer werdendem N eine Annäherung an das fehlerfreie Spektrum erfolgt.

Soll ein Signal mit der DFT in den Frequenzbereich überführt werden, so wird in der Regel über den Charakter des zugrunde liegenden Prozesses und somit des Signals nichts bekannt sein. Aussagen zur Periodizität oder Bandbegrenzung sind nicht möglich. Erfolgt nun eine mehr oder weniger willkürliche Beschränkung der Abtastwerte, ist das gleichbedeutend mit der Multiplikation des zeitabhängigen Signals mit einer Rechteckfunktion. Damit ergeben sich Verhältnisse, wie sie in Abbildung 4.30 b) dargestellt sind.

Wie die Abbildungen 4.30 und auch 4.32 b) zeigen, ist die Verwendung eines Rechteckfensters zum Herausschneiden eines Beobachtungsintervalls wegen der möglicherweise entstehenden künstlichen Diskontinuitäten nicht immer günstig. Es liegt nahe, Fensterformen zu verwenden, die das Signal an den Grenzen des Beobachtungsintervalls dämpfen. In der Literatur ist eine Reihe solcher Fensterfunktionen vorgeschlagen worden. Alle Fensterfunktionen sind gerade Funktionen, die an den Rändern abklingen. Die bekanntesten, das Von-Hann-Fenster und das Hammingfenster nutzen eine Periode einer

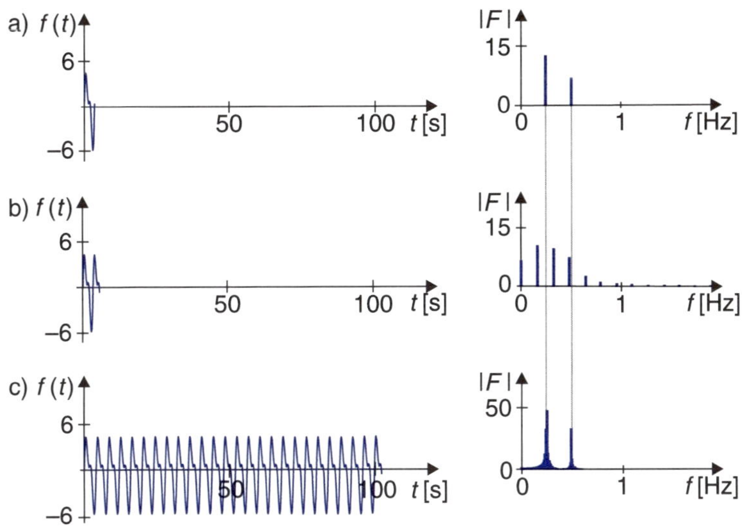

Abbildung 4.30: Auswirkung der Beobachtungsdauer NT_A auf das diskrete Frequenzspektrum des periodischen Signals aus Abbildung 4.1 mit $T_\mathrm{A} = 100$ ms und a) $N = 40$, b) $N = 64$ und c) $N = 1024$

Kosinusfunktion. Die Form des Fensters wird auch als Kosinusglocke bezeichnet. Die folgende allgemeine Gleichung beschreibt diese Fenster:

$$f_n = \alpha + (1 - \alpha) \cos\left(\frac{2\pi\ t_n}{N\ T_\mathrm{A}}\right) \quad \text{mit} \quad |t_n| < \frac{1}{2}\ N\ T_\mathrm{A} \tag{4.122}$$

Sie unterscheiden sich durch die Wahl des Parameters α.

Von-Hann-Fenster Das Von-Hann-Fenster (manchmal auch als Hanningfenster bezeichnet) ist nach dem österreichischen Meteorologen Julius von Hann benannt. Von Hann hat für den Parameter α den Wert 0,5 festgelegt, seine Fensterfunktion wird deshalb auch als erhöhtes Kosinusfenster bezeichnet. Abbildung 4.31 b) zeigt das Von-Hann-Fenster mit seinem Frequenzspektrum. Hier zeigen sich vor allem die vorteilhaften Eigenschaften des Von-Hann-Fensters. Der Vergleich sollte zweckmäßigerweise mit dem Spektrum des Rechteckfensters in Abbildung 4.31 a) erfolgen, da wir bei einfacher Zeitbegrenzung eines Signals de facto immer mit einem Rechteckfenster multiplizieren. Im Spektrum zeigt sich, dass es weit weniger Schwingungen aufweist, dafür aber etwas breiter ist.

Hammingfenster Der amerikanische Mathematiker Richard W. Hamming hat das Von-Hann-Fenster weiter verändert [17]. Dazu hat er ein modifiziertes Rechteckfenster mit dem Von-Hann-Fenster verglichen. Das modifizierte Rechteckfenster hat gegenüber dem Rechteckfenster an den Rändern anstelle des Übergangs von 0 nach 1 einen Zwischenwert von 1/2. Der Vergleich der Spektren zeigte, dass die Schwingungen dieses modifizierten Rechteckfensters und des Von-Hann-Fensters gerade entgegengesetzte Vorzeichen hatten. Deshalb hat Hamming die (gewichteten) Spektren dieser Fenster zu einem neuen addiert. Unter Minimierung der Seitenmaxima des neuen Fensters fand er

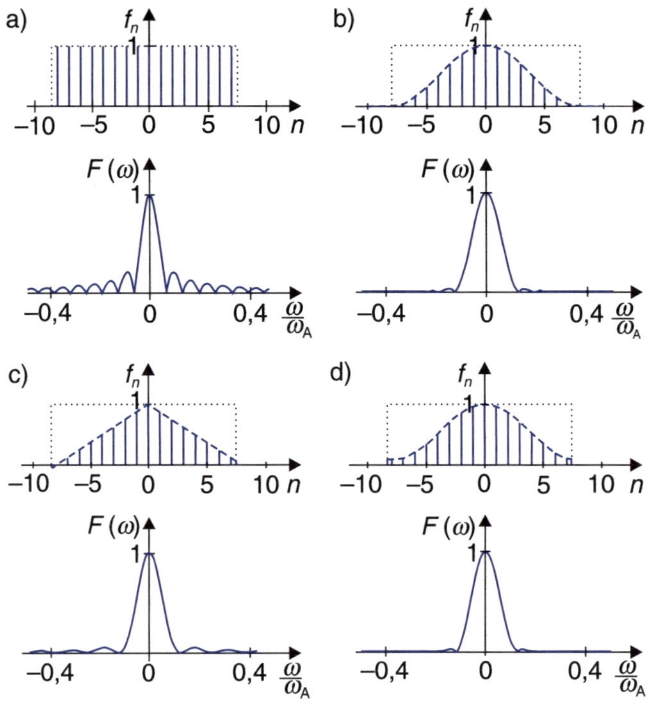

Abbildung 4.31: Vier Fensterfunktionen und ihre Spektren
a) Rechteckfenster und b) Von-Hann-Fenster
c) Dreieckfenster und d) Hammingfenster

schließlich für ein neues Fenster, das Hammingfenster, den Parameter $\alpha = 0{,}54$. Das Hammingfenster wird auch als erhöhtes Kosinusfenster mit Plateau (oder Sockel) bezeichnet (Abbildung 4.31 d). Das Plateau mit etwa 8 % der Amplitude des Fensters ist gerade das Ergebnis der Minimierung der ersten Nebenmaxima. Es bewirkt aber auch, dass das Fenster an den Rändern eine kleine Diskontinuität aufweist, die durchaus zu sichtbaren Artefakten führen kann.

Rechteckfenster Es sei noch erwähnt, dass das Rechteckfenster (Abbildung 4.31 a) ebenfalls mit der Gleichung (4.122) beschrieben werden kann. Für den Parameter α ist dann der Wert 1 einzusetzen.

Erinnert sei an dieser Stelle noch an das Faltungstheorem, das im Zusammenhang mit den Fensterfunktionen einen wichtigen Sachverhalt beschreibt: Da die gewählte Fensterfunktion im Zeitbereich mit dem Signal durch Multiplikation verknüpft ist, entspricht das einer Faltung der beiden Spektren. Das hat zur Folge, dass durch Anwendung von Fensterfunktionen das Spektrum eines Signals zusätzlich gedämpft und verbreitert wird. Zur Beurteilung der verschiedenen Fensterfunktionen sind Maßzahlen eingeführt worden, die einen Vergleich der Eigenschaften ermöglichen [43]. Dieser Vergleich bezieht sich z. B. auf die Höhe der Nebenmaxima oder auf den ersten Nulldurchgang.
Die Auswirkung der Multiplikation einer Zeitfunktion mit dem Von-Hann-Fenster und

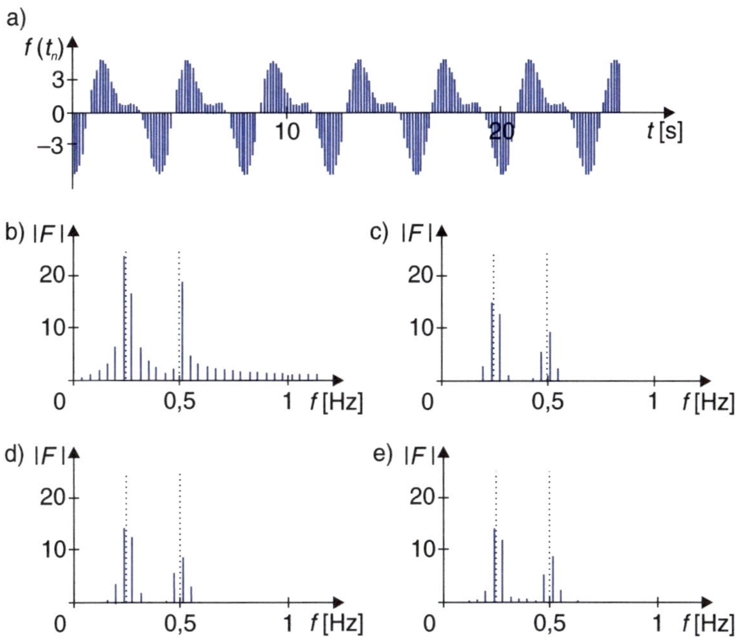

Abbildung 4.32: Auswirkungen verschiedener Fensterfunktionen auf DFT-Betragsspektren
a) periodisches Signal aus Abbildung 4.30
b) Rechteckfenster und c) Von-Hann-Fenster
d) Hammingfenster und e) Dreieckfenster

dem Hammingfenster zeigen Abbildung 4.32 c) und d). Abbildung 4.32 b) zeigt das fehlerhafte Linienspektrum, wenn das Signal mit einem Rechteckfenster multipliziert wird.

4.3.6 Schnelle Algorithmen

Die Berechnung der diskreten Fouriertransformation erfordert einen großen Aufwand. Für einen Signalvektor der Länge N sind N^2 komplexe Multiplikationen und $N(N-1)$ komplexe Additionen erforderlich. Deshalb war eine breite Anwendung der diskreten Fouriertransformation erst möglich, als Algorithmen gefunden wurden, die die Berechnung erheblich beschleunigten. Als Pioniere dieser Entwicklung sind J. W. Cooley und J. W. Tukey zu nennen, die im Jahre 1965 mit ihrer Arbeit „An Algorithm for the Machine Calculation of Complex Fourier Series“ den ersten wesentlichen Beitrag zur Beschleunigung der Berechnung geleistet haben [9]. Der in dieser Arbeit vorgeschlagene Algorithmus, der später als Cooley-Tukey-Algorithmus (CTA) in die Literatur eingegangen ist, ist einer der meist zitierten Artikel in Zeitschriften der Mathematik und Informatik. In kurzer Zeit wurde dann eine Reihe weiterer Algorithmen für die schnelle Fouriertransformation veröffentlicht, die üblicherweise unter der Abkürzung FFT für *Fast Fourier Transform* zusammengefasst werden. Eine gute Übersicht und eine Beschreibung einiger Algorithmen sind z. B. in [1, 4, 6] zu finden.

Die Erhöhung der Geschwindigkeit im Vergleich zur Ausführung der DFT über eine Matrixmultiplikation nach Gleichung (4.62) wird einerseits durch gleichzeitige Ausnutzung der Symmetrien und der Periodizität der komplexen Exponentialfunktion erreicht, andererseits durch Zusammenfassung von Teilsummen, die mit dem gleichen Faktor zu multiplizieren sind. Voraussetzung für die Anwendung der schnellen Transformation ist, dass sich die Länge des Signalvektors als Produkt von mindestens zwei ganzen Zahlen darstellen lässt. Ihre Effizienz steigt mit der Anzahl der Faktoren. Wann immer es möglich ist, wird für N eine Zweierpotenz verwendet.

Cooley und Tukey haben ein Schema der Umordnung der Elemente des Signalvektors entsprechend einer Bitumkehr eingeführt. Durch die neue Reihenfolge können Teilsummen zusammengefasst werden, die mit dem gleichen Faktor zu multiplizieren sind. Die Faktoren sind nach Gleichung (4.55) die Einheitswurzeln W_N^{mn} mit $W_N = \exp(-j2\pi/N)$. Das Prinzip kann deshalb am Einheitskreis veranschaulicht werden. Abbildung 4.33 zeigt für $N = 8$ ein Beispiel.

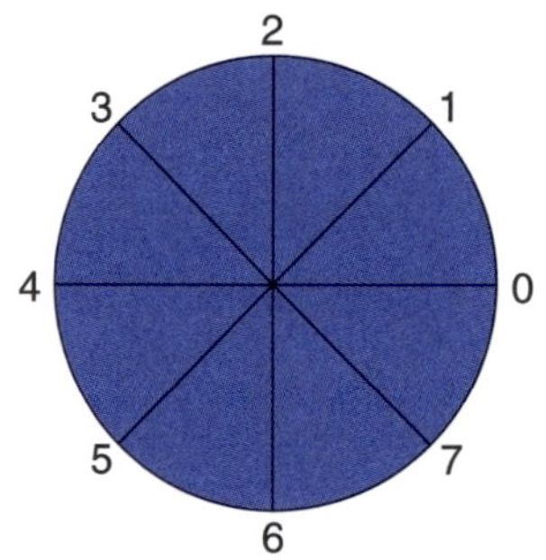

dezimal	binär	dezimal (Bitumkehr)
0	000	0
1	001	4
2	010	2
3	011	6
4	100	1
5	101	5
6	110	3
7	111	7

Abbildung 4.33: Einheitskreis mit Winkeleinteilung, $N = 8$

Auf dem Einheitskreis sind nur drei Werte wirklich zu berechnen. Die anderen ergeben sich durch Vorzeichenumkehr oder Vertauschen der Sinus- und Kosinuskomponenten. Zum Beispiel ergibt sich der Wert für $N = 4$ aus dem Wert für $N = 0$ durch einfache Vorzeichenumkehr, die dazu orthogonalen Werte für $N = 2$ und $N = 6$ durch Vertauschen der Sinus- und Kosinuskomponenten unter gleichzeitiger Vorzeichenumkehr. Die Reihenfolge der Berechnungen entspricht dann der letzten Tabellenspalte in Abbildung 4.33.

Es ist zweckmäßig, die Verknüpfung der Eingangssignale, Zwischenergebnisse und Ausgangssignale durch Signalflussgraphen darzustellen. Werden nur zwei Abtastwerte eines Eingangssignals verwendet, so entsteht ein Grundbaustein, dessen Form an einen Schmetterling erinnert. Abbildung 4.34 zeigt den Signalflussgraphen für diesen einfachen Fall, der für alle schnellen Algorithmen mit $N = 2^n$ Verwendung findet [1].

Die oben beschriebene Umordnung der Elemente des Signalvektors wird auch Dezimierung in der Zeit genannt, weil nur jedes n. Element herausgegriffen und die dazwischen liegenden durch Nullen ersetzt bzw. durch Weglassen der Nullen verkürzt werden. Dadurch wird letztlich eine Transformation der Länge N so lange wiederholt in Transformationen der Länge $N/2$ zerlegt, bis schließlich $\mathrm{ld}(N)$ Transformationen der Länge 2 jeweils für geradzahlige und ungeradzahlige Vektorelemente auszuführen sind. Der

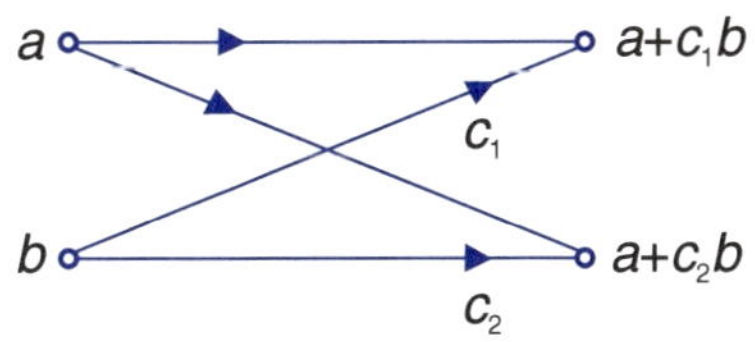

Abbildung 4.34: Schmetterlingsgraph als Grundbaustein aller schnellen Transformationen

Signalflussgraph des FFT-Algorithmus für $N = 8$ in Abbildung 4.35 ist aus dem Grundbaustein zusammengesetzt.

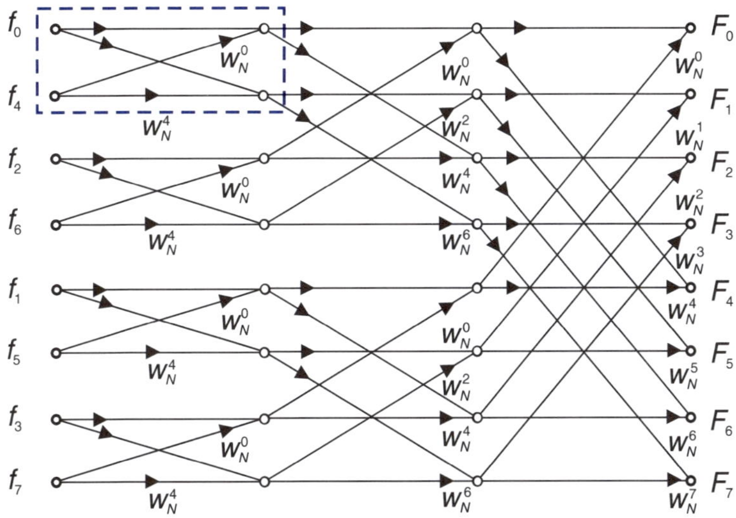

Abbildung 4.35: Signalflussgraph des Cooley-Tukey-Algorithmus der schnellen Fouriertransformation für $N = 8$, links oben der Grundbaustein

Für den allgemeinen Fall eines Signalvektors mit $N = 2^n$ Vektorelementen benötigt die DFT N^2 komplexe Multiplikationen, die FFT dagegen lediglich $N\,\mathrm{ld}(N)$. Dieselben Geschwindigkeitsvorteile ergeben sich, wenn eine Dezimierung in der Frequenz vorgenommen wird.

Das Prinzip der schnellen Fouriertransformation kann auch auf die diskrete Walshtransformation übertragen werden. Der Signalflussgraph gleicht dem des Cooley-Tukey-Algorithmus, allerdings tritt an die Stelle der Multiplikation der Elemente des Signalvektors mit komplexen Exponentialfunktionen eine Multiplikation mit $+1$ oder -1, was den Algorithmus erheblich beschleunigt.

Auch bei der schnellen Walshtransformation kann eine Dezimierung in der Zeit oder in der Sequenz vorgenommen werden. In Abbildung 4.36 ist für $N = 8$ ein Beispiel gezeigt.

Ausführliche Darstellungen schneller Algorithmen weiterer, für die Signalverarbeitung relevanter Transformationen sind z. B. in [1, 4] zu finden.

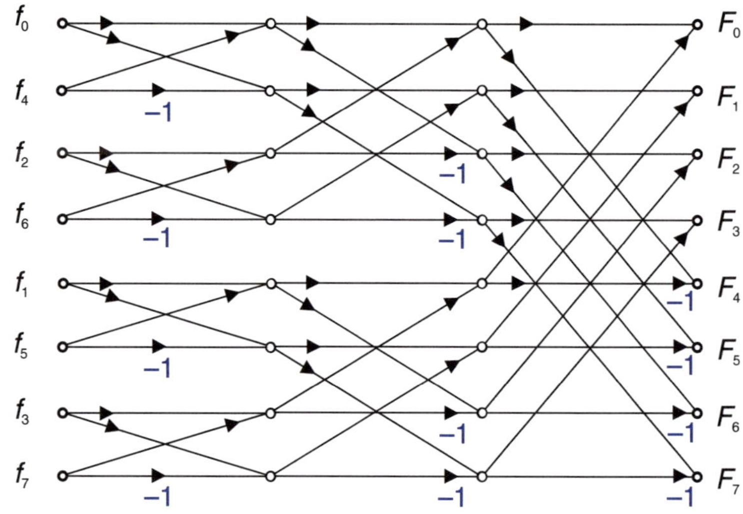

Abbildung 4.36: Signalflussgraph der schnellen Walshtransformation für $N = 8$

4.4 Filterung im Spektralbereich

Werden Signale in einen Spektralbereich transformiert, so geschieht dies meist in der Erwartung, dass entweder Signaleigenschaften dort besser sichtbar sind oder aber eine gewünschte Beeinflussung des Signals dort einfacher, zielgerichteter oder effektiver auszuführen ist. Die Veränderung des Spektrums, d. h. die Dämpfung oder Elimination bestimmter Spektralanteile, heißt Signalfilterung und ist eine der wichtigsten Anwendungen der diskreten Transformationen. Zur Erläuterung der Filterung sei wegen der traditionellen Bedeutung der Frequenzbereich gewählt. In Abbildung 4.37 ist das Prinzip dargestellt. Das Zeitsignal f_n wird mit der DFT in den Frequenzbereich transformiert. Das Ergebnis F_m wird dort mit der diskreten Übertragungsfunktion H_m elementweise multipliziert. Das Ergebnisspektrum G_m wird mit der inversen DFT in den Zeitbereich zurücktransformiert. Das Zeitsignal g_n ist das gefilterte Ausgangssignal.

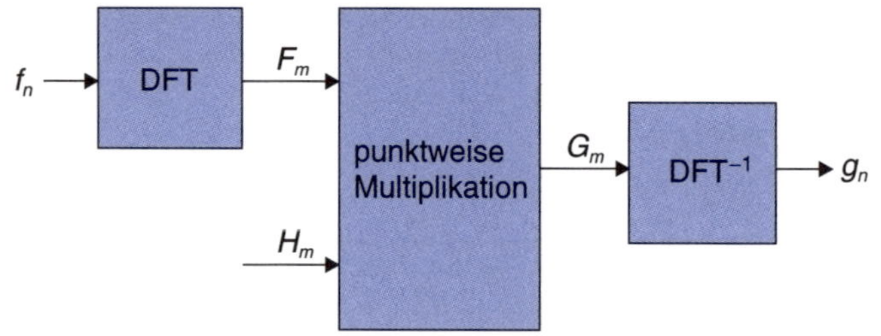

Abbildung 4.37: Prinzip der Filterung im Spektralbereich, hier Frequenzbereich

Soll beispielsweise ein Signal f_n so gefiltert werden, dass es nur noch Frequenzen zwischen ω_u und ω_o enthält, muss die Übertragungsfunktion H_m außerhalb dieses Frequenzbereichs Null sein. Nach der elementweisen Multiplikation des diskreten Spektrums F_m mit dieser Funktion verbleiben nur noch Spektralanteile im gewünschten Bereich. Es gelten die folgenden Beziehungen:

$$\begin{aligned} f_n \quad &\circ\!\!-\!\!\bullet \quad F_m \\ H_m \quad &= \quad \begin{cases} 1 & \text{für} \quad \omega_\mathrm{u} < |m \cdot \Delta\omega| < \omega_\mathrm{o} \\ 0 & \text{sonst} \end{cases} \\ G_m \quad &= \quad F_m \cdot H_m \\ G_m \quad &\bullet\!\!-\!\!\circ \quad g_n \end{aligned} \tag{4.123}$$

Da die Multiplikation im Spektralbereich einer Faltung im Zeitbereich entspricht, kann die Filterung gleichwertig auch im Zeitbereich ausgeführt werden (s. Abschnitt 3.7). Welche der beiden Möglichkeiten zur Filterung vorzuziehen ist, wird von der Effizienz des Verfahrens bestimmt, die ihrerseits von der Länge des Signalvektors abhängt. Bei der Anwendung der DFT auf einen Signalabschnitt sollte das Signal vorher mit einer Fensterfunktion multipliziert werden. Der theoretische Hintergrund für diese Maßnahme ist in Abschnitt 4.3.5 erläutert worden.

Die Signalfilterung kann verschiedene Ziele verfolgen. Dazu gehören u. a.:

- Dämpfung oder Beseitigung von Störungen
- Hervorhebung bestimmter Spektralanteile
- Signalkompression durch Eliminierung irrelevanter Spektralanteile
- Klassifizierung von Signalen anhand ausgewählter Spektralkoeffizienten

Das vorgestellte Prinzip der Filterung im Frequenzbereich kann auch auf andere Spektralbereiche übertragen werden. Wird ein zeit- oder ortsabhängiges Signal beispielsweise im Sequenzbereich gefiltert, wird das Ausgangssignal ein treppenförmiges Zeitsignal oder ein Bildsignal mit Klötzcheneffekten sein.

4.5 Schnelle Korrelation und Faltung

So wie die Signalfilterung im Zeit- oder Spektralbereich ausgeführt werden kann, ist auch die Berechnung der Korrelation und Faltung in beiden Bereichen möglich. Die diskreten Versionen des Korrelationstheorems (Gleichung (4.85)) und des Faltungstheorems (Gleichung (4.83)) stellen den Zusammenhang zwischen beiden Berechnungsmethoden her. Für die zyklische Korrelation gilt:

$$f_n \circ\!\!-\!\!\bullet F_m \quad \text{und} \quad h_n \circ\!\!-\!\!\bullet H_m$$

$$r_k^z \circ\!\!-\!\!\bullet F_m \cdot H_m^* \quad \text{mit} \quad r_k^z = \sum_{n=0}^{N-1} f_n \cdot h_{(n+k)_N} \tag{4.124}$$

Die zyklische Faltung berechnet sich ähnlich:

$$g_n^z \circ\!\!-\!\!\bullet F_m \cdot H_m \quad \text{mit} \quad g_n^z = \sum_{k=0}^{N-1} f_k \cdot h_{(n-k)_N} \tag{4.125}$$

Die Berechnungen von zyklischer Korrelation und zyklischer Faltung über den Frequenzbereich erfordern die Hin- und Rücktransformation der beiden Zeitsignale, also

zusätzliche Rechenoperationen. Wird die Transformation allerdings mit der schnellen Fouriertransformation ausgeführt, so kann der Rechenaufwand dennoch kleiner sein als bei der direkten Berechnung im Zeitbereich. Diese indirekten Verfahren werden deshalb auch schnelle Korrelation und schnelle Faltung genannt.
Bei der Berechnung von Korrelation und Faltung über den Frequenzbereich sind einige Besonderheiten zu beachten. Sie haben ihre Ursache in den Periodizitätseigenschaften der DFT (s. Gleichung (4.72)). Durch die Periodizität der Zeitfunktion ist die für die Korrelation und Faltung erforderliche Verschiebung eines der beiden Zeitsignale eine zyklische Verschiebung. Das hat zur Folge, dass nur ein Teil der Ergebnisse denen der nichtzyklischen Korrelation und Faltung entspricht. Eine vollständige Identität der Ergebnisse kann aber dadurch erreicht werden, dass die Signale f_n der Länge N_f und h_n der Länge N_h so mit Nullen aufgefüllt werden, dass beide die Länge $N_f + N_h - 1$ haben. Eine zyklische Verschiebung führt nun nicht mehr zu anderen Ergebnissen als die „normale" Verschiebung. Die Ergebnisse der direkten Berechnung von Korrelation und Faltung nach den Gleichungen (3.61) und (3.71) und der indirekten Berechnung über den Frequenzbereich sind dann gleich. Die praktische Ausführung der Korrelation und Faltung über den Frequenzbereich erfordert die folgenden Schritte:

- Auffüllen der Zeitsignale f_n und h_n mit Nullen, so dass ihre Länge einer Zweierpotenz entspricht und die Bedingung $N \geq N_f + N_h - 1$ erfüllt ist (s. Gleichung (3.66))
- Berechnung der Fouriertransformierten F_m und H_m der beiden Zeitsignale mit der FFT
- Berechnung der konjugiert komplexen Funktion H_m^* (nur für die Korrelation)
- Berechnung des Produkts der Transformierten durch komponentenweise Multiplikation von F_m und H_m bzw. F_m und H_m^*
- Berechnung der Zeitfunktion über die inverse FFT

Das Ergebnis der Korrelation ist dann:

$$r_k^z \circ\!\!-\!\!\bullet\; R_m \quad \text{mit} \quad R_m = F_m \cdot H_m^* \tag{4.126}$$

Für die Faltung ergibt sich:

$$g_n^z \circ\!\!-\!\!\bullet\; G_m \quad \text{mit} \quad G_m = F_m \cdot H_m \tag{4.127}$$

Werden zur Berechnung der Anzahl der notwendigen Operationen nur die Multiplikationen zugrunde gelegt, so ist nach der direkten Methode nach Gleichung (3.61) lediglich die paarweise Multiplikation der beiden Funktionen auszuführen, das sind N^2 Multiplikationen. Die schnelle Korrelation erfordert die Fouriertransformation der zu korrelierenden Signale, die paarweise komplexe Multiplikation der beiden Fouriertransformierten und die inverse Transformation des Ergebnisses. Unter Verwendung einer schnellen Fouriertransformation mit einem Aufwand von $N \cdot \mathrm{ld}\, N$ ergibt sich ein Gesamtaufwand von $3 \cdot N \cdot \mathrm{ld}\, N + 4 \cdot N$, d. h., schon bei $N = 16$ lohnt die Berechnung der Korrelation über den Frequenzbereich.

Die Verhältnisse bei der Faltung sind ähnlich; hier kommt noch die Spiegelung eines der beiden Zeitsignale hinzu, dafür entfällt die Berechnung von H_m^*.

Blockkorrelation In der Praxis kommt es häufig vor, dass eins der beiden Zeitsignale sehr viel länger als das andere ist. Soll z. B. ein fortlaufend eintreffendes Sprachsignal mit einem anderen (kurzen) Signal korreliert werden, so werden wir laufend an den Ergebnissen interessiert sein und nicht warten wollen, bis das gesamte Signal vorliegt. Zur schnellen Berechnung einer Korrelation wird in einem solchen Fall das (lange) Signal in einzelne Abschnitte (Blöcke) zerlegt, mit denen jeweils die Korrelation berechnet wird. Anschließend müssen die Teilergebnisse so zusammengefügt werden, dass das Ergebnis dem der gewöhnlichen Korrelation entspricht. Für die praktische Ausführung einer solchen Blockkorrelation gibt es zwei Verfahren, die im Englischen mit *overlap add* und *overlap save* bezeichnet werden. Sie können auch für die blockweise Faltung angewendet werden. Zur Erläuterung soll als Beispiel ein Signal f_n von unendlicher Länge mit einem Muster h_n der Länge N_h nach der Methode *overlap add* korreliert werden (Abbildung 4.38).

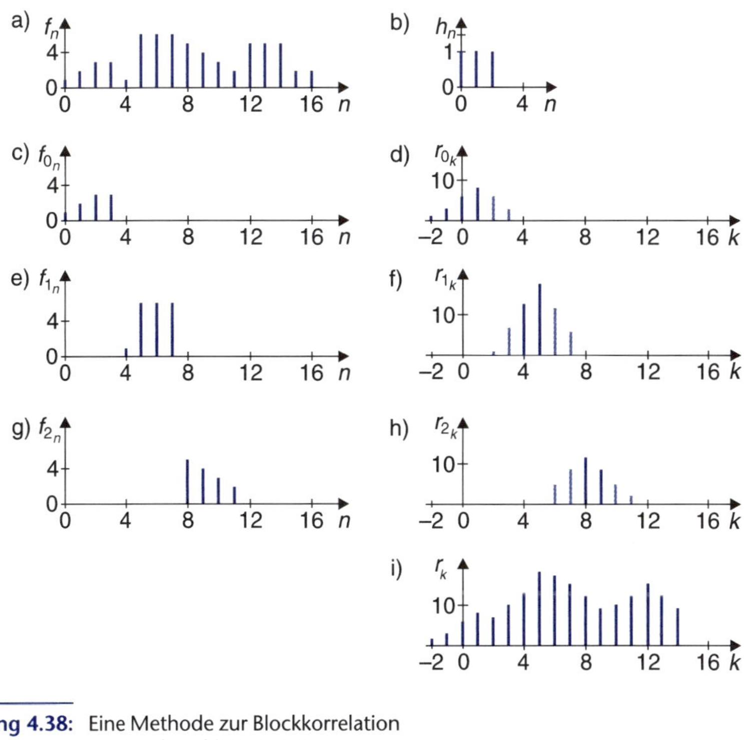

Abbildung 4.38: Eine Methode zur Blockkorrelation
a) Signal f_n, b) Muster h_n
c) Block 0 und d) zugehöriges Korrelationsergebnis
e) Block 1 und f) zugehöriges Korrelationsergebnis
g) Block 2 und h) zugehöriges Korrelationsergebnis
i) Korrelation von f_n und h_n

Dazu wird zuerst das Signal f_n in Blöcke f_b der Länge S zerlegt (Abbildung 4.38 c), e) und g). Die Summierung der einzelnen Blöcke ergibt das gesamte Signal f_n:

$$f_n = \sum_{b=0}^{\infty} f_{b_{n-bS}} \quad \text{mit} \quad f_{b_n} = \begin{cases} f_{n+bS} & \text{für} \quad 0 \leq n \leq S-1 \\ 0 & \text{sonst} \end{cases} \tag{4.128}$$

Auch die Korrelationsergebnisse r_{bk} der einzelnen Blöcke müssen summiert werden, um das Gesamtergebnis r_k zu erhalten:

$$r_k = \sum_{b=0}^{\infty} r_{b_{k-bS}} \quad \text{mit} \quad r_{bk} = (f_b \circledast h)_k \qquad (4.129)$$

Ein Ergebnis r_{bk}, beispielsweise über die schnelle Fouriertransformation berechnet, hat nun aber die Länge $S + N_h - 1$ und enthält $N_h - 1$ sich überlappende Bereiche. Um ein richtiges Ergebnis zu erhalten, müssen die sich überlappenden Teilergebnisse (Abbildung 4.38 d), f) und h) addiert werden (*overlap add*). Das Korrelationsergebnis r_k zeigt Abbildung 4.38 i).
Bei der zweiten Methode (*overlap save*) ist eine solche Addition nicht erforderlich. Stattdessen wird das Eingangssignal in überlappende Segmente zerlegt. Die Methode heißt deshalb auch Methode der überlappenden Eingangssignale. Die Summierung der Teilergebnisse führt dann zum richtigen Gesamtergebnis, wenn in jeder Folge die Werte im Überlappungsintervall unberücksichtigt bleiben.

4.6 Kurzzeittransformationen

Das Ergebnis der klassischen Fouriertransformation sagt etwas darüber aus, in welchem Ausmaß die zu analysierende Zeitfunktion mit der harmonischen Funktion der jeweiligen Frequenz übereinstimmt. Für die Berechnung wird jeweils das gesamte Signal herangezogen, die Aussage bezieht sich somit auf den Frequenzgehalt des gesamten Signals. Eine Aussage über die Zeitpunkte, bei denen diese Frequenzen im Signal auftreten, ist nicht möglich. Entsprechend ist bei zweidimensionalen Signalen keine Angabe des Ortes möglich, der diese Frequenzen enthält. Sind die Signale stationär, so existieren alle Frequenzkomponenten zu jedem Zeitpunkt bzw. an jedem Ort. Damit ist das Ergebnis der Spektralanalyse über die Fouriertransformation repräsentativ für das gesamte Signal. Abbildung 4.39 a) zeigt ein stationäres Signal mit drei verschiedenen Frequenzen. Die drei Frequenzkomponenten des Spektrums sind zu jedem Zeitpunkt im Signal vorhanden.

Ändert sich jedoch mit der Zeit der Frequenzgehalt im Signal, so ist das Ergebnis der Fouriertransformation nur dann aussagekräftig, wenn lediglich ein Überblick über den Frequenzgehalt des gesamten Signals gewonnen werden soll. Ein Beispiel für ein solches Signal ist in Abbildung 4.39 b) gezeigt. Aus dem Spektrum dieses nichtstationären Signals können keine Rückschlüsse darauf gezogen werden, zu welchem Zeitpunkt die einzelnen Frequenzen auftreten.

Ändert sich ein zeit- oder ortsabhängiges Signal nur in einem kurzen Zeitabschnitt oder in einer kleinen Region, so wirkt sich diese Änderung auf das gesamte Spektrum aus. Eine Beziehung zwischen dem Frequenzgehalt und den Variablen Zeit oder Ort ist also mit der klassischen Fouriertransformation nicht zu ermitteln. Da der Frequenzgehalt vieler Signale in unserer Umgebung jedoch zeitabhängig ist, sind Verfahren entwickelt worden, die eine gleichzeitige Analyse des Zeit- und Frequenzverhaltens ermöglichen. In teilweise synonymer Verwendung von Bezeichnungen gehören zu diesen Verfahren im weitesten Sinne die Gábortransformation, die Kurzzeit-Fouriertransformation, die Wignerdistribution, die Zeit-Frequenz-Analyse, der Pyramiden-Algorithmus, die Multiresolutionsanalyse, die Wavelettransformation u. a.

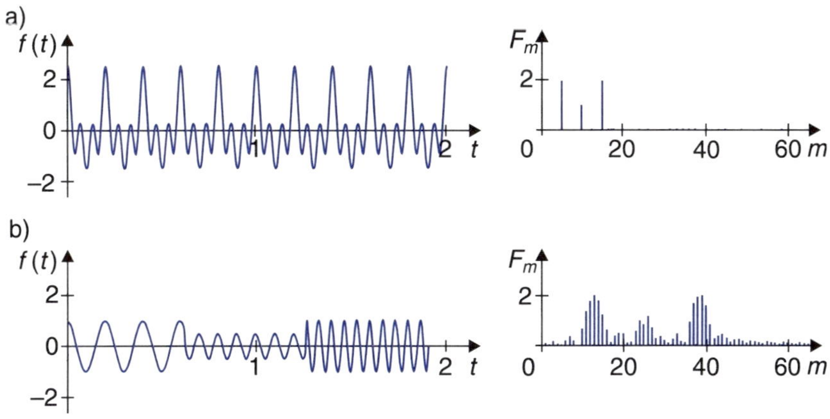

Abbildung 4.39: Zwei Zeitsignale und ihre Spektren
a) Signal mit drei verschiedenen, immer vorhandenen Frequenzkomponenten
b) Signal mit drei verschiedenen, nicht gleichzeitig vorhandenen Frequenzkomponenten

Das Ergebnis der gleichzeitigen Analyse des Zeit- und Frequenzverhaltens wird in einem Diagramm veranschaulicht, in dem auf der Abszisse die Zeit und auf der Ordinate die Frequenz abgetragen werden. Für die Intensität des Signals wird bei einer dreidimensionalen Darstellung die dritte Koordinate verwendet. Soll der dreidimensionale Zusammenhang in einem zweidimensionalen Diagramm dargestellt werden, wird zur Kennzeichnung der Intensität eine Grau- oder Farbskala verwendet. Eine solche Darstellung wird in der Akustik als Sonogramm oder Sonagramm bezeichnet, in der Signalverarbeitung auch als Spektrogramm. Abbildung 4.40 zeigt zwei Beispiele. Im Folgenden soll das Prinzip der gleichzeitigen Zeit- und Frequenzanalyse anhand der Kurzzeit-Fouriertransformation erläutert werden.

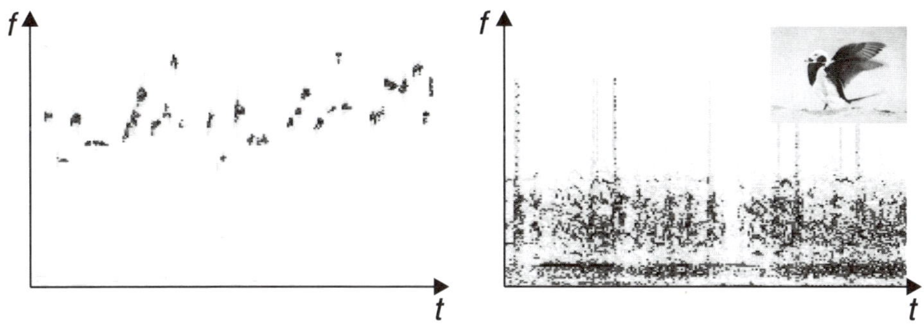

Abbildung 4.40: Spektrogramme der gepfiffenen Melodie „Gaudeamus igitur" und des Rufs einer Eisente

Kurzzeit-Fouriertransformation Die Kurzzeit-Fouriertransformation (engl.: *short time fourier transform*, STFT) ist eingeführt worden, um die oben beschriebenen Nachteile der Fouriertransformation zu überwinden. Dies kann geschehen, indem das Signal in ausreichend kleine Abschnitte unterteilt wird, die als stationär angenommen werden können. Die Fouriertransformation wird dann auf jeden dieser Zeitabschnitte einzeln angewendet. Für die Festlegung der Signalausschnitte wird eine Fensterfunktion verwendet. Jedem Einzelereignis kann so eine bestimmte Position in der Zeit-Frequenz-Ebene zugeordnet werden. In der kontinuierlichen Form ist das Prinzip der Kurzzeit-Fouriertransformation gut zu erkennen:

$$\mathrm{STFT}\,(\omega,\tau) = \int_{-\infty}^{\infty} f\,(t)\;g\,(t-\tau)\;\mathrm{e}^{-j\omega t}\;\mathrm{d}t \tag{4.130}$$

Die Kurzzeittransformierte $\mathrm{STFT}(\omega,\tau)$ eines Zeitsignals wird berechnet, indem die mit einer Fensterfunktion $g(t-\tau)$ multiplizierte Zeitfunktion $f(t)$ einer Fouriertransformation unterzogen wird. Das Ergebnis $\mathrm{STFT}(\omega,\tau)$ enthält die Frequenzkomponenten von $f(t)$ in der Umgebung des Zeitpunktes τ. Als Fensterfunktion haben sich verschiedene Funktionsklassen bewährt. Eine typische Klasse ist:

$$g\,(t) = \begin{cases} 1+\cos\,(\pi\alpha t) & \text{für} \quad -1 \le t \le 1 \\ 0 & \text{sonst} \end{cases} \tag{4.131}$$

Der ungarische Mathematiker Dénes Gábor hat im Jahre 1946 die Gaußglocke als Fensterfunktion benutzt:

$$g(t) = \frac{1}{2\cdot\sqrt{\pi\cdot\alpha}}\cdot\mathrm{e}^{-t^2/4\alpha} \tag{4.132}$$

Die darauf basierende Kurzzeit-Fouriertransformation heißt deshalb auch Gábortransformation. Als Beispiel für die Zweckmäßigkeit der Gábortransformation zeigt Abbildung 4.41 a) das Zirpsignal mit dem Verlauf $f(t)=\sin(\pi t^2)$ und sein Betragsspektrum. Aus diesem Spektrum können wir nicht ersehen, dass die Frequenz im Zirpsignal im Laufe der Zeit zunimmt. Die Abbildungen 4.41 b) bis d) zeigen das Ergebnis der Multiplikation von Zirpsignal und Gaborfenster, dessen jeweilige zeitliche Position durch den Parameter τ aus Gleichung (4.130) bestimmt wird. Die Abbildung zeigt auch die zugehörigen Kurzzeitspektren.

Unter Verwendung der Kurzschreibweise für die mit einem Fenster multiplizierte komplexe Exponentialfunktion

$$g_{\omega,\tau}\,(t) = g\,(t-\tau)\;\mathrm{e}^{-j\omega t} \quad \text{mit} \quad \omega,\tau\in\mathbb{R} \tag{4.133}$$

und mit dem inneren Produkt nach Gleichung (3.124)

$$\langle f\,(t)\,,\; g\,(t)\rangle = \int_{a}^{b} f\,(t)\;g\,(t)\;\mathrm{d}t \tag{4.134}$$

kann auch die Kurzzeit-Fouriertransformation als inneres Produkt geschrieben werden:

$$\mathrm{STFT}\,(\omega,\tau) = \langle f\,(t)\,,\; g_{\omega,\tau}\,(t)\rangle \tag{4.135}$$

In Abschnitt 4.3.5 ist darauf hingewiesen worden, dass Frequenz und Zeit nicht gleichzeitig genau angegeben werden können, da das Produkt aus Frequenz- und Zeitfenster konstant ist, d. h. $\Delta t\cdot\Delta\omega=\mathrm{const}$. Bedingt durch diese Unschärferelation kann die Abbildung in der Zeit-Frequenz-Ebene kein scharfer Punkt, sondern nur ein Rechteck mit den Kantenlängen Δt und $\Delta\omega$ sein. Die ermittelten Spektralkomponenten können also

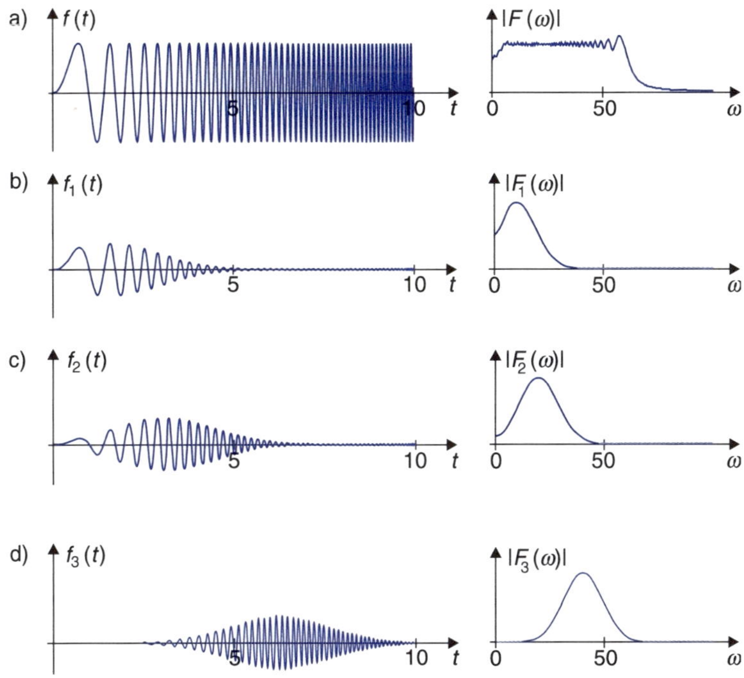

Abbildung 4.41: Anwendung der Gábortransformation auf ein Zirpsignal
a) Zirpsignal und Ergebnis der klassischen Fouriertransformation
b) gefenstertes Zirpsignal und Kurzzeitspektrum mit $\tau = \pi/4$
c) $\tau = \pi$ und d) $\tau = 2\pi$

nur einem Zeitintervall zugeordnet werden. Wird die Unschärfe in der Zeit durch die Varianz der Fensterfunktion $g(t)$

$$\sigma_g^2 = \int_{-\infty}^{\infty} t^2 \; |g(t)|^2 \; \mathrm{d}t \tag{4.136}$$

beschrieben und die Unschärfe in der Frequenz mit der Varianz des Spektrums $G(\omega)$

$$\sigma_G^2 = \int_{-\infty}^{\infty} \omega^2 \; |G(\omega)|^2 \; \mathrm{d}\omega \quad \text{mit} \quad g(t) \circ\!\!-\!\!\bullet\; G(\omega) \tag{4.137}$$

so lässt sich über das Theorem von Parseval (vgl. Abschnitt 4.2) zeigen, dass die folgende Beziehung gilt [47]:

$$\sigma_g^2 \cdot \sigma_G^2 \geq \frac{\pi}{2} \quad \text{oder} \quad \Delta t \cdot \Delta\omega \geq \frac{1}{2} \tag{4.138}$$

Die Auflösungsunschärfe $\Delta t \cdot \Delta\omega$ ist bei Verwendung des Gaußfensters minimal.
Die Länge des Zeitintervalls Δt wird durch die Fensterfunktion festgelegt. Dabei ist die Länge der stationären Intervalle maßgebend. Über Δt wird somit die Zeit-Frequenz-Ebene strukturiert. Als Beispiel sind in Abbildung 4.42 zwei Biosignale skizziert, die zu unterschiedlichen Zeitpunkten auftreten und mit unterschiedlichen Herzfrequenzen

verbunden sind. Das zuerst auftretende Biosignal weist eine niedrige Herzfrequenz auf, deshalb finden wir das Ergebnis der Zeit-Frequenz-Analyse in der linken unteren Ecke der Zeit-Frequenz-Ebene. Das später auftretende Biosignal mit der höheren Herzfrequenz erscheint an einer anderen Position der Ebene.

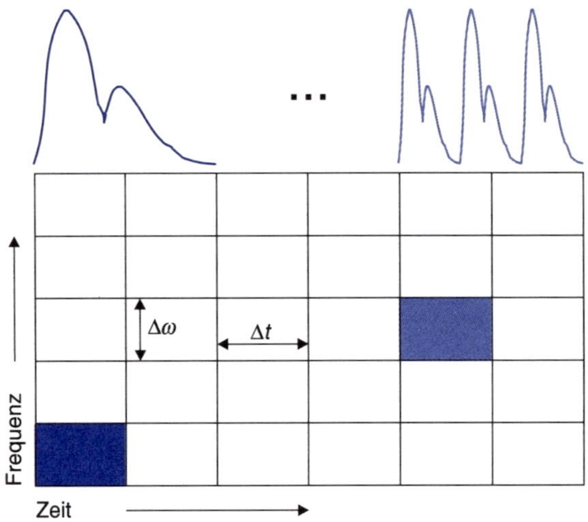

Abbildung 4.42: Zeit-Frequenz-Ebene der Kurzzeit-Fouriertransformation

Durch die Unschärferelation ist die Größe der Teilflächen festgelegt, die je einem Koeffizienten entsprechen. Jeder Koeffizient liegt in einem Bereich und ist nicht genau zu lokalisieren. Eine Verkleinerung dieser Fläche ist nicht möglich. Die durch die Fensterfunktion fest vorgegebene Teilfläche in der Zeit-Frequenz-Ebene weist auf einen Nachteil der Kurzzeit-Fouriertransformation hin. Eine möglicherweise unterschiedliche zeitliche oder räumliche Ausdehnung eines Ereignisses im Signal kann durch eine solche Transformation nicht erfasst werden. Dies wäre aber mit einer flexiblen Fenstergröße möglich. Eine Transformation, die die Fenstergröße an die Ausdehnung der Ereignisse anpasst, ist die Wavelettransformation, die im nächsten Abschnitt behandelt wird.

4.7 Wavelettransformation

Mit der Wavelettransformation ist wie bei der Kurzzeit-Fouriertransformation eine gleichzeitige Zeit- und Frequenz-Analyse möglich. Sie hat allerdings den Vorteil, dass die Fenstergröße nicht mehr starr ist, sondern in mehreren Auflösungsstufen arbeitet. Dadurch können lokale Ereignisse mit unterschiedlicher Ausdehnung erkannt werden. Das Arbeiten mit verschiedenen Auflösungsstufen ist dann sinnvoll, wenn die tieffrequenten Komponenten eine große zeitliche Ausdehnung haben und die hochfrequenten Ereignisse von kurzer Dauer sind. Dies trifft in der Praxis meistens zu. Die Anpassung der Auflösung wird dann in der Weise sinnvoll sein, dass die hochfrequenten Anteile in der Zeit besser aufgelöst werden, die niedrigen und lang andauernden dagegen in der Frequenz. Wie bei der Kurzzeit-Fouriertransformation entspricht jede Teilfläche in der Zeit-Frequenz-Ebene wieder einem in diesem Bereich liegenden Koeffizienten.

Die Bereiche haben zwar dieselbe Fläche, besitzen aber im Unterschied zur Kurzzeit-Fouriertransformation eine unterschiedliche Ausdehnung in der Zeit bzw. Frequenz.

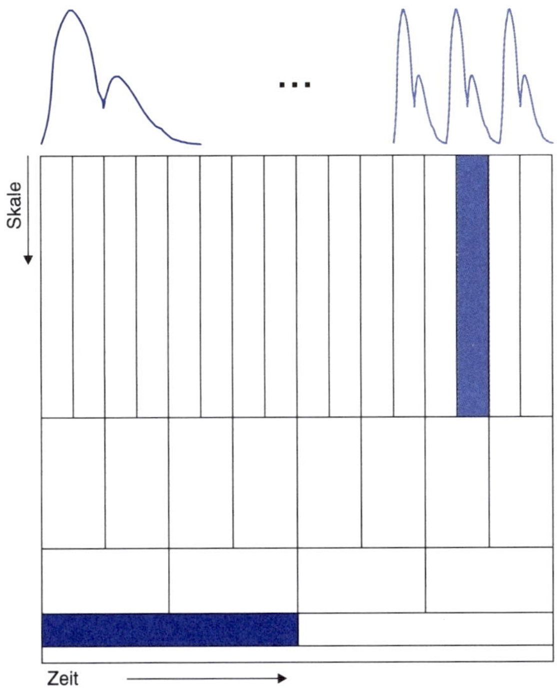

Abbildung 4.43: Zeit-Skalen-Ebene der Wavelettransformation

Ein weiterer Unterschied zur Kurzzeittransformation ist, dass bei der Wavelettransformation anstelle der Frequenz oft die so genannte Skalierung verwendet wird. Sie ist umgekehrt proportional zur Frequenz. Die verschiedenen Auflösungsstufen sind dann vergleichbar mit den verschiedenen Maßstäben für Landkarten. Auf Karten mit kleinen Maßstäben können Details erkannt werden, sie geben aber keinen Überblick über das Gebiet; Karten mit großen Maßstäben hingegen können keine Details enthalten, aber einen guten Überblick geben. Das heißt also, dass bei großen Maßstäben oder Skalen die über das ganze Signal ausgedehnten niedrigen Frequenzen erkennbar sind. In der grafischen Darstellung tritt an die Stelle der Zeit-Frequenz-Ebene die Zeit-Skalen-Ebene (Abbildung 4.43). Die Ausdehnung der Flächenstücke ist wieder bestimmt durch die Varianzen, nun sind es die Varianz der Zeit und der Skale, also des Maßstabs.

Die Wavelettransformation kann wie andere Transformationen auch als inneres Produkt zwischen dem zu analysierenden Signal und einem Basisfunktionssystem interpretiert werden. Die Größe der Koeffizienten ist dann wieder ein Maß für die Ähnlichkeit zwischen der Originalfunktion und der entsprechenden Basisfunktion. Als zusätzliche Angabe muss nun aber noch die jeweilige Skalierung hinzugefügt werden.
Die Wavelettransformation kann kontinuierlich, diskret oder als Reihenentwicklung jeweils für ein- oder zweidimensionale Signale formuliert werden. Im Folgenden soll die

kontinuierliche Form der Wavelettransformation nur kurz vorgestellt werden, die schnelle diskrete Form wegen ihrer Praxisrelevanz dagegen ausführlicher.

Kontinuierliche Wavelettransformation Die kontinuierliche Form der Wavelettransformation wird in der Literatur auch als Integral-Wavelettransformation bezeichnet. Sie ist im Jahre 1975 von Jean Morlet und Alex Grossman eingeführt worden. Ist $\psi(t)$ eine reellwertige Funktion mit dem Frequenzspektrum $\Psi(\omega)$, dann wird durch die Skalierung s und die Translation τ ein Satz von Basisfunktionen $\psi_{s,\tau}(t)$ nach der Vorschrift

$$\psi_{s,\tau}(t) = \frac{1}{\sqrt{s}}\,\psi\left(\frac{t-\tau}{s}\right) \tag{4.139}$$

generiert. Die Funktion $\psi_{s,\tau}(t)$ heißt Basiswavelet oder auch Mutterwavelet (engl.: *mother wavelet*). Die Größe s bestimmt die Skalierung der einzelnen Wavelets und damit ihre Breite und τ bestimmt die Translation und damit ihre Position (mit $s > 0$, $s \in \mathbb{R}^+$ und $\tau \in \mathbb{R}$). Für die Fouriertransformierte $\Psi(\omega)$ der Funktion $\psi(t)$ gilt:

$$\Psi_{s,\tau}(\omega) = \int\limits_{-\infty}^{\infty} \frac{1}{\sqrt{s}}\,\psi\left(\frac{t-\tau}{s}\right) \mathrm{e}^{-j\omega t}\,\mathrm{d}t \tag{4.140}$$

Die Fouriertransformierte wird benötigt, um ein Kriterium für die Existenz der Waveletfunktionen aufzustellen. Ist $\psi(t)$ quadratisch integrierbar, so ist die Funktion $\psi(t)$ dann ein Wavelet, wenn sie die Konvergenzbedingung (engl.: *admissibility condition*) erfüllt:

$$C_\psi = \int\limits_{0}^{\infty} \frac{|\Psi(\omega)|^2}{|\omega|}\,\mathrm{d}\omega < \infty \tag{4.141}$$

Sie besagt im Wesentlichen, dass die Fouriertransformierte des Wavelets bei der Frequenz $\omega = 0$ verschwinden muss, d. h.:

$$\int\limits_{0}^{\infty} \psi(t)\,\mathrm{d}t = 0 \tag{4.142}$$

Damit sind als Basiswavelet solche Funktionen zulässig, die im weitesten Sinne schwingen und rasch abklingen (also kleine Wellen oder engl.: *wavelets*).

Wir wollen nun ein kontinuierliches Signal $f(t)$ transformieren. Für die Transformierte $W(s,\tau)$ als Ergebnis der kontinuierlichen Wavelettransformation WLT gilt dann:

$$\mathrm{WLT}\{f(t)\} = W(s,\tau) = \langle f(t), \psi_{s,\tau}(t)\rangle = \int\limits_{-\infty}^{\infty} f(t)\,\psi_{s,\tau}(t)\,\mathrm{d}t \tag{4.143}$$

Die Transformierte berechnet sich also aus dem inneren Produkt und stellt für eine Position τ die Details von $f(t)$ auf der Auflösungsstufe s dar. Die Rücktransformation kann aus dem parsevalschen Theorem hergeleitet werden. Die Identität der inneren Produkte $\langle f(t), \psi_{s,\tau}(t)\rangle = \langle F(\omega), \Psi_{s,\tau}(\omega)\rangle$ führt zu:

$$f(t) = \frac{1}{C_\psi} \int\limits_{0}^{\infty} \int\limits_{-\infty}^{\infty} W(s,\tau)\,\frac{1}{s^2}\,\psi_{s,\tau}(t)\,\mathrm{d}\tau\,\mathrm{d}s \tag{4.144}$$

Ein häufig für Demonstrationszwecke verwendetes Wavelet $\psi(t)$ ist die 2. Ableitung der gaußschen Glockenfunktion $\exp(-t^2/2)$, die auch als mexikanischer Hut bezeichnet wird:

$$\psi(t) = \left(1 - t^2\right) \exp\left(\frac{-t^2}{2}\right) \tag{4.145}$$

Wird sie in die Gleichung (4.139) für das Basiswavelet eingesetzt, ergibt sich:

$$\psi_{s,\tau}(t) = \frac{1}{\sqrt{s}} \cdot \left[1 - \left(\frac{t-\tau}{s}\right)^2\right] \cdot \exp\left[-\frac{1}{2}\left(\frac{t-\tau}{s}\right)^2\right] \tag{4.146}$$

Die Skalierung s bestimmt, ob das Wavelet eher schmal und hoch oder breit und flach ist (Abbildung 4.44 a). Die Translation τ legt die Position auf der Zeitachse fest (Abbildung 4.44 b).

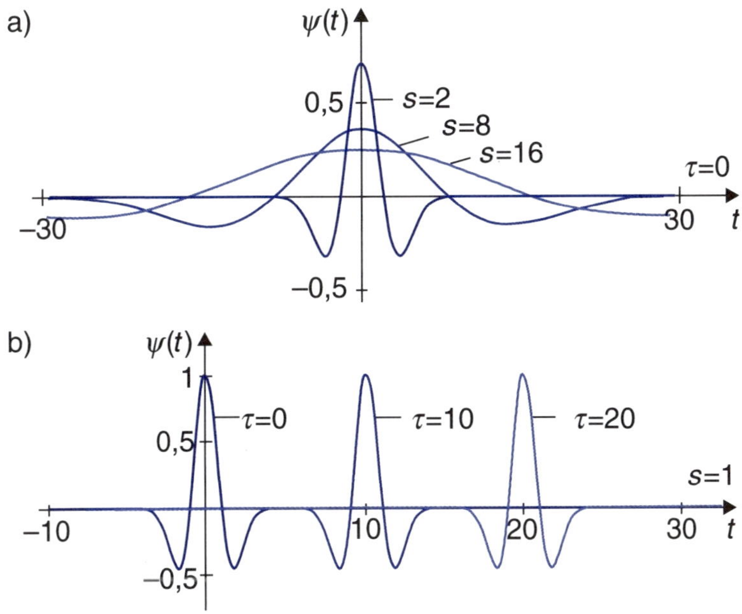

Abbildung 4.44: Der mexikanische Hut mit verschiedenen Skalierungen und Translationen
a) Skalierungen $s = 2, 8, 16$ bei $\tau = 0$
b) Translationen $\tau = 0, 10, 20$ bei $s = 1$

Die kontinuierliche Wavelettransformation soll an einem Beispiel erläutert werden. Dazu ist ein aus harmonischen Schwingungen zusammengesetztes Signal gewählt worden, das in zwei Zeitintervallen unterschiedliche Frequenzen aufweist (Abbildung 4.45). In der Zeit-Skalen-Ebene ist die zuerst auftretende Schwingung zu einer frühen Zeit und bei niedriger Skale zu finden, die später einsetzende Schwingung auch zu einer späteren Zeit.

In der Abbildung 4.45 ist deutlich ein schmales Maximum bei niedrigen Skalen und ein breites Maximum bei hohen Skalen erkennbar. Zu beachten ist, dass eine feine Skalenauflösung bei niedrigen Skalen (kleinen Maßstäben) einer groben Frequenzauflösung

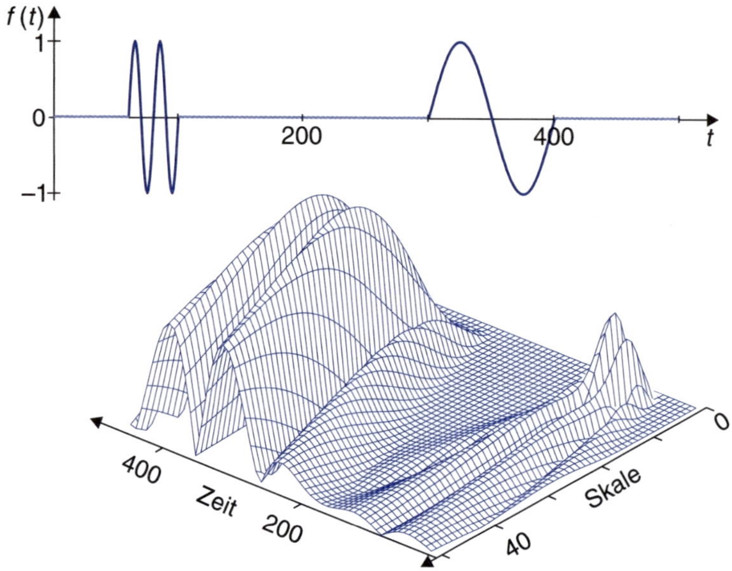

Abbildung 4.45: Zwei harmonische Schwingungen in einem Signal $f(t)$ und das Ergebnis einer kontinuierlichen Wavelettransformation

entspricht. Durch die Verschiebung des Wavelets wird das Signal auf der Zeitachse „geortet“, durch die Änderung der Skalierung in dem entsprechenden Maßstab dargestellt. Die ausgeführte Transformation ist kontinuierlich, denn die Skale s und die Translation τ sind reelle Größen. Da sie bei der praktischen Ausführung der Transformation aber um endliche Werte wachsen, entspricht das Ergebnis einer Abtastung der Zeit-Skalen-Ebene. Aus dem Prinzip des Verfahrens wird schon klar, dass die kontinuierliche Wavelettransformation große Redundanz aufweisen muss, denn die Information eines Koeffizienten ist auch in den Nachbarkoeffizienten enthalten. Als Vorteil muss jedoch gelten, dass die Transformation auch auf einen Ausschnitt des Originalsignals angewendet werden kann, weshalb die kontinuierliche Wavelettransformation in der Bildverarbeitung durchaus Anwendung findet.

Diskrete Wavelettransformation Die Wavelettransformation ist in der digitalen Signalverarbeitung erst dann vorteilhaft einsetzbar, wenn die zu transformierenden zeit- oder ortsabhängigen Signale in diskreter Form vorliegen und ein effizienter Algorithmus zur Berechnung einer diskreten Wavelettransformation zur Verfügung steht.
Der Weg zu einem effizienten Algorithmus für diskrete Signale führt über die Multiskalenanalyse. Eine solche Analyse kann über die Laplace- und Gaußpyramide oder über die Subbandcodierung ausgeführt werden. Beide Verfahren waren schon längere Zeit bekannt, als Yves Meyer und Stéphane Mallat im Jahre 1986 den Zusammenhang mit der Wavelettransformation gefunden haben [25].

Subbandcodierung Das unabhängig vom Pyramidenalgorithmus existierende Verfahren der Subbandcodierung wurde entwickelt, um Signale (z. B. Sprachsignale) in einzelnen Frequenzbändern zu analysieren. Das Signal wird tiefpassgefiltert und an-

schließend unterabgetastet, die Detailinformation wird durch Hochpassfilterung gewonnen und kann ebenfalls unterabgetastet werden. Abbildung 4.46 zeigt das Prinzip der Subbandcodierung. Das Signal f_n mit einem (dimensionslosen) Frequenzband $\Delta f = 0 \ldots 1$ passiert einen Hochpass und einen Tiefpass, die die obere bzw. die untere Hälfte des Frequenzbandes durchlassen. Durch die sich anschließende Unterabtastung um den Faktor 2 wird die Zeitauflösung halbiert und die Frequenzauflösung verdoppelt (Frequenzband nur noch halb so breit). Der Tiefpassausgang mit der halben Anzahl der Abtastwerte und der Hälfte des Frequenzbereichs wird jeweils einem nächsten Tiefpass und Hochpass zugeführt. An deren Ausgängen beträgt die Länge des Signals nur noch ein Viertel. Die Verarbeitung wird so lange fortgesetzt, bis nur noch ein Wert übrig ist (niedrigstes Frequenzband, höchste Skalierung). Um das Ergebnis der Subbandcodierung zu erhalten, werden, von hinten beginnend, die Teilergebnisse zusammengefasst. Der erste Wert des Ergebnisses ist also der Ausgangswert des letzten Tiefpasses, der auch Approximationskoeffizient heißt. Es folgen die Koeffizienten der einzelnen Hochpassausgänge. Das Ergebnis hat dann insgesamt so viele Koeffizienten wie das Eingangssignal Abtastwerte hatte.
Für die iterative Subbandcodierung ist von Mallat [35] ein Algorithmus entwickelt worden, der wegen seines Aussehens auch Heringsgräten-Algorithmus heißt. Bei Anwendung dieses Verfahrens muss die Signallänge einer Zweierpotenz entsprechen.

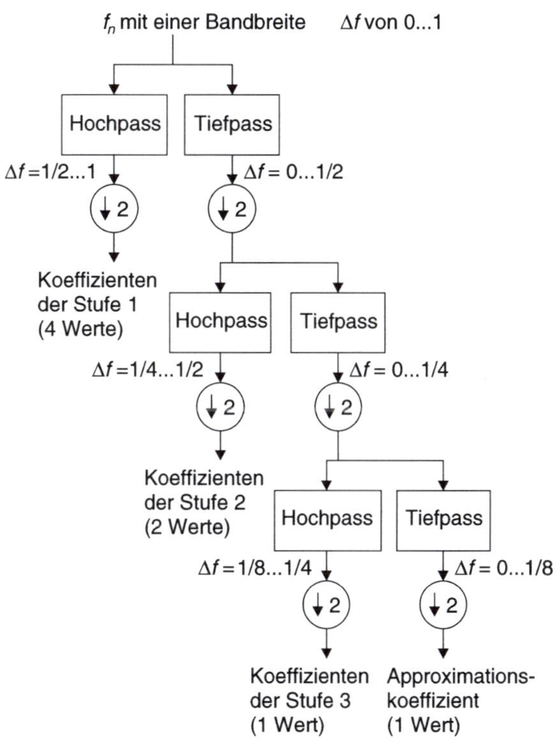

Abbildung 4.46: Prinzip der iterativen Subbandcodierung am Beispiel eines Signals f_n mit $N = 8$

Pyramidenverfahren Der für die Bildcodierung entwickelte Pyramidenalgorithmus mittelt mit der Gaußfunktion gewichtete benachbarte Bildpunkte. Nach dieser Mittelung, die einer Tiefpassfilterung entspricht, erfolgt eine Unterabtastung um den Faktor 2. Das Ergebnis stellt eine Approximation des Originalbildes dar. Der Vorgang kann solange wiederholt werden, bis ein einziger Grauwert übrig ist. Die graphische Darstellung dieses Verfahrens ist die Gaußpyramide. Für die Rekonstruktion eines Bildes müssen aber auch die Differenzen zwischen zwei Auflösungsstufen der Gaußpyramide verfügbar sein, die die Detailinformationen enthalten. Ihre graphische Darstellung ergibt ebenfalls eine Pyramide, die Laplacepyramide. Ein Nachteil dieses Verfahrens ist seine Redundanz.
Diese Art der Multiskalenanalyse sollte nun dadurch weiter verbessert werden, dass die hierarchische Mittelung und Differenzbildung mit Hilfe orthogonaler Basisfunktionen ausgeführt wird. Basisfunktionen zu finden, deren Verlauf sowohl von der Zeit als auch von der Skale abhängig sind und die gleichzeitig die Anforderungen an ein Wavelet erfüllen, gestaltete sich als schwierig. Es ist das Verdienst von Meyer, die erste orthonormale Waveletbasis gefunden zu haben [25]. Heute existieren sehr schnelle Algorithmen zur Berechnung orthonormaler Wavelettransformationen diskreter zeit- oder ortsabhängiger Signale.
Wir wollen zur Erläuterung der diskreten Zusammenhänge den Vektorraum betrachten, da die Interpretation der Multiskalenanalyse dort zu einer sehr anschaulichen Darstellung führt. Das zu transformierende Signal sei im Vektorraum V^j, dem Signalraum, enthalten. Dieser Vektorraum wird nun nach innen in die Teilräume V^{j+1} und W^{j+1} zerlegt. Der Teilraum V^{j+1} enthält das Signal in reduzierter Auflösung, der Raum W^{j+1} enthält die Information über die Differenz aufeinander folgender Teilräume V^j und V^{j+1}. Die Teilräume $V^{j+\mu}$ mit $\mu = 0, 1, \ldots, j$ werden durch die Skalierungsfunktionen $\varphi(t)$ erzeugt, die Differenzräume $W^{j+\mu}$ durch die Waveletfunktionen $\psi(t)$. Aus der Skalierungsfunktion $\varphi(t) \in V^0$, deren Integral nicht verschwinden darf, können mit der ganzen Zahl k orthonormale Basisfunktionen $\varphi_{0,k}(t) = \varphi(t-k)$ in V^0 erzeugt werden. Die Projektion eines quadratisch integrierbaren Zeitsignals auf die Orthonormalbasis $\varphi(t-k)$ entspricht der Korrelation zwischen dem Signal und der Skalierungsfunktion $\varphi(t)$ mit Translationsschritten von 1. Das Ergebnis ist eine verschwommene Version des Zeitsignals, da die Skalierungsfunktion eine Glättung bewirkt. Aus der Basisfunktion $\varphi(t)$ werden nun durch dyadische Verbreiterungen und diskrete Translationen weitere Skalierungsfunktionen abgeleitet. Die Funktion $\varphi(t/2)$ erzeugt in V^1 eine Orthonormalbasis $\varphi(2^{-1}t - k)$ mit Translationsschritten von 2. In einem Raum V^j muss dann gelten:

$$\varphi_{j,k}(t) = 2^{-j/2} \cdot \varphi\left(2^{-j}t - k\right) \tag{4.147}$$

Aus dem Mutterwavelet $\psi(t) \in W^0$ können orthogonale Basisfunktionen $\psi_{0,k}(t) = \psi(t-k)$ in W^0 abgeleitet werden. Die Projektion eines Zeitsignals bei einer gegebenen Auflösungsstufe j ist seine Korrelation zur Waveletfunktion $\psi_j(t)$, die Projektionen aller Funktionen $f(t)$ auf die Basisfunktionen bilden einen Vektorraum W^j:

$$\psi_{j,k}(t) = 2^{-j/2} \cdot \psi\left(2^{-j}t - k\right) \tag{4.148}$$

Über das Frequenzspektrum der Skalierungs- und Waveletfunktion lässt sich auch ohne Kenntnis einer konkreten Funktion zumindest über den Wert bei $\omega = 0$ etwas aussagen. Da das Integral über die Skalierungsfunktion $\varphi(t)$ nicht verschwinden soll, muss für die Fouriertransformierte $\Phi(\omega)$ die Beziehung $\Phi(0) \neq 0$ gelten, d. h., das Spektrum der Skalierungsfunktion besitzt Tiefpassverhalten. Das Integral über die Waveletfunktion $\psi(t)$ dagegen muss verschwinden (s. Gleichung (4.142)), die Fouriertransformierte $\Psi(\omega)$ zeigt somit Hochpassverhalten ($\Psi(0) = 0$).

Die Vektorräume V^j und W^j besitzen eine Reihe nützlicher Eigenschaften, die z. B. in [10, 32] beschrieben sind. Sie sind orthogonal, da die Skalierungsfunktion $\varphi(2^{-j}t - k)$ und die Waveletfunktion $\psi(2^{-j}t - k)$ orthogonal sind. Die Teilräume V^{j+1} und W^{j+1} dürfen sich auf Grund der Orthogonalität nicht gegenseitig enthalten, sondern müssen sich zu V^j ergänzen:

$$V^j = V^{j+1} \oplus W^{j+1} \qquad (4.149)$$

Die Operation $\oplus$ steht hier für die orthogonale Addition zweier Vektorräume. Es gilt allgemein, dass zu jedem Vektorraum V^j der Auflösung 2^j ein orthogonaler Vektorraum W^j existiert, in dem die Detailinformation enthalten ist. Gleichung (4.149) besagt, dass der Vektorraum V^j zerlegt oder aber aus den Teilräumen wieder zusammengesetzt werden kann. Jeder Vektorraum niedrigerer Ordnung ist mit einem Vektorraum höherer Ordnung darstellbar:

$$V^0 \subset V^1 \subset V^2 \subset \ldots \qquad (4.150)$$

Die Zerlegung eines Signalraums in Teilräume soll an einem einfachen Beispiel gezeigt werden. Dazu wollen wir die schon im Abschnitt 4.3.4 beschriebenen Haarfunktionen verwenden (Abbildung 4.47). Das Signal hat die Länge $N = 2^2$ und befindet sich im Raum V^2. Die zwei Skalierungsfunktionen des Raums V^1 schreiben die Bildung der mittleren Summe jeweils zwei benachbarter Abtastwerte des Signals vor. Diese zwei Ergebnisse gehören nun zu V^1. Die zwei Waveletfunktionen in W^1 erfordern die Bildung der mittleren Differenz benachbarter Abtastwerte. Diese zwei Ergebnisse gehören zu W^1. Dieselbe Prozedur wird noch einmal wiederholt. Die vier Werte des Ergebnisses der Wavelettransformation finden wir in V^0, W^0 und W^1.

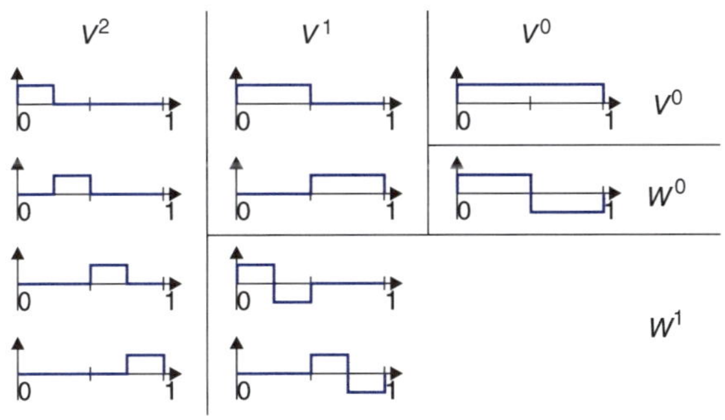

Abbildung 4.47: Zusammensetzung der Vektorräume am Beispiel der Haarfunktionen, $N = 4$

Aus der Abbildung 4.47 ist auch die Tief- und Hochpassfilterung ersichtlich. Die Projektion eines Signals auf die jeweils gröbere Auflösungsstufe, d. h auf die entsprechende Skalierungsfunktion $\varphi(t)$ in einem Vektorraum V^j, entspricht der Tiefpassfilterung. Die Projektion auf die jeweilige Waveletfunktion $\psi(t)$ in einem Vektorraum W^j, der die Detailinformation enthält, entspricht dagegen einer Hochpassfilterung. Wie an anderer Stelle ausführlich beschrieben und begründet [10, 12], ist es nun in praktischen Anwendungen nicht erforderlich, die Skalierungs- und Waveletfunktionen zu bestimmen. Die Wavelettransformation lässt sich als rekursive Filterung allein mit den Filterkoeffizienten für Tiefpass und Hochpass realisieren. Die Filterkoeffizienten für die Tiefpassfilterung $h_0(k)$ sind die Faktoren für die einzelnen Skalierungsfunktionen, die als Linearkombination zu der so genannten Verfeinerungs- oder Zweiskalengleichung (engl.: *refinement equation, two-scale relation*) führen:

$$\varphi(t) = \sqrt{2} \sum_{k=0}^{2^j-1} h_0(k)\, \varphi(2t-k) \tag{4.151}$$

Diese Gleichung ist die grundlegende Beziehung der Multiskalenanalyse mit dyadischer Skalierung. Sie besagt, dass die Skalierungsfunktion $\varphi(t)$ eine gewichtete Summe der auf die Hälfte verkleinerten Kopien (ihrer selbst) ist. Die Filterkoeffizienten $h_0(k)$ lassen sich aus dem inneren Produkt berechnen:

$$h_0(k) = \langle \varphi_{1,0}(t), \varphi_{0,k}(t) \rangle \quad \text{mit} \quad \varphi_{j,k}(t) = 2^{\frac{j}{2}}\, \varphi\left(2^j t - k\right) \tag{4.152}$$

Die Ableitung der Koeffizienten für die Hochpassfilterung erfolgt aus der Waveletfunktion $\psi(t)$. In den grundlegenden Arbeiten von Ingrid Daubechies [12] wird gezeigt, dass die Waveletfunktion aus der Zweiskalengleichung (4.151) abgeleitet werden kann. Sie ergibt sich als Linearkombination der mit den Hochpasskoeffizienten $h_1(k)$ gewichteten Skalierungsfunktionen:

$$\psi(t) = \sqrt{2} \sum_{k=0}^{2^j-1} h_1(k)\, \varphi(2t-k) \quad \text{und} \quad \psi_{j,k}(t) = 2^{\frac{j}{2}}\, \psi\left(2^j t - k\right) \tag{4.153}$$

Die Koeffizienten $h_1(k)$ des Hochpasses lassen sich aus den Koeffizienten $h_0(k)$ des Tiefpasses berechnen, indem die Reihenfolge der Werte umgekehrt und jeder zweite Wert negiert wird:

$$h_1(k) = \langle \psi, \varphi(-1,k) \rangle = (-1)^k\; h_0(-k+1) \tag{4.154}$$

Die Negation jedes zweiten Wertes entspricht einer sukzessiven Unterabtastung mit dem Faktor 2. Die Zusammenfassung der Filterkoeffizienten $h_0(k)$ in einem Vektor heißt Skalierungsvektor, die der Koeffizienten $h_1(k)$ Waveletvektor.

Es kann nun entweder aus einer gewünschten Skalierungsfunktion $\varphi(t)$ über die Orthonormalitätsbedingung

$$\langle \varphi(t-j), \varphi(t-k) \rangle = \delta_{j,k} \tag{4.155}$$

der Skalierungsvektor berechnet werden oder der Skalierungsvektor ist gegeben und die zugehörige Funktion $\varphi(t)$ ist gesucht.

Für ein Zeitsignal f_n der Länge $N-1$ kann die diskrete Wavelettransformation DWLT nun als Transformationspaar geschrieben werden:

$$c_{j,k} = \sum_{n=0}^{N-1} f_n\, \psi_n(j,k) \quad \text{und} \quad f_n = \sum_{j=0}^{2^j-1} \sum_{k=0}^{2^k-1} c_{j,k}(t_n)\, \psi_{j,k}(t_n) \tag{4.156}$$

Als Beispiel sollen noch einmal die Haarfunktionen dienen. Die Skalierungsfunktion ist in diesem Fall einfach eine Rechteckfunktion im Intervall [0, 1):

$$\varphi(t) = \begin{cases} 1 & \text{für} \quad 0 \leq t < 1 \\ 0 & \text{sonst} \end{cases} \tag{4.157}$$

Die um k mit der Schrittweite 1 verschobenen Funktionen $\varphi(t - k)$ sind paarweise orthogonal. Die gestauchte Funktion $\varphi(2t)$ ist eine rechteckförmige Funktion im Intervall [0, 1/2). Diese Funktion wird mit der Schrittweite 1/2 verschoben. Die Funktionen $\varphi(2t - k)$ sind auch paarweise orthogonal. Der Vektorraum V^0 ist eine Linearkombination von $\varphi(2t)$ und $\varphi(2t - k)$:

$$\varphi(t) = \frac{1}{\sqrt{2}} \left[\varphi(2t) + \varphi(2t-1)\right] \tag{4.158}$$

Durch Koeffizientenvergleich mit der Zweiskalengleichung (4.151) ergeben sich die Filterkoeffizienten als Elemente des Skalierungsvektors zu:

$$h_0(k) = \begin{cases} \frac{1}{\sqrt{2}} & \text{für} \quad k = 0, 1 \\ 0 & \text{sonst} \end{cases} \tag{4.159}$$

Auch die (ganzzahlig) verschobenen Wavelets $\psi(t - k)$ überlappen sich nicht und bilden genau so eine Orthonormalbasis wie die Wavelets mit der Skalierungsfunktion. Die Zweiskalengleichung für die Wavelets lautet:

$$\psi(t) = \frac{1}{\sqrt{2}} \left[\varphi(2t) - \varphi(2t-1)\right] \tag{4.160}$$

Durch Koeffizientenvergleich mit der Gleichung (4.153) ergeben sich die Filterkoeffizienten als Elemente des Waveletvektors zu:

$$h_1(k) = \begin{cases} \frac{\pm 1}{\sqrt{2}} & \text{für} \quad k = 0 \text{ bzw. } 1 \\ 0 & \text{sonst} \end{cases} \tag{4.161}$$

Der Vergleich von Skalierungs- und Waveletvektor zeigt, dass Hochpass- und Tiefpasskoeffizienten die Beziehung nach Gleichung (4.154) erfüllen, d. h. über die Umkehrung der Reihenfolge und Negation jedes zweiten Wertes zusammenhängen.

Die Haarfunktionen eignen sich zwar gut zur Erläuterung der Wavelettransformation, praktische Anwendung haben sie jedoch kaum gefunden. In kommerziellen Softwareprodukten der Signalverarbeitung sind dagegen häufig Skalierungs- und Waveletfunktionen von Ingrid Daubechies zu finden. Die heute nach ihr benannten Daubechieswavelets zeichnen sich durch besonders günstige Eigenschaften aus, obwohl sie sehr unregelmäßig aussehen (Abbildung 4.48).

Die Filterkoeffizienten können Tabellen entnommen werden. Es gilt beispielsweise:

$$h_0 = \frac{1}{4\sqrt{2}} \left[1+\sqrt{3} \quad 3+\sqrt{3} \quad 3-\sqrt{3} \quad 1-\sqrt{3}\right]^{\mathrm{T}} \tag{4.162}$$

Zweidimensionale Wavelettransformation Die zweidimensionale Transformation ist dann einfach auszuführen, wenn die Skalierungsfunktion $\varphi(x, y)$ separierbar ist,

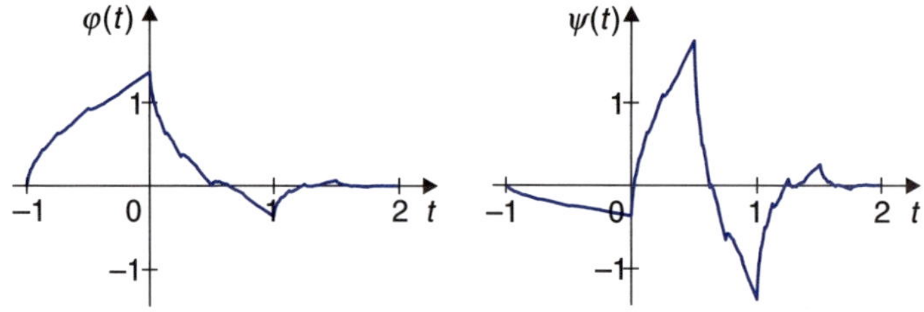

Abbildung 4.48: Skalierungsfunktion $\varphi(x)$ und Waveletfunktion $\psi(x)$ nach [11]

d. h., in ein Produkt von zwei Funktionen $\varphi(x)$ und $\varphi(y)$ zerlegt werden kann. Für die Waveletfunktion gilt dann:

$$\psi^l_{j,m,n}(x,y) = 2^j \psi^l\left(x - 2^j m, y - 2^j n\right) \quad \text{für} \quad j \geq 0 \quad l = 1,2,3 \tag{4.163}$$

Hier sind $j, m, n, l \in \mathbb{Z}$. Die Vektorräume V und W sind jetzt zweidimensional; der Raum W besteht aus drei Teilräumen, die durch drei Waveletfunktionen beschrieben werden:

- $\psi^{\mathrm{h}}(x,y) = \varphi(x) \cdot \psi(y)$ zur Beschreibung des horizontalen Unterschieds
- $\psi^{\mathrm{v}}(x,y) = \psi(x) \cdot \varphi(y)$ zur Beschreibung des vertikalen Unterschieds
- $\psi^{\mathrm{d}}(x,y) = \psi(x) \cdot \psi(y)$ zur Beschreibung des diagonalen Unterschieds

Die berechneten drei Bilder entsprechen einer gerichteten Filterung.
Ist ein Bild $f_1(x,y)$ der Größe $N \times N$ mit $N = 2^n$ gegeben und ist für das Originalbild $j = 0$ und $2^j = 1$, so wird mit steigendem j die Skalierung jeweils verdoppelt und die Auflösung halbiert. In jeder Stufe der Transformation wird das Bild durch Unterabtastung in vier viertelgroße Teilbilder zerlegt. Die Viertelbilder ergeben sich als inneres Produkt mit den jeweiligen Basisfunktionen. Für die 1. Stufe ($j = 1$) gilt:

$$\begin{aligned}
f_2^0(m,n) &= \left\langle f_1(x,y), \varphi\ (x - 2m, y - 2n)\right\rangle \\
f_2^{\mathrm{h}}(m,n) &= \left\langle f_1(x,y), \psi^{\mathrm{h}}(x - 2m, y - 2n)\right\rangle \\
f_2^{\mathrm{v}}(m,n) &= \left\langle f_1(x,y), \psi^{\mathrm{v}}(x - 2m, y - 2n)\right\rangle \\
f_2^{\mathrm{d}}(m,n) &= \left\langle f_1(x,y), \psi^{\mathrm{d}}(x - 2m, y - 2n)\right\rangle
\end{aligned} \tag{4.164}$$

Die inneren Produkte auf der rechten Seite der Gleichungen entsprechen einer Faltungsoperation. Wird für die folgenden Stufen der Einfachheit halber das Faltungssymbol verwendet, so gilt für die Viertelbilder bei der Skalierung 2^{j+1}:

$$\begin{aligned}
f_{2^{j+1}}^0(m,n) &= \left[f_{2^j}^0(x,y) * \varphi\ (-x,-y)\right](2m,2n) \\
f_{2^{j+1}}^{\mathrm{h}}(m,n) &= \left[f_{2^j}^0(x,y) * \psi^{\mathrm{h}}(-x,-y)\right](2m,2n) \\
f_{2^{j+1}}^{\mathrm{v}}(m,n) &= \left[f_{2^j}^0(x,y) * \psi^{\mathrm{v}}(-x,-y)\right](2m,2n) \\
f_{2^{j+1}}^{\mathrm{d}}(m,n) &= \left[f_{2^j}^0(x,y) * \psi^{\mathrm{d}}(-x,-y)\right](2m,2n)
\end{aligned} \tag{4.165}$$

Die Separierbarkeit der Skalierungs- und Waveletfunktion bedeutet, dass die Gleichung (4.164) zeilen- und spaltenweise als eindimensionale Operation ausgeführt werden kann. Das Prinzip ist in Abbildung 4.49 dargestellt.

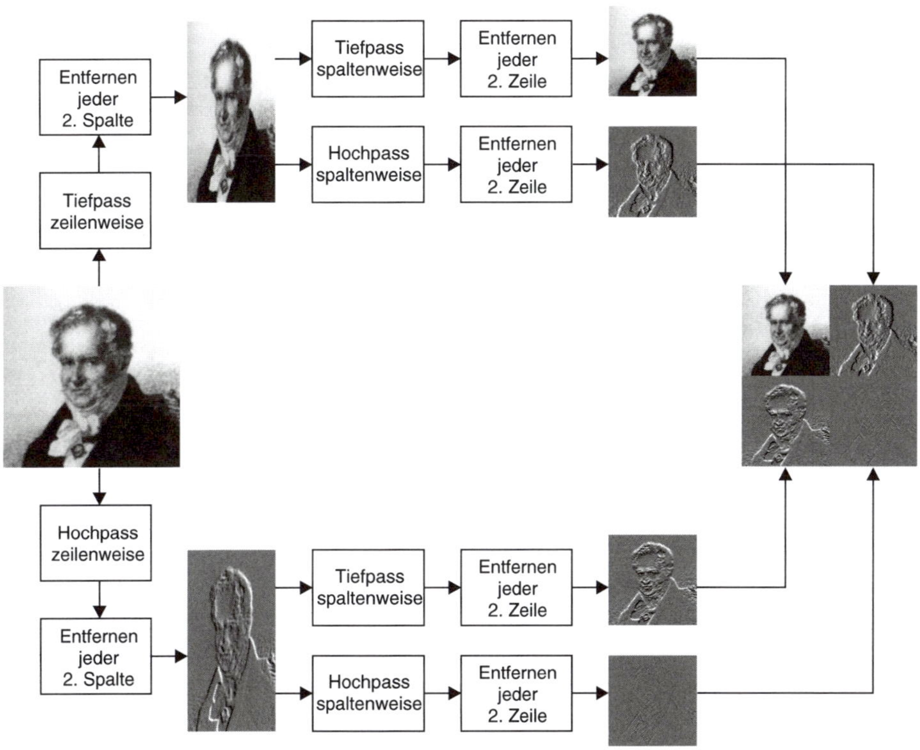

Abbildung 4.49: Bildzerlegung bei der 2D-Wavelettransformation

Die Abbildung zeigt, dass zuerst die Zeilen des Originalbildes einer eindimensionalen Wavelettransformation unterzogen werden. Als Zwischenergebnisse entstehen ein zeilenweise tiefpassgefiltertes Bild $f_1(x, y) * h_0(-x)$ und ein zeilenweise hochpassgefiltertes Bild $f_1(x, y) * h_1(-x)$. Auf diese beiden Bilder wird dann spaltenweise eine 1D-Transformation angewendet. Nach jeder Transformation werden die ungeraden Zeilen bzw. Spalten eliminiert. Als Ergebnis entstehen vier Teilbilder, die nach Gleichung (4.165) zu den verschiedenen Auflösungen und Richtungen gehören.

Die Rekonstruktion des Bildes ist über die inverse Wavelettransformation möglich. Das Prinzip ist in Abbildung 4.50 gezeigt. An die Stelle der Unterabtastung tritt bei der inversen Transformation eine Überabtastung jedes der vier Teilbilder der jeweils vorigen Stufe, d. h., links von jeder Spalte muss eine Spalte mit Nullen eingefügt werden. Dann sind die Zeilen mit $h_0(x)$ und $h_1(x)$ zu falten und die $\frac{N}{2} \cdot N$ Teilbilder sind paarweise zu addieren. In der anderen Richtung erfolgt die Überabtastung durch Hinzufügen einer Zeile mit Nullen über jeder Zeile. Die beiden als Zwischenergebnis entstehenden Bilder der Größe $N \times N$ müssen dann wieder mit $h_0(x)$ und $h_1(x)$ gefaltet und schließlich die beiden Teilbilder addiert werden.

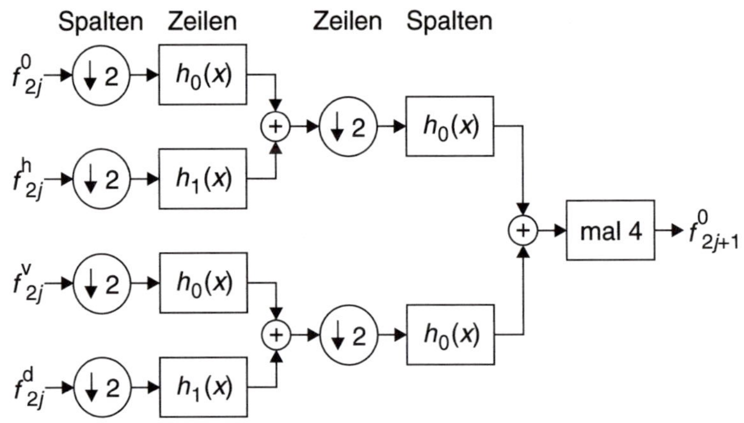

Abbildung 4.50: Bildrekonstruktion bei inverser 2D-Wavelettransformation

4.8 Übungsaufgaben

Übung 32 (Lösung Seite 250)

Ein kontinuierliches, periodisches Rechtecksignal $f(t)$ mit der Periodendauer $T_0 = 1$ und dem Parameter $d = 0{,}25$ soll in eine Fourierreihe entwickelt werden. Eine Signalperiode lässt sich wie folgt beschreiben:

$$f_1(t) = \begin{cases} 2 & \text{wenn} \quad 0 \le t < d \\ 0 & \text{wenn} \quad d \le t < T_0 - d \\ 2 & \text{wenn} \quad T_0 - d \le t < T_0 \end{cases}$$

Setzen Sie das Signal sinngemäß fort und skizzieren Sie $f(t)$. Bestimmen Sie den Tastgrad[1] und legen Sie das Entwicklungsintervall fest. Geben Sie die Näherungsfunktion $f_{ap}(t)$ an. Dabei können Ihnen die Beziehungen $\int \cos(b\ t)\mathrm{d}t = \sin(b\ t)/b$ und $\sin(-\alpha) = -\sin(\alpha)$ hilfreich sein. Skizzieren Sie im Diagramm des Signals die Näherungsfunktion für drei verschiedene Summandenanzahlen. Rechnen Sie die reellen Fourierreihenkoeffizienten in komplexe um (Tabelle B.3 auf S. 262) und zeichnen Sie diese für den aktuellen Tastgrad in ein Linienspektrum ein. Zeichnen Sie die Linienspektren auch für die Tastgrade 5 % und 95 %.

[1] Quotient aus Impuls- und Periodendauer

Übung 33 (Lösung Seite 251)

Entwickeln Sie die folgende Messreihe in eine Fourierreihe:

n	0	1	2	3	4	5	...
t_n	0	1	2	3	4	5	...
f_n	1	0	0,5	1	0	0,5	...

Skizzieren Sie die Messreihe, damit Sie die Periodizität erkennen. Finden Sie die Periodendauer T_0 und damit das Entwicklungsintervall sowie die Grundfrequenzen f_0 bzw. ω_0. Arbeiten Sie mit $M = 3$ Basisfunktionen $\Phi_0(t) = 1$, $\Phi_1(t) = \cos(\omega_0 t)$ und $\Phi_2(t) = \sin(\omega_0 t)$. Berechnen Sie die drei Fourierreihenkoeffizienten a_0, a_1 und b_1. Rechnen Sie die reellen Fourierreihenkoeffizienten in komplexe um. Benutzen Sie dazu wieder Tabelle B.3. Skizzieren Sie die Näherungsfunktion $f(t)$ im Diagramm der Messreihe. Warum ist das Fehlermaß E^2 Null?

Übung 34 (Lösung Seite 251)

Ermitteln Sie die Fouriertransformierte $F(\omega)$ des kontinuierlichen, aperiodischen und abklingenden Signals $f(t) = 2 \cdot t \cdot \exp(-3 \cdot t)$ für $t \geq 0$. Schätzen Sie vorher den Funktionswert $F(0)$ ab. Testen Sie ebenfalls vorher, ob die Fouriertransformierte existiert. Skizzieren Sie dann im Intervall $-8 < \omega < 8$ folgende Verläufe:

a) Realteil- und Imaginärteilspektrum
b) Betrags- und Winkelspektrum

Benutzen Sie bereits tabellierte Fouriertransformierte, zum Beispiel Tabelle B.1 auf S. 261.

Übung 35 (Lösung Seite 252)

Ermitteln Sie die Fouriertransformierte $F(\omega)$ eines diskreten, aperiodischen Signals. Gewinnen Sie dieses Signal durch gleichabständiges Abtasten des Ihnen bereits bekannten kontinuierlichen, aperiodischen Signals $f(t) = 2 \cdot t \cdot \exp(-3 \cdot t)$ im Intervall $0 \leq t < 4$. Verwenden Sie die folgenden Parameter für den Abtastvorgang: Abtastperiode $T_A = \frac{1}{16}$, $N = 64$ Abtastwerte, n als Zeiger durch die Messreihe mit $n = 0 \ldots 63$, Messzeitpunkte $t_n = n \cdot T_A$, Messwerte $f_n = f(t_n) = f(n \cdot T_A)$. Skizzieren Sie in einem Diagramm das kontinuierliche und das diskrete Signal. Testen Sie die Konvergenz, bilden Sie dazu die Summe der Beträge von f_n. Skizzieren Sie in einem Diagramm die folgenden Verläufe im Intervall $-\omega_A < \omega < \omega_A$:

a) Betragsspektrum $|F(\omega)|$
b) Betragsspektrum $|F(\omega)|$ aus der vorigen Übungsaufgabe
c) senkrechte Hilfslinien bei den Nyquistfrequenzen $\pm\omega_N$

Vergleichen Sie das Betragsspektrum $|F(\omega)|$ mit dem der vorigen Übungsaufgabe. Kommt es zum Aliasing?

Übung 36 (Lösung Seite 253)

Berechnen Sie eine Matrix $\boldsymbol{DFT}$ für die diskrete Fouriertransformation, mit der Sie ein diskretes Signal $\boldsymbol{f}$ mit $N = 8$ Abtastwerten transformieren können. Das Signal lautet beispielsweise:

n	0	1	2	3	4	5	6	7
f_n	1	2	3	1	−1	−1	−1	0

Ist die Matrix unitär? Transformieren Sie das Signal und gewinnen Sie es zurück, indem Sie das DFT-Spektrum $\boldsymbol{F}$ geeignet transformieren. Können Sie sich die Mühsal einer Matrixinversion ersparen?

Übung 37 (Lösung Seite 254)

Berechnen Sie eine Matrix $\boldsymbol{DHYT}$ für die diskrete Hartleytransformation, mit der Sie das diskrete Signal $\boldsymbol{f}$ mit den 8 Abtastwerten transformieren können. Transformieren Sie das Signal und gewinnen Sie es zurück, indem Sie das DHYT-Spektrum $\boldsymbol{F}$ geeignet transformieren.

Übung 38 (Lösung Seite 255)

Berechnen Sie eine Matrix $\boldsymbol{DCT}$ für die diskrete Kosinustransformation, mit der Sie ein diskretes Signal $\boldsymbol{f}$ mit $N = 8$ Abtastwerten transformieren können. Transformieren Sie das Signal und gewinnen Sie es zurück, indem Sie das DCT-Spektrum $\boldsymbol{F}$ geeignet transformieren.

Übung 39 (Lösung Seite 255)

Berechnen Sie eine sequenzgeordnete Matrix $\boldsymbol{DWT}$ für die diskrete Walshtransformation, mit der Sie das diskrete Signal $\boldsymbol{f}$ mit den 8 Abtastwerten transformieren können. Transformieren Sie das Signal und gewinnen Sie es zurück, indem Sie das DWT-Spektrum $\boldsymbol{F}$ geeignet transformieren.

Übung 40 (Lösung Seite 256)

Berechnen Sie eine Matrix $\boldsymbol{DHT}$ für die diskrete Haartransformation, mit der Sie das diskrete Signal $\boldsymbol{f}$ mit den 8 Abtastwerten transformieren können. Transformieren Sie das Signal und gewinnen Sie es zurück, indem Sie das DHT-Spektrum $\boldsymbol{F}$ geeignet transformieren.

Übung 41 (Lösung Seite 257)

Schließen Sie Ihre Untersuchungen zu den diskreten Orthogonaltransformationen ab, indem Sie in der folgenden Tabelle ausfüllen, welche Matrix für die Rücktransformation geeignet ($\times$) ist.

Matrix	DIT[2]	DFT	DCT	DST	DHYT	DWT	DHT
dieselbe	×						
transponierte	×						
konjugierte	×						
inverse	×						

Übung 42 (Lösung Seite 257)

Ein digitales Messgerät soll Ihnen das DFT-Spektrum eines 100-Hz-Sinussignals berechnen und anzeigen. Dafür haben Sie am Messgerät den Messbereich 200 Hz eingestellt. Sie wissen, dass dann intern die $2\frac{1}{2}$-fache Abtastfrequenz verwendet wird. Untersuchen Sie zwei Fälle:

a) Das Messgerät registriert lediglich 256 Messwerte.
b) Das Messgerät registriert 8192 Messwerte.

Wie groß ist jeweils die Zeit für die Signalerfassung bzw. die Beobachtungszeit? Wie groß ist jeweils die Frequenzauflösung? Wird bei 100 Hz überhaupt ein Spektralkoeffizient berechnet?

Übung 43 (Lösung Seite 257)

Zu welcher schnellen Transformation gehört die folgende Gleichung? Welche Aufgaben haben die drei Matrizen?

$$\boldsymbol{F} = \frac{1}{2} \cdot \begin{bmatrix} 1 & 0 & 0 & 0 \\ 0 & 0 & 1 & 0 \\ 0 & 0 & 0 & 1 \\ 0 & 1 & 0 & 0 \end{bmatrix} \cdot \begin{bmatrix} +1 & +1 & 0 & 0 \\ 0 & 0 & +1 & +1 \\ +1 & -1 & 0 & 0 \\ 0 & 0 & +1 & -1 \end{bmatrix} \cdot \begin{bmatrix} +1 & +1 & 0 & 0 \\ 0 & 0 & +1 & +1 \\ +1 & -1 & 0 & 0 \\ 0 & 0 & +1 & -1 \end{bmatrix}$$

2 Diskrete Einheitstransformationen

Übung 44 (Lösung Seite 257)

Konstruieren Sie für ein Signal f_n einen digitalen Hochpass im Frequenzbereich, der nur Frequenzen oberhalb der Frequenz Null durchlässt. Das Signal lautet wieder:

n	0	1	2	3	4	5	6	7
f_n	1	2	3	1	−1	−1	−1	0

Skizzieren Sie das gefilterte Signal g_n.

Übung 45 (Lösung Seite 258)

Konstruieren Sie für das Signal f_n einen Sequenztiefpass, der alle Spektralkoeffizienten bis auf zwei tilgt (Null setzt) und somit das Signal sequenzbandbegrenzt. Skizzieren Sie das gefilterte Signal g_n. Wie sehen sequenzbandbegrenzte Signale aus?

Übung 46 (Lösung Seite 258)

Berechnen Sie mit einer orthogonalen Matrix für die diskrete Kosinustransformation das DCT-Spektrum eines quadratischen Bildes mit 8×8 Bildpunkten. Das Eingangsbild sei ein Graukeil mit den Grauwerten $0 \ldots 7$. Die Grauwerte beginnen links mit Schwarz (Grauwert Null) und wachsen jeweils um eins erhöht nach rechts an. Filtern Sie nun das Eingangsbild im Spektralbereich, indem Sie diejenigen DCT-Koeffizienten auf Null setzen, deren Betrag 10 % des größten Koeffizienten nicht überschreiten. Transformieren Sie zurück und vergleichen Sie Eingangs- und Ausgangsbild.

Übung 47 (Lösung Seite 259)

In der Bildverarbeitung wird gerne an Stelle einer orthogonalen Haarmatrix (s. S. 256) folgende Matrix der Haar-Wavelets verwendet:

$$\boldsymbol{DWLT} = \frac{1}{8} \cdot \begin{bmatrix} 1 & 1 & 1 & 1 & 1 & 1 & 1 & 1 \\ 1 & 1 & 1 & 1 & -1 & -1 & -1 & -1 \\ 2 & 2 & -2 & -2 & 0 & 0 & 0 & 0 \\ 0 & 0 & 0 & 0 & 2 & 2 & -2 & -2 \\ 4 & -4 & 0 & 0 & 0 & 0 & 0 & 0 \\ 0 & 0 & 4 & -4 & 0 & 0 & 0 & 0 \\ 0 & 0 & 0 & 0 & 4 & -4 & 0 & 0 \\ 0 & 0 & 0 & 0 & 0 & 0 & 4 & -4 \end{bmatrix}$$

Untersuchen Sie die Matrixeigenschaften Rang, Determinante und Orthogonalität. Berechnen Sie die Inverse. Welche Vor- und Nachteile für den Einsatz dieser Matrix in der Bildverarbeitung ergeben sich daraus?

Übung 48 (Lösung Seite 259)

Einige Algebraprogramme stellen ihren Anwendern die so genannten D4-Wavelets von Ingrid Daubechies zur Verfügung:

- Maple über die Funktion with(D4Wavelets)
- Mathcad über die Funktionen wave und iwave

Erzeugen Sie sich damit eine quadratische Transformationsmatrix ***D4*** der Größe 8×8 und untersuchen Sie die Matrix auf Orthogonalität.

Kapitel 5 Anwendungsbeispiele

Die Werkzeuge der Signalverarbeitung, wie sie in den Kapiteln 3 und 4 vorgestellt wurden, können ihre Leistungsfähigkeit erst unter Beweis stellen, wenn sie (richtig) angewendet werden. Die Übungsaufgaben zu diesen Kapiteln haben mit überschaubaren Beispielen bereits einen ersten Eindruck zu praxisrelevanten Fragestellungen vermittelt.

Im letzten Kapitel des Buches werden nun noch drei Anwendungsbeispiele ausführlicher vorgestellt. Sie sind Ergebnisse von Forschungsprojekten der Arbeitsgruppe Signalverarbeitung und Mustererkennung am Institut für Informatik der Humboldt-Universität zu Berlin. Bei der Auswahl der Projekte hat nicht die Aktualität der Themen den Ausschlag gegeben, sondern die Verbindung zu den im vorliegenden Buch vorgestellten Werkzeugen des Zeit- oder Ortsbereichs und den Werkzeugen des Spektralbereichs. Ein viertes, kleines Beispiel in Abschnitt 5.4 ist zwar (noch) nicht Forschungsgegenstand der Arbeitsgruppe; es ist aber aufgenommen worden, weil es die Potenziale der gleichzeitigen Zeit- und Spektralanalyse demonstriert.

5.1 Klassifizierung von Fahrzeugen

Ziel des Projekts

Wissenschaftliche Arbeit an Problemen der Abrüstung und internationalen Sicherheit wird in erster Linie mit Politik- oder Rechtswissenschaften in Zusammenhang gebracht. Darüber hinaus können aber auch Natur- und Ingenieurwissenschaften mit ihren mathematischen, natur- und technikwissenschaftlichen Methoden zur Versachlichung und Eindämmung von Konflikten beitragen. Ein Beispiel ist die direkte Kontrolle der Reduzierung konventioneller Waffen mit der Methode der kooperativen Verifikation. Kooperative Verifikation bedeutet in diesem Zusammenhang die Überprüfung der Einhaltung von Abkommen im gegenseitigen Einvernehmen. Sie hat – z. B. gegenüber Satelliten – eine Reihe von Vorteilen. Dazu gehören die Offenlegung der Eigenschaften der verwendeten Gerätesysteme, die gleiche Verfügbarkeit in allen Ländern, die Zugänglichkeit der gewonnenen Informationen und die Gewähr, dass diese Systeme nicht der Planung militärischer Aktionen dienen. Das Forschungsprojekt zur Fahrzeugerkennung war eingebettet in Aktivitäten des Bochumer Verifikationsprojekts (BVP), das 1988 am Institut für Experimentalphysik III an der Ruhr-Universität Bochum gegründet wurde [5.1.1]. Gegenwärtig werden diese und andere Aktivitäten innerhalb eines Arbeitskreises

Abrüstung (AKA) in der Deutschen Physikalischen Gesellschaft konzentriert. Der Arbeitskreis befasst sich mit Forschungen zu physikalischen Fragen der Abrüstung.
Das Forschungsprojekt unserer Arbeitsgruppe, dessen Ergebnisse hier vorgestellt werden sollen, hatte die Überprüfung von Abrüstungs- und Begrenzungsmaßnahmen zum Ziel. Sie sollte über den Nachweis und die Identifizierung schwerer militärischer Landfahrzeuge (Panzer, Truppentransporter) erfolgen. Aus früheren Arbeiten war bekannt, dass ein solcher Nachweis prinzipiell über die Signale, die von bewegten Fahrzeugen ausgehen und Informationen über deren Eigenschaften enthalten, möglich ist [5.1.2]. Durch eine Erfassung, Aufbereitung und Extraktion relevanter Informationen kann eine Aussage über Fahrzeugtyp, Zeitpunkt und Ort bzw. Richtung der Bewegung gemacht werden. Ziel des Forschungsprojekts war es deshalb, ein Gerätesystem zu entwickeln, das die Verarbeitung von akustischen und seismischen Signalen, die von Fahrzeugen ausgesendet werden, ausführt. Akustische und seismische Signale haben den Vorteil, dass sie mit Sensoren zu erfassen sind, mit denen die Fahrzeuge weitgehend unabhängig von Wetter und Lichtverhältnissen über mittlere Entfernungen (bis einige Hundert Meter) nachgewiesen werden können. Für die Beurteilung der Leistungsfähigkeit und Grenzen solcher Überwachungssysteme im Einsatz für Friedens- und Abrüstungsabkommen braucht man sichere Informationen über die von den Fahrzeugen erzeugten Signale und über typische Störungen etwa durch das Wetter, aber auch durch andere Fahrzeuge oder Tiere. Diese Informationen sollten unter realistischen Bedingungen mit einem neu zu entwickelnden Gerätesystem gesammelt werden.

Aufbau der Sensorstation

Zur Lösung der Aufgabe wurde ein automatisch arbeitendes System entworfen, aufgebaut und getestet, das die permanente Überwachung von Kontrolllinien erlaubt, die in Abrüstungs- oder Friedensabkommen vereinbart werden. Das System — nachfolgend Sensorstation genannt — musste eine Reihe von spezifischen Eigenschaften aufweisen. So sollten sowohl sehr kleine als auch sehr große Signale verarbeitbar sein, also der Dynamikbereich über die kommerziell verfügbare Messtechnik deutlich hinausgehen. Zum anderen sollte das System sehr robust und wetterfest sein und wegen des vorgesehenen Langzeitbetriebs auch wenig Energie verbrauchen. Eine Zusatzanforderung bestand darin, auch Wetterparameter aufzuzeichnen, da das Wetter die Qualität der Signalerfassung beeinträchtigen kann.
Die als Ergebnis der Forschungsarbeiten entstandene Sensorstation (Abbildung 5.1) hat ihre Leistungsfähigkeit anhand von etwa 1000 Aufzeichnungen von Vorbeifahrten schwerer Landfahrzeuge und deren Erkennung unter Beweis gestellt.

Signalverarbeitungskette Im Folgenden sollen die für die Signalverarbeitung wichtigen Baugruppen der Sensorstation vorgestellt werden, wobei die Erläuterung sich an die in Kapitel 2 dargestellte Signalverarbeitungskette anlehnt. Anschließend wird kurz auf den Einsatz der Sensorstation bei der Bundeswehr eingegangen und die gewonnenen Signale werden beschrieben. Dann wird gezeigt, welche Teilaufgaben des Projekts mit ausgewählten Werkzeugen der Kapitel 3 und 4 lösbar waren.
Der Entwurf des signalverarbeitenden Systems wurde durch die Anforderungen bestimmt: Akustische und seismische Signale sollten erfasst und verarbeitet werden,

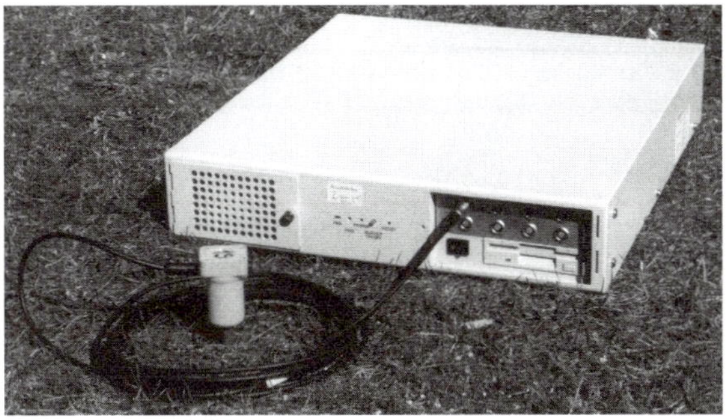

Abbildung 5.1: Sensorstation

außerdem Standard-Wettersignale. Da es sich dabei um analoge Signale handelt, bestand die Aufgabe in der Realisierung von Baugruppen sowohl für die analoge als auch für die digitale Signalverarbeitung. Die Sensorstation wurde als mehrkanaliges System konzipiert. Einen Überblick über die Baugruppen und damit über die zu lösenden Teilaufgaben gibt die Signalverarbeitungskette der Sensorstation (Abbildung 5.2). Die Sensoren der Station sind Geofone und Mikrofone. Ihr analoges elektrisches Ausgangssignal wird den vierkanaligen Eingangsbaugruppen zugeführt, die aus Vorverstärker, analogem Tiefpass und einem automatischen Messbereichswähler bestehen. Die sich anschließenden Baugruppen sind Bestandteile einer Signalprozessorplatine und einer Platine mit einem Standardmikroprozessor. In der Abbildung ist die Trennung zwischen analoger und digitaler Verarbeitung gekennzeichnet.

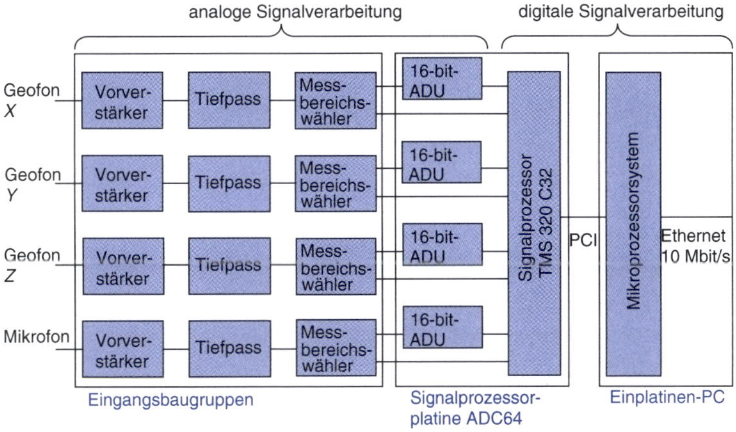

Abbildung 5.2: Signalverarbeitungskette der Sensorstation

Alle Module sind so aufgebaut, dass die Informationen für die Algorithmen zur Fahrzeugdetektion ohne Verluste aufbereitet werden. Mehrere Sensorstationen können untereinander und mit einem übergeordneten Rechner kommunizieren.

Sensoren Die akustischen und seismischen Signale fallen zeitkontinuierlich an und müssen über die Sensoren Mikrofon (Abbildung 5.3) und Geofon (Abbildung 5.4)

den analog arbeitenden Eingangsbaugruppen zugeführt werden. Das Mikrofon wandelt Schallwellen in eine elektrische Größe um, das Geofon Bodenvibrationen (vgl. Abschnitt 2.4). Weiterhin sind je ein Feuchte-, Luftdruck- und Temperatursensor zur Erfassung der Wettersignale vorhanden.

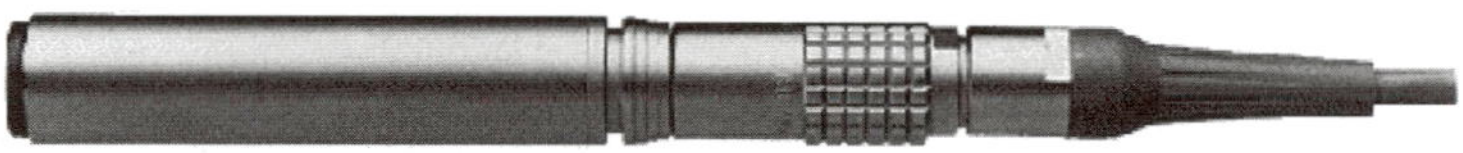

Abbildung 5.3: Mikrofon für Anwendungen im Freien (Empfindlichkeit 50 mV/Pa, Frequenzbereich 3 Hz bis 20 kHz)

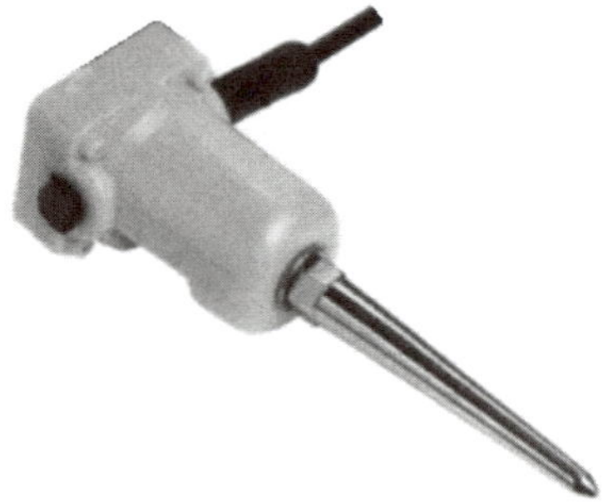

Abbildung 5.4: Geofon (Empfindlichkeit 26 V/(m/s), Frequenzbereich von 1,6 Hz bis 300 Hz)

Eingangsbaugruppe Die Eingangsbaugruppe besteht aus vier gleich aufgebauten Kanälen, die wahlweise für Mikrofon- oder Geofonsignale genutzt werden können. Die wichtigste Aufgabe dieser Baugruppe ist die Bandbegrenzung der analogen (zeitkontinuierlichen) Signale. Die Bandbegrenzung ist erforderlich, um das Abtasttheorem einhalten zu können (vgl. Abschnitt 2.3). Darüber hinaus werden die zeitgleiche, mehrkanalige Erfassung vorgenommen, die Anpassung der Impedanz und Verstärkung gewährleistet und die Wettersignale (relative Feuchte, Luftdruck und Geräteinnentemperatur) vorverarbeitet. Abbildung 5.5 zeigt die als PC-Einbaumodul realisierte Eingangsbaugruppe.

Abbildung 5.5: Eingangsbaugruppe der Sensorstation

Abtast-Halte-Schaltung und Analog-Digital-Umsetzer Der unterschiedliche Abstand, in dem sich die militärischen Fahrzeuge von der Sensorstation befinden können, ist Ursache dafür, dass beispielsweise die seismischen Signale in einem Wertebereich von wenigen Mikrometern pro Sekunde bis zu einem Dezimeter pro Sekunde auftreten, wobei die Frequenzbandbreite im Extremfall über 10 kHz betragen kann. Damit sind für den Analog-Digital-Umsetzer ein Dynamikbereich von über 20 bit Amplitudenauflösung und Abtastraten von mindestens 20 kHz erforderlich. Abbildung 5.6 zeigt das Blockschaltbild der ADU-Variante, die diese Forderungen erfüllt.

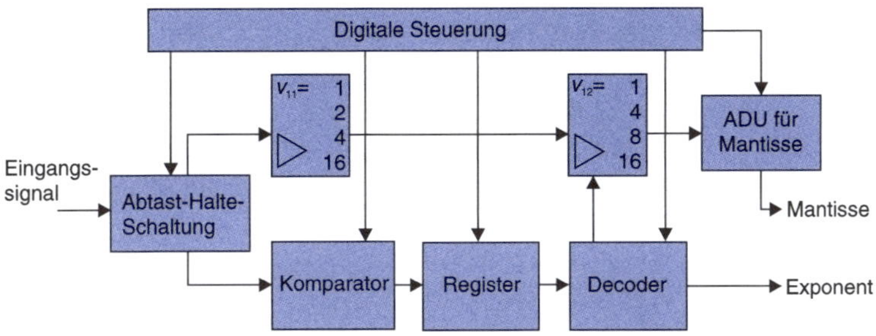

Abbildung 5.6: Blockschaltbild des hochauflösenden Analog-Digital-Umsetzers

Das Prinzip dieser Umsetzung besteht in einer separaten Mantissen- und Exponentenbestimmung für den digitalisierten Messwert. Dies geschieht in den folgenden Schritten: Die Geofon- oder Mikrofonsignale gelangen als Erstes auf einen Verstärker mit programmierbarer Verstärkung (Messbereichswähler). Dieser kann die Vorverstärkungen 1, 2, 4 und 8 erzeugen. Es schließen sich ein Tiefpassfilter 5. Ordnung mit einer Grenzfrequenz von 10 kHz und ein Hochpassfilter mit einer Grenzfrequenz von 1 Hz an. Für Vorverstärker und Filter werden rauscharme Operationsverstärker verwendet. Das auf eine Bandbreite von 1 Hz bis 10 kHz begrenzte Signal wird einer Abtast-Halte-Schaltung zugeführt. Ihren Startbefehl bekommt diese Stufe vom Signalprozessor, der damit jeweils den Beginn einer Analog-Digital-Umsetzung festlegt. Die weitere Schaltung leitet aus dem Betrag des Signals eine Verstärkung zwischen 1 und 256 ab. Die acht möglichen Verstärkungsfaktoren der Verstärker v_{11} und v_{12} aus Abbildung 5.6 werden stets so gewählt, dass das verstärkte Signal betragsmäßig im Bereich von +5 V bis +10 V liegt. Das Signal wird mit dem jeweiligen Verstärkungsfaktor multipliziert. Gleichzeitig wird der Exponent ermittelt und mit 4 bit codiert. Der Exponent liegt etwa 10 µs nach dem Startbefehl vor. Das verstärkte Signal wird einem 16-bit-AD-Umsetzer übergeben, der es in 4 µs in eine ganze Dualzahl umsetzt. Der digitalisierte Messwert hat einen Maximalwert von 8 388 352 und einen Minimalwert von 1, woraus sich zuzüglich eines Vorzeichenbits eine maximale Dynamik von 144 dB bzw. 24 bit ergibt. Unter Berücksichtigung der Umsetzzeiten für den Exponenten- und den Mantissen-Umsetzer kann ein Messkanal alle 20 µs einen Messwert liefern. Das entspricht einer Abtastfrequenz von 50 kHz je Kanal.

Vorverarbeitung mit einem digitalen Signalprozessor Der digitale Signalprozessor (DSP) wird eingesetzt, um aus den beiden einzelnen Umsetzergebnissen den digitalen Messwert zu berechnen, die Ergebnisse aller vier Kanäle zu sammeln, zwischenzuspeichern, mit Zeitstempeln zu versehen und zu geeigneten Zeitpunkten an den Mikroprozessor zu übergeben.

Vorverarbeitung mit einem Mikroprozessor Der Mikroprozessor auf dem Einplatinen-PC übernimmt das blockweise Lesen und das Zwischenspeichern der vier Signalepisoden, fügt sie in ein verbindungsorientiertes Protokoll ein und versendet die Signalpakete mit einer maximalen Übertragungsrate von 10 Mbit pro Sekunde über eine Ethernetschnittstelle an einen übergeordneten Rechner. Über ihn kann die Sensorstation auch konfiguriert werden. Zur Konfiguration gehören die Auswahl der Signaleingänge, die Einstellung der Vorverstärkung und die Festlegung der Abtastfrequenz.

Schnittstellen für die Kommunikation Es werden eine serielle Schnittstelle (z. B. für den Anschluss einer kommerziellen Wetterstation) und eine Ethernet-Schnittstelle zur Übergabe von Auswertungsergebnissen und Signalen an den zentralen Rechner benutzt.

Testmessungen

Der Dynamikbereich der Sensorstation ist im Labor getestet worden. Dazu wurden die seismischen Signale eines Hammerschlags aufgenommen. Abbildung 5.7 zeigt Messergebnisse mit einem Dynamikbereich von 138,5 dB bzw. 23 bit.

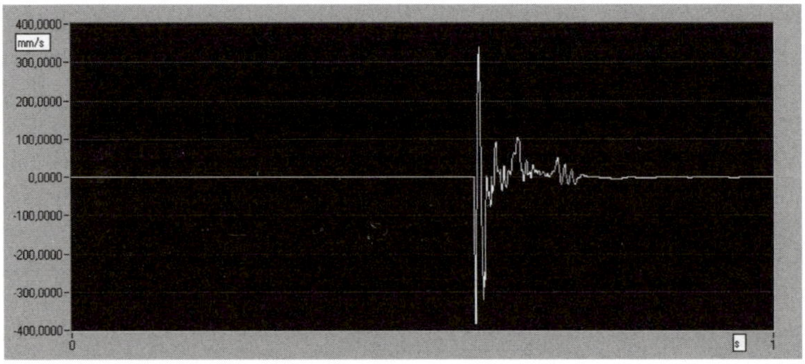

Abbildung 5.7: Hammerschlag als Testsignal für den Geofonkanal

Zwei Sensorstationen sind während eines vierwöchigen Experiments in Meppen bei der Wehrtechnischen Dienststelle für Waffen und Munition der Bundeswehr einem Härtetest unterzogen worden. Zu den vorbeifahrenden Fahrzeugen gehörten Ketten- und Radfahrzeuge der folgenden Typen: Kampfpanzer Leopard 1, Leopard 2 und M 48, Jagdpanzer Jaguar und Waffenträger Wiesel, Spürpanzer Fuchs, Spähpanzer Hermelin, Lastkraftwagen Unimog und MB 1017 und VW 70X0C.

Die Messungen wurden unter verschiedenen Bedingungen durchgeführt, z. B. auf Betonstraßen und Sandwegen, auf unterschiedlichen Straßenspuren mit Geschwindigkeiten von 5 km/h bis 40 km/h, bei geringen und starken Umgebungsgeräuschen und bei unterschiedlichen Wetterverhältnissen.

Im Zusammenhang mit dem Forschungsprojekt war eine Vielzahl von Problemen zu lösen, für die unterschiedliche Werkzeuge der Signalverarbeitung zum Einsatz kamen.

Im Folgenden wird – getrennt nach Zeitbereich und Spektralbereich – eine Auswahl vorgestellt.

Ausgewählte Signalverarbeitungsaufgaben im Zeitbereich

Den typischen Zeitverlauf eines akustischen Fahrzeugsignals zeigt Abbildung 5.8. Es handelt sich um die Vorbeifahrt eines Fahrzeugs vom Typ Wiesel. Bei dem Störsignal bei zirka 50 s handelt es sich um die Überlagerung eines Schusses.

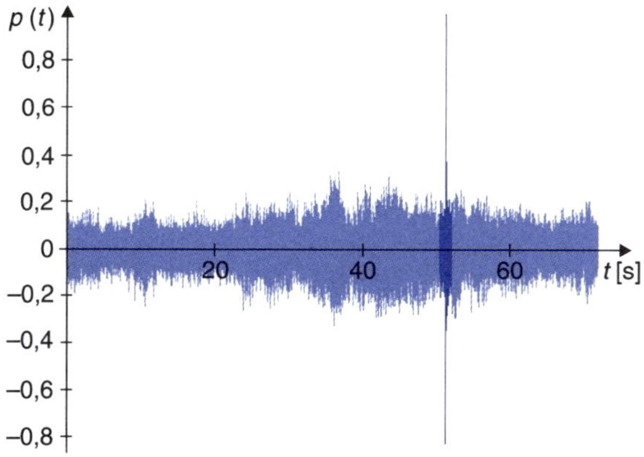

Abbildung 5.8: Mikrofonsignal des Kettenfahrzeugs Wiesel

Bevor ein Signal weiterverarbeitet werden kann, muss man sich über diejenigen Signaleigenschaften Klarheit verschaffen, die die Anwendung bestimmter Werkzeuge einschränken. Dazu gehört beispielsweise die Stationarität. In der Signalverarbeitung setzen viele Verfahren die Stationarität der zu analysierenden Signale voraus. Es ist deshalb erforderlich, die Stationarität bzw. Nichtstationarität zu überprüfen.

Stationaritätstest In Abschnitt 2.1 ist darauf hingewiesen worden, dass starke und schwache Stationarität unterschieden werden können. Da es in der Praxis allerdings oft nicht möglich ist, die Konstanz einer Verteilungsfunktion nachzuweisen, beschränkt man sich häufig auf den Nachweis der schwachen Stationarität.

Dieser war auch hier erforderlich, da für die Auswertung der Fahrzeugsignale orthogonale Transformationen eingesetzt werden sollten. Die Festlegung eines definierten Signalausschnitts für die weitere Verarbeitung ist aber auch deshalb wichtig, weil damit die Frequenzauflösung (s. Gleichung (4.119)) bestimmt wird. Für eine feine Frequenzauflösung wäre ein möglichst langes Intervall zu wählen. Andererseits ist Stationarität im vorliegenden Fall sich bewegender Fahrzeuge sicher nur für ein relativ kurzes Intervall gewährleistet.

Soll die Weiterverarbeitung der Zeitsignale in einem Spektralbereich erfolgen und eine schnelle Transformation angewendet werden, besteht zusätzlich noch die Forderung, die Intervalllänge auf eine Zweierpotenz festzulegen.

In der Literatur werden verschiedene Tests auf Nichtstationarität beschrieben. Im Rahmen einer Diplomarbeit [5.1.3] ist ein Test nach [5.1.5] verwendet worden. Das Verfahren untersucht nacheinander die zeitliche Unabhängigkeit der statistischen Momente (vgl.

Abschnitt 3.1.2) in einem Test A und die der Spektralfunktion in einem Test B. Getestet wurden akustische Signale von fünf Kettenfahrzeugen unterschiedlicher Dauer. Sie reichte von $2^9 = 512$ Abtastwerten bis zu $2^{13} = 8192$. Bei einer Abtastfrequenz von 1250 Hz entspricht eine Fensterlänge von 2048 Messwerten einer Dauer von 1638,4 ms.

Der Test geht von der Nullhypothese aus, dass sich die Momente bzw. die Spektralfunktionen der Signalausschnitte nicht unterscheiden, also schwache Stationarität vorliegt. Wird die Nullhypothese mit einer vorgegebenen Irrtumswahrscheinlichkeit abgelehnt, sind die Signale nichtstationär. Andernfalls kann Stationarität angenommen werden (allerdings nicht als nachgewiesen gelten).
Für den Test A wird das Signal in Blöcke gleicher Dauer aufgeteilt. Für jeden Block werden Histogramme berechnet (Gleichung (3.20)). Die Histogramme werden mit einem χ^2-Test einem Vergleich unterzogen, wobei die Varianzen aus den Signalen geschätzt werden. Für jeden Block erfolgt dann die Berechnung der Autokorrelationsfunktion r_m nach Gleichung (3.59) und daraus die Signalenergie $|F_m|^2$ nach Gleichung (4.47). Für den Test B werden die Histogramme von F_m berechnet und ebenfalls mit einem χ^2-Test geprüft. Die folgende Tabelle gibt an, wie groß der Anteil der stationären Blöcke für die einzelnen Blocklängen ist.

	Anteil stationärer Blöcke bei	
Blocklänge	**Test A**	**Test B**
512	89 %	93 %
1024	76 %	80 %
2048	55 %	59 %
4096	32 %	38 %
8192	15 %	25 %

Die Ergebnisse sind nicht für jeden Fahrzeugtyp gleich. Wird eine Blocklänge von 1024 Abtastwerten gewählt, ergeben sich unterschiedliche Anteile stationärer Blöcke:

	Anteil stationärer Blöcke bei	
Fahrzeugtyp	**Test A**	**Test B**
Leopard 1	72 %	94 %
Leopard 2	75 %	77 %
Jaguar	77 %	77 %
M 48	82 %	88 %
Wiesel	80 %	76 %

Das Ergebnis des Stationaritätstests zeigt, dass es erforderlich ist, eine obere Grenze für die Blocklänge zu wählen. Wird sie eingehalten, führen die weiteren Verarbeitungsschritte zu korrekten Ergebnissen. Diese Grenze liegt für die akustischen Fahrzeugsignale bei 2048 Abtastwerten, d. h. 1638,4 ms. Die weitere Verarbeitung der Signale sollte also mit Signalabschnitten vorgenommen werden, die höchstens 2048 Abtastwerte enthalten.

Signalfilterung Verschiedene Umwelteinflüsse beeinträchtigen die Qualität der Messungen. Als Beispiel für die notwendigen Vorverarbeitungsmaßnahmen sei hier die

Signalfilterung zur Beseitigung von Windgeräuschen genannt. Abbildung 5.9 zeigt das durch Windgeräusche gestörte Mikrofonsignal zweier Vorbeifahrten des Kettenfahrzeugs Fuchs.

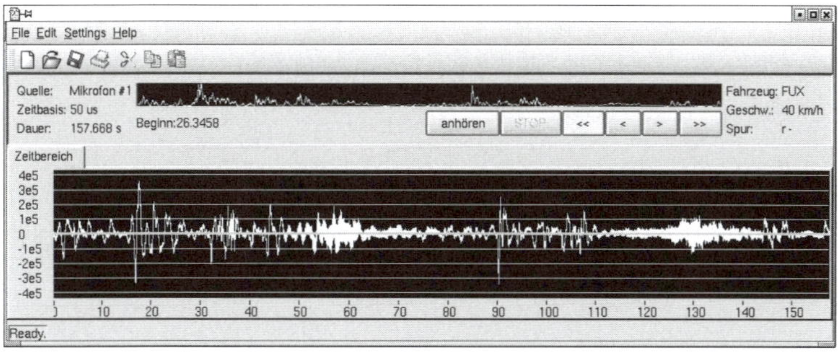

Abbildung 5.9: Mikrofonsignal mit niederfrequenten Störungen durch Windgeräusche

Das mit einem digitalen Filter, einem Hochpass 10. Ordnung bei 10 Hz Grenzfrequenz, gefilterte Signal ist in Abbildung 5.10 dargestellt. Man erkennt deutlich, dass die durch Winddruck verursachten niederfrequenten Signalanteile fehlen und somit das eigentliche Fahrzeuggeräusch durch die Hochpassfilterung separiert werden konnte.

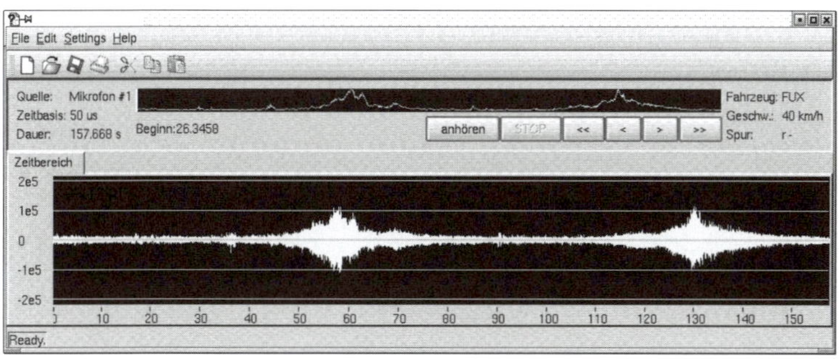

Abbildung 5.10: Mikrofonsignal ohne Windgeräusche

Ausgewählte Signalverarbeitungsaufgaben im Spektralbereich

Die Erkennung von Fahrzeugtypen ist eine Klassifikationsaufgabe. Um sie zu lösen, ist es erforderlich, für die einzelnen Messungen der Fahrzeugsignale Merkmale zu gewinnen.

Orthogonale Transformationen Oft sind spektrale Kenngrößen als Merkmale sehr geeignet. In den Spektralkoeffizienten können Informationen über die spezifischen Eigenschaften der jeweiligen Klassenrepräsentanten enthalten sein. Um zu untersuchen, ob für den vorliegenden Fall spektrale Kenngrößen diese Erwartungen erfüllen, wurden die Signale verschiedenen Orthogonaltransformationen unterzogen und die Ergebnisse miteinander verglichen. Die Beschreibung des Vorgehens und die Darstellung und Diskussion der Ergebnisse sind ebenfalls Bestandteil der oben genannten Diplomarbeit [5.1.3]. Basis der Untersuchungen waren Signalausschnitte der Länge 1024 und 2048 der fünf

Kettenfahrzeuge. Verwendet wurden die schnelle Fouriertransformation, die schnelle Kosinustransformation und die Hartleytransformation. Vor Berechnung der diskreten Fourier- und Hartleytransformation sind die Signale mit Fensterfunktionen multipliziert worden (vgl. Abschnitt 4.3.5), um das Auslaufen des Spektrums zu verringern. Verwendet wurden unter anderem das Hamming- und das Von-Hann-Fenster. Die nachfolgende Tabelle zeigt, dass diese Fenster bei der Reklassifikation der Lernstichprobe bzw. bei der Neuklassifikation von Fahrzeugen zu unterschiedlichen Ergebnissen führten.

Fenster	Reklassifikation	Neuklassifikation
Hamming	95 %	62 %
Von-Hann	94 %	56 %
Rechteck	93 %	56 %

Als Beispiel für die berechneten Spektren sind in Abbildung 5.11 für die akustischen Signale des Waffenträgers Wiesel die Ergebnisse der diskreten Fouriertransformation dargestellt. Abbildung 5.11 a) zeigt das aus den Mikrofonsignalen berechnete Betragsspektrum, das wegen der unbekannten Entfernung der Fahrzeuge zum Mikrofon normiert worden ist. Dazu wurde die Summe aller Koeffizienten mit 100 % festgelegt. Die Abbildung demonstriert, dass das Spektrum bei 300 Hz im Wesentlichen abgeklungen ist. In Abbildung 5.11 b) ist ein Ausschnitt des Spektrums dargestellt.

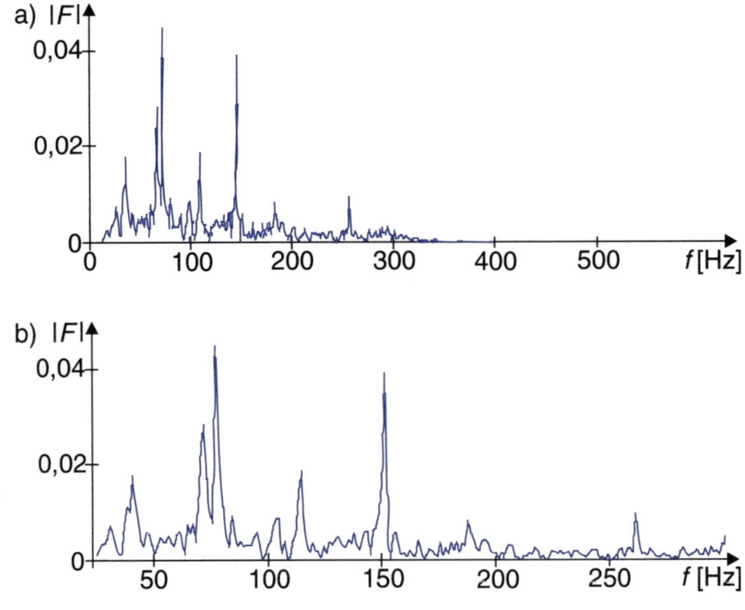

Abbildung 5.11: DFT-Betragsspektrum des Mikrofonsignals vom Waffenträger Wiesel
a) normiertes DFT-Betragsspektrum b) ausgewählter Bereich

Die Ergebnisse der Kosinus- und Hartleytransformation sind in Abbildung 5.12 gezeigt.

Merkmalsauswahl Mit Hilfe eines Statistikprogramms sind aus den Spektren Koeffizienten ausgewählt worden, die für die Trennung der Fahrzeugklassen am besten

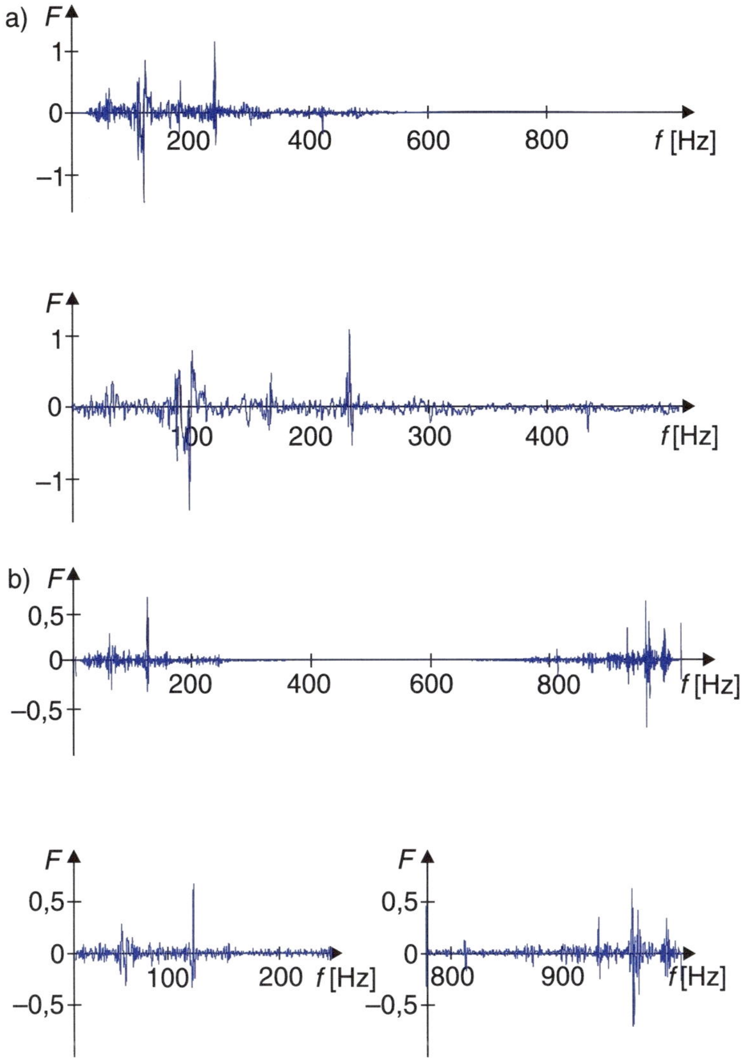

Abbildung 5.12: Weitere Spektren des Mikrofonsignals vom Waffenträger Wiesel
a) DCT-Spektrum mit ausgewähltem Bereich
b) DHYT-Spektrum mit zwei ausgewählten Bereichen

geeignet waren. Obwohl Klassifikationsverfahren nicht Gegenstand des vorliegenden Lehrbuchs sind, sei erwähnt, dass für die Fahrzeugerkennung mit den spektralen Merkmalen Abstandsklassifikatoren Verwendung fanden. Die Merkmalsanzahl ist zuvor mit der Varianz- und Diskriminanzanalyse reduziert worden. Interessant ist ein Vergleich der Leistungsfähigkeit der genutzten Transformationen:

Transformation	Reklassifikation	Neuklassifikation
DFT	89 %	79 %
DCT	82 %	23 %
DHYT	77 %	24 %

Die diskrete Fouriertransformation ist für diese Anwendung den anderen beiden Transformationen überlegen.
Das Ergebnis, das nach Verarbeitung der Signale mit allen vorgestellten hard- und softwarebasierten Verfahren erzielt worden ist, zeigt die so genannte Verwechslungsmatrix:

Erkannter Typ / Fahrzeugtyp	Leo 1	Leo 2	Jaguar	M 48	Wiesel
Leopard 1	91 %	0 %	0 %	9 %	0 %
Leopard 2	0 %	77 %	4 %	4 %	25 %
Jaguar	0 %	4 %	77 %	12 %	8 %
M 48	0 %	0 %	4 %	96 %	0 %
Wiesel	0 %	0 %	0 %	0 %	100 %

Die Klassifizierung ist für den Leopard 1 am besten, da er einerseits mit großer Sicherheit erkannt und andererseits niemals mit anderen Fahrzeugen verwechselt wird. Weitere Einzelheiten des Projekts findet der interessierte Leser in [5.1.3, 5.1.4].

Literaturverzeichnis

[5.1.1] Altmann, J., Rotblat, J. (Hrsg.): Verification of Arms Reductions — Nuclear, Conventional and Chemical. Berlin: Springer, 1989.

[5.1.2] Altmann, J. et al.: Ground vibration, acoustic waves and magnetic disturbance produced by land vehicles of the North-Atlantic Treaty Organization. Bochum: UVB-Universitätsverlag, 1993.

[5.1.3] Brüggert, St.: Klassifikation militärischer Fahrzeuge mit Orthogonaltransformationen. Diplomarbeit am Institut für Informatik der Humboldt-Universität zu Berlin (2003).

[5.1.4] Meffert, B., Hochmuth O. et al.: Sensor station 2000 for acoustic and seismic measurements of high dynamic range. In: *Verification — Research Reports,* № 11. Lenzen: Verlag Georg Grüneberg, 2001.

[5.1.5] Witt, A. et al.: Testing stationarity in time series. Physical Review E 58 (1998), S. 1800–1810.

5.2 Automatisierung einer Durchblutungsmessung

Ziel des Projekts

Bei der Diagnose bestimmter Hautkrankheiten wie Neurodermitis oder systemischer Sklerodermie spielt die akrale Wiedererwärmung eine Rolle. Als Akren bezeichnet man Körperregionen, die weit vom Körperzentrum, dem Herzen, entfernt sind. Zu ihnen gehören z. B. Finger, Zehen und Nasenspitze. Um bei einem Patienten Ausmaß und Geschwindigkeit der akralen Wiedererwärmung festzustellen, wird beispielsweise sein Zeigefinger kontrolliert abgekühlt. Während der sich anschließenden Wiedererwärmung kann dann die Temperatur registriert werden. Aus dem Temperaturverlauf können Erkenntnisse über die Beschaffenheit der Haut oder über Durchblutungsstörungen gewonnen werden.
Im Folgenden soll die Entwicklung eines Messgeräts beschrieben werden, mit dem die Registrierung und Auswertung der akralen Wiedererwärmung und gleichzeitig der Wiederdurchblutung möglich sind.

Aufbau des Duosensors

Das Messgerät sollte den Anforderungen der klinischen Praxis genügen: einfache Bedienung, berührungslose Messung von Temperatur und Durchblutung, gute Reproduzierbarkeit der Messungen, Möglichkeit einer digitalen Weiterverarbeitung, Archivierung der Messwerte und geringe Belastung des Patienten. Im Rahmen einer Diplomarbeit [5.2.4] ist unter der Bezeichnung Duosensor ein Messgerät entwickelt worden, das die genannten Anforderungen erfüllt und sich in langjährigem Einsatz bewährt hat. Abbildung 5.13 zeigt den Duosensor während einer Messung.

Der Aufbau des Messgeräts sei wieder anhand seiner Signalverarbeitungskette erläutert (Abbildung 5.14).

Das Gerät enthält Sensoren zur Gewinnung der Messwerte sowie Baugruppen zur analogen Vorverarbeitung und zur Auswertung der Messungen. Der eingebaute Mikrocontroller SAB 80C537 gestattet in Verbindung mit einer LCD-Anzeige die Darstellung der Ergebnisse direkt im Anschluss an die Messung. Die Bedienung des Duosensors wird lediglich über vier Funktionstasten vorgenommen und durch ein übersichtliches Menü vereinfacht. Ein PC ist nicht erforderlich. Lediglich bei Bedarf können sämtliche Messwerte über die eingebaute serielle Schnittstelle zu einem PC, Plotter oder Drucker übertragen werden. Alle vom Anwender vorgenommenen Einstellungen sowie das Ergebnis der letzten Messung bleiben auch nach dem Abschalten der Betriebsspannung erhalten und stehen beim nächsten Einsatz wieder zur Verfügung. Umfangreiche Funktionen zum Selbsttest helfen, Fehler in den Baugruppen des Duosensors schnell zu lokalisieren.

Temperaturmessung Die berührungslose Bestimmung der Hauttemperatur durch die Erfassung der emittierten Infrarotstrahlung im Bereich von 8 µm bis 14 µm hat ihre

Abbildung 5.13: Duosensor zur Bestimmung der akralen Wiedererwärmung und Wiederdurchblutung

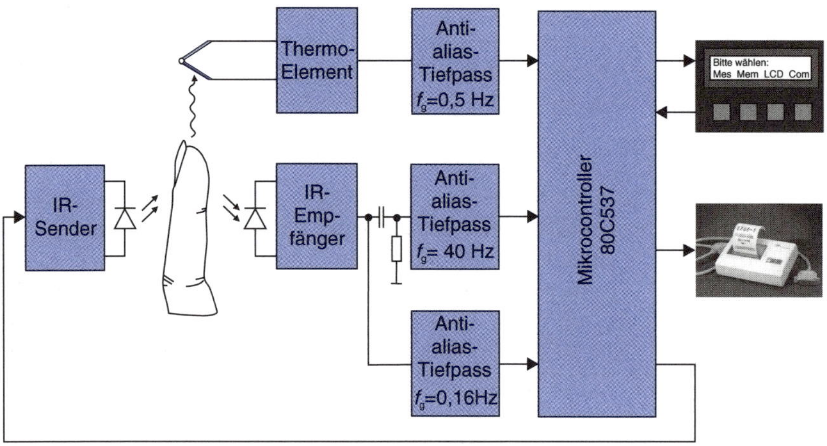

Abbildung 5.14: Signalverarbeitungskette des Duosensors

Eignung für die klinische Praxis seit langem bewiesen [5.2.1]. Für die Temperaturmessung wurde als Sensor ein spezielles Infrarot-Thermoelement ausgewählt. Es zeichnet sich durch geringe Baugröße, einen optimalen Messfleckdurchmesser von 10 mm und gute Übereinstimmung mit dem erforderlichen Temperatur- und Wellenlängenbereich aus. Das Ausgangssignal des Infrarot-Thermoelementes wird in einem integrierten Thermoelementverstärker aufbereitet und einem Anti-aliasing-Tiefpass zugeführt. Dieser hat die Aufgabe, das Signal in seiner Bandbreite zu begrenzen, damit das Abtasttheorem eingehalten werden kann (vgl. Abschnitt 2.3). Die Begrenzung des Temperatursignals kann mit einer Grenzfrequenz des Tiefpasses von $f_g = 0{,}5\,\text{Hz}$ erfolgen, da die Temperatur ein langsam veränderliches Signal ist (vgl. Abschnitt 2.4.3). Das analoge, bandbegrenzte Temperatursignal ist ein Eingangssignal des Mikrocontrollers. Dieser realisiert die Abtastung (eine Messung pro Sekunde) und mit dem integrierten Analog-Digital-Umsetzer auch die Digitalisierung der Signale und weitere Signalverarbeitungsaufgaben. Abbildung 5.15 zeigt den typischen Verlauf einer akralen Wiedererwärmung.

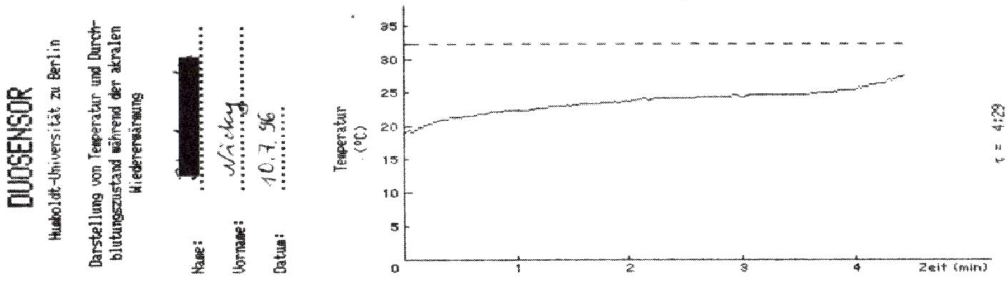

Abbildung 5.15: Typischer Verlauf einer akralen Wiedererwärmung

Durchblutungsmessung Für die berührungslose Ermittlung des Durchblutungszustandes wurde eine Aktor-Sensor-Kombination (Lichtschranke) entwickelt, die auf dem Prinzip der Fotoplethysmografie beruht [5.2.2]. Als Lichtquelle dient ein Infrarotstrahler, diesmal im Wellenlängenbereich unterhalb von 1 µm. Die ausgewählte Infrarotemitterdiode vom Typ VX 301 hat ihr Strahlungsmaximum bei 895 nm. Das durch die Fingerkuppe transmittierte Infrarotlicht gelangt auf einen Sensor, der zur Erhöhung der Empfindlichkeit aus vier parallel geschalteten Fotodioden BPW 34 besteht. Der beleuchtungsabhängige Fotostrom wird in einen Spannungswert gewandelt. Dieser besteht aus einem Gleich- und einem Wechselanteil. Der Wechselanteil hat seine Ursache in der pulssynchronen Änderung des Blutvolumens im Finger. Nach einer Verstärkung gelangt er über einen Hochpass (hier durch Kondensator und Widerstand angedeutet) zum Antialiasing-Tiefpass. Verwendet wurde der integrierte Tiefpass MAX 291, der ein Filter 8. Ordnung mit Butterworthcharakteristik darstellt (vgl. Abschnitt 2.4.3). Die Grenzfrequenz beträgt 40 Hz. Vom Ausgang des Tiefpassfilters gelangt die analoge, bandbegrenzte (pulssynchrone) Wechselspannung zum Mikrocontroller. Dieser nimmt die Analog-Digital-Umsetzung des Durchblutungssignals vor, diesmal mit einer Abtastrate von 200 Messungen pro Sekunde. Der aus Gleich- und Wechselanteil bestehende Fotostrom des Infrarotsensors wird ebenfalls einem Anti-aliasing-Tiefpass zugeführt, der aber nur eine Grenzfrequenz von 0,16 Hz hat. Das Ausgangssignal steht dem Mikrocontroller für eine Auswertung zur Verfügung. Der Mikrocontroller hat außerdem weitere Aufgaben. So muss er eine Konstantstromquelle ansteuern, die den Strom für die Infrarotemitterdiode erzeugt, und zu Beginn der Durchblutungsmessung in einer Anpassungsphase die automatische Adaption der Lichtintensität an die optischen Eigenschaften des jeweiligen Zeigefingers regeln. Damit kann das Signal-Rausch-Verhältnis verbessert werden. Abbildung 5.16 zeigt den typischen Verlauf einer akralen Wiederdurchblutung nach Kälteschock.

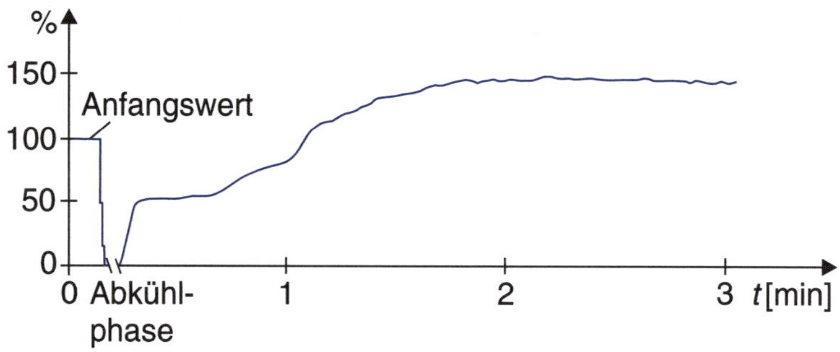

Abbildung 5.16: Typischer Verlauf einer akralen Wiederdurchblutung

Es ist zu erkennen, dass die auftretenden Durchblutungswerte über dem Anfangsniveau liegen können. Auch hier wird wieder ein Kennwert errechnet, und zwar die relative Amplitude des Durchblutungssignals zum Anfangswert.

Die Baugruppe zur Aufnahme der Sensoren bildet zusammen mit den drei Leiterplatten Analogschaltung, Digitalschaltung, Tastatur und Anzeige sowie der Deckplatte eine konstruktive Einheit. Sie ist in Abbildung 5.17 zu sehen.

Abbildung 5.17: Baugruppen des Duosensors

Testmessungen

Für die diagnostische Untersuchung werden zuerst Teile der Extremitäten einer kontrollierten Unterkühlung ausgesetzt. Wegen der Einfachheit ist es üblich, den Zeigefinger in Eiswasser abzukühlen. Eiswasser hat eine ausreichend konstante Temperatur. Eine Abkühlung von einer Minute genügt, um während der danach eintretenden Wiedererwärmung Temperatur und Durchblutung aufzeichnen zu können. Zur Auswertung können die

Signale durch eine Exponentialfunktion approximiert werden (Sprungantwort eines Verzögerungsgliedes 1. Ordnung). Dazu ist es lediglich erforderlich, die Zeitkonstante zu ermitteln, d. h. die Zeit, die bis zum Erreichen von 63 % der ursprünglichen Oberflächentemperatur des Zeigefingers vor der Abkühlung verstreicht [5.2.3].

Der Einsatz des Duosensors ist nicht auf die Diagnostik beschränkt. Es können auch Therapiekontrollen durchgeführt werden. Als Beispiel zeigt Abbildung 5.18 die akrale Wiedererwärmung eines Sklerodermiepatienten vor und nach Infrarot-A-Hyperthermie als einem Therapieverfahren. Die Therapie hat eine wesentliche Beschleunigung der Wiedererwärmung zur Folge.

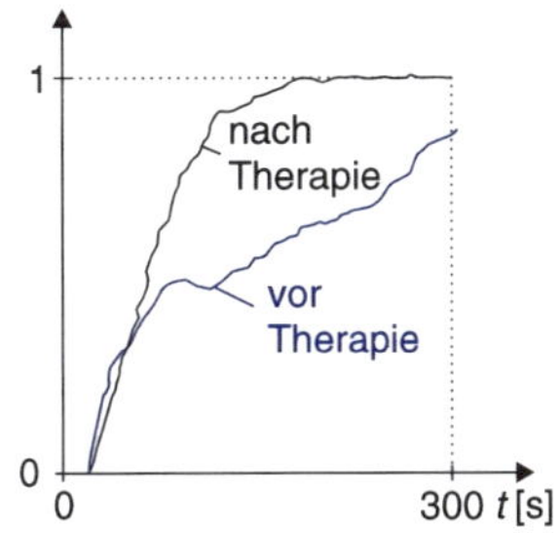

Abbildung 5.18: Akrale Wiedererwärmung vor und nach Therapie

Abschließend sei angemerkt, dass sich das Messgerät im klinischen Einsatz sehr bewährt hat. Die Messungen sind einfach und komfortabel durchführbar und gut reproduzierbar, da das Messregime vom Mikrocontroller gesteuert und somit objektiviert wird. Die Einfachheit dieses nichtinvasiven Messverfahrens erlaubt es auch, beispielsweise bei der Therapieüberwachung häufig Messungen durchzuführen. Druckeranschluss für die Dokumentation und optionale PC-Kopplung zur Archivierung und weitergehenden Auswertung der Erwärmungs- und Durchblutungsverläufe erhöhen den Komfort.
Weitere Einzelheiten sind in [5.2.4] nachzulesen.

Literaturverzeichnis

[5.2.1] Hershler, C. et al.: Assessment of an infra-red non-contact sensor for routine skin temperature monitoring: a preliminary study. Journal of Medical Engineering & Technology 16 (1992), S. 117–122.

[5.2.2] Lindberg, L.-G.: Photoplethysmography Part 1: Comparison with laser Doppler flowmetry. London: Med. & Biol. Eng. & Comput. 29 (1991), S. 40–47.

[5.2.3] Meffert, H., Sönnichsen, N. und Meffert, B.: Skin rewarming curves. Lancet II., 7780 (1972), S. 679.

[5.2.4] Schuster, F., Scheiner, M.: Entwicklung und Aufbau eines mikrocontrollergesteuerten Messgeräts zur berührungslosen Bestimmung der Zeitkonstanten der akralen Wiedererwärmung und Durchblutung. Diplomarbeit am Institut für Informatik der Humboldt-Universität zu Berlin (1995).

5.3 Klassifizierung von Agglutinationen

Ziel des Projekts

Das Ziel dieses Projekts bestand darin, die Auswertung von Transmissionssignalen zu automatisieren. Über Transmissionssignale werden in der medizinischen Labordiagnostik Konzentrationen von Bestandteilen des Blutes und anderer Körperflüssigkeiten gemessen. Ein wichtiges Hilfsmittel für diese Tests sind die so genannten Mikrotiterplatten (MTP). Sie bestehen aus matrixförmig angeordneten reagenzglasähnlichen „Näpfen" einer bestimmten Form (engl.: *wells*). Sie werden auch als Kavitäten bezeichnet. In den beispielsweise $8 \times 12 = 96$ Näpfen einer Mikrotiterplatte befindet sich die zu testende Substanz in einer Verdünnungsreihe, d. h., in jedem Napf ist eine definierte Menge Testsubstanz, die mit einem Lösungsmittel unterschiedlich verdünnt worden ist. Einen Ausschnitt aus einer solchen Verdünnungsreihe zeigt Abbildung 5.19.

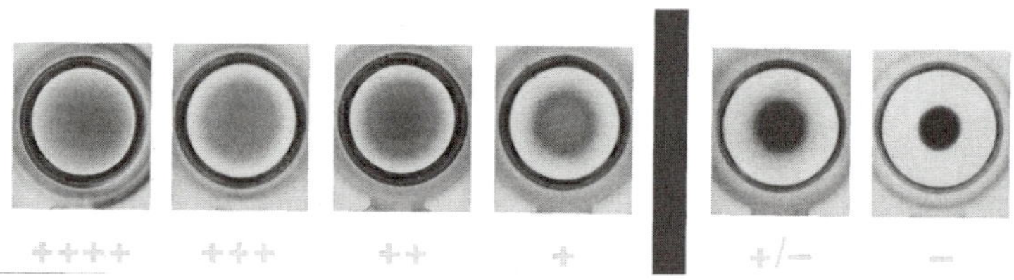

Abbildung 5.19: Blick durch die Kavitäten einer Verdünnungsreihe in einer Mikrotiterplatte

Das Ergebnis der chemischen Nachweisreaktionen in den Näpfen wird dann über eine physikalische Größe mittelbar ausgewertet. Eine günstig messbare Größe ist die Absorbanz (auch Extinktion), der dekadische Logarithmus des Quotienten aus einfallender und durchgelassener Strahlung. Ein Gerät, das die Extinktion messen kann, ist ein Fotometer, das in der Labordiagnostik mit MTP-Reader oder auch nur kurz mit Reader bezeichnet wird. Ein solcher Reader bestrahlt die Mikrotiterplatten von oben oder unten und misst die durchgelassene Strahlung. Der Strahldurchmesser ist für die hier wesentlichen Messungen sehr viel kleiner als der Bodendurchmesser einer Kavität, damit bei der Durchstrahlung der wässrigen Lösung der Bodendurchmesser abgerastert werden kann. Wurden zum Nachweis Eiweiße verwendet, entstehen in den Näpfen auch nichtlösliche Objekte, die Agglutinate heißen.

Für die Labordiagnostik ist es nun wesentlich, denjenigen Ort (Napf) in der Mikrotiterplatte zu identifizieren, an dem eine Agglutination (Verklumpung) der Testsubstanz beginnt. Die Agglutination zeigt z. B. die An- oder Abwesenheit von Antikörpern und deren Menge an. Es ist üblich, den Übergang von einer durchscheinenden, wässrigen Lösung zur Agglutination durch die Vorzeichen $\pm$ zu beschreiben. In Abbildung 5.19 ist diese Kennzeichnung des Übergangs zu sehen.

Das Ziel des Projekts bestand nun darin, die Transmissionsmessungen adäquat aufzubereiten und aus den Signalen Merkmale zu gewinnen, die geeignet sind, den Übergang zur Agglutination automatisch festzustellen.

Signalverarbeitung

Gesucht war die Kennzeichnung des Übergangs einer Lösung von einem klar durchscheinenden Befund (positiv) zu einer deutlichen Konzentration der Agglutinate (negativ). Dazwischen liegende Lösungszustände sollten mit „fraglich" gekennzeichnet werden.

Wie Abbildung 5.19 zeigt, entstehen rotationssymmetrische Bilder, die auf ein eindimensionales Transmissionssignal abgebildet werden können. Den typischen Verlauf der Transmissionskurven in einer Reihe der Mikrotiterplatte zeigt Abbildung 5.20.

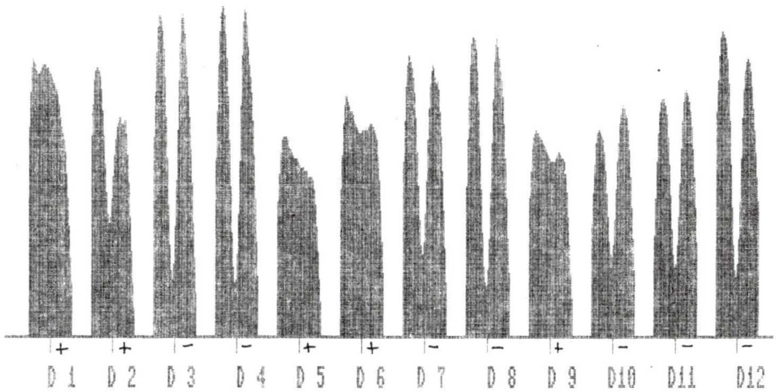

Abbildung 5.20: Verlauf der Transmissionskurven in einer Reihe der Mikrotiterplatte

Zur Lösung der Aufgabe ist eine Lernstichprobe erstellt worden. Erfahrene Fachkräfte haben dazu eine Zuordnung der Transmissionsmessungen in die Klassen „positiv", „fraglich" oder „negativ" vorgenommen. In Abbildung 5.20 sind diese Zuordnungen eingetragen. Zur Gewinnung von Merkmalen sind die Signale in den Sequenzbereich transformiert worden (vgl. Abschnitt 4.3.4). Motivation für dieses Vorgehen war die Ähnlichkeit der Transmissionen an den interessierenden Übergängen mit bestimmten Walsh- und Slantfunktionen. Abbildung 5.21 zeigt die Ähnlichkeit des Verlaufs einer ausgewählten Walshfunktion mit einer Transmissionskurve.

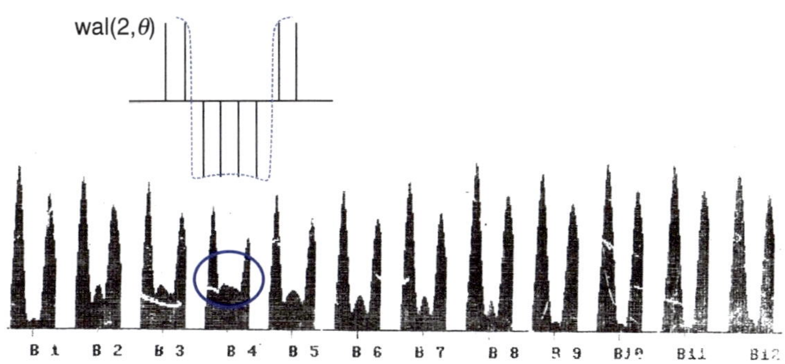

Abbildung 5.21: Verlauf einer Transmissionskurve und Verlauf einer Walshfunktion

Slantfunktionen sind den Walshfunktionen ähnlich. Sie bilden ebenfalls ein Orthogonalsystem, unterscheiden sich jedoch von den Walshfunktionen dadurch, dass sie nicht nur zwei Funktionswerte aufweisen, sondern treppenförmig sind. Sie sind im Jahre 1971 von Enomoto und Shibata als Kompromiss zwischen den harmonischen Sinus- und Kosinusfunktionen und den rechteckförmigen zweiwertigen Walshfunktionen eingeführt worden [5.3.1]. Eine übersichtliche und anwendungsorientierte Darstellung der nichtsinusförmigen Funktionssysteme findet der interessierte Leser in [5.3.2]. Abbildung 5.22 zeigt die Ähnlichkeit des Verlaufs einer ausgewählten Slantfunktion mit einer Transmissionskurve.

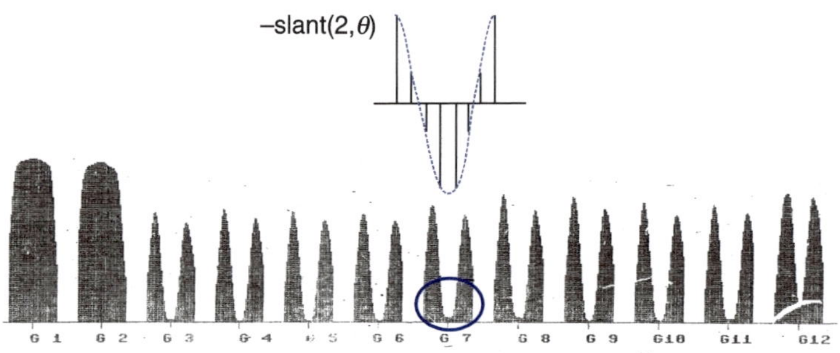

Abbildung 5.22: Verlauf einer Transmissionskurve und Verlauf einer Slantfunktion

Alle berechneten Walsh- und Slantkoeffizienten sind mit einem Statistikprogramm zur multivariaten Datenanalyse auf ihre Relevanz hinsichtlich der Klassentrennung geprüft worden. Als optimale Merkmalsmenge hat sich eine Linearkombination aus nur einem Walshkoeffizienten c_2 und einem Slantkoeffizienten s_2 ergeben. Diese Koeffizienten gehören genau zu den in den Abbildungen gezeigten Funktionen $\mathrm{wal}(2,\theta)$ und $-\mathrm{slant}(2,\theta)$. Werden in einem Koordinatensystem die beiden errechneten Linearkombinationen als Abszisse und Ordinate verwendet, entsteht ein Merkmalsraum, in den die Transmissionsmessungen eingetragen werden können. Er ist in Abbildung 5.23 dargestellt.

Auf Basis der ausgewählten Merkmale wurde dann ein Klassifikator entworfen. Im Test verschiedener Klassifikatoren hat sich der Nächste-Nachbar-Klassifikator als besonders geeignet erwiesen. Er ist als lernender Klassifikator programmiert worden und hat in der Praxis zu guten Ergebnissen geführt.

Literaturverzeichnis

[5.3.1] Enomoto, H., and Shibata, K.: Orthogonal transform coding system for television signals. Proc. Symp. Applic. Walsh Functions. Washington DC (1971), S. 11–17.

[5.3.2] Beauchamp, K. G.: Applications of Walsh and Related Functions. Orlando: Academic Press, 1984.

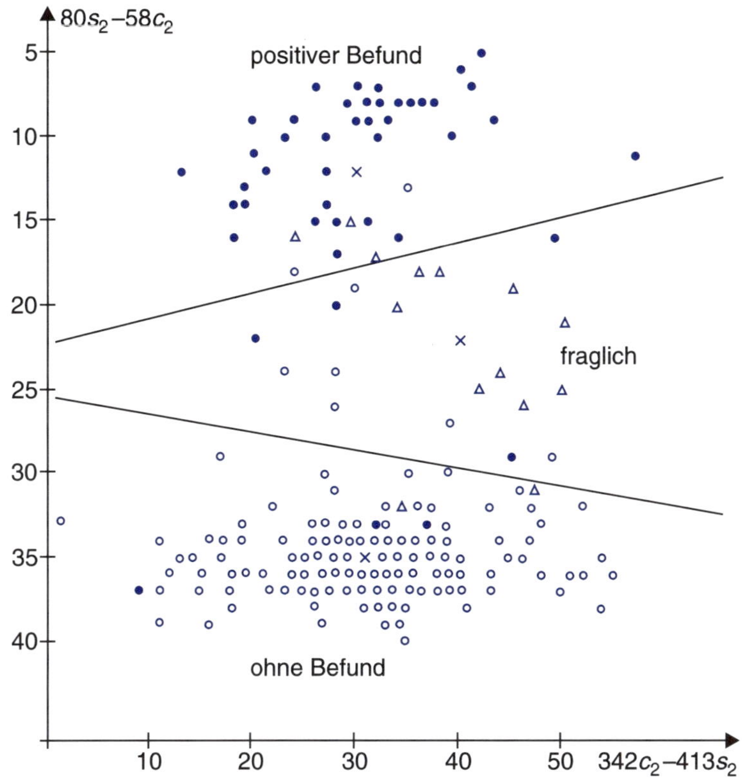

Abbildung 5.23: Merkmalsraum der Transmissionssignale mit dem Walshkoeffizienten c_2 und dem Slantkoeffizienten s_2

5.4 Vogelstimmenanalyse

Die akustische Kommunikation spielt nicht nur bei Menschen eine außerordentliche Rolle, auch bei Tieren haben sich im Laufe der Evolution komplizierte Strukturen ihrer Lautäußerungen herausgebildet. Sie sind in der Verhaltensforschung seit Jahrzehnten Gegenstand vielfältiger Untersuchungen. Erkennen der Art, Partnerwahl, Beziehung zwischen Eltern und Nachkommen, Nahrungssuche oder Revierverteidigung sind mit akustischen Signalen besonderer Struktur verbunden. Thomas Young regte bereits im Jahre 1807 an, akustische Schwingungen über eine Membran auf einen Schreibstift zu übertragen und als Wellenlinien aufzuzeichnen. Die Entwicklung des Sonagrafen und später der tragbaren Rekorder hat dann die Herausbildung einer eigenen Wissenschaftsdisziplin, der Bioakustik, bewirkt [5.4.1]. Erkenntnisse über die Information, die Tiere mit ihren akustischen Lautäußerungen weitergeben wollen, können z. B. dazu beitragen, gefährdete Tierarten zu schützen. Das Studium der akustischen Kommunikation bei Tieren wird heute nicht zuletzt dadurch gefördert, dass den Forschern eine hochgenaue Aufzeichnung und Auswertung der Signale möglich ist. Die bei Freilandaufzeichnungen verwendeten Richtmikrofone haben eine hohe Qualität, und auch die Aufzeichnung kann mit hochwertigen Rekordern so erfolgen, dass keine Information verloren geht.

Einen ersten Eindruck über die Tierstimme gewinnt der Biologe anhand des Zeitverlaufs des Schallsignals, der auch als Oszillogramm bezeichnet wird. Abbildung 5.24 a) zeigt das Oszillogramm einer Tierstimme. Detailliertere Auskunft über die Struktur der Lautäußerungen erhält der Wissenschaftler aber aus dem Spektrum der akustischen Signale. Wenn Signalabschnitte als stationär betrachtet werden können, kann beispielsweise eine diskrete Fouriertransformation ausgeführt werden (vgl. Abschnitt 4.3.1). Aus dem Spektrum ist ersichtlich, ob das Tier bestimmte Frequenzen bevorzugt und um welche es sich dabei handelt. Ist das Signal nichtstationär, muss ein anderes Werkzeug der Signalverarbeitung verwendet werden, nämlich die Kurzzeittransformation (vgl. Abschnitt 4.6). Die dort übliche Berechnung der Fourierkoeffizienten eines kurzen Signalausschnitts ermöglicht die gleichzeitige Angabe der Abhängigkeit des Schalldrucks von der Frequenz und von der Zeit. Die Ergebnisse der Kurzzeittransformation werden deshalb in der Zeit-Frequenz-Ebene dargestellt. In der Biologie wird diese Darstellung der Frequenz über der Zeit als Sonagramm oder Sonogramm bezeichnet. Ein erfahrener Bioakustiker kann in einem Sonagramm vieles erkennen: Arten, Populationen, Individuen oder Variationen von Strophen eines Lieds usw.

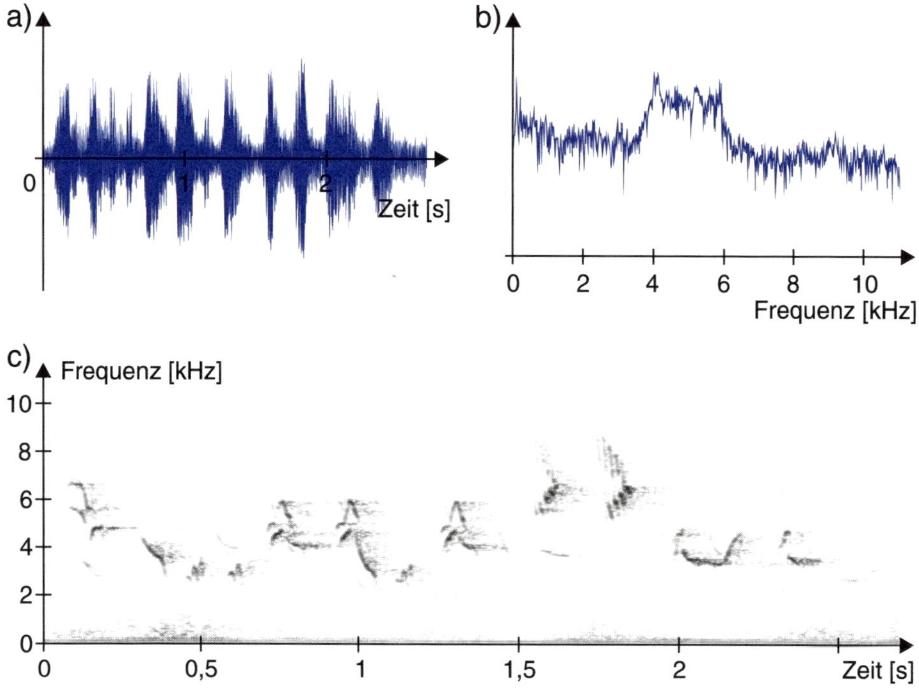

Abbildung 5.24: Strophe aus dem Gesang eines Trauerschnäppers (*Ficedula hypoleuca*) in verschiedenen Darstellungen
a) in Abhängigkeit von der Zeit (Oszillogramm)
b) Betragsspektrum als Ergebnis der diskreten Fouriertransformation
c) Zeit-Frequenz-Darstellung (Sonagramm) mit erkennbarer Imitation des Waldwasserläufers (beginnend bei 2 s)

Hier soll ein Signalverarbeitungsbeispiel aus dem Bereich der Vogelstimmen vorgestellt werden. Vogelstimmen sind nicht nur artkennzeichnende Verhaltensmerkmale, die bei der Bestimmung der Art meist ein erstrangiges Hilfsmittel darstellen. Die Lautäußerungen der Vögel geben auch Auskunft über die Verteidigung des Reviers, das Erkennen eines Feindes, geografische Variationen oder Dialektgrenzen. Abbildung 5.24 a) zeigt das Oszillogramm eines im Park Sanssouci in Potsdam aufgenommenen akustischen Signals eines Trauerschnäppers.[1] In Abbildung 5.24 b) ist das Ergebnis der diskreten Fouriertransformation gezeigt. Es weist ein Maximum zwischen 4 kHz und 6 kHz auf. Weit mehr Information über die aufgenommene Lautäußerung des Trauerschnäppers konnte aus dem Sonagramm gewonnen werden. Es ist in Abbildung 5.24 c) dargestellt.
Wie schon vom Ornithologen vermutet, zeigt sich im Sonagramm, dass im Gesang des Trauerschnäppers die Imitation eines anderen Vogels vorhanden ist. Imitiert wurde ein Waldwasserläufer, dessen akustisches Signal in Abbildung 5.25 gezeigt ist.

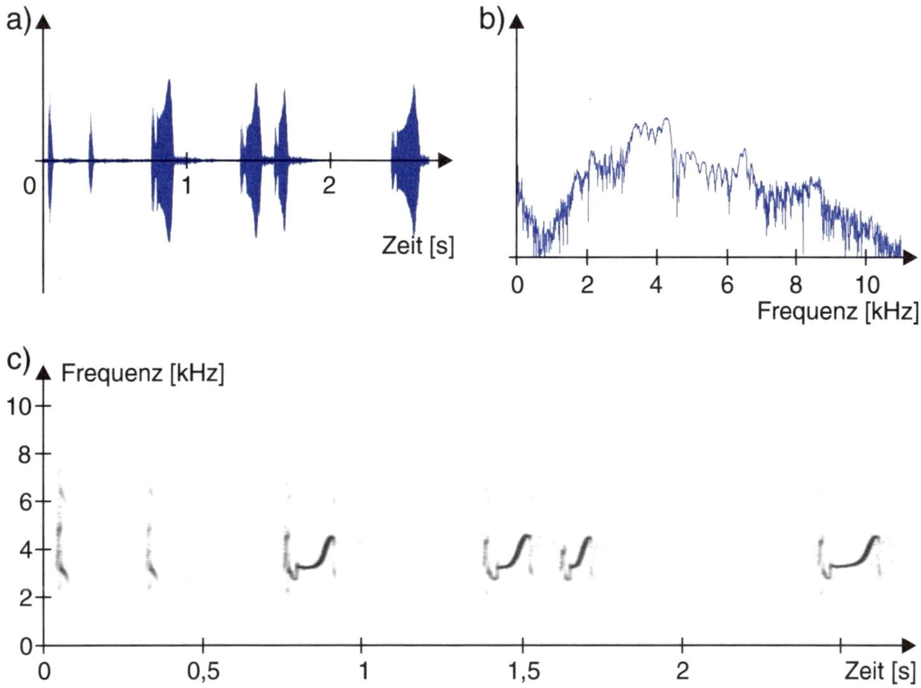

Abbildung 5.25: Rufe eines Waldwasserläufers (*Tringa ochropus*) in verschiedenen Darstellungen
a) in Abhängigkeit von der Zeit (Oszillogramm)
b) Betragsspektrum als Ergebnis der diskreten Fouriertransformation
c) Zeit-Frequenz-Darstellung (Sonagramm)
(der vom Trauerschnäpper imitierte Ruf liegt bei 1,5 s)

Aus der Tatsache, dass der Trauerschnäpper einen anderen Vogel imitiert, kann der Ornithologe Aufschluss darüber erlangen, wann und wo er seinen Gesang erlernt hat. Der Gesang des Schnäppers wurde an seinem Brutort im Park Sanssouci in Potsdam aufgenommen, in dem der Waldwasserläufer nicht vorkommt. Der Schnäpper kann somit den

[1] Wir danken Peter Meffert für die Überlassung der Aufnahmen und ihre Interpretation.

Ruf des Waldwasserläufers nur während des Vogelzuges oder in seinem afrikanischen Winterquartier gelernt haben. Das lässt den Schluss zu, dass Trauerschnäpper ihr Gesangsrepertoire nicht ausschließlich am Geburtsort z. B. vom Vater erlernen.
Aus dem Oszillogramm oder dem Ergebnis der diskreten Fouriertransformation des gesamten Signals hätte diese Erkenntnis nicht gewonnen werden können.

Literaturverzeichnis

[5.4.1] Tembrock, G.: Akustische Kommunikation bei Säugetieren. Darmstadt: Wissenschaftliche Buchgesellschaft, 1996.

Anhang

A Lösungen zu den Übungsaufgaben

Lösungen zu Kapitel 2

Lösung zu Übung 1

Das abzutastende Signal $s(t)$ ist eine Kosinusfunktion mit der Amplitude 1 und der Periodendauer 1 s. Das Abtastsignal $\delta(t)$ mit der Abtastfrequenz von $f_{\mathrm{A}} = 4\,\mathrm{Hz}$ stellt eine Einheitsimpulsfolge dar. Zu den Abtastzeitpunkten nT_{A} mit $T_{\mathrm{A}} = 0{,}25\,\mathrm{s}$ ist es 1, dazwischen 0. Das Diagramm für das abgetastete Signal $s'(t)$ erhalten wir durch punktweise Multiplikation der Kosinusfunktion mit dem Abtastsignal $\delta(t)$. Im Ergebnis können wir die „Ausblendfunktion" der Einheitsimpulsfolge sehen. Zwischen den Abtastzeitpunkten ist ein Faktor Null und somit das Produkt Null. Das Spektrum des abzutastenden Signals $s(t)$ enthält eine einzige Spektrallinie bei 1 Hz. Es handelt sich um ein harmonisches Signal. Das Spektrum des Abtastsignals $\delta(t)$ ist ein Linienspektrum (periodisches Signal). Die Spektrallinien sind alle gleich hoch und gleichabständig mit dem Abstand $f_{\mathrm{A}} = 4\,\mathrm{Hz}$. Die Multiplikation im Zeitbereich bewirkt eine Faltung im Frequenzbereich. Die 1-Hz-Spektrallinie der Kosinusfunktion „wickelt" sich jeweils um die Spektrallinien des Abtastsignals. So bekommt beispielsweise die 4-Hz-Linie zwei neue Nachbarn bei 3 Hz und 5 Hz. Da zwischen den Spektrallinien $0\,\mathrm{Hz} \pm 1\,\mathrm{Hz}$, $4\,\mathrm{Hz} \pm 1\,\mathrm{Hz}$ usw. genügend Platz ist, kommt es zu keinen Aliaseffekten, das Signal ist rekonstruierbar. Wird jedoch die Abtastfrequenz auf $f_{\mathrm{A}} = 2\,\mathrm{Hz}$ veringert, so kommt es zu spektralen Überschneidungen und das Signal ist nicht mehr rekonstruierbar.

Lösung zu Übung 2

Die Sensorsteilheit bzw. der Anstieg der Sensorkennlinie im Punkt $x = 2$ beträgt 5. Die Näherungsgerade lautet $y'(x) = 4 \cdot x + 2$. Die Inverse dieser Näherung heißt $x'(y'(x)) = (y' - 2)/4$.

Lösung zu Übung 3

Für die Spannungsteilerregel „Kondensatorspannung verhält sich zur Eingangsspannung wie Kondensatorwiderstand zum Eingangswiderstand" benötigen wir die Kondensatorimpedanz. Sie ist frequenzabhängig und berechnet sich mit:

$$X_C(f) = \frac{1}{j2\pi fC}$$

Für $H(f)$ erhalten wir mit Hilfe der Spannungsteilerregel:

$$\begin{aligned}
H(f) &= \frac{U_C}{U_\mathrm{E}} = \frac{X_C}{X_\mathrm{E}} \\
&= \frac{\frac{1}{j2\pi fC}}{R + \frac{1}{j2\pi fC}} \\
&= \frac{1}{1 + j2\pi fRC} \\
&= \frac{1 \qquad \cdot (1 - j2\pi fRC)}{(1 + j2\pi fRC) \cdot (1 - j2\pi fRC)} \\
&= \frac{1 - j2\pi fRC}{1 + (2\pi fRC)^2} \\
&= \underbrace{\frac{1}{1 + (2\pi fRC)^2}}_{\textbf{Realteil}} + j \underbrace{\frac{-2\pi fRC}{1 + (2\pi fRC)^2}}_{\textbf{Imaginärteil}}
\end{aligned}$$

Mit den Gleichungen (2.29) und (2.30) ergeben sich Betrag und Winkel von $H(f)$:

$$|H(f)| = \frac{1}{\sqrt{1 + (2\pi fRC)^2}}$$

$$\angle H(f) = \arctan(-2\pi fRC)$$

Die gesuchte Frequenz heißt Grenzfrequenz und berechnet sich zu:

$$f_\mathrm{g} = \frac{1}{2\pi RC} \approx 1\,\mathrm{kHz}$$

Lösung zu Übung 4

Das Betragsquadrat der Übertragungsfunktion bei der Grenzfrequenz f_g beträgt 0,5 und bei der Sperrfrequenz f_s ist es $0{,}1$. Daraus ergeben sich die Kennwerte $\varepsilon = 1$ und $\lambda = 3$. Für ein passendes Butterworthfilter ist eine Filterordnung $N \geq 2$ erforderlich.

Lösung zu Übung 5

Beim Entwurf eines Anti-aliasing-Tiefpasses kann wie folgt vorgegangen werden: $\varepsilon = 1$ ist die Definition der Grenzfrequenz, die Sperrfrequenz f_s wird der Nyquistfrequenz f_N gleichgesetzt. An dieser Stelle sollte der Betrag der Übertragungsfunktion den Wert $\frac{1}{2^{8+1}} = \frac{1}{512}$ nicht übersteigen, damit der nachfolgende 8-bit-ADU ein harmonisches Eingangssignal mit maximaler Amplitude nicht „sieht". Das führt zu $\lambda = 512$. Wählen wir als Grenzfrequenz f_g beispielsweise 1 kHz, so ist $N = 5$. Rückt f_g näher an $f_\mathrm{N} =$ 4 kHz heran, so erhalten wir bei $f_\mathrm{g} = 2$ kHz schon $N = 9$. Welches N sinnvoll ist, muss die Praxis zeigen.

Lösung zu Übung 6

Im oberen Diagramm kommt es zu keinen Überschneidungen der Faltungsprodukte. Im unteren Diagramm überschneiden sie sich; die Abtastfrequenz sollte erhöht werden. Die gesuchte Größe π / T_A muss eine Frequenz sein, wenn π vorkommt sogar eine Kreisfrequenz. Mit $T_\mathrm{A} = \frac{1}{f_\mathrm{A}}$ ist die gesuchte Kreisfrequenz die Nyquistkreisfrequenz.

Lösung zu Übung 7

Mit der Spannungsteilerregel „Teilspannung verhält sich zur Referenzspannung wie Teilwiderstand zum Gesamtwiderstand" erhalten wir $U_1 = 0{,}5$ V, $U_2 = 1{,}5$ V, …, $U_7 =$ 6,5 V. Die nichtrückgekoppelten Operationsverstärker arbeiten hier als Komparatoren und signalisieren mit einer 0 an ihrem Ausgang, dass die Eingangsspannung U_E kleiner ist als die oben genannte Teilspannung. Ist die Eingangsspannung U_E größer als die Teilspannung, so erscheint am Komparatorausgang eine 1. Eine einfache kombinatorische Schaltung erzeugt aus diesen Signalen die dreistelligen Dualzahlen 0 … 7. Da alle Komparatoren gleichzeitig arbeiten, heißt dieser AD-Umsetzer Parallelumsetzer. Er arbeitet sehr schnell und ist als „Flash Converter" in der Bildsignalverarbeitung bekannt. Als Funktion der Kennlinie $D_\mathrm{A} = f(U_\mathrm{E})$ erhalten wir:

$$D_\mathrm{A}(U_\mathrm{E}) = \mathrm{round}\left\{\frac{(2^3 - 1) \cdot U_\mathrm{E}}{U_\mathrm{ref}}\right\}$$

Lösung zu Übung 8

Mit der Stromteilerregel „Teilstrom verhält sich zum Gesamtstrom wie der Teilleitwert zum Gesamtleitwert" finden wir, dass sich alle Ströme aus den Stromquellen an den unter den Schaltern liegenden Knoten dritteln, das heißt, sich zu gleichen Teilen aufteilen in die Stromwege nach „links, unten und rechts". Das Superpositionsprinzip richtig anwenden heißt hier, dass stets nur ein Schalter geschlossen ist. Daher ergeben sich beim Anlegen der Eingangszahlen $D_E = 0, 1, 2$ und 4 für den entscheidenden Strom durch R_0 die Werte 0, 0,5 mA, 1 mA und 2 mA. Wird dieser Strom jeweils mit dem Widerstandswert R_0 multipliziert, so erhalten wir als Funktion der Kennlinie:

$$U_A(D_E) = \sum_{i=0}^{2} D_{Ei} \cdot 2^i \cdot 1\ \mathrm{V}$$

Der DA-Umsetzer heißt Umsetzer mit R2R-Netzwerk. Er arbeitet parallel. Der Operationsverstärker arbeitet hier als Impedanzwandler bzw. Spannungsfolger. Die Spannung über R_0 stellt die Ausgangsgröße des DA-Umsetzers dar.

Lösung zu Übung 9

Mit Whittakers Gleichung (2.59) und $T_A = 1$ ms finden wir für den Zeitpunkt $t = 1{,}8$ ms den Funktionswert 4,22. Mit Kenntnis weiterer Vorgänger und Nachfolger des Signalausschnittes könnten wir auch ein größeres Zeitintervall rekonstruieren.

Lösungen zu Kapitel 3

Lösung zu Übung 10

Das normierte Histogramm hat sechs etwa gleich hohe Histogrammsäulen bei den Messwerten $1 \ldots 6$. Die Höhe beträgt jeweils $\frac{1}{6}$. Der Mittelwert beträgt 3,5 und die Standardabweichung 1,71. Die Entropie von 2,58 bit je Codierung kann interpretiert werden als Wortbreite zum dualen Darstellen der Messwerte, hier 3 bit. Bei gleich hohen Histogrammsäulen bleibt keine Redundanz.

Lösung zu Übung 11

Für zwei Würfel erhalten wir für Mittelwert, Standardabweichung und Entropie Werte von 7, 2,42 und 2,58 bit je Codierung. Bei drei Würfeln erhalten wir als Ergebnis 10,5, 2,6 und 3,4 bit je Codierung. Die Redundanz nimmt zu. Das Aussehen des Histogramms beginnt „dreieckig“ und nähert sich mit wachsender Würfelanzahl einer Glockenform. Schon bei acht Würfeln sieht das Histogramm fast glockenförmig aus.

Lösung zu Übung 12

Da hier alle möglichen Signalwerte in den Grenzen a und b vorkommen, geht die diskrete Wahrscheinlichkeitsfunktion in eine Wahrscheinlichkeitsdichtefunktion $p(x)$ über. Die Fläche unter der rechteckförmigen Funktion $p(x)$ muss 1 sein, daher erhalten wir für den Signalmittelwert $m_1 = \frac{a+b}{2}$. Mit $z_2 = m_2 - m_1^2$ berechnen wir die Signalvarianz $z_2 = \frac{(b-a)^2}{12}$.

Lösung zu Übung 13

Als Verteilungsfunktion ergibt sich $F(x) = 1 - \mathrm{e}^{-\lambda x}$. Beim Funktionswert $x = \frac{-\ln 0{,}5}{\lambda}$ wird die Fläche unter der Dichtefunktion halbiert, der Wert heißt Median oder 50 %-Quantil. Für die Momente erhalten wir:

Moment	m_1	m_2	z_2	z_3	z_4	$\mathfrak{z}_3$	$\mathfrak{z}_4$
	$\frac{1}{\lambda}$	$\frac{2}{\lambda^2}$	$\frac{1}{\lambda^2}$	$\frac{2}{\lambda^3}$	$\frac{9}{\lambda^4}$	$\frac{1}{\lambda}$	9

Lösung zu Übung 14

Die Berechnung der normierten Zentralmomente $\mathfrak{z}_{0\ldots4}$ bringt folgende Ergebnisse:

Moment	$\mathfrak{z}_0$	$\mathfrak{z}_1$	$\mathfrak{z}_2$	$\mathfrak{z}_3$	$\mathfrak{z}_4$
	1	0	1	0	3

Der visuelle Vergleich des Histogramms lässt jedoch keinerlei Ähnlichkeit mit einer Gaußglocke erkennen. Das heißt, dass die errechneten Momente eine notwendige, aber nicht hinreichende Bedingung für eine Normalverteilung sind [27].

Lösung zu Übung 15

Das Signal stellt ein Zufallssignal dar. Im Histogramm erkennt man, dass der Messwert -4 gar nicht und der Messwert 2 am häufigsten vorkommt (Modalwert). Für die Momente erhalten wir: $m_1 = 0{,}19$, $z_2 = 35$ sowie Median 0. Es lassen sich 16 nicht überlappende Episoden der Dauer 4 herausschneiden. Der Episoden-Mittelwertsvektor lautet $\boldsymbol{m} = (-2{,}94 \quad 1{,}38 \quad 1{,}25 \quad 1{,}06)^{\mathrm{T}}$, seine Elemente heißen auch Scharmittelwerte. Keiner von ihnen gleicht dem Zeitmittelwert $m_1 = 0{,}19$, was bedeutet, dass das Signal nicht stationär und nicht ergodisch ist. Die beiden gesuchten Matrizen, die Kovarianzmatrix $\boldsymbol{S}$ und die Korrelationsmatrix $\boldsymbol{R}$, lauten:

$$\boldsymbol{S} = \begin{bmatrix} 21 & -6{,}3 & 1{,}4 & -1{,}8 \\ -6{,}3 & 44 & -18 & -8 \\ 1{,}4 & -18 & 29 & -4{,}3 \\ -1{,}8 & -8 & -4{,}3 & 34 \end{bmatrix}$$

$$\boldsymbol{R} = \begin{bmatrix} 1 & -0{,}21 & 0{,}06 & -0{,}07 \\ -0{,}21 & 1 & -0{,}5 & -0{,}21 \\ 0{,}06 & -0{,}5 & 1 & -0{,}14 \\ -0{,}07 & -0{,}21 & -0{,}14 & 1 \end{bmatrix}$$

Typisch sind die Einsen in der Hauptdiagonalen von $\boldsymbol{R}$. An den betragsmäßig kleinen Korrelationskoeffizienten jenseits der Hauptdiagonalen erkennen wir den zufälligen Charakter des Signals.

Lösung zu Übung 16

Das Signal stellt ein Sinussignal dar. Im Histogramm erkennen wir die typische „Badewanne" und dass die Messwerte ± 10 am häufigsten vorkommen. Für die Momente des (fast) mittelwertfreien Signals erhalten wir: $m_1 = 0{,}031$, $z_2 = 49$ sowie Median 0. Es lassen sich wieder 16 nicht überlappende Episoden der Dauer 4 herausschneiden. Der Episoden-Mittelwertsvektor lautet $\boldsymbol{m} = (0 \quad 0{,}063 \quad 0 \quad 0{,}063)^{\mathrm{T}}$, seine Elemente (Scharmittelwerte) sind etwa gleich dem Zeitmittelwert $m_1 = 0{,}031$, was bedeutet, dass das Signal stationär und ergodisch ist. Für die beiden gesuchten Matrizen ergibt sich:

$$\boldsymbol{S} = \begin{bmatrix} 49 & 45 & 33 & 16 \\ 45 & 49 & 45 & 33 \\ 33 & 45 & 48 & 45 \\ 16 & 33 & 45 & 49 \end{bmatrix}$$

$$\boldsymbol{R} = \begin{bmatrix} 1 & 0{,}91 & 0{,}67 & 0{,}32 \\ 0{,}91 & 1 & 0{,}92 & 0{,}68 \\ 0{,}67 & 0{,}92 & 1 & 0{,}91 \\ 0{,}32 & 0{,}68 & 0{,}91 & 1 \end{bmatrix}$$

Typisch sind die hohen Korrelationskoeffizienten außerhalb der Hauptdiagonalen von $\boldsymbol{R}$. Daran erkennen wir den nichtzufälligen Charakter des Signals. Die Korrelationskoeffizienten nehmen aber immer mehr ab, je weiter wir uns von der Hauptdiagonalen entfernen.

Lösung zu Übung 17

Es ist sinnvoll, von allen Bildsignalen erst einmal die normierten Histogramme zu berechnen, da die Maßzahlen über die relativen Häufigkeiten berechnet werden sollten:

	Schachbrett	Graukeil	homog. Bild
mittlere Helligkeit	0,5	3,5	3
Varianz	0,25	5,25	0
Standardabweichung	0,5	2,29	0
normierte Schiefe	0	0	0
normierte Wölbung	1	1,76	—
Grauwertspanne	1	7	0
Entropie [bit/Z.]	≈ 1	2,99	0

Entropiewerte von Null bis Eins weisen uns darauf hin, dass diese Bildsignale kaum Auskunft über den beobachteten Prozess liefern. Die Signale haben keinen Zufallscharakter, womöglich gibt es sogar eine Bildungsvorschrift für die Grauwerte $g_{z,s}$ (determiniertes Signal). Für unser Schachbrett finden wir:

$$g_{z,s} = \frac{1}{2} \cdot \left[(-1)^{z+s} + 1\right]$$

Eine Entropie von 2,99 bit/Zeichen können wir so interpretieren, dass für die duale Codierung der Grauwerte 0 ... 7 drei Bits ausreichen.

Lösung zu Übung 18

Die Mittelwerte m_x und m_y betragen 13 bzw. 8, die Varianzen s_x und s_y sind 43,7 bzw. 7,4. Die Größe der Kovarianz $s_{x,y}$ ist 17,6. Der pearsonsche Korrelationskoeffizient ist mit 0,98 sehr hoch. Beide Messreihen sind stark linear abhängig. Wir werden später mit einer Hauptachsentransformation beide Messreihen entkorrelieren.

Lösung zu Übung 19

Für das kontinuierliche Korrelationsergebnis $r(\tau)$ finden wir eine dreieckähnliche Funktion. Im Intervall $-1 < \tau < 1$ ist sie positiv. Ihr Maximum ist bei Null und beträgt 0,375. Der Funktionsanstieg für $\tau < 0$ ist konvex. Der Funktionsabfall für $\tau > 0$ ist dagegen konkav.

Lösung zu Übung 20

Das diskrete Korrelationsergebnis r_m hat neun Werte und ist gerade (symmetrisch zur Ordinate):

m	−4	−3	−2	−1	0	1	2	3	4
r_m	0,25	0,625	1,125	1,5	1,75	1,5	1,125	0,625	0,25

Lösung zu Übung 21

Das diskrete Faltungsergebnis g_n hat 13 Werte:

n	0	1	2	3	4	5	6	7	8	9	10	11	12
g_n	0	0	0	0,5	1	0,5	0	−1	−1	0	0	0	0

Die Filtervorschrift $\boldsymbol{h}$ differenziert das Eingangssignal $\boldsymbol{f}$. Das Faltungsergebnis ist unser Ausgangssignal und zeigt uns, dass anfangs im Eingangssignal kein Anstieg vorhanden ist. Zum Zeitpunkt $n = 3$ gibt es dort eine positive Flanke, die im Ausgangssignal ebenfalls positive Werte liefert. Gegen Ende des Signals gibt es wiederum keine Eingangssignaländerung. Die Abtastwerte im Ausgangssignal sind dann auch wieder Null.

Lösung zu Übung 22

Die Faltungs- bzw. Filtervorschrift finden wir in Abbildung 3.23. Das homogene Eingangsbild wird vom Tiefpassfilter geglättet. Das Ausgangsbild ist wieder homogen und hat überall den Grauwert 3. Die Zebrastreifen werden ebenfalls geglättet, jedoch verringert sich der Grauwerteunterschied. Mit dem Quotienten aus Grauwerteunterschied im Ausgangsbild zu Grauwerteunterschied im Eingangsbild erhalten wir die Verstärkung des Filters für die Ortsfrequenzen, die für die Streifen im Eingangssignal verantwortlich sind. Diese Verstärkung beträgt hier offensichtlich $1/3$.

waag. Zebra					
2,33	2,33	2,33	2,33	2,33	2,33
4,66	4,66	4,66	4,66	4,66	4,66
2,33	2,33	2,33	2,33	2,33	2,33

senkr. Zebra					
2,33	4,66	2,33	4,66	2,33	4,66
2,33	4,66	2,33	4,66	2,33	4,66
2,33	4,66	2,33	4,66	2,33	4,66

Auch ist gut zu sehen, dass die waagerechten Streifen nach unten und die senkrechten Streifen nach rechts gesprungen sind. Bei diesem Phasensprung sprechen wir von einer Phasenverschiebung zwischen Ein- und Ausgangssignal von 180 Grad. Unser Schachbrett enthält die oben genannten Ortsfrequenzen in Zeilen- und Spaltenrichtung gleichzeitig. Daher ist die Verstärkung jetzt $1/3^2$, die beiden Phasenverschiebungen heben sich auf. Das Schachbrett weist keinen Phasensprung auf, der Grauwerteunterschied ist noch geringer:

Schachbrett					
3,88	3,11	3,88	3,11	3,88	3,11
3,11	3,88	3,11	3,88	3,11	3,88
3,88	3,11	3,88	3,11	3,88	3,11

Lösung zu Übung 23

Das Schachbrettbild wird vom Gaußtiefpass geglättet. Das Ausgangsbild ist jetzt homogen und hat überall den Grauwert 3,5. Die Verstärkung für die Ortsfrequenzen, die für das Schachbrettmuster im Eingangssignal verantwortlich sind, ist Null.

Lösung zu Übung 24

Als Mittelwertsvektor erhalten wir $\boldsymbol{m} = (13 \;\; 8)^{\mathrm{T}}$, für die symmetrische Kovarianzmatrix $\boldsymbol{S}$ finden wir:

$$\boldsymbol{S} = \begin{bmatrix} 43{,}7 & 17{,}6 \\ 17{,}6 & 7{,}4 \end{bmatrix}$$

Die symmetrische Matrix mit dem pearsonschen Korrelationskoeffizienten $\boldsymbol{R}$ lautet:

$$\boldsymbol{R} = \begin{bmatrix} 1 & 0{,}98 \\ 0{,}98 & 1 \end{bmatrix}$$

Die Eigenwerte der Kovarianzmatrix $\boldsymbol{S}$ sind $\lambda_0 = 50{,}83$ und $\lambda_1 = 0{,}31$. Die beiden skalierten Eigenvektoren von $\boldsymbol{S}$ sind $\boldsymbol{l}_0 = (0{,}93 \;\; 0{,}38)^{\mathrm{T}}$ und $\boldsymbol{l}_1 = (-0{,}38 \;\; 0{,}93)^{\mathrm{T}}$. Diese Vektoren schreiben wir in die Zeilen der Matrix $\boldsymbol{KLT}$:

$$\boldsymbol{KLT} = \begin{bmatrix} 0{,}93 & 0{,}38 \\ -0{,}38 & 0{,}93 \end{bmatrix}$$

$\boldsymbol{KLT}^{\mathrm{T}} \cdot \boldsymbol{KLT}$ ergibt eine Einheitsmatrix, die Determinante von $\boldsymbol{KLT}$ ist Eins. Das heißt, die Matrix ist orthogonal. Skizzieren wir die sieben Messwertpaare in einem Diagramm $y_n(x_n)$, so sehen wir, dass sich eine Punktwolke entlang einer Geraden gruppiert. Das illustriert die hohe Korrelation von 0,98. In diese Punktwolke wird die 1. Achse des neuen Koordinatensystems gedreht. Mit den beiden Elementen des Eigenvektors λ_0 finden wir sogar den Drehwinkel $\alpha = \arctan(0{,}38/0{,}93) = 24{,}5°$. Die 2. Achse steht natürlich senkrecht auf der ersten. Für die Matrizen im neuen Koordinatensystem finden wir:

$$\boldsymbol{S}' = \begin{bmatrix} 50{,}83 & 0 \\ 0 & 0{,}31 \end{bmatrix}$$

$$\boldsymbol{R}' = \begin{bmatrix} 1 & 0 \\ 0 & 1 \end{bmatrix}$$

Die Hauptdiagonalelemente von $\boldsymbol{S}'$ kennen wir schon, es sind die beiden Eigenwerte von $\boldsymbol{S}$. Die Elemente außerhalb der Hauptdiagonale von $\boldsymbol{R}'$ sind Null, das war unser Ziel (vollständige Entkorrelierung der beiden Messreihen).

Lösung zu Übung 25

Wir haben ein nichtrekursives Digitalfilter mit drei Koeffizienten im Vorwärtszweig untersucht. Der Betrag der Übertragungsfunktion $|H(\omega)|$ interessiert uns nur von $\omega = 0$ bis zur Nyquistfrequenz 0,5 ω_A, er beginnt bei Null mit Eins, hat eine Nullstelle bei 0,29 ω_A und steigt dann bis zum Ende des interessierenden Bereiches wieder auf 60 %. Das Signalflussbild dieser Bandsperre finden wir in Abbildung 3.34. Die Grenzfrequenz liegt bei 0,14 ω_A.

Lösung zu Übung 26

Jetzt wurde ein rekursives Digitalfilter mit einem Koeffizienten im Vorwärtszweig und einem Koeffizienten im Rückwärtszweig untersucht. Der Betrag der Übertragungsfunktion $|H(\omega)|$ beginnt bei Null mit Eins, hat keine Nullstelle und fällt dann nicht sehr steil bis zum Ende des interessierenden Bereichs auf 33 %. Das Signalflussbild dieses Tiefpasses finden wir in Abbildung 3.39. Die Grenzfrequenz liegt bei 0,114 ω_A.

Lösung zu Übung 27

Der Betrag der Übertragungsfunktion $|H(\omega)|$ hat eine Resonanzstelle bei $0{,}1\bar{6}\ \omega_A$, das heißt, dort ist der Betrag $\gg 1$. Das führt dazu, dass das Digitalfilter oszilliert. Solche überkritischen Filter kann man als Sinusoszillatoren verwenden.

Lösung zu Übung 28

Mit der Fensterbreite $N = 9$ finden wir im pascalschen Dreieck die Binomialkoeffizienten $\binom{N-1}{k}$ bzw. 1 8 28 56 70 56 28 8 1. Wir berechnen mit der Filterordnung $N - 1 = 8$ den Faktor $2^{-(N-1)}$. Mit diesem Faktor werden alle Binomialkoeffizienten multipliziert. Dadurch erhalten wir den Vektor mit den Filterkoeffizienten des Tiefpasses $b_{\mathrm{TP}k} = \frac{1}{256}(1\ 8\ 28\ 56\ 70\ 56\ 28\ 8\ 1)^{\mathrm{T}}$. Für die Umwandlung der Koeffizienten in die eines Hochpasses wählen wir für $\omega_M = \omega_N$ die Nyquistfrequenz. Das heißt, wir multiplizieren jeden Tiefpasskoeffizienten mit ungeradem Index mit -1 und erhalten so die Hochpasskoeffizienten $b_{\mathrm{HP}k}$. Die Beträge der beiden Übertragungsfunktionen $|H(\omega)|$ ähneln sehr einer Gaußglocke, für den Tiefpass mit dem Maximum bei $\omega = 0$ und für den Hochpass bei $\omega = \omega_N$.

Lösung zu Übung 29

Da der pearsonsche Korrelationskoeffizient $-0{,}996 \approx -1$ beträgt, suchen wir eine Näherungsgerade und stellen dazu das Gleichungssystem für die Koeffizienten der Näherungsfunktion auf:

$$\begin{bmatrix} 4 & 6 \\ 6 & 14 \end{bmatrix} \cdot \begin{bmatrix} c_0 \\ c_1 \end{bmatrix} = \begin{bmatrix} 13 \\ 6 \end{bmatrix}$$

Wir lösen das Gleichungssystem beispielsweise mit der cramerschen Regel und erhalten die Koeffizienten $c_0 = 7{,}3$ und $c_1 = -2{,}7$. Die Näherungsgerade ist $f(t) = c_0\Phi_0(t) + c_1\Phi_1(t) = 7{,}3\, t^0 - 2{,}7\, t^1$.

Lösung zu Übung 30

Für die Näherung mit den geraden Kreisfunktionen erhalten wir $f(t) = 3{,}32 - 4{,}34\cos(t) + 1{,}33\cos(2t)$ und als Fehlermaß $E^2 = 0{,}585$. Die Näherung mit den ungeraden Kreisfunktionen ergibt $f(t) = 5{,}18 - 2{,}18\sin(t) - 2{,}49\sin(2t)$ und ein etwa hundertfach größeres Fehlermaß E^2. Das zeigt uns, dass die Wahl der Basisfunktionen mit Bedacht vorgenommen werden sollte. Im Zweifelsfall wählen wir gerade und ungerade Basisfunktionen und sehen an der Größe der entsprechenden Koeffizienten, ob unsere Wahl gut war.

Lösung zu Übung 31

Für die Prüfung auf Orthogonalität der beiden Funktionen t und t^2 berechnen wir das innere Produkt:

$$\int_{t_0}^{t_4} t \cdot t^2 \, \mathrm{d}t = 0 \quad \text{oder allgemein} \quad \int_{-a}^{a} \underbrace{t \cdot t^2}_{\text{ungerade}} \, \mathrm{d}t = \left[\frac{t^4}{4}\right]_{-a}^{a} = 0$$

Wir sehen: Der Integrand ist die ungerade Funktion t^3. Die Fläche unter ungeraden Funktionen verschwindet für symmetrische Integrationsgrenzen. Untersuchen wir, ob die Folgen t_n und t_n^2 orthogonal sind, so müssen wir das Skalarprodukt berechnen:

$$\sum_{n=0}^{N-1} t_n \cdot t_n^2 = \begin{bmatrix} -1 & -0{,}5 & 0 & 0{,}5 & 1 \end{bmatrix} \cdot \begin{bmatrix} 1 & 0{,}25 & 0 & 0{,}25 & 1 \end{bmatrix}^{\mathrm{T}} = 0$$

Verschwindet das innere Produkt bzw. das Skalarprodukt, so sind die gewählten Basisfunktionen orthogonal. Nun stellen wir das Gleichungssystem für die Koeffizienten der Näherungsfunktion auf und sehen, dass wir es nicht lösen müssen, sondern die Koeffizienten „ablesen“ können:

$$\begin{bmatrix} 2{,}5 & 0 \\ 0 & 2{,}125 \end{bmatrix} \cdot \begin{bmatrix} c_0 \\ c_1 \end{bmatrix} = \begin{bmatrix} 0 \\ 2{,}25 \end{bmatrix} \qquad \text{(A.1)}$$

Die Koeffizienten sind $c_0 = 0$ und $c_1 = 2{,}25/2{,}125$. Die Näherungsfunktion heißt damit $f(t) = 1{,}06\,t^2$.

Lösungen zu Kapitel 4

Lösung zu Übung 32

Nach dem Skizzieren von $f(t)$ sehen wir, dass der Parameter d den Tastgrad $2d/T_0$ beeinflusst. Er beträgt 50 %. Mit der Periodendauer $T_0 = 1$ legen wir als Entwicklungsintervall $[-T_0/2, +T_0/2]$ fest. Wir wählen es symmetrisch, weil wir uns erinnern, dass das Produkt des Kreisfunktionenpaars $\cos(\omega_0 t)$ und $\sin(\omega_0 t)$ eine Sinusfunktion ergibt und die Fläche darunter für jedes symmetrische Intervall verschwindet (Orthogonalität). Außerdem erleichtert uns ein symmetrisches Intervall hier das Integrieren. Das periodische Rechtecksignal ist gerade, das heißt $b_k = 0$ für alle k. Es ergeben sich die folgenden Fourierreihenkoeffizienten a_k:

a_0	2
a_1	1,27
a_2	0
a_3	−0,43
a_4	0
a_5	0,25
$\vdots$	
a_k	$\frac{2}{k\pi}\sin(k\,2\pi\,d)$

Für die Näherungsfunktion $f_{\mathrm{ap}}(t)$ schreiben wir:

$$f_{\mathrm{ap}}(t) = 1 + \sum_{k=1}^{K} \frac{2}{k\pi} \sin(k\,2\pi\,d) \cdot \cos(k\,2\pi\,t)$$

In das Diagramm des Signals zeichnen wir die Näherungsfunktion für drei verschiedene Summandenanzahlen K und sehen das gibbssche Phänomen. Das Umrechnen der reellen Fourierreihenkoeffizienten in komplexe ist mit $c_k = a_k/2$ leicht. Für das Linienspektrum tragen wir die c_k über ihrem Index k ab und sehen die Korrespondenz Rechteckfunktion ○—● Spaltfunktion. Zeichnen wir das Linienspektrum auch für den Tastgrad 5 %, so werden die Spektrallinien eingeebnet (gleich hoch und positiv). Das Linienspektrum wird bei noch kleineren Tastgraden zum Spektrum der Diracimpulsfolge. Vergrößern wir nun den Tastgrad in die andere Richtung bis zu 100 %, so werden bis auf $c_0 \to 2$ alle Spektrallinien Null. Wir sehen das Spektrum eines Gleichsignals.

Lösung zu Übung 33

Wir erkennen nach dem Skizzieren die Periodizität in der Messreihe:

n	…	0	1	2	…
t_n	…	0	1	2	…
f_n	…	1	0	0,5	…
			$N = 3$		

So finden wir die Periodendauer $T_0 = 3$ und damit $\omega_0 = 2\pi/T_0 = 2\pi/3$. Die $M = 3$ Basisfunktionen sind also $\Phi_0(t) = 1$, $\Phi_1(t) = \cos(2\pi t/3)$ und $\Phi_2(t) = \sin(2\pi t/3)$. Es ergeben sich die folgenden Fourierreihenkoeffizienten:

a_0	1
a_1	0,5
b_1	−0,289
c_0	0,5
c_1	$0{,}25 + j\,0{,}144$
c_1^*	$0{,}25 - j\,0{,}144$

Das Fehlermaß E^2 ist Null, weil die Anzahl der Messwerte einer Signalperiode N gleich der Anzahl der Basisfunktionen M ist. Für den Spezialfall $N = M$ geht die Approximation in eine Interpolation über. Das erkennen wir auch, wenn wir die Näherungsfunktion $f(t) = 0{,}5 + 0{,}5\cos(2\pi t/3) - 0{,}289\sin(2\pi t/3)$ im Diagramm der Messreihe betrachten. Sie trifft genau die Messwerte.

Lösung zu Übung 34

Vor dem Berechnen der Fouriertransformierten $F(\omega)$ des kontinuierlichen Signals $f(t) = 2 \cdot t \cdot \exp(-3 \cdot t)$ für $t \geq 0$ muss die Konvergenz untersucht werden. Dazu reicht es aus zu zeigen, dass das Integral

$$\int_0^\infty |f(t)|\ \mathrm{d}t$$

konvergiert. Mit dem Integral

$$\int \left|t \cdot \mathrm{e}^{\alpha t}\right|\ \mathrm{d}t = \mathrm{e}^{\alpha t}\left[\frac{t}{\alpha} - \frac{1}{\alpha^2}\right]$$

erhält man:

$$\begin{aligned}
\int_0^\infty \left|2t\,\mathrm{e}^{-3t}\right|\,\mathrm{d}t &= 2\int_0^\infty \left|t\,\mathrm{e}^{-3t}\right|\,\mathrm{d}t \\
&= 2\left[\mathrm{e}^{-3t}\left(\frac{t}{-3}-\frac{1}{9}\right)\right]_0^\infty \\
&= 2\lim_{t\to\infty}\left[\mathrm{e}^{-3t}\left(\frac{t}{-3}-\frac{1}{9}\right)\right]-\frac{-2}{9} \\
&= 2\lim_{t\to\infty}\left[\frac{t\,\mathrm{e}^{-3t}}{-3}\right]-2\lim_{t\to\infty}\left[\frac{\mathrm{e}^{-3t}}{9}\right]+\frac{2}{9} \\
&= 2\lim_{t\to\infty}\left[\frac{t\,\mathrm{e}^{-3t}}{-3}\right]+\frac{2}{9} \qquad \text{mit l'Hospital} \\
&= \frac{2}{9}
\end{aligned}$$

Das Integral konvergiert, das heißt, dass das Signal die Bedingungen (aperiodisch und abklingend) für die Anwendung der Fouriertransformation erfüllt. Da das Signal nur positive Werte hat, erhalten wir als Abschätzung des Funktionswertes $F(0)$ – die Fläche unter $f(t)$ – ebenfalls den Wert $^2\!/_9$. Nun kann das Fourierintegral ausgerechnet werden. Dazu nutzen wir die Zeilen 1, 5 und D aus Tabelle B.1 auf S. 261:

$$F(\omega)=2j\frac{\mathrm{d}}{\mathrm{d}\omega}\left[\frac{1}{3+j\omega}\right]=2j\frac{\mathrm{d}\,(3+j\omega)^{-1}}{\mathrm{d}\omega}=2j\,(-1)\,(3+j\omega)^{-2}\,j=\frac{2}{(3+j\omega)^2}$$

Das Algebraprogramm Mathcad findet folgende symbolische (exakte) Lösung:

$$F(\omega):=2\left[j\frac{\mathrm{d}}{\mathrm{d}\omega}\left[\frac{1}{3+j\omega}\right]\right]\to\frac{2}{(3+j\omega)^2}$$

Der Gleichanteil des Signals kann bei $\omega = 0$ mit $^2\!/_9$ berechnet werden. Ihn finden wir jeweils bei der Frequenz Null in den skizzierten Spektren wieder. Das Realteilspektrum sieht glockenförmig aus und hat zwei Nullstellen bei $\omega = \pm 3$. Das Imaginärteilspektrum liegt im zweiten und vierten Quadranten und hat eine Nullstelle bei $\omega = 0$. Das Betragsspektrum sieht ebenfalls glockenförmig aus und hat keine Nullstellen, aber zwei Wendepunkte bei $\omega = \pm 3$. Das Winkelspektrum ist monoton fallend und hat wieder eine Nullstelle bei $\omega = 0$.

Lösung zu Übung 35

Als Erstes testen wir die Konvergenz der Summe:

$$K_n=\sum_{i=0}^{n}|f_i|\cdot T_\mathrm{A}$$

Strebt diese für wachsendes n asymptotisch gegen einen endlichen Wert, hier $^2/_9$, so können wir uns das Berechnen der Fouriertransformierten vornehmen. Die Fouriertransformierte $F(\omega)$ für das diskrete, aperiodische und abklingende Signal berechnen wir wie folgt:

$$F(\omega) = \sum_{n=0}^{N-1} f_n \cdot \exp(-j\omega t_n) \cdot T_\mathrm{A}$$

Das skizzierte Betragsspektrum $|F(\omega)|$ ist (bis auf die Periodizität) dasselbe wie das in der vorigen Übungsaufgabe. Mit der Abtastperiode $T_\mathrm{A} = {}^1/_{16}$ finden wir die Abtastfrequenz $f_\mathrm{A} = 1/T_\mathrm{A} = 16$, die Abtastkreisfrequenz $\omega_\mathrm{A} = 2\pi f_\mathrm{A} = 100{,}5$ und die Nyquistfrequenz $\omega_\mathrm{N} = \omega_\mathrm{A}/2 = 50{,}3$. Bei dieser Abtastfrequenz kommt es nicht zu einem Aliasing, also zu keinem falschen Resultat. Wir können es aber provozieren, indem T_A vorsichtig vergrößert wird.

Lösung zu Übung 36

Die DFT-Matrix lautet mit $a = 0{,}354$ und $b = 0{,}25$:

$$\boldsymbol{DFT} = \begin{bmatrix} a & a & a & a & a & a & a & a \\ a & b-bj & -aj & -b-bj & -a & -b+bj & aj & b+bj \\ a & -aj & -a & aj & a & -aj & -a & aj \\ a & -b-bj & aj & b-bj & -a & b+bj & -aj & -b+bj \\ a & -a & a & -a & a & -a & a & -a \\ a & -b+bj & -aj & b+bj & -a & b-bj & aj & -b-bj \\ a & aj & -a & -aj & a & aj & -a & -aj \\ a & b+bj & aj & -b+bj & -a & -b-bj & -aj & b-bj \end{bmatrix}$$

Das DFT-Spektrum $\boldsymbol{F}$ bzw. der DFT-Spektralvektor hat acht komplexe Elemente:

m	F_m	
0	1,414	
1	$1{,}207 - 2{,}414j$	
2	$-0{,}707$	
3	$0{,}207 + 0{,}414j$	
4	0	– – – –
5	$0{,}207 - 0{,}414j$	
6	$-0{,}707$	
7	$1{,}207 + 2{,}414j$	

Die Redundanz des DFT-Ergebnisses zeigt sich darin, dass nach $F_4 = 0$ keine „neuen" Koeffizienten mehr hinzukommen; die noch folgenden Koeffizienten sind lediglich konjugiert komplex zu ihren „Spiegelbildern". Wir sehen weiter, dass die Matrix symmetrisch ist, das heißt $\boldsymbol{DFT} = \boldsymbol{DFT}^\mathrm{T}$. Sie ist regulär und unitär, das heißt $\boldsymbol{DFT}^{\mathrm{T}*} = \boldsymbol{DFT}^{-1}$. Das Transjungieren erspart uns die (lästige) Matrixinversion. Transjungieren ist nicht schwer: Wir transponieren die Matrix (spiegeln die Matrixelemente an der Hauptdiagonalen) und konjugieren die Matrixelemente (multiplizieren die Imaginärteile mit -1).

Lösung zu Übung 37

Die DHYT-Matrix lautet mit $a = 0{,}354$ und $b = 0{,}5$:

$$\boldsymbol{DHYT} = \begin{bmatrix} a & a & a & a & a & a & a & a \\ a & b & a & 0 & -a & -b & -a & 0 \\ a & a & -a & -a & a & a & -a & -a \\ a & 0 & -a & b & -a & 0 & a & -b \\ a & -a & a & -a & a & -a & a & -a \\ a & -b & a & 0 & -a & b & -a & 0 \\ a & -a & -a & a & a & -a & -a & a \\ a & 0 & -a & -b & -a & 0 & a & b \end{bmatrix}$$

Der DHYT-Spektralvektor hat acht reellwertige Elemente:

m	F_m
0	1,414
1	3,62
2	−0,707
3	−0,207
4	0
5	0,62
6	−0,707
7	−1,207

Wir sehen, dass die Matrix wieder symmetrisch ist. Sie ist regulär und orthogonal, das heißt $\boldsymbol{DHYT} = \boldsymbol{DHYT}^{\mathrm{T}} = \boldsymbol{DHYT}^{-1}$. Das Transponieren ersparen wir uns (Symmetrie). Das heißt, wir brauchen nur eine einzige Matrix für die Hin- und Rücktransformation.

Lösung zu Übung 38

Die DCT-Matrix lautet:[1]

$$\boldsymbol{DCT} =$$

$$\begin{bmatrix} 0{,}354 & 0{,}354 & 0{,}354 & 0{,}354 & 0{,}354 & 0{,}354 & 0{,}354 & 0{,}354 \\ 0{,}49 & 0{,}416 & 0{,}278 & 0{,}098 & -0{,}098 & -0{,}278 & -0{,}416 & -0{,}49 \\ 0{,}462 & 0{,}191 & -0{,}191 & -0{,}462 & -0{,}462 & -0{,}191 & 0{,}191 & 0{,}462 \\ 0{,}416 & -0{,}098 & -0{,}49 & -0{,}278 & 0{,}278 & 0{,}49 & 0{,}098 & -0{,}416 \\ 0{,}354 & -0{,}354 & -0{,}354 & 0{,}354 & 0{,}354 & -0{,}354 & -0{,}354 & 0{,}354 \\ 0{,}278 & -0{,}49 & 0{,}098 & 0{,}416 & -0{,}416 & -0{,}098 & 0{,}49 & -0{,}278 \\ 0{,}191 & -0{,}462 & 0{,}462 & -0{,}191 & -0{,}191 & 0{,}462 & -0{,}462 & 0{,}191 \\ 0{,}098 & -0{,}278 & 0{,}416 & -0{,}49 & 0{,}49 & -0{,}416 & 0{,}278 & -0{,}098 \end{bmatrix}$$

Der DCT-Spektralvektor hat wieder acht reellwertige Elemente:

m	F_m
0	1,414
1	3,04
2	0,27
3	−2,39
4	−0,71
5	0,03
6	0,65
7	−0,05

Die DCT-Matrix ist nicht symmetrisch. Sie ist regulär und orthogonal, das heißt $\boldsymbol{DCT}^{\mathrm{T}} = \boldsymbol{DCT}^{-1}$. Das Transponieren ist leicht (s. o.).

Lösung zu Übung 39

Die sequenzgeordnete DWT-Matrix hat, abgesehen von der Normierung mit $a = 0{,}354$, nur die Matrixelemente ± 1:

$$\boldsymbol{DWT} = a \cdot \begin{bmatrix} +1 & +1 & +1 & +1 & +1 & +1 & +1 & +1 \\ +1 & +1 & +1 & +1 & -1 & -1 & -1 & -1 \\ +1 & +1 & -1 & -1 & -1 & -1 & +1 & +1 \\ +1 & +1 & -1 & -1 & +1 & +1 & -1 & -1 \\ +1 & -1 & -1 & +1 & +1 & -1 & -1 & +1 \\ +1 & -1 & -1 & +1 & -1 & +1 & +1 & -1 \\ +1 & -1 & +1 & -1 & -1 & +1 & -1 & +1 \\ +1 & -1 & +1 & -1 & +1 & -1 & +1 & -1 \end{bmatrix}$$

[1] Übrigens gibt es bis zu acht verschiedene Definitionen für orthogonale DCT-Matrizen.

Der DWT-Spektralvektor hat acht reellwertige Elemente:

m	F_m
0	1,414
1	3,54
2	0
3	−0,707
4	−0,707
5	−1,414
6	0,707
7	0

Die sequenzgeordnete DWT-Matrix ist symmetrisch. Sie ist regulär und orthogonal, das heißt $\boldsymbol{DWT} = \boldsymbol{DWT}^{\mathrm{T}} = \boldsymbol{DWT}^{-1}$. Wir brauchen also wieder nur eine einzige Matrix für die Hin- und Rücktransformation.

Lösung zu Übung 40

Die DHT-Matrix hat mit $a = 0{,}354$, $b = 0{,}5$ und $c = 0{,}707$ folgende Matrixelemente:

$$\boldsymbol{DHT} = \begin{bmatrix} a & a & a & a & a & a & a & a \\ a & a & a & a & -a & -a & -a & -a \\ b & b & -b & -b & 0 & 0 & 0 & 0 \\ 0 & 0 & 0 & 0 & b & b & -b & -b \\ c & -c & 0 & 0 & 0 & 0 & 0 & 0 \\ 0 & 0 & c & -c & 0 & 0 & 0 & 0 \\ 0 & 0 & 0 & 0 & c & -c & 0 & 0 \\ 0 & 0 & 0 & 0 & 0 & 0 & c & -c \end{bmatrix}$$

Wir sehen in den oberen Matrixzeilen die Ähnlichkeit zu einer Walshmatrix und den globalen bzw. lokalen Charakter der einzelnen Matrixzeilen.

Der DHT-Spektralvektor hat acht reellwertige Elemente:

m	F_m
0	1,414
1	3,54
2	0
3	−0,707
4	−0,707
5	−1,414
6	0,707
7	0

Die DHT-Matrix ist nicht symmetrisch. Sie ist regulär und orthogonal, das heißt $\boldsymbol{DHT}^{\mathrm{T}} = \boldsymbol{DHT}^{-1}$. Das Transponieren geht leicht.

Lösung zu Übung 41

Matrix	DIT	DFT	DCT	DST	DHYT	DWT	DHT
dieselbe	×			×	×	×	
transponierte	×		×	×	×	×	×
konjugierte		×					
inverse	×	×	×	×	×	×	×

Lösung zu Übung 42

Die interne Abtastfrequenz des Messgeräts beträgt 500 Hz. Damit können wir die weiteren Ergebnisse berechnen:

a) Beobachtungsdauer $T_B = 0{,}512\,\text{s}$, $\Delta f = 1{,}95\,\text{Hz}$. Bei der 51. Spektrallinie ist das Spektrum des 100-Hz-Signals zu erwarten, die exakte Frequenz dort ist 99,6 Hz, d. h., die umliegenden Spektrallinien werden mitbeteiligt sein.

b) Beobachtungsdauer $T_B = 16{,}4\,\text{s}$, $\Delta f = 0{,}061\,\text{Hz}$. Bei den Spektrallinien mit den Nummern 1638 ... 1639 ist das Spektrum zu erwarten, die exakten Frequenzen dort sind 99,98 und 100,04 Hz.

Lösung zu Übung 43

Die Gleichung zeigt die Matrixschreibweise eines schnellen Algorithmus für die diskrete Walshtransformation. Die mittlere und die rechte Matrix sind schwach besetzt (die Hälfte aller Matrixelemente ist Null). Jede Matrixzeile hat nur zwei von Null verschiedene Elemente. Diese Elemente sind die beiden Faktoren für den Schmetterlingsgraphen. Die miteinander multiplizierten Matrizen ergeben die DWT-Matrix für $N = 4$. Daran sehen wir, dass beide Algorithmen zum selben Ergebnis führen. Die erste Matrix sortiert die Walshkoeffizienten lediglich um, so dass die Sequenzordnung entsteht.

Lösung zu Übung 44

Das DFT-Spektrum kennen wir schon (s. S. 253). Wir definieren eine Filtervorschrift H_m im Frequenzbereich:

$$H_m = \begin{cases} 1 & \text{für} \quad m > 0 \\ 0 & \text{sonst} \end{cases} \qquad \text{für} \quad m = 0, 1, \ldots, 7$$

Diese multiplizieren wir elementweise mit dem DFT-Spektrum F_m und erhalten für das hochpassgefilterte Signal g_n:

n	0	1	2	3	4	5	6	7
g_n	0,5	1,5	2,5	0,5	−1,5	−1,5	−1,5	−0,5

Beim Skizzieren des gefilterten Signals g_n sehen wir, dass es den Verlauf von f_n zeigt, nur um 0,5 nach unten verschoben. Durch das Filtern mit dem Frequenzhochpass ist das Signal von seinem Gleichanteil befreit worden.

Lösung zu Übung 45

Auch das sequenzgeordnete Walshspektrum kennen wir bereits (s. S. 255). Wir definieren eine Tiefpassvorschrift H_m im Sequenzbereich:

$$H_m = \begin{cases} 1 & \text{für} \quad m \leq 1 \\ 0 & \text{sonst} \end{cases} \qquad \text{für} \quad m = 0, 1, \ldots, 7$$

Diese multiplizieren wir elementweise mit dem Walshspektrum F_m und erhalten für das sequenzbandbegrenzte Signal g_n:

n	0	1	2	3	4	5	6	7
g_n	1,75	1,75	1,75	1,75	−0,75	−0,75	−0,75	−0,75

Skizzieren wir das gefilterte Signal g_n, so sehen wir, dass es den Verlauf einer Walshfunktion zeigt, nur etwas verstärkt und nach oben verschoben. Wir merken uns: In sequenzbandbegrenzten Signalen kommen die Walshfunktionen zum Vorschein, sie sehen treppenförmig aus.

Lösung zu Übung 46

Wir erhalten ein DCT-Spektrum des Eingangsbildes mit 8×8 Koeffizienten. Davon sind fast alle Null, bis auf die Koeffizienten in der obersten Zeile der Ergebnismatrix:

$$\boldsymbol{F} = \begin{bmatrix} 28 & -18{,}2 & 0 & -1{,}9 & 0 & -0{,}6 & 0 & -0{,}1 \\ 0 & \cdots & & & & & & 0 \\ \vdots & \ddots & & & & & & \vdots \\ 0 & \cdots & & & & & & 0 \end{bmatrix}$$

In der linken oberen Ecke befindet sich der so genannte DC-Koeffizient. Er ist ein Maß für den Gleichanteil bzw. für die mittlere Helligkeit des Graukeils (hier $\frac{1}{N} F_{0,0} = 28/8 = 3{,}5$). Setzen wir nun alle Koeffizienten Null, deren Betrag kleiner als 10 % von $F_{0,0}$ ist, so bleiben nur zwei Koeffizienten übrig. Das Ergebnis der Rücktransformation ist wieder ein Graukeil. Das heißt, dass in einem Graukeil sehr wenige Ortsfrequenzen enthalten sind.

Lösung zu Übung 47

Der Rang der Matrix $\boldsymbol{DWLT}$ ist 8, die Determinante ist $1/128$ und $\boldsymbol{DWLT}^{\mathrm{T}} \cdot \boldsymbol{DWLT}$ ergibt keine Einheitsmatrix. Das heißt, es ist (leider) eine Matrixinversion notwendig. Für die Inverse finden wir:

$$\boldsymbol{DWLT}^{-1} = \begin{bmatrix} 1 & 1 & 1 & 0 & 1 & 0 & 0 & 0 \\ 1 & 1 & 1 & 0 & -1 & 0 & 0 & 0 \\ 1 & 1 & -1 & 0 & 0 & 1 & 0 & 0 \\ 1 & 1 & -1 & 0 & 0 & -1 & 0 & 0 \\ 1 & -1 & 0 & 1 & 0 & 0 & 1 & 0 \\ 1 & -1 & 0 & 1 & 0 & 0 & -1 & 0 \\ 1 & -1 & 0 & -1 & 0 & 0 & 0 & 1 \\ 1 & -1 & 0 & -1 & 0 & 0 & 0 & -1 \end{bmatrix}$$

In der Bildverarbeitung sind im Allgemeinen sehr große Bildmatrizen zu verarbeiten. Daher sollten in den Transformationsmatrizen keine gebrochenen, sondern nur ganze Zahlen stehen. Sind die Matrixelemente darüber hinaus, wie in $\boldsymbol{DWLT}$ und $\boldsymbol{DWLT}^{-1}$, nur Zweierpotenzen, so können aufwändige Multiplikationen und Divisionen auf einfachere Bitverschiebungen zurückgeführt werden.

Lösung zu Übung 48

Die $D4$-Matrix der Größe 8×8 ist unsymmetrisch und lautet:

$$\boldsymbol{D4} = \begin{bmatrix} 0{,}204 & 0{,}421 & 0{,}512 & 0{,}637 & 0{,}296 & 0{,}0792 & -0{,}0123 & -0{,}137 \\ 0{,}296 & 0{,}0792 & -0{,}0123 & -0{,}137 & 0{,}204 & 0{,}421 & 0{,}512 & 0{,}637 \\ -0{,}171 & -0{,}0458 & -0{,}137 & -0{,}171 & 0{,}354 & 0{,}729 & -0{,}0458 & -0{,}512 \\ 0{,}354 & 0{,}729 & -0{,}0458 & -0{,}512 & -0{,}171 & -0{,}0458 & -0{,}137 & -0{,}171 \\ -0{,}129 & -0{,}224 & 0{,}837 & -0{,}483 & 0 & 0 & 0 & 0 \\ 0 & 0 & -0{,}129 & -0{,}224 & 0{,}837 & -0{,}483 & 0 & 0 \\ 0 & 0 & 0 & 0 & -0{,}129 & -0{,}224 & 0{,}837 & -0{,}483 \\ 0{,}837 & -0{,}483 & 0 & 0 & 0 & 0 & -0{,}129 & -0{,}224 \end{bmatrix}$$

Der Rang der Matrix $\boldsymbol{D4}$ ist 8, die Determinante ist -1 und $\boldsymbol{D4}^{\mathrm{T}} \cdot \boldsymbol{D4}$ ergibt eine Einheitsmatrix. Das heißt, sie ist orthogonal und es ist keine Matrixinversion notwendig.

Anhang

B Tabellen zur Fouriertransformation

Zeile	Signal	Fouriertransformierte	
0	$f(t)$	$F(\omega)$	
1	$c \cdot f(t)$	$c \cdot F(\omega)$	
2	$f_1(t) + f_2(t)$	$F_1(\omega) + F_2(\omega)$	
3	$\frac{\mathrm{d}f(t)}{\mathrm{d}t}$	$j\omega \cdot F(\omega)$	
4	$\int_{-\infty}^{\tau} f(t)\,\mathrm{d}t$	$\frac{1}{j\omega} \cdot F(\omega)$	
5	$t \cdot f(t)$	$j \cdot \frac{\mathrm{d}F(\omega)}{\mathrm{d}\omega}$	
6	$\mathrm{e}^{-at}\, f(t)$ für $a > 0$	$F(a + j\omega)$	Laplacetransformation
7	$f(t - a)$ für $a > 0$	$\mathrm{e}^{-j\omega a} \cdot F(\omega)$	
8	$f(t/a)$ für $a > 0$	$a \cdot F(a \cdot \omega)$	
A	$\delta(t)$	1	Diracstoß
B	$s(t)$	—	Sprungsignal
C	t^n	—	
D	e^{-at}	$\frac{1}{a + j\omega}$	
E	$\sin(\beta t)$	—	
F	$\cos(\beta t)$	—	
G	$\mathrm{e}^{-at} \sin(\beta t)$	$\frac{\beta}{(a + j\omega)^2 + \beta^2}$	
H	$\mathrm{e}^{-a\lvert t\rvert}$	$\frac{2a}{a^2 + \omega^2}$	

Tabelle B.1: Tabelle zur Fouriertransformation nach [48]

Signal	Fouriertransformierte	
$f(-t)$	$F^*(\omega)$	Spiegelung
$f^*(t)$	$F^*(-\omega)$	konjugiert komplexe Funktion
$f(t) * h(t)$	$F(\omega) \cdot H(\omega)$	Faltung
$f(t) \cdot h(t)$	$F(\omega) * H(\omega)$	Multiplikation
$a_1 f(t) + a_2 h(t)$	$a_1 F(\omega) + a_2 H(\omega)$	Superposition
$f(b\,t)$	$\frac{1}{\lvert b\rvert} F\left(\frac{\omega}{b}\right)$	Ähnlichkeit
$f(t - t_0)$	$F(\omega)\,\mathrm{e}^{-j\omega t_0}$	Zeitverschiebung
$f(t)\,\mathrm{e}^{j\Omega t}$	$F(\omega - \Omega)$	Frequenzverschiebung
$\frac{\mathrm{d}^n}{\mathrm{d}t^n}$	$(j\omega)^n F(\omega)$	Differentiation
$\int_{-\infty}^{t} f(\tau)\,\mathrm{d}\tau$	$\frac{1}{j\omega} F(\omega)$	Integration

Tabelle B.2: Theoreme der Fouriertransformation nach [32]

Koeffizient	in Abhängigkeit von		
$(k \geq 0)$	a_k, b_k	A_k, α_k	c_k, c_k^*
a_k	a_k	$A_k \cos(\alpha_k)$	$c_k + c_k^*$ (außer $a_0 = 2c_0$)
b_k	b_k	$-A_k \sin(\alpha_k)$	$j(c_k - c_k^*)$ (außer $b_0 = 0$)
A_k	$\sqrt{a_k^2 + b_k^2}$	A_k	$2 \cdot \sqrt{c_k \cdot c_k^*}$
α_k	$-\arctan\left(\frac{b_k}{a_k}\right)$	α_k	$\arctan\left(\frac{\Im(c_k)}{\Re(c_k)}\right)$
c_k	$\frac{1}{2}(a_k - jb_k)$	$\frac{A_k}{2}\,\mathrm{e}^{j\alpha_k}$	c_k
c_k^*	$\frac{1}{2}(a_k + jb_k)$	$\frac{A_k}{2}\,\mathrm{e}^{-j\alpha_k}$	c_k^*

Tabelle B.3: Tabelle zur Koeffizientenumrechnung nach [48]

Anhang

C Personenverzeichnis

Im Folgenden sind die im Buch erwähnten Personen aufgeführt, ergänzt um ihre Lebensdaten und den Bezug, den ihre Arbeiten zur Signalverarbeitung haben.

Boltzmann, Ludwig (1844–1906) brachte mit der Formel $S = k \cdot \ln W$ die Entropie S in einen Zusammenhang mit der Zustandswahrscheinlichkeit W

Clausius, Rudolf (1822–1888) Einführung des Begriffs Entropie im 2. Hauptsatz der Thermodynamik 1865

Chintschin, Aleksandr Jakovlevic (1894–1959) Wiener-Chintschin-Theorem

Daubechies, Ingrid (geb. 1954) gilt seit ihrer 1988 erschienenen Arbeit als Mutter moderner Wavelets

Dirac, Paul Adrian Maurice (1902–1984) veröffentlichte 1930 in seiner Arbeit „Die Prinzipien der Quantenmechanik" die diracsche Deltafunktion

Euler, Leonhard (1707–1783) Eulersche Formel für den Zusammenhang zwischen einer komplexen Exponentialfunktion und der Kosinus- und Sinusfunktion

Fourier, Jean Baptiste Joseph de (1768–1830) entwickelte 1807 die Grundlagen der Fourieranalyse, die er aber erst 1822 veröffentlichte

Gábor, Denés (1900–1979) Arbeiten zur Kurzzeit-Fouriertransformation, 1971 Nobelpreis für Physik

Gauß, Carl Friedrich (1777–1855) Methode der kleinsten Quadrate (1809) und Normalverteilung

Gibbs, Josiah Willard (1839–1903) Gibbssches Phänomen bei der Approximation von Funktionen an Sprungstellen

Haar, Alfréd (1885–1933) Beschäftigung mit orthogonalen Funktionssystemen, 1909 Funktionssystem der Haarfunktionen

Hadamard, Jaques Salomon (1865–1963) Hadamardmatrizen, Hadamardtransformation

Hamming, Richard Wesley (1915–1998) digitale Filter, Hammingfenster

Hann, Julius Edler von (1839–1921) meteorologische Arbeiten zu Zeitreihenanalysen, Von-Hann-Fenster

Hartley, Ralph Vinton Lyon (1888–1970) Grundlagen der Informationstheorie, Hartleytransformation

Harmuth, Henning Friedolf (geb. 1928) Verallgemeinerung des Begriffs Frequenz, 1969 erste Monographie zur Sequenztechnik

Kotelnikov, Vladimir Aleksandr (1865–1944) formulierte 1933 erstmals mathematisch exakt das Abtasttheorem

Nyquist, Harry (1889–1976) bewies 1928 das Abtasttheorem

Pearson, Karl (1857–1936) Beschäftigung mit der Korrelations- und Regressionsanalyse

Shannon, Claude Elwood (1916–2001) grundlegende informationstheoretische Arbeiten, 1949 „The Mathematical Theory of Communication“

Tschebyscheff, Pafnuti Lwowitsch (1821–1894) aus Überlegungen zum Maschinenbau stammen die von ihm erstmals verwendeten Tschebyscheffpolynome

Walsh, Joseph Leonard (1895–1973) Walshfunktionen 1923

Whittaker, Edmund Taylor (1873–1956) stellte 1924 drei Forderungen an die Signalrekonstruktion

Wiener, Norbert (1894–1964) Wiener-Chintschin-Theorem

Alexander von Humboldt

Das Bild von Alexander von Humboldt gibt es in vielen Varianten in den unterschiedlichsten Publikationen. Hier ist ein Stahlstich von A. Weger verwendet worden. Humboldt ist als Ritter des Ordens „Pour le mérite“ dargestellt, der ihm im Jahre 1842 verliehen wurde. Der Stahlstich befindet sich im Bildarchiv Preußischer Kulturbesitz Berlin.

Literaturverzeichnis

1. Achilles, D.: Die Fourier-Transformation in der Signalverarbeitung. Berlin: Springer-Verlag, 1985.
2. Ahmed, N., Natarjan, T., Rao, K. R.: Discrete cosine transform. IEEE Trans. Comput. C-23 (1974), S. 90–93.
3. Beauchamp, K. G.: Applications of Walsh and Related Functions. Orlando: Academic Press, 1984.
4. Besslich, Ph. W., Tian Lu: Diskrete Orthogonaltransformationen — Algorithmen und Flußgraphen für die Signalverarbeitung. Berlin: Springer-Verlag, 1990.
5. Bracewell, R. H.: Schnelle Hartley-Transformation — eine reellwertige Alternative zur FFT. München: R. Oldenbourg Verlag, 1990.
6. Brigham, E. O.: FFT-Anwendungen. München: R. Oldenbourg Verlag, 1997.
7. Bronstein, I. N., Semendjajew, K. A.: Taschenbuch der Mathematik. Leipzig: B. G. Teubner-Verlag, 1996.
8. Butz, T.: Fouriertransformation für Fußgänger. Wiesbaden: B. G. Teubner Verlag, 2003.
9. Cooley, J. W., Tukey, J. W.: An Algorithm for the Machine Calculation of Complex Fourier Series. Mathematics of Computation 19 (1965), S. 297–301.
10. Castleman, K. R.: Digital Image Processing. Upper Saddle River: Prentice Hall, 1996.
11. Daubechies, I.: Orthonormal bases of compactly supported wavelets. Communications on pure and applied mathematics. XLI, (1988), S. 909–996.
12. Daubechies, I.: Ten Lectures on Wavelets. Philadelphia: Capital City Press, 1992.
13. DIN 40146-1: Nachrichtenübertragung — Teil 1: Grundbegriffe. 1994.
14. DIN EN 60447: Mensch-Maschine-Schnittstelle — Bedienungsgrundsätze. 1994.
15. DIN IEC 60489-6: Meßverfahren für Funkgeräte. 1990.
16. von Grüningen, D. C.: Digitale Signalverarbeitung. Leipzig: Fachbuchverlag, 2001.
17. Hamming, R. W.: Digitale Filter. Weinheim: VCH Verlagsgesellschaft, 1987.
18. Harmuth, H. F.: Verallgemeinerung des Fourier-Integrales und des Begriffes Frequenz. Archiv elektr. Übertragung 18 (1964), S. 439–451.
19. Harmuth, H. F.: Transmission of Information by Orthogonal Functions. New York: Springer-Verlag, 1969.
20. Harmuth, H. F.: Research and development in the field of Walsh functions and sequency theory. Advan. Electron. Electron Phys. 36 (1974), S. 195–264.
21. Harmuth, H. F.: Sequency Theory. New York: Academic Press, 1977.
22. Hartley, R. V. L.: A More Symmetrical Fourier Analysis Applied to Transmission Problems. Proceedings IRE 30 (1942), S. 144–150.
23. Henderson, K.W.: Comment on ‚Computation of the fast Walsh-Fourier transform'. IEEE Trans. Comput. C-19 (1970), S. 850–851.
24. Hoffmann, R.: Signalanalyse und -erkennung. Berlin: Springer-Verlag, 1998.
25. Hubbard, B. B.: Wavelets – Die Mathematik der kleinen Wellen. Berlin: Birkhäuser Verlag, 1997.

26. ISO/IEC 2382-1: Informationstechnik — Begriffe — Teil 1: Grundbegriffe. 1993.
27. Johnson, M. E., Tietjen, G. L., Beckman, R. J.: A new family of probability distributions with applications to Monte Carlo studies. Journal of the American Statistical Association (JASA) 75 (1980), S. 276–279.
28. Kreß, D.: Theoretische Grundlagen der Signal- und Informationsübertragung. Berlin: Akademie-Verlag, 1977.
29. Kurz, K.: Signalprozessorpraxis. München: Franzis-Verlag, 1993.
30. Lacroix, A.: Digitale Filter. München: R. Oldenbourg Verlag, 1988.
31. Lange, F. H.: Signale und Systeme. Band 1. Berlin: Verlag Technik, 1975.
32. Lehmann, T., Oberschelp, W., Pelikan, E., Repges, R.: Bildverarbeitung für die Medizin. Berlin: Springer-Verlag, 1997.
33. Lim, J. S.: Two-dimensional signal and image processing. Englewood Cliffs: Prentice Hall, 1990.
34. Lochmann, D.: Digitale Nachrichtentechnik. Berlin: Verlag Technik, 2002.
35. Mallat, S.: Multiresolution approximation and wavelets. Trans. Amer. Math. Soc. 315 (1989), S. 69–88.
36. Martini, H.: Methoden der Signalverarbeitung. München: Franzis-Verlag, 1987.
37. Meffert, B., Langer, H.: Die Sequenztechnik in der Informationsverarbeitung – Grundlagen und Anwendungen. Dissertation B. Humboldt-Universität zu Berlin (1982).
38. Oppenheim, A. V., Schafer, R. W., Buck, J. R.: Zeitdiskrete Signalverarbeitung, 2. Aufl. München: Pearson Studium Verlag, 2004.
39. Pichler, F.: Das System der sal- und cal-Funktionen als Erweiterung des Systems der Walsh-Funktionen und die Theorie der sal- und cal-Fouriertransformation. Dissertation. Universität Innsbruck (1967).
40. Poll, R., Rabenau, M.: Signaltechnik in Biomedizinischen Geräten. Dresden: Schriftenreihe „Biomedizinische Technik“ an der TU Dresden (2001).
41. Poularikas, A. D. (ed.): The Transforms and Applications Handbook. Boca Raton: CRC Press, 2000.
42. Proakis, J. G., Manolakis, D. G.: Digital Signal Processing. Upper Saddle River: Prentice Hall, 1996.
43. Schrüfer, E.: Signalverarbeitung. München: Carl Hanser Verlag, 1990.
44. Seifart, M.: Analoge Schaltungen. Berlin: Verlag Technik, 2003.
45. Shannon, C. E.: Communication in the presence of noise. Proc. IRE 37 (1949), S. 10–21.
46. Shannon, C. E., Weaver, W.: The Mathematical Theory of Communication. Urbana and Chicago: University of Illinois Press, 1949, 1963 und 1998.
47. Shie Qian, Dapang Chen: Joint Time-Frequency Analysis. New Jersey: Prentice Hall, 1996.
48. Stearns, S. D.: Digitale Verarbeitung analoger Signale. München: R. Oldenbourg Verlag, 1991.
49. Steinmetz, K. R.: Über unwillkürliche selbstreziproke Korrespondenzen im Raum, die bestimmt werden durch ein dreidimensionales Linearsystem von Flächen der *n*-ten Ordnung. Dissertation. Universität Breslau (1887).
50. Strutz, T.: Bilddatenkompression. Braunschweig: Vieweg Verlag, 2000.

51. Tschebyscheff, P. L.: Definition der Tschebyscheffpolynome. In: Gradshteyn, I. S., Ryzhik, I. M., Jeffrey, L.: Table of Integrals, Series, and Products. San Diego: Academic Press, 1994.
52. Unbehauen, R.: Systemtheorie. Band 1. München: R. Oldenbourg Verlag, 1997.
53. Walsh, J. L.: A closed set of orthogonal functions. American Journal of Mathematics 55 (1923), S. 5–24.
54. Whittaker, E. T.: On the functions which are represented by the expansions of the interpolation-theory. Proc. Roy. Soc. 35 (1915), S. 181–194.
55. Willems, J. L.: Der Computer als Kardiologe. Umschau 81 (1981), S. 327–330.
56. Woschni, E. G.: Informationstechnik. Berlin: Verlag Technik, 1988.

Register

A

Abtast-Halte-Schaltung 40, 219
Abtaster 38, 50
Abtastfrequenz 26, 55, 211, 222, 239, 241, 253, 257
Abtastfunktion 21
Abtastintervall 24, 26, 180
Abtastrate 25
Abtasttheorem 24, 26, 32, 180, 218, 228
Abtastung 38, 88, 229
Abtastwert 22
Additionstheorem 151
Affine Transformation 169
Ähnlichkeitsmaß 81
Ähnlichkeitstheorem 152
Aktor 53, 229
Aliasing 27, 88, 210, 239
Allpass 109
Amplitudendichte 148
Amplitudengang 35
Analog-Digital-Umsetzer 40, 57, 219, 229, 241
Analoges System 22
Analogfilter 33
Analogfilterung 102
Analogtiefpass 56
Anti-aliasing-Filter 32, 57, 228, 241
Aperiodisches Signal 16
Approximation 111, 180
Approximationsfunktion 112, 133, 249, 250
Arithmetischer Mittelwert 65
Auflösung 54, 196
Auflösungsunschärfe 195
Auflösungsvermögen 31
Aussteuerbereich 40, 54
Autokorrelation 82
Autokorrelationsfunktion 82, 86, 156, 222

B

Bandbegrenzung 218
Bandbegrenzungsfilter 33
Bandbreitenbegrenzung 228
Bandpass 109
Bandsperre 109, 248
Basisfunktionen 114, 133–135, 166, 170, 172, 175, 177, 198, 249, 251
Basiswavelet 198
Beobachtungsdauer 180–182, 257
Betragsdarstellung 35, 139, 150
Betragsspektrum 146, 151, 162, 167, 209, 224, 252
Bildsignal 166, 173, 189, 245
Binarisierung 101
Binärordnung 124, 175
bit reverse order 125
Bitumkehr 45, 125, 186
Blockdiagramm 103
Blockfaltung 191
Blockimpulssystem 120
Blockkorrelation 191
Boltzmann, L. 70
butterfly 186
Butterworthfilter 36, 229

C

Chintschin, A. 156
Clausius, R. 69
closing 100
Codierer 40
convolution 88
Cooley-Tukey-Algorithmus 185

D

Daubechies, I. 204
Daubechieswavelets 205
Dekorrelation 172
Deltadistribution 18
Deltafunktion 34, 39
Deltaimpuls 18
Dequantisierer 48
Determiniertes Signal 18
Dezimierung 186
Dichtefunktion 62, 128
Digital-Analog-Umsetzer 48, 58, 242
Digitales System 22
Digitalfilter 102, 130, 132, 223, 248
Dilatation 97
Dirac, P. 18
Diracimpulsfolge 250
Diracsche Deltafunktion 18, 156
Diskontinuierliches Signal 16
Diskontinuität 172, 182, 184

Diskrete Fouriertransformation 159, 166, 180, 210, 224, 226, 236
Diskrete Haartransformation 177, 210
Diskrete Hartleytransformation 170, 210, 224
Diskrete Kosinustransformation 171, 210, 212
Diskrete Orthogonaltransformation 211
Diskrete Sinustransformation 173
Diskrete Walshtransformation 175, 210, 257
Diskrete Wavelettransformation 200
Diskrete Zufallsgröße 62
Diskretes Signal 16
Diskretes Spektrum 145
Distributionentheorie 19
Durchlassbereich 35, 110

E

Eigenvektor 93, 247
Eigenwert 93
Einheitsimpuls 23, 88
Einheitsimpulsfolge 20, 239
Einheitskreis 116, 186
Einheitsmatrix 115
Einheitswurzel 159, 186
Empfindlichkeit 31
Empirische Kenngröße 75
Empirischer Kennwert 67
Energiedichtespektrum 147, 156
Energiekompaktheit 172
Energiesignal 17
Ensemble von Zufallssignalen 61
Ensemblemittelwert 71, 129
Entkorrelierung 94, 172
Entropie 69, 129, 242, 245
Entscheidungsgehalt 71
Episode 71, 76, 129, 165, 172, 243, 244
Episode eines Signals 61
Ergodizität 71
Erosion 97
Erwartungswert 64
Euler, L. 117
Eulerformel 138, 139, 149, 150
Eulersche Formel 109, 117
Exponentialfunktion 117, 120, 138, 141, 145, 146, 149, 159, 166, 187, 194, 231

F

Fahrzeugerkennung 215
Faltung 57, 88, 90, 130, 189, 190, 246
Faltungsmaske 167
Faltungsoperation 206
Faltungssymbol 88
Faltungstheorem 90, 153, 167, 184, 189
Faltungsvorschrift 246
Fehlermaß 111, 133, 209, 249, 251
Fehlerquadratmethode 111, 137
Fenster 180
Fensterfunktion 182, 194
Filteranalyse 103
Filterentwurf 103
Filtergrad 103
Filterkoeffizient 103, 132, 133, 204, 248
Filtermaske 90
Filterordnung 36, 103, 111, 240, 248
Filterstabilität 107
Filtertyp 36, 109
Filterung 102, 206
Filtervorschrift 90, 131, 246, 257
FIR-Filter 103
FIR-System 24
flash converter 241
Fourier, J. 137
Fourieranalyse 138
Fourierkoeffizient 138, 161, 172, 236
Fourierreihe 139, 150, 208, 209
Fourierreihenentwicklung 26, 137, 148
Fouriersynthese 138
Fouriertransformation 145, 148, 150, 158, 167, 170, 172, 190, 192, 193, 252
Fouriertransformationspaar 146
Fouriertransformierte 146–148, 150, 198, 209, 251, 253, 261
FPGA 46
Frequenz 16, 135
Frequenzantwort 24
Frequenzauflösung 180, 199, 211, 221
Frequenzbandbegrenzung 33
Frequenzbereich 148, 153, 163, 190
Frequenzgang 33, 103
Frequenzgehalt 24
Frequenzverschiebung 151
Funktionaltransformation 145

G

Gábor, D. 194
Gábortransformation 194
Gauß, C. 67
Gaußfunktion 164
Gaußglocke 158, 194, 243
Gaußpyramide 200
Gaußsche Normalverteilung 67, 72
Gaußtiefpass 131, 133, 247
Gemischtes Moment 73
Geofon 217
Gewöhnliches Moment 65
Gibbssches Phänomen 141, 157, 250
Glättung 99, 100, 105
Gleichverteilung 66, 128
Gleitender Mittelwert 105, 131
Glockenfunktion 19
Glockenkurve 67
Graycode 124
Grenzfrequenz 35, 105, 106, 229, 240, 241, 248
Grundfrequenz 137

H

Haar, A. 125
Haarfunktion 125, 177, 203, 205
Haarmatrix 177, 212
Haartransformation 177
Hadamard, J. 124
Hadamardmatrix 125
Halteglied 39, 48
Halteschaltung 39, 48
Hamming, R. 183
Hammingfenster 184, 185, 224
von Hann, J. 183
Harmonische 139
Harmonische Funktion 116, 144
Harmonische Schwingung 116
Harmonisches Signal 16
Harmuth, H. 121, 124
Hartley, R. 118, 170
Hartleymatrix 170
Hartleytransformation 170, 224
Harvardarchitektur 45
Hauptachsentransformation 92, 247
Hauptkomponentenanalyse 92
Histogramm 68, 102, 222, 242, 243
Hochpass 109, 133, 212, 229, 248, 258
Hotteling, H. 92

I

Idealer Tiefpass 50, 105
IIR-Filter 107
IIR-System 24
Impulsantwort 23, 24, 48, 51, 88, 102, 103
Impulsfunktion 18
Information 13, 18
Informationsgehalt 13, 70
Inneres Produkt 113, 146, 169, 194, 197, 249
Instationäres Signal 17
Integraltransformation 146, 198

K

Karhunen-Loève-Matrix 93, 132
Karhunen-Loève-Transformation 92
Kausalität 24
Koeffizientenvektor 168
Komplexe Funktion 34
Kontinuierliche Fouriertransformation 150, 165
Kontinuierliche Korrelationsfunktion 86
Kontinuierliche Wavelettransformation 198
Kontinuierliches Signal 16
Kontinuierliches Spektrum 148
Konvolut 57
Koordinatentransformation 136
Korrelation 73, 74, 76, 91, 130, 190, 245, 247
Korrelationsdauer 87, 156
Korrelationsfunktion 79
Korrelationskoeffizient 74, 79, 244
Korrelationsmatrix 74, 78, 132, 243
Korrelationssymbol 82
Korrelationstheorem 154, 156, 164, 189
Kosinusfenster 183
Kosinusfunktion 116, 138, 234, 239
Kosinusglocke 183
Kosinusmatrix 171
Kosinustransformation 171, 224
Kotelnikov, V. 27
Kovarianz 73, 130, 132, 175, 179, 245
Kovarianzmatrix 73, 92, 132, 165, 172, 179, 243, 247
Kreisfrequenz 16, 116
Kreisfunktion 116
Kreuzkorrelationsfunktion 81
Kroneckerprodukt 125
Kumulatives Histogramm 68, 98, 128

Kurzzeit-Fouriertransformation 193, 196
Kurzzeittransformation 192, 197, 236

L

Länge eines Vektors 113
Laplacepyramide 200
Laplacetransformation 261
Lattenzauneffekt 180
Lautsprecher 54
leakage effect 182
Leckeffekt 182
Leistungssignal 17
Lineares System 22
Linearität 22, 163
Linearitätstheorem 151
Linienspektrum 26, 139, 145, 148, 208, 239, 250
Logikschaltungen 46
Lokaler Operator 88, 97
LTI-System 23, 88, 103

M

Maßzahl 129, 244
Median 69, 97, 243, 244
Medianoperation 99
Messbereich 31
Messtechnik 31
Messung 31
Mexikanischer Hut 199
Mikrofon 217
Mikroprozessor 44, 220
Mittelwert 65, 242
Mittlere Korrelation 76
Modalwert 68, 243
Moment 65, 221, 243
Morlet, J. 198
Morphologischer Operator 100
Multiresolutionsanalyse 192
Multiskalenanalyse 200
Multivariate Zufallsvariable 72
Muster 81

N

Nachricht 14
Natürliche Ordnung 125, 175
Nichtharmonische Funktion 120
Nichtharmonisches Signal 16
Nichtlineare Operatoren 97
Nichtlineares System 23
Nichtrekursives Filter 102, 103
Nichtsinusförmiges Signal 16
Nichtstochastisches Signal 18
Norm einer Funktion 114
Norm eines Vektors 113
Normalverteilung 66, 129
Normierte Kovarianz 75
Normierte Sequenz 121
Normiertes Histogramm 67, 128, 242, 244
Nullphasenwinkel 116
Nutzsignal 17
Nyquist, H. 27
Nyquistfrequenz 27, 53, 241, 248, 253
Nyquistkreisfrequenz 241

O

opening 100
Ordnungssystem 123
Originalbereich 146
Orthogonalbasis 114
Orthogonale Matrix 115, 169
Orthogonales Funktionssystem 113, 145
Orthogonalität 113, 134, 212, 213, 249
Orthogonalitätsbedingung 114, 118, 127
Orthogonalitätsintervall 114, 121, 127, 141
Orthonormalitätsbedingung 204
Ortsfrequenz 119, 136, 247, 258
Ortsfunktion 136
Ortskreisfrequenz 119
Ostsee 72, 75

P

Parsevalsches Theorem 156, 164, 195
Pearson, K. 92
Pearsonsche Korrelation 83
Pearsonscher Korrelationskoeffizient 75, 83, 130, 132, 133, 245, 247, 249
Periodendauer 116
Periodische Deltafunktion 20
Periodische Faltung 154
Periodische Funktion 116, 154, 159
Periodisches Signal 16, 142, 145, 162, 182
Periodizität 162
Phasenfaktor 163
Phasengang 35
Phasensprung 246

Q

Quadratischer Mittelwert 65
Quantisierer 40
Quantisierung 40
Quantisierungsfehler 41
Quantisierungskennlinie 40
Quellenentropie 70

R

R2R-Netzwerk 48, 242
Rangordnungsoperator 97
Raum-Zeit-Objekt 14
Rechteckförmige Signale 17
Rechteckfenster 184
Rechteckfunktion 19, 250
Redundanz 71, 242, 253
Reihenentwicklung 137
Rekonstruktionsfilter 50
Rekonstruktionsgleichung 27, 52, 58
Rekursives Filter 102, 107, 132
Relative Häufigkeit 68

S

Salz-und-Pfeffer-Rauschen 99
Saturn 85
Schar von Zufallssignalen 61
Scharmittelwert 71, 129, 243
Schiefe 65, 129, 245
Schmetterlingsgraph 186, 257
Schnelle Faltung 190
Schnelle Fouriertransformation 185, 190, 224
Schnelle Korrelation 190
Schnelle Transformation 211
Schnelle Walshtransformation 187
Schwartz, L. 19
Schwellwertoperation 100
Schwingungsfrequenz 116
Sensor 30, 55, 217, 227
Sensorik 30
Sensorkennlinie 31, 55, 239
Separierbarkeit 169, 207
Sequenz 121, 177
Sequenzbereich 189, 233, 258
Sequenzordnung 124, 175, 177, 255, 257
Shannon, C. 27, 70
Signal 13
Signal-Rausch-Verhältnis 42, 229
Signalanalyse 169
Signalapproximation 111, 137
Signaldefinition 14, 15
Signaleigenschaften 62
Signalepisode 61, 175, 220
Signalfilterung 102, 188, 222
Signalflussgraph 186
Signalmittelung 84
Signalprozessor 45, 219
Signalspektrum 135
Signalstatistik 60, 165, 175, 179
Signalsynthese 169
Signalverarbeitungskette 29, 216, 227
Sinusförmiges Signal 16
Sinusfunktion 116, 138, 234, 250
Sinusmatrix 173
Sinustransformation 173
Skalarprodukt 113, 249
Skale 197
Skalenauflösung 199
Skalierung 197
Skalierungsfunktion 202
Skalierungstheorem 152
Slantfunktion 234
Slantkoeffizient 234
Sonagramm 193, 236
Sonogramm 236
Spaltfunktion 21, 52, 107, 250
Spektralbereich 135, 146
Spektraldarstellung 117, 145
Spektrallinie 142, 180, 239, 250, 257
Spektrogramm 193
Spektrum 26, 135
Sperrbereich 35, 110
Sperrfrequenz 35, 111, 240, 241
Stabiles System 24
Stabilität 107
Standardabweichung 64, 129, 242, 245
Stationärer Prozess 78
Stationäres Signal 17
Stationarität 17, 71, 182, 192, 221
Statistik 60
Statistische Maßzahl 67
Stetige Zufallsgröße 62
Stochastik 61
Stochastischer Prozess 60
Stochastisches Signal 18
Störsignal 17, 221
Stoßfunktion 18
Streuung 65
Strichcode 81
Subbandcodierung 200
Sukzessive Approximation 42

Symmetrieeigenschaft 148, 151, 162
System 21
Systemantwort 22
Systemeigenschaft 22

T

Tiefpass 32, 35, 51, 109, 212, 229, 248
Tiefpassfilter 131, 246
Toleranzschema 56, 110
Transformationskern 146, 158, 169, 172, 175
Transformationsmatrix 93, 159, 168, 170, 171, 177, 179, 213
Transformationspaar 159, 168, 204
Transjungieren 253
Transjungierte Matrix 115
Translation 198
Tschebyscheff, P. 111
Tschebyscheffapproximation 111
Tschebyschefffilter 36
Tschebyscheffpolynom 171

U

Übertragungsfunktion 31, 33, 54, 56, 103, 106, 108, 132, 133, 188, 240, 248
Unitäre Matrix 115, 160
Unitäre Transformation 170
Univariate Zufallsvariable 62
Unschärferelation 180, 194
Unterabtastung 204, 206

V

Varianz 64, 129, 130, 179, 245
Verschiebungssatz 133
Verschiebungstheorem 151
Verteilungsfunktion 62, 71, 72, 128, 221, 243
Vieta, F. 21
Vollständiges Funktionssystem 115, 121
Vollständigkeitstheorem 115
Von-Hann-Fenster 183, 184, 224
Von-Neumann-Architektur 44

W

Wahrscheinlichkeitsdichtefunktion 62, 128, 242
Wahrscheinlichkeitsfunktion 63, 71, 72, 242
Wahrscheinlichkeitsrechnung 61
Walsh, J. 124
Walshanalyse 142
Walshfunktion 121, 142, 175, 233
Walshkoeffizient 142, 234, 257
Walshmatrix 175, 177, 256
Walshreihenentwicklung 142
Walshspektrum 258
Walshsynthese 142
Walshtransformation 175
Wavelet 177, 198, 213
Waveletfunktion 202
Wavelettransformation 196
Weißes Rauschen 18, 156
Welligkeit 37, 111
Whittaker, E. 27, 51, 242
Whittaker-Kardinalfunktion 52
Whittaker-Rekonstruktion 52, 242
Wiener, N. 70, 156
Wiener-Chintschin-Theorem 156
Winkeldarstellung 35, 139, 150
Winkelspektrum 146, 151, 162, 209, 252
Wölbung 65, 129, 245

Z

Zeit-Frequenz-Analyse 192
Zeit-Frequenz-Ebene 180, 194, 195, 236
Zeit-Skalen-Ebene 197
Zeitfenster 180
Zeitinvariantes System 23
Zeitkontinuierliche Faltung 90
Zeitmittelwert 129
Zeitverschiebung 151
Zentrales Moment 65, 243
zero padding 181
Zirpsignal 178, 194
Zufallsgröße 60
Zufallsprozess 60
Zufallssignal 60, 182, 243
Zufallsvariable 61
Zufallsvektoren 92
Zweiskalengleichung 204
Zyklische Faltung 163, 189
Zyklische Korrelation 164, 189
Zyklische Verschiebung 163

PEARSON
Studium

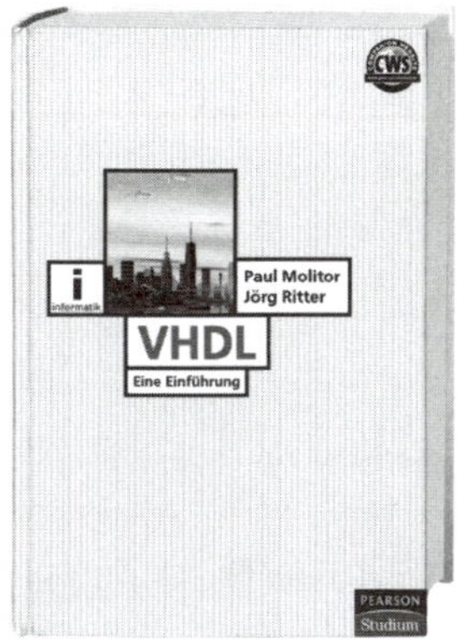

VHDL

Eine Einführung

Paul Molitor, Jörg Ritter

Zum Buch:

Durch die zunehmende Verlagerung der Entwurfsbeschreibung auf höhere Abstraktionsebenen kommt dem Einsatz von Hardwarebeschreibungssprachen eine immer größere Bedeutung zu. Molitor und Ritter führen ihre Leser in VHDL, die im deutschsprachigen Raum am weitesten verbreitete Hardwarebeschreibungssprache, ein. Ein Schwerpunkt des Buches liegt auf der Betrachtung der Sprache unter dem Aspekt der Schaltkreissynthese. Die Autoren wählen gezielt die Themen aus, die für den Einstieg in VHDL wichtig sind. Ihr Buch verbindet Theorie und praktische Anwendungsbeispiele.

Aus dem Inhalt:

Teil I: VHDL-Crashkurs
Teil II: Bibliotheken und Packages
Teil III: Beispielschaltungen
Teil IV: Methoden zur Validierung
Teil V: Die Syntax von VHDL IEEE Standard 1076-1903

Über den Autor:

Paul Molitor ist Leiter des Lehrstuhls für *Technische Informatik* an der *Martin-Luther-Universität Halle-Wittenberg.*
Jörg Ritter ist wissenschaftlicher Mitarbeiter am Lehrstuhl von *Prof. Molitor.*

ISBN: 3-8273-7047-7
€ 34,95 [D], sFr 59,50
288 Seiten

i technische informatik

PEARSON Studium

Zeitdiskrete Signalverarbeitung

2. Auflage

Alan V. Oppenheim, Ronald W. Schafer, John R. Buck

Zum Buch:

Zeitdiskrete Signalverarbeitung von Oppenheim und Schafer gilt in Forschung und Lehre seit langem international zu den besten Standardardwerken für Anfänger und Fortgeschrittene auf diesem Gebiet. Das Lehrwerk baut auf den innerhalb der Systemtheorie gewonnenen Kenntnissen über Signale und Systeme auf und führt den Leser gezielt in die Methoden der digitalen Signalverarbeitung ein. Ausgehend von den Grundlagen zeigen die Autoren in gelungener didaktischer Aufbereitung, vielen neu ausgearbeiteten Beispielen, zahlreichen Übungen und Aufgaben die Anwendung der erlernten Kenntnisse in der Praxis.

Aus dem Inhalt:

- Zeitdiskrete Signale und Systeme
- *z*-Transformation
- Abtastung zeitkontinuierlicher Signale
- Transformationsanalyse von lineraren zeitvarianten Systemen
- Strukturen zeitdiskreter Systeme
- Filterentwurfstechniken
- Diskrete Fourier-Transformation (DFT)
- Berechnung der DFT
- DFT-Fourier-Analyse von Signalen
- Diskrete Hilbert-Transformation

Über den Autor:

Alan V. Oppenheim ist Inhaber der Ford Professur für Elektrotechnik am *Massachusetts Institute of Technology (MIT)*, Cambridge, und leitet dort die Digital Signal Processing Group.
Ronald W. Schafer ist Professor für Elektrotechnik und Technische Informatik am *Georgia Insitute of Technology, Atlanta.*
John R. Buck lehrt als Professor für Elektrotechnik und Technische Informatik an der *University of Massachusetts, Dartmouth.*

ISBN: 3-8273-7077-7
€ 69,95 [D], sFr 108,00
ca. 1000 Seiten

et nachrichtentechnik

Pearson-Studium-Produkte erhalten Sie im Buchhandel und Fachhandel
Pearson Education Deutschland GmbH • Martin-Kollar-Str. 10–12 • D-81829 München
Tel. (089) 46 00 3 - 222 • Fax (089) 46 00 3 - 100 • www.pearson-studium.de